*Heinrich Hirzel*

# Die Toiletten-Chemie

DOGMA

Heinrich Hirzel

**Die Toiletten-Chemie**

ISBN/EAN: 9783955801748

Auflage: 1

Erscheinungsjahr: 2013

Erscheinungsort: Bremen, Deutschland

Die

# Toiletten-Chemie.

Von

## Dr. Heinrich Hirzel.

Prof. der Chemie a. d. Univ. Leipzig.

Dritte, vermehrte und verbesserte Auflage.

Mit 85 in den Text gedruckten Abbildungen.

Leipzig
Verlagsbuchhandlung von J. J. Weber
1874.

# Vorwort.

———

Die Toiletten-Chemie hat in ihrer ersten und zweiten Auflage eine so wohlwollende und nachsichtige Beurtheilung erfahren, daß ich glaube hoffen zu dürfen, daß sich auch für diese neue, dritte Auflage eine gleiche Theilnahme zeigen werde. In der äußeren Form und Anordnung hat das Buch keine Veränderung erfahren; dagegen ist es durch viele Zusätze bereichert und verbessert und alle Vorschriften sind nach dem jetzt im Deutschen Reiche allgemein gültigen Maß- und Gewichtssysteme umgesetzt worden. Der außerordentliche Aufschwung, dessen sich in neuerer Zeit die deutschen Parfümeriewaaren-Fabriken zu erfreuen hatten, liefert ein sprechendes Zeugniß dafür, daß in Deutschland die Neigung für Wohlgerüche und wohlriechende Präparate und Toilette-Artikel sehr bedeutend zugenommen hat und ich begleite diese dritte Auflage meines Werkes mit dem Wunsche, daß das Werk fernerhin dazu beitragen möge, den Sinn für gute Gerüche, die Kunst dieselben herzustellen und auf die verschiedenartigsten Stoffe zu übertragen in immer weitere Kreise einzuführen.

Leipzig, im November 1873.

Professor Dr. Heinrich Hirzel.

# Inhaltsverzeichniß.

# Toiletten-Chemie.

# I.

Geschichtliches über die Parfümerie. — Wirkung der Gerüche.
— Feine Vertheilbarkeit der Gerüche. — Geruchscala. — Ana=
logien der Gerüche mit Erscheinungen des Schalls und Lichtes.
— Geruch der Erdarten.

Schon in den frühesten Zeiten, deren Schleier wir nicht
zu lüften vermögen, waren wohlriechende Substanzen in
hohem Ansehen, und die Darbringung derselben galt als
ein Zeichen der tiefsten Ehrfurcht und Huldigung. Im
zweiten Buch Mosis wird mehrmals von wohlriechenden
Stoffen gesprochen, so daß wir daraus ersehen, daß auch
die alten Hebräer mit denselben schon bekannt waren.
Allerdings kannte man damals nur wenige sogenannte
Gummi=Harze; das sind Producte, die den Stämmen ver=
schiedener im Morgenlande heimischer Bäume als zäher,
klebriger Saft entrinnen, der an der Luft eintrocknet und
allmälig erhärtet. Die bekanntesten Gummi=Harze waren
das Bdellium, das Weihrauch (Olibanum) und die
Myrrhe. Besonders das Weihrauch wurde im Alter=
thum in den Tempeln aller Religionen verbrannt, um die
Götter dadurch zu ehren, und viele der ersten Christen wur=
den getödtet, weil sie den Götzenbildern kein Weihrauch

1 *

mehr opfern wollten. Uebrigens iſt das Weihrauch in der
römiſch-katholiſchen Kirche jetzt noch bei manchen heiligen
Handlungen, namentlich auch bei feierlichen Begräbniſſen
von Perſonen hohen Ranges im Gebrauche.   Mitunter
wurden die Parfüme auch dem Oel und Wachs beigemiſcht,
welches man in den Kirchen in Lampen oder als Kerzen
brannte. Beſonders berühmt iſt der ſiebenarmige Leuchter
(ſ. Fig. 1), der früher im Tempel von Jeruſalem ſtand.

In dieſem wurden ſtets
Wachslichter gebrannt, welche rund herum Licht und
Wohlgeruch   verbreiteten.
Dieſer Leuchter iſt auf dem
Titusbogen nebſt anderen
bei der Einnahme der heiligen Stadt von den Solda-
ten erbeuteten Gegenſtänden
in Stein gehauen.

Einem alten Gebrauche
zu Folge ſpricht der Papſt in

Fig. 1.   Siebenarmiger Leuchter.

Rom jedes Jahr einen all-
gemeinen Segen, welcher die goldene Roſe genannt
wird.   Die Blume, mit welcher er hierbei das Volk ein-
ſegnet, iſt von reinem Golde getrieben, mit Edelſteinen
reich verziert und mit wohlriechendem Balſam und Weihrauch eingerieben.   Se. Heiligkeit erklärt zuerſt die Bedeutung dieſer Einſegnung, nimmt dann die goldene Roſe
in die linke Hand und ſegnet das Volk.   Nach vollbrachter
Handlung wird dann die goldene Roſe gewöhnlich der

Gemahlin eines Herrſchers, ſeltener einer Prinzeſſin oder
einer Stadt oder Corporation zugeſchickt.

Die egyptiſchen Damen trugen ſtets Wohlgerüche in
kleinen Täſchchen bei ſich; die arabiſchen Damen parfü=
miren noch heute ihren ganzen Körper in folgender origi=
neller Weiſe: Sie graben in den Boden der Hütte oder
des Zeltes, welches ſie bewohnen, eine Vertiefung, die ſo
groß iſt, daß man eine Champagnerflaſche bequem hinein=
ſtecken könnte, füllen dieſe Vertiefung mit Holzkohlen an,
die ſie entzünden, oder auch nur mit glühender Aſche und
werfen eine Hand voll wohlriechender Gewürze und Harze
darauf. Während nun aus dieſer kleinen Grube die
heißen wohlriechenden Dämpfe emporſteigen, kauern ſie
entkleidet darüber und breiten ihr Kleid ſo über ſich, daß
es vom Halſe aus, gleichſam zeltförmig über ihren Körper
und die Grube niederfällt und in Folge deſſen die auf=
ſteigenden Wohlgerüche zurückhält. Durch die höhere Tem=
peratur, welche unter dieſer Hülle entſteht, fängt der Kör=
per der Kauernden an, leicht zu transpiriren, die Haut
wird feucht, die Poren öffnen ſich und es imprägnirt ſich
die ganze Haut mit den Wohlgerüchen. Iſt das Kohlen=
feuer ausgebrannt, oder die Aſche erkaltet, ſo iſt die Par=
fümirungsprocedur beendigt und ſowohl der ganze Körper
der Dame, als auch das Kleid, welches zur Ueberdeckung
diente, verbreiten einen ſo ſtarken Geruch, daß man, wenn
mehrere Damen zuſammen ſind, den Parfüm ſchon in
einer Entfernung von 100 Meter wahrnimmt, falls der
Luftzug aus jener Richtung kommt. Gewöhnlich ver=
wenden die Damen eine Miſchung von Ingwer, Gewürz=

nelken, Zimmt, Weihrauch, Myrrhe, eine Art von See=
gras aus dem rothen Meer und die hornige Scheibe,
welche die Oeffnung bei den Schalthieren deckt, wenn sich
diese Thiere in ihre Schale zurückziehen.   Das Verhält=
niß dieser Stoffe wird nach Belieben gewählt. — Auch
die Chinesen sind große Freunde der Wohlgerüche und
verfertigen Schränke, Kästchen, Dosen, Knöpfe ꝛc. von
wohlriechenden Hölzern.

Ueber den Gebrauch der Parfümerien bei den Griechen
und später bei den Römern geben uns P l i n i u s und
S e n e c a manche interessante Nachricht.   Wir erfahren,
daß die reichen Griechen und Römer einen außerordent=
lichen Luxus mit den Wohlgerüchen trieben, indem sie sich
oft dreimal am Tage salbten und parfümirten und ihre Par=
füme in kostbaren eleganten Büchsen „N a r t h e c i a“ ge=
nannt, in das Bad mitnahmen.   Auch bei den Schauspielen
und Thiergefechten wurden die Amphitheater stets ver=
schwenderisch mit den herrlichsten Wohlgerüchen erfüllt.
Schon damals benutzte man die Blüten mancher Pflanzen
zur Gewinnung von Parfümen, indem man dieselben, wie
heutzutage bei der Bereitung der sogenannten P o t =
p o u r r i ’s, mit Gewürzen vermischte und Urnen damit füllte,
die, in Zimmern stehend, den zartesten Duft verbreiteten.

Der Erste, welcher ein solches Riechpulver darstellte,
war ein römischer Edelmann Namens F r a n g i p a n i aus
einer der angesehensten Familien.   Dieses Riechpulver be=
steht aus gleichen Theilen der bekanntesten Gewürze, mit
ein Procent Moschus oder Zibeth und mit so viel fein ge=
pulverter Veilchenwurzel versetzt, als das Gewicht aller

angewandten Gewürze zusammen beträgt; es wird jetzt
noch oft dargestellt und führt den Namen seines Erfinders.
Später bereitete ein Enkel des Frangipani, der M a u r i =
t i u s  F r a n g i p a n i, den ersten flüssigen Parfüm auf
die Weise, daß er das Frangipani'sche Riechpulver mit
starkem Weingeist einige Zeit erwärmte (digerirte), wobei
die wohlriechenden Theile an den Weingeist übergehn.
Dieses Frangipani'sche Riechwasser wird ebenfalls jetzt noch
fabricirt und zeichnet sich dadurch aus, daß es einer der
dauerhaftesten Parfüme ist.

Zu jener Zeit war der Handel mit wohlriechenden Dro=
guen für den Osten, besonders für Arabien, sehr bedeutend,
und manches Schiff segelte nach dem rothen Meere und
manches Kameel wurde mit Wohlgerüchen schwer beladen.
Damals füllte man schöne Muschelschalen, die an den Küsten
des rothen Meeres gefunden wurden, mit den Parfümen
oder man that die letzteren in eigenthümliche Gefäße von
Alabaster, welche wie Perlen geformt waren.   Die wohl=
thätige Eigenschaft der Parfüme, die unangenehmen, beson=
ders durch die Wirkung der Hitze erzeugten Ausdünstungen
unfühlbar zu machen, verschaffte denselben daher schon so
früh in den heißen Ländern eine ganz allgemeine und groß=
artige Anwendung, und die griechischen und römischen
Poeten wurden nicht müde, den Zauber, den die Wohl=
gerüche so verschwenderisch verbreiten, auf jede mögliche
Weise zu besingen.

Zu jeder Zeit, bis auf den heutigen Tag, blieben die
Parfüme mehr oder weniger in Gebrauch, besonders wurde
an den Höfen von Frankreich und England ein großer Luxus

damit getrieben. In dem „Leben der Königinnen von England" lesen wir z. B., daß die Parfüme, zu keiner Zeit mehr in Aufnahme, feiner und kostbarer waren, als während der Regierung der Königin Elisabeth. Diese hatte einen ganz besonders fein entwickelten Geruchssinn und Nichts war ihr widerlicher, als ein unangenehmer Geruch. Sie besaß einen Mantel von sogenanntem spanischen Leder von hohem Werthe, selbst ihre Schuhe waren parfümirt. Jetzt umgeben sich nicht allein mehr die Reichen vorzugsweise mit Wohlgerüchen, sondern alle Classen der Bevölkerung sind empfänglicher für diesen feinen Genuß geworden. Jeder sucht wenigstens Sonntags ein wohlriechendes Oel oder Pomade in das Haar zu bringen oder sich mit parfümirter Seife zu waschen.

Allein trotz der jetzigen großen Ausdehnung, die der Handel mit Parfümerien erlangt hat, vermochte die Kunst der Parfümerie nur eine geringe oder gar keine Auszeichnung zu erringen und steht verhältnißmäßig immer noch auf ziemlich tiefer Stufe. Der Grund dieses Mißverhältnisses beruht hauptsächlich auf der Zurückhaltung und Geheimthuerei, mit welcher die Parfümisten ihre Fabrikate bereiten. Die Erfahrungen, die man bei anderen Künsten und Gewerben gemacht hat, haben gelehrt, daß ein Gewerbe erst dann groß und für die bürgerliche Gesellschaft von Bedeutung werden kann, wenn es jeden Schein des Geheimnisses von sich abstreift. Die Parfümerien-Fabrikanten würden daher klüger handeln, wenn sie sich ihre Erfahrungen gegenseitig offen mittheilen wollten, anstatt, wie es zur Zeit mit wenigen rühmlichen Ausnahmen geschieht, ihre

vermeintlichen, in Wirklichkeit nicht einmal bestehenden
Geheimnisse ängstlich und eifersüchtig zu bewachen. Unsere
Zeit ist ja dadurch groß und ausgezeichnet, daß der In=
dustrielle sich bei vorkommenden Verlegenheiten an die
Wissenschaft wenden kann, um von dieser Belehrung und
Aufklärung zu empfangen, und gerade hierdurch wird die
Parfümerie immer mehr und mehr zu einem Gewerbe,
dessen Bedeutung nicht von einzelnen Recepten abhängt,
sondern welches nach bestimmten rationellen Grundsätzen
betrieben werden kann. Je mehr sich diese Richtung Bahn
bricht, um so mehr wird wenigstens die unnütze Geheim=
thuerei verdrängt werden. Das Mißtrauen gegen die Ge=
heimmittel wird sich steigern und in demselben Verhältnisse
das Vertrauen dem intelligenten Fabrikanten zuwenden.

Das Parfümerie=Gewerbe muß sich in freier Weise
ausbilden; die Kunstgärtner müssen davon unterrichtet wer=
den, wie sie die Gerüche aus den Blumen ausziehen können.
Es eröffnet sich dann für Viele eine neue Erwerbsquelle,
welche den gewandten Franzosen schon seit langer Zeit
großen Gewinn verschafft. Die Parfümisten brauchen
nicht zu befürchten, daß dann ihre Einnahmen geringer
werden. Im Gegentheil wird ein nicht geahnter Auf=
schwung im Handel mit Parfümerien ihre Geschäfte heben.
Denn die Wohlgerüche sind nicht allein ein Gegenstand
des Luxus, sondern sie bewirken auch in gesundheitlicher
Beziehung viel Gutes; sie beleben und erfrischen die
Menschen, erleichtern den Kopf und versetzen uns in einen
Zustand des Wohlbehagens. Besonders auffallend soll
sich diese Wirkung nach den Mittheilungen Dr. Tempel's

und Anderer zeigen, wenn man sich einige Zeit in einem
Lagerhause aufhält, in welchem Gewürznelken, Muscat=
blüten, Muscatnüsse, Zimmt und andere Gewürze auf=
gespeichert sind.

Von allen fünf Sinnen, mit welchen uns die Natur
ausgerüstet hat, wird der Geruchsinn gewöhnlich am we=
nigsten beachtet, oft sogar ganz vernachlässigt. Von
solchen Menschen kann man dann mit Recht sagen: „Sie
haben Nasen, aber sie riechen nicht". So gleichgültig
Manchem die Fühllosigkeit gegen Gerüche vorkommen mag,
so ist die Sache denn doch nicht so leichtfertig zu nehmen.
Eine im Riechen geübte Nase kann uns unter Umständen
das Leben retten; denn durch dieselbe werden wir sofort
davon in Kenntniß gesetzt, wenn wir einen Raum betreten,
der mit schädlichen oder giftigen Gasen erfüllt ist, und wir
werden sofort den gefährlichen Ort verlassen. Der im
Riechen Ungeübte achtet nicht auf den Geruch solcher
Dünste, und seine Sorglosigkeit setzt ihn der größten Ge=
fahr aus. Wir dürfen überhaupt nicht vergessen, daß wir
jedem Organ unseres Körpers unsere Pflege zuwenden
müssen: denn ist ein Organ leidend, so kann es unter Um=
ständen den ganzen Organismus in Mitleidenschaft ziehen.

Je frühzeitiger wir uns daran gewöhnen, unsere
Sinne zu üben, desto leichter wird es uns, eine größere
Vollkommenheit zu erreichen. Man sollte daher auch beim
Unterricht der Jugend hierauf Rücksicht nehmen und min=
destens die Jugend auf das Vorhandensein verschiedener
Gerüche und auf die Wirkung mancher derselben aufmerk=
sam machen.

Der Einfluß verschiedener Gerüche auf unseren Kör=
per ist sehr bemerkenswerth. Manche Gerüche sind uns
widerwärtig, erregen Uebelkeit und Erbrechen; andere
Gerüche sind uns zwar nicht gerade unangenehm, doch be=
wirken sie Kopfschmerz, Schwindel und Ohnmacht oder
eine Art Betäubung; sehr viele Gerüche, und zwar die
meisten Wohlgerüche, wirken aber erheiternd und erfrischend
auf uns ein. Wer würde z. B. nicht froh beim Einziehen
des süßen Duftes der Landluft an einem Frühlings=
morgen? oder beim Einathmen der mit würzigen Düften
von den Straudkräutern beladenen Seeluft? Wie freudig
stimmt uns im Heumonat der Geruch des frischen Heues,
das noch auf der abgemähten Wiese ausgebreitet liegt!
Wie wohl thut uns ein Spaziergang am Sommerabend
im Garten!

Eine der interessantesten Erscheinungen, die besonders
bei einigen Gerüchen in überraschendem Grade zum Vor=
schein kommt, ist die ungeheure Vertheilung, welcher die=
selben fähig sind. Es ist ein Fall bekannt, wo ein großer
Salon durch einen einzigen Gran Moschus zwanzig Jahre
lang parfümirt wurde. Tausende von Personen betraten
diesen Salon und rochen alle schwach, aber deutlich nach
Moschus, wenn sie ihn verließen; der Salon wurde fleißig
gelüftet, so daß also der Moschus immer neue Riechtheile
abgeben mußte, und doch dauerte es so lange, bis diese
unversiegbare Quelle immer neuen Geruches endlich er=
schöpft war. Da muß dieser Gran Moschus sich doch
jedenfalls in viele Tausend Millionen mal Millionen
Theilchen vertheilt haben, und doch vermochte jedes dieser

unentbar kleinen Theilchen noch auf die Geruchsnerven
kräftig einzuwirken. Auch die Asa foetida giebt ein Bei=
spiel von der außerordentlichen Vertheilung, deren die ver=
fliegbaren Gerüche fähig sind; denn ein Klumpen dersel=
ben, welcher offen an der Luft lag und fortwährend den
penetranten Geruch verbreitete, verlor doch nach sieben
Wochen nur einen Gran an Gewicht. Wir wissen, daß
die Jagdhunde beim Nachspüren ihrem Geruche folgen;
es müssen daher auch flüchtige Stoffe verschiedener Quali=
tät von den verschiedenen Thieren ausgehen.

Die Gerüche scheinen auf den Geruchsnerven einen
ähnlichen bestimmten Einfluß auszuüben, wie die Töne
auf den Gehörnerven. Schon in der ersten Auflage
dieses Werkes wurde darauf aufmerksam gemacht, daß es
wahrscheinlich eine Tonleiter der Gerüche gebe, ähnlich
der Tonleiter der musikalischen Töne. Bittermandelöl,
Heliotrop, Vanille und Clematis bilden z. B. eine Art
von Geruchsoctave mit einander, indem sie nur einen ver=
schiedenen Grad einer verwandten Geruchsempfindung her=
vorrufen. In gleicher Weise bilden Citrone, Limone,
Orangenschale und Verbena eine höhere Octave; dann
haben wir Patchouli, Santalholz und Vetiver, sowie viele
andere Gerüche, die mit einander verschwimmen, und die
Analogie vervollständigt sich noch durch die sogenannten
halben Gerüche, welche den halben Tönen entsprechen, wie
z. B. Rose und Rosengeranium, Petitgrain=Neroli und
Orangenblüte ꝛc. Interessant ist die Bemerkung von
Chambers' Journal in Rücksicht auf diese Idee.

Wir wissen, heißt es, daß die Musik auf einem be=

stimmten mathematischen Gesetze beruht, welches nicht von
den Menschen erfunden worden ist, sondern von Natur
aus existirt. Die Natur ist in Betreff ihrer Verrichtungen
nicht verschwenderisch, sie verwüstet keine Kraft. Je besser
wir die Naturgesetze zu erforschen vermögen, desto einfacher
erscheinen sie uns, und man kann daher keinen triftigen
Grund aufstellen gegen die Annahme, daß die Functionen
des Geruchsorgans von verwandten Gesetzen bedingt
werden, wie die der anderen Sinne.

Wir können übrigens alle bekannten Wohlgerüche, mit
Ausnahme des Jasmingeruchs, auch künstlich durch Ver=
mischung verschiedenartiger Parfüme nachahmen. Ueber=
haupt gleichen sich die Gerüche verschiedener Pflanzen oft
so sehr, daß man sie für identisch halten könnte, und wenn
man bedenkt, daß sehr viele Riechstoffe genau dieselbe che=
mische Zusammensetzung besitzen, so möchte man versucht
sein zu hoffen, daß es der Chemie noch gelingen werde,
einen Riechstoff in einen anderen überzuführen. Es wäre
z. B. von großer Bedeutung, wenn man im Stande wäre
das Rosmarinöl oder Rosengeraniumöl in wirkliches
Rosenöl umzuwandeln.

Einer ungeübten Nase erscheinen fast alle Gerüche
gleich. Wer aber seinen Geruch geübt hat, sei es des Be=
rufes oder des Genusses wegen, vermag eine Fertigkeit zu
erlangen, die die Leistungen der übrigen Sinne selbst über=
treffen kann. Weinhändler, Theemakler, Tabakhändler ꝛc.
haben z. B. einen sehr feinen Geruch nöthig. Auch der
Hopfenhändler verläßt sich auf seine Nase. Er beriecht
den Hopfen und bestimmt danach den Preis für denselben.

Es ist ferner eine wichtige Thatsache, daß man im Stande ist, die Geruchsempfindungen im Gedächtnisse zu behalten und sich immer wieder an dieselben zu erinnern. So vermag ein erfahrener Parfümist jeden einzelnen von den 200 verschiedenen Gerüchen, welche er in seinem Laboratorium haben wird, zu unterscheiden und beim Namen zu nennen.

In nachstehender Scala haben wir versucht, verschiedene Gerüche in der ihrer Wirkung auf den Geruchsnerven entsprechenden Reihenfolge und Anordnung zusammenzustellen; es wurden dabei vorzugsweise die in der Parfümerie gebräuchlichen Gerüche berücksichtigt; man kann jedoch sämmtliche Gerüche in solcher Weise classificiren. Wenn ein Parfümist ein Parfüm aus einzelnen Gerüchen zusammensetzen will, so darf er nur solche Gerüche wählen, die zusammenpassen. Die nachstehende Scala giebt einen Ueberblick über die Gerüche, welche in Harmonie oder Disharmonie miteinander stehen.

Scala der Gerüche.

Discant= oder G-Schlüssel.

F Zibeth.

E Verbena.

D Citronella.

C Ananas.

B Pfeffermünze.

A Lavendel.

G Magnolia.

F Ambra.

E Pomeranze.

D Bergamotte.

C Jasmin.

B Münze.

A Tonkabohne.

G Spanisch=Flieder.

F Jonquille.

E Portugalöl.

D Bittermandel.

C Campher.

B Eberraute (Artemisia).

A Frisches Heu.

G Orangenblüte.

F Tuberose.

E Akazie.

D Veilchen.

**Scala der Gerüche.**

**Baß- oder F-Schlüssel.**

C Rose.

B Zimmt.

A Tolubalsam.

G Platterbse.

F Moschus.

E Schwertlilie.

D Heliotrop.

C Rosenblattgeranium.

B Levkoje und Nelke.

A Perubalsam.

G Pergalaria.

F Castoreum.

E Calmus.

D Clematis.

C Santal.

B Gewürznelke.

A Storax.

G Plumeria Alba (Frangipani-
pflanze).

F Benzoë

E Lack.

D Vanille.

C Patchouli.

Bei der Darstellung von zusammengesetzten Gerüchen muß man auf die gegenseitige Harmonie der Gerüche sorgfältig Rücksicht nehmen. Die nachstehenden Zusammenstellungen dienen als Beispiele, wie man einen Parfüm nach den Gesetzen der Harmonie der Gerüche zusammensetzen kann:

Baß.

G Bergamaria  
G Platterbse  
D Veilchen  
F Tuberose  
G Orangenblüte  
B Eberraute  
Discant.

Parfüm nach dem Accord G.

Baß.

C Santal  
C Rosenblattgeranium  
E Akazie  
G Orangenblüte  
C Campher  
Discant.

Parfüm nach dem Accord C.

Baß.

F Moschus  
C Rose  
F Tuberose  
A Tonkabohne  
C Campher  
F Jonquille  
Discant.

Parfüm nach dem Accord F.

Bei der Darstellung eines solchen Parfüms muß jedoch jeder Originalgeruch auf einen gewissen Grad der Stärke gebracht werden. So ist z. B. das Verhältniß zur Bildung des Rosensprits: 80 Gramme Rosenöl und 4 Liter Spiritus. Das Normalverhältniß zum Geraniumesprit ist 210 Gramme Rosenblattgeraniumöl und 4 Liter Spiritus. Die Stärke oder Intensität des Geruches ist nämlich bei den verschiedenen Riechstoffen sehr verschieden, und wir brauchen z. B. vom Rosenblattgeraniumöl $2^3{}_5$ Theile, um eine ähnliche Wirkung wie mit 1 Theil Rosenöl hervorzubringen. Der Camphergeruch ist ungefähr dreimal intensiver als der Rosengeruch.

Wie nothwendig es ist, bei Begründung einer rationellen Parfümerie auf alle diese Verhältnisse Rücksicht zu nehmen, lehren uns die Gesetze der Schall= und Lichtbewegungen. Wir wissen schon längst, daß zwei miteinander zusammentreffende Schallwellen sich entweder verstärken oder mehr oder weniger, selbst vollständig, aufheben können, so daß also in einem solchen Momente Tonlosigkeit oder Ruhe entsteht. Wir wissen, daß ähnliche Erscheinungen auch beim Lichte möglich sind und unter Umständen durch das Zusammentreffen zweier Lichtstrahlen entweder intensiveres Licht oder völlige Dunkelheit entstehen kann. Gerade hierin liegt der sicherste Beweis, daß das Licht keine Materie ist, sondern eine besondere Art von Bewegung, die sich in dem sogenannten Himmelsäther, der das ganze Weltall, selbst alle Poren der Körper erfüllt, fortpflanzt und auf die Nerven unseres Auges einen Reiz ausübt, der als Lichtempfindung zu unserem Bewußtsein gelangt. Ein

ähnliches Verhältniß scheint auch bei den Geruchsempfin=
dungen zu existiren. Bringen wir z. B. concentrirtes Am=
moniak mit concentrirter Essigsäure in einem bestimmten
Verhältnisse zusammen, so verbinden sich beide Körper, die
für sich allein sehr stark riechen, zu dem geruchlosen essig=
sauren Ammoniak. Man sagt nun freilich, daß das Ver=
schwinden des Geruches seinen Grund in der entstehenden
chemischen Verbindung habe, und es ist dies ganz richtig,
immerhin erkennen wir aber hieraus die Thatsache, daß
sich Gerüche überhaupt aufzuheben vermögen.

Es wird uns hieraus auch klar, daß gewisse Räuche=
rungen nicht blos dazu dienen, einen üblen Geruch
durch einen besseren gleichsam zu übertönen und wenig
bemerkbar zu machen, sondern daß durch die Räucherung
der üble Geruch oft völlig beseitigt wird, indem eine geruch=
lose Verbindung entsteht. Haben sich z. B. in einem Raume
ammoniakalische Dünste angesammelt, so kann man die=
selben durch Räucheressig vollständig beseitigen. Auch viele
wohlriechende Harze, wie Weihrauch, Benzoë, Tolu=
balsam ꝛc. enthalten saure Bestandtheile, namentlich Benzoë=
säure, welche sich beim Räuchern mit solchen Harzen in
Dampfform verbreiten und das Ammoniak absorbiren.

Besondere Erwähnung verdient hier auch noch die Be=
obachtung von Piesse, daß von jüngeren Leuten gewöhnlich
solche Gerüche vorgezogen werden, welche dem Baß der
Geruchscala angehören, während die älteren Leute meistens
die höheren Geruchstöne, aus dem Discant, mehr lieben.

Endlich wollen wir hier noch eine Thatsache hervor=
heben, welche uns einer genaueren Erforschung werth er=

scheint, nämlich den Geruch der Erdarten, wenn dieselben mit Wasser befeuchtet werden. Wir erinnern hierbei an den eigenthümlichen Geruch, welcher sich entwickelt, wenn im Sommer ein plötzlicher Regenschauer auf das Erdreich niederfällt. Es ist ein erfrischender Wohlgeruch, der aber sehr bald wieder verschwindet. Wir kennen die Ursache dieser Erscheinung zur Zeit noch nicht. Jedenfalls scheint der freiwerdende Riechstoff nicht aus dem Regenwasser zu stammen, da man mit reinstem destillirtem Wasser den gleichen Geruch erhält; aber auch die Bestandtheile des Erdbodens scheinen nicht von besonderem Belang zu sein; denn bringt man verdünnte Salzsäure mit reinem Zinkoxyd zusammen, so entwickelt sich ein ähnlicher angenehmer Geruch, gleichsam als Nebenproduct des hierbei entstehenden Chlorzinks.

## II.

Vorkommen der Riechstoffe in den Pflanzen. — Beobachtungen
über die Entstehung derselben. — Verhältniß des Geruchs
mancher Pflanzen zur Tageszeit. — Verhältniß des Geruchs
der Blüten zur Farbe der Blumenblätter. — Statistische Mit=
theilungen.

Die Blumen aller Zonen entwickeln Gerüche, doch sind
die der heißen Gegenden hierin weit ergiebiger, man kann
wohl sagen verschwenderisch, während dagegen die Pflanzen
kälterer Länder weniger, aber feinere, lieblichere Gerüche
aushauchen. Hooker erzählt in seiner Reisebeschreibung
von Island von dem himmlischen Wohlgeruche der Blu=
men im Thale von Skardsheidi, wo Wintergrün, Veilchen,
Schlüsselblümchen (Primeln), wilder Thymian und andere
duftende Pflanzen in großer Menge gefunden werden.
L. Piesse, der in Gesellschaft des Capitäns Sturt die
wilden Regionen von Süd=Australien erforschte, schreibt:
„Der Regen hat die Erde mit dem herrlichsten Grün und
mit ebenso wohlriechenden Blumen ·besonders einer ganz
weißen Art Anemone) bekleidet, wie die Veilchen bei uns
sind“. Jedes Land und jedes Klima bietet uns besondere
Gerüche dar. Die mächtigen, majestätischen Alpen sind

bekannt wegen ihres ausgesucht würzigen Duftes; die kalte
Zone erzeugt die lieblichsten Parfüme; der unruhige, be-
wegliche Ocean spült die wohlriechende Ambra an seine
sandigen Ufer und die heiße Zone im Aequatorgürtel er-
füllet die Luft und berauscht unsere Sinne mit ihren concentrirten flüchtigen Stoffen, welche das herrliche Aroma
ihrer verschiedenen mannigfaltigen Producte sind.

Obgleich manche der feinsten Parfüme aus Ostindien,
Ceylon, Mexiko und Peru eingeführt werden, so ist doch
das südliche Europa der einzige wirkliche Nutzgarten für die
Parfümisten. Grasse, Cannes und Nizza sind die Haupt-
sitze der Kunst; durch ihre geographische Lage, die üppige
Vegetation und ihre verhältnißmäßig geringen Entfernungen
von den hauptsächlichsten Consumplätzen haben sie den Handel mit ihren Producten in der Gewalt; auch können sie
ihr verschiedenes Klima auf das Beste benutzen, um gerade
die Pflanzen, die für den Handel am werthvollsten sind,
zur Ausbildung zu bringen. An der Seeküste wachsen die
wohlriechenden Akazien, ohne vom Froste zu leiden, während näher den Alpen die Veilchen einen viel stärkeren
Wohlgeruch annehmen, als in der wärmeren Ebene, wo die
Orangenbäume und der Reseda ausgezeichnet gedeihen. In
Grasse befindet sich die berühmte Parfümeriefabrik von
M. M. Pilas frères; in Cannes diejenige des Herrn
L. Herman. — England beansprucht die Meisterschaft in
der Erzeugung von Lavendel-, Rosmarin- und Pfeffermünzöl, indem es aus diesen Pflanzen ätherische Oele gewinnt, welche einen achtmal höheren Preis haben, als die
in Frankreich oder anderswo erzeugten, und ihre Güte

und Geruch sind wirklich so ausgezeichnet, daß diese Pro=
ducte des hohen Preises ganz würdig sind. Mitcham in
Surrey und Hitchin in Hertfordshire sind die Hauptpro=
ductionsorte. Zu Cannes in Frankreich werden alle
Producte der Rosen, Tuberosen, Akazien, Jasmine und
Orangeblüten producirt. In Nimes schenken die Pflanzer
ihre besondere Beachtung dem Thymian, Rosmarin, der
Spike, dem Lavendel und anderen gewürzigen Kräutern.
Die Fabrikanten zu Nizza haben eine Vorliebe für Veil=
chen und Reseda. Sicilien liefert die Gerüche der Citronen
und Orangen, Italien die der Bergamotten, sowie die
Veilchenwurzel, und Deutschland liefert enorme Quanti=
täten von Kümmelöl und Calmusöl.

Die meisten Wohlgerüche sind Producte des Pflanzen=
lebens und finden sich in mehr oder weniger großer Menge
in den verschiedensten Theilen der Pflanzen, in den Wurzeln
(Veilchenwurzel, Vetiverwurzel ꝛc.), im Stamme oder
Holze (Cedernholz, Santalholz ꝛc.), in den Blättern
(Patchouli, Thymian, Münze ꝛc.), in den Blüten (Jasmin,
Rose, Veilchen ꝛc.), in den Samen (Tonkabohnen, Vanille=
schoten, Kümmel, Fenchel ꝛc.), in der Rinde (Zimmt) oder
in den Blütenknospen (Gewürznelken). Einige Pflanzen
entwickeln sogar mehr als einen Geruch, wie z. B. der
Orangenbaum, aus welchem sich drei deutlich zu unter=
scheidende Gerüche darstellen lassen, nämlich aus den
Blättern das Petitgrainöl, aus den Blüten das
Neroliöl und aus den Fruchtschalen das Portugalöl.
Hiernach ist dieser Baum für den praktischen Parfümeur
gewiß der werthvollste. Der Geruch der Pflanzen rührt

gewöhnlich von einer in ihnen enthaltenen, verfliegbaren
Flüssigkeit her, die man „ätherisches" oder „flüchtiges
Oel" nennt, zum Unterschiede von den geruchlosen, nicht
verfliegbaren, sogenannten „fetten Oelen", wozu unser
Salatöl, Brennöl rc. gehören.

Die ätherischen Oele finden sich entweder in etwas
größerer Menge in besonderen Räumen oder Zellen eingeschlossen in den Pflanzen; oder sie werden während des
Pflanzenlebens nur zu gewissen Zeiten, namentlich während
des Blühens, und ganz allmälig entwickelt.   Nur wenige
fließen aus Einschnitten, die in den Stamm gemacht worden, wie z. B. die wohlriechenden Harze: Benzoë, Weihrauch, Myrrhe, sowie einige an der Luft nicht erhärtende
sogenannte Balsame, die man als Mischungen von ätherischen Oelen mit geruchlosen Harzen oder anderen geruchlosen Stoffen betrachtet.   Einige solche Balsame werden in
den Ländern, wo ihre Stammpflanze heimisch ist, durch
mehrstündiges Kochen der Pflanze mit Wasser, Durchseihen,
abermaliges Erhitzen und Eindampfen bis zur Syrup-
consistenz gewonnen.   Auf diese Weise wird z. B. von
Myroxylon peruiferum der Perubalsam, von Myroxylon
toluiferum der Tolubalsam gewonnen.   Obgleich die Gerüche dieser balsamischen Producte angenehm sind, so werden sie doch nur selten zu Parfümen für das Taschentuch,
sondern vorzüglich nur zu Seifen benutzt und überhaupt
mehr wegen ihrer medicinischen Eigenschaften, als wegen
ihres Wohlgeruches geschätzt.

In Betreff der Entstehung der Gerüche in den
Blüten sind viele interessante Beobachtungen angestellt

worden, die wir hier nicht ganz unberücksichtigt lassen wol=
len. Die Blütengerüche werden meistens während des Son=
nenscheins oder wenigstens während des Tages entwickelt;
doch kennen wir verschiedene Pflanzen, deren Blüten am
Tage nicht riechen, dagegen Abends einen wonnigen Wohl=
geruch ausströmen lassen, so das Cestrum nocturnum, die
Lychnis vespertina, einige Arten von Catasetum und
Cymbidium ꝛc. Wegen ihrer Eigenschaft, nur Nachts zu
riechen, hat man einigen Pflanzen den Namen „tristis"
(traurig) beigegeben, so z. B. Hesperis tristis, Nyctanthes
arbor tristis.

Reclnz hat die Einwirkung der Sonnenstrahlen auf
die Blüten der Cacalia septentrionalis untersucht und ge=
funden, daß, wenn die Sonne auf die Pflanze scheint, die
Blüten wohlriechend sind, diese jedoch geruchlos werden, so=
bald man auf irgend eine Weise, z. B. durch Vorhalten der
Hand, Schatten macht. Sowie aber die Hand entfernt
wird, kehrt der Geruch sogleich wieder.

Sehr interessant sind die Versuche von Marren mit
der Habenaria bifolia. Die Blüten dieser der Familie der
Orchideen angehörenden Pflanze sind den Tag über ganz
geruchlos, geben aber Abends ein durchdringend angeneh=
mes Aroma von sich. Im Dämmerlicht wird ihr Geruch
zuerst bemerkbar, erreicht in dem Maße, als die Dunkelheit
zunimmt, seine größte Stärke und verschwindet allmälig
wieder bis zum Beginn der Morgendämmerung. Marren
brachte zwei blühende Stengel dieser Pflanze so in zwei mit
Wasser gefüllte Glascylinder, daß sie ganz vom Wasser be=
deckt waren. Den einen Cylinder stellte er in die Sonne,

ten andern in Schatten. Abends entwickelte sich aber aus
beiden Cylindern ein herrliches Aroma, welches die Nacht
über anhielt, bei Sonnenaufgang aber verschwand. Mar=
ren schloß hieraus, daß der Blütengeruch zuweilen von
irgend einem physiologischen Procesfe, nicht von einer Ver=
flüchtigung von Theilchen oder von einer Anhäufung eines
Stoffes in dem riechenden Theile der Pflanze abhänge. Er
fand, daß mehrere riechende Orchideen, so die Maxillaria
aromatica, ihren Geruch schon nach einer halben Stunde
verlieren, wenn man sie künstlich mit Blütenstaub befruch=
tet, während die unbefruchteten Blüten ihren Geruch lange
Zeit behalten.

Trinchinetti, welcher Experimente über die
Blütengerüche anstellte, theilt die wohlriechenden Blumen
in zwei Classen:

1. Solche, bei denen das Verschwinden des Geruches
im Zusammenhange steht mit dem sich Oeffnen oder Schlie=
ßen der Blüten, und es sind hier zwei Fälle möglich und
wirklich vorhanden:

A. Die Blüten bleiben den Tag über geruchlos und ge=
    schlossen, öffnen sich aber Abends und riechen wäh=
    rend der Nacht, so: Mirabilis jalapa, Mirabilis
    dichotoma und longiflora, Datura ceratocaula,
    Nyctanthes arbor tristis, Cereus grandiflorus,
    nycticalus und Serpentinus, Mesembryanthemum
    noctiflorum, sowie einige Silene-Arten.

B. Die Blüten bleiben die Nacht über geruchlos und
    geschlossen, öffnen sich aber Morgens und riechen
    während des Tages, so: Convolvulus arvensis,

Cucurbita pepo, Nymphaea alba und Nymphaea coerulea.

2. Solche, deren Blüten immer offen sind, die aber doch zur einen Zeit geruchlos, zur andern riechend sind. Auch hier sind wieder zwei Fälle vorhanden:

A. Die Blüten sind immer geöffnet, riechen aber nur am Tage, wie: Cestrum diurnum, Coronilla glauca und Cacalia septentrionalis.

B. Die Blüten sind immer geöffnet, riechen aber nur während der Nacht, wie: Pelargonium triste, Cestrum nocturnum, Hesperis tristis und Gladiolus tristis.

Die Aushauchung eines Geruches bei nächtlichen Blüten zeigt sich zuweilen in einer eigenthümlichen periodischen Weise. So sind die Blüten des nachtblütigen Cereus (Cereus grandiflorus) nur in bestimmten Zeitabschnitten wohlriechend, indem sie jede halbe Stunde Stöße von Geruch ausgeben und zwar von acht Uhr Abends bis Mitternacht. Balfour hat diese Angabe von Trinchinetti ziemlich richtig befunden. Bei einem Versuche, den er hierüber anstellte, fand er, daß die Blumen um sechs Uhr Abends so anfingen zu riechen, daß ihr Geruch im Treibhaus bemerkbar wurde. Eine Viertelstunde später erfolgte die erste Geruchausstoßung, nach einer heftigen Bewegung des Blumenkelches; nach 23—26 Minuten wurde zum zweiten Male ein kräftiger Geruchauswurf beobachtet; nach 35—36 Minuten waren die Blüten des Cereus ganz geöffnet; eine Viertelstunde vor sieben Uhr war der Geruch des Kelches am stärksten, der der Blumenblätter dagegen schwächer, und nach dieser Zeit ging die stoßweise Entwicklung des Geruches ebenso vor sich, wie vorher.

Köhler und Schübler haben Beobachtungen angestellt über das Verhältniß der Pflanzenarten mit wohlriechenden Blüten zu der Blütenfarbe. Sie entwarfen in Bezug hierauf eine Tabelle der von ihnen untersuchten Blumen, die wir hier folgen lassen:

| Farbe der Blüten | Zahl der sämmtlichen Pflanzenarten | Zahl der riechenden Pflanzenarten | Mit angenehmem Geruche | Mit unangenehmem Geruche |
|---|---|---|---|---|
| Weiß . . | 1193 | 187 | 175 | 12 |
| Gelb . . | 951 | 75 | 61 | 14 |
| Roth . . | 923 | 85 | 76 | 9 |
| Blau . . | 594 | 30 | 23 | 7 |
| Irisirend (Schillernd) | 307 | 23 | 17 | 6 |
| Grün (?) . | 153 | 12 | 10 | 2 |
| Orange . | 50 | 3 | 1 | 2 |
| Braun . . | 18 | 1 | — | 1 |

Aus dieser Tabelle geht hervor, daß die weißen Blüten im Durchschnitt die wohlriechendsten und die in ihrem Geruche unserem Sinne am meisten gefallenden sind, während die braunen und orangefarbigen Blüten dem Freunde der Gerüche wenig oder nichts bieten. In Bezug auf die Hauptclassen des Pflanzenreiches zeigte es sich, daß unter den zu den Monokotyledonen gehörenden Pflanzen ungefähr 14 Procent, unter den zu den Dikotyledonen nur ungefähr 10 Procent wohlriechende sind.

Die Zuſammenſtellung des Verhältniſſes der Farben der Blüten zu ihrem Geruch nach den natürlichen Pflanzen= familien iſt allerdings nur ſehr unvollkommen in der nach= ſtehenden Tabelle ausgeführt worden.

| Natürliche Familie | Vorwiegende Blütenfarbe | Wohlriechende Blü= ten in Procenten |
|---|---|---|
| Waſſerlilien . . | Weiß und Gelb . | 22 |
| Roſaceen . . . | Roth, Gelb u. Weiß | 13,1 |
| Primulaceen . | Weiß und Roth . | 12,3 |
| Boragineen . . | Blau und Weiß . | 5,9 |
| Convolvulaceen . | Roth und Weiß . | 4,13 |
| Ranunculaceen . | Gelb . . . . | 4,11 |
| Papaveraceen . . | Roth und Gelb . | 2 |
| Campanulaceen . | Blau . . . . | 1,31 |

Wollen wir daher einen Garten anlegen, von welchem wir wünſchen, daß er uns ebenſo ſehr durch ſeinen Wohl= geruch, als durch ſeine Schönheit gefalle, ſo thun wir am beſten, wenn wir bei der Auswahl der zu pflanzenden Blu= men auf die gegebenen Thatſachen Rückſicht nehmen. Auch dürfen diejenigen, welche ſich durch den paradieſiſchen Duft ihres Gartens zur Nachtzeit erfreuen wollen, nicht verſäu= men, Nachts riechende Blumen darin zu pflanzen, ſonſt entgeht ihnen ein großer Genuß; denn der Duft der Nacht= blumen iſt ſo lieblich, ſubtil und ätheriſch, daß man ihn als etwas Ueberirdiſches betrachten könnte.

Die ausgedehnten Blumenplantagen in der Umgebung von Nizza, Montpellier, Nimes, Graſſe und Cannes in

Frankreich; zu Adrianopel in der europäiſchen und zu Bruſſa
und Uslak in der aſiatiſchen Türkei; zu Gazepore in Indien
und zu Mitcham und Hitchin in England beweiſen die commercielle Wichtigkeit des Handels mit Parfümerien beſſer,
als alle Worte.

Europa und Britiſch Indien verbrauchen nach der ge-
ringſten Schätzung allein 20,000—25,000 Eimer ſoge-
nannte parfümirte Wäſſer zum Parfümiren der Taſchen-
tücher ꝛc., beſonders Eau de Cologne, Roſengeiſt, Laven-
deleſſenz und viele andere mehr. Allein die Parfümiſten
fabriciren außer dieſen Taſchentuchparfümen große Quantitäten von wohlriechenden Pomaden, Salben, Haarölen,
Waſchwäſſern, parfümirten Seifen, Riechkiſſen, Riechpapie-
ren, parfümirter Stärke, Räuchereſſenzen, Räucherkerzchen,
Räucherbalſamen ꝛc., kurz alle möglichen Toilette-Gegen-
ſtände. Einen Begriff von dem außerordentlich großartigen
Handel mit Parfümerien und parfümirten Waaren vermag
vielleicht die Mittheilung zu geben, daß ein einziger großer
Parfümerien-Fabrikant, Herr Herman zu Cannes, jährlich
70,000 Kilo Orangeblüten, 6000 Kilo Akazienblüten,
70,000 Kilo Roſenblätter, 16,000 Kilo Jasminblüten,
10,000 Kilo Veilchen, 4000 Kilo Tuberoſen und große
Quantitäten von ſpaniſchem Flieder, Rosmarin, Münze,
Limonen, Citronen, Thymian und vielen andern wohlriechenden Pflanzen und Pflanzentheilen verbraucht. —
Ueber die ganze Menge der Riechſtoffe, welche verbraucht
werden, kann man ſich noch keine richtige Vorſtellung
machen, da genügende ſtatiſtiſche Berichte hierüber fehlen.

In Betreff des Ertrages des Bodens an verſchiedenen

wohlriechenden Blüten können wir folgende Mittheilungen machen.

30,000 Jasminpflanzen verlangen eine Landstrecke von 1500 Meter und können während des ganzen Sommers 1000 Kilogramme Blüten produciren. — 5000 Rosenbäume verlangen eine Landstrecke von 1800 Meter und erzeugen während des Sommers 1000 Kilogramme von Rosenblüten. — 100 Orangebäume im Alter von 10 Jahren verlangen 4000 Meter Land und geben während des Sommers 1000 Kilogramme Orangeblüten. — 800 Geraniumpflanzen bedürfen 200 Meter Land und geben während des Sommers 1000 Kilogramme Geraniumblüten. — Zur Gewinnung von 1000 Kilogrammen Veilchenblüten während eines Sommers sind 5000 Meter Land nothwendig. — Zur Erlangung von 1000 Kilogrammen Tuberosenblüten sind 70,000 Tuberosen = Wurzelknollen und 1000 Meter Land erforderlich.

Nizza und Cannes (in Grasse werden keine Veilchen gepflanzt) erzeugen jährlich ungefähr 25,000 Kilogr. Veilchenblüten, aus welchen 12,000 Kilogr. Oel und Pomade fabricirt werden. Wenn jedoch diese Producte der verschiedenen Fabrikanten ganz unvermischt wären, so könnten dieselben aus den 25,000 Kilogr. Veilchenblüten nicht mehr als 6000 Kilogr. der Veilchenessenz im reinen Zustande gewinnen. — Nizza producirt jährlich 200,000 Kilogr. Orangeblüten. — Cannes und die angrenzenden Dörfer erzeugen zusammen jährlich 425,000 Kilogr. Orangeblüten, welche viel vorzüglicher sind, als die von Nizza, und sich zur Bereitung des echten Neroliöles und

Orangeblütwassers unter allen Umständen besser eignen,
als die letztern, welche nur zur Destillation brauchbar sind.
1000 Kilogr. Orangeblüten geben 800 Gramme reines
Neroliöl und 600 Kilogr. Orangeblätter geben 1 Kilogr.
reines Petitgrainöl.

Gemäß der eben erwähnten Menge von Orangeblüten,
welche Cannes und Nizza jährlich zusammen produciren
(und das sind ganz allgemein die zwei einzigen Quellen
für diese werthvollen Blüten , läßt sich berechnen, daß
hieraus nicht mehr als 465,000 Kilogr. oder Liter Orange=
blütwasser (sei es durch die Destillation oder auf andere
Weise hergestellt) fabricirt werden können. Allein die
Verfälschung dieses Artikels ist so groß, daß nachweislich
gegen eine Million Kilogr. unechtes Orangeblüt=
wasser versendet wird. Namentlich wird viel Orange=
blätterwasser als Orangeblütwasser verkauft.

Cannes producirt jährlich 16,000—18,000 Kilogr.
Akazienblüten. Die Akazienblüten gerathen merkwürdiger
Weise ausschließlich auf dem Boden von Cannes; denn
alle Versuche zur Anpflanzung der diese Blüten liefernden
Akazienbäume zu Nizza oder Grasse haben kein so günstiges
Resultat ergeben. Grasse eignet sich auch nicht zur Cultur
der Orangenbäume, welche, wie schon erwähnt, nur zu Can=
nes so vorzüglich gedeihen, daß man aus ihren Blüten Po=
made bereiten kann, während die Blüten der Orangenbäume
zu Nizza nur destillirt werden können. Die Rosen, Jasmin
und Tuberosen werden zu Grasse ebenfalls nicht in solcher
Ausdehnung gebaut wie zu Cannes. Grasse und Cannes
nebst den naheliegenden Dörfern erzeugen jährlich 40,000

Kilogr. Rosenblätter, 50,000 Kilogr. Jasmin und 10,000 Kilogr. Tuberosenblüten. Die jährliche Fabrikation zu Grasse und Cannes beläuft sich auf:

150,000 Kilogr. Pomaden und wohlriechende Oele.

| 250 | = | reines Neroliöl. |
| 450 | = | = Petitgrainöl. |
| 4,000 | = | Lavendelöl. |
| 1,000 | = | Römische Essenz. |
| 1,000 | = | Thymianöl. |

Das Neroli= und Petitgrainöl von Cannes ist der Qualität nach weit besser, als das von Grasse, weil der letztere Ort keine so guten Orangeblüten hervorbringt. Sehr wichtig ist es, daß man diese Blüten nicht zu lange liegen läßt, sondern so schnell und frisch als möglich bearbeitet. Ein Etablissement, welches sich daher, wie das schon erwähnte des Herrn Herman, zu Cannes selbst befindet und also sogleich die ganz frischen Blüten ver= arbeiten kann, ist stets bedeutend im Vortheil; daher steht auch die Herman'sche Fabrik einzig in ihrer Art da und ist wegen ihrer ganz vorzüglichen Producte weit und breit berühmt. In diesem Etablissement werden jährlich 38— 40,000 Kilogr. Pomaden und wohlriechende Oele fabricirt.

Dem theoretischen Chemiker eröffnet das Studium der Parfümerie ein weites, anziehendes Feld. Derselbe sieht auf den in den Laboratorien der Parfümisten befind= lichen Gestellen die seltensten Oele, z. B. das Akazien= blütöl, Veilchenöl, Jasminöl und viele andere mehr in großen Flaschen.

Da die wohlriechenden Pflanzen nicht zu jeder Jahres=
zeit blühen, die Menschen aber die herrlichen Gerüche nicht
gern entbehren wollen, so haben sich schon die Alchemisten,
und zwar nicht ohne Erfolg, bemüht, die Riechstoffe auf
irgend eine Weise von den Pflanzen abzusondern, um sie
beständig genießen zu können.

# III.

Die vorzugsweise gebräuchlichen Methoden zur Abscheidung der Riechstoffe, als: die Pressung, die Destillation, die Maceration und die Absorption. — Tabelle über die Menge des aus den für die Parfümerie wichtigsten Rohstoffen abscheidbaren ätherischen Oeles.

Um die verschiedenen Riechstoffe möglichst unverändert aus den Pflanzen oder Pflanzentheilen, in welchen sie vorkommen, gewinnen zu können, bedient man sich je nach der Natur der riechenden Substanz und je nach der Menge, in welcher sie vorkommt, entweder 1. der Methode des Pressens, oder 2. der Destillation, oder 3. der Maceration, oder 4. der Absorption.

1. Die **Pressung** ist nur dann ausführbar, wenn die riechenden Pflanzentheile sehr reich an dem Riechstoffe oder ätherischen Oele sind, wie z. B. die äußersten Schalen der Orangen, Citronen, Limonen ꝛc. In diesem Falle werden die das Oel enthaltenden Theile in ein starkes Tuch geschlagen (in starke Leinwand) und unter einer kräftigen Presse so zusammengepreßt, bis kein Oel mehr abfließt. Die Presse selbst besteht aus einem eisernen Gefäße von großer Stärke und je nach Bedarf von verschiedener Größe, indem es oft

nur 150 Millimeter im Durchmesser und 300 Milli=
meter in der Höhe mißt, doch auch so groß genommen
wird, daß auf einmal 50 Kilo der zu pressenden Schalen
oder selbst noch mehr darin Platz hat. Der Boden dieses
Gefäßes hat eine enge Oeffnung, aus welcher das Oel
in ein darunter gestelltes Gefäß abfließt. Außerdem ist
inwendig ein durchbrochener falscher Boden angebracht.
Auf diesen legt man das zu pressende Material, bedeckt
dasselbe mit einer eisernen, genau in das Gefäß passen=
den Platte, welche vermittelst einer zu drehenden Schraube
in das Gefäß hineingedrückt werden kann, und indem dies
geschieht, wird das Material so dicht zusammengepreßt,
daß die kleinen Zellen desselben, welche das ätherische
Oel einschließen, bersten, so daß das Oel abfließen kann.
Die gewöhnliche Tinkturen=Presse ist ein getreues Modell
eines solchen Instrumentes. Eine andere Art Presse
ist weiter unten (s. Fig. 14 Seite 54) abgebildet. Die
durch Pressung erhaltenen Oele sind noch mit wässerigen
und schleimigen Theilen verunreinigt, die mit dem Oele
zugleich abgeflossen sind, aber möglichst vollständig von
letzterem getrennt werden müssen. Eine solche Trennung
erfolgt freiwillig durch ruhiges Stehen, wobei sich alle
wässerig schleimigen Theile zu Boden setzen, so daß das
Oel davon abgegossen werden kann und dann nur durch
ein Tuch oder Filtrirpapier geseiht zu werden braucht,
um ganz rein erhalten werden zu können.

2. Die **Destillation** wird im Allgemeinen so ausge=
führt, daß man die das wohlriechende Oel enthaltenden
Pflanzen oder Pflanzentheile in einen eisernen, kupfernen

oder gläsernen Kessel, die sogenannte Destillirblase, bringt, die entweder nur 4—80 Liter oder selbst mehrere Eimer Rauminhalt hat.   Diese oben offene Blase wird mit einem helmförmigen Deckel, dem Helme, verbunden und dieser endigt in ein langes, wie ein Korkzieher gewundenes Rohr, das sogenannte Schlangenrohr, welches so durch ein Faß oder einen Bottich geleitet wird, daß nur das äußerste, gewöhnlich mit einem Hahn versehene Ende desselben (das Abflußrohr) unten aus dem Fasse ausmündet.   Das Faß, durch welches das Schlangenrohr geführt ist, wird während der Destillation stets mit kaltem Wasser gefüllt erhalten, damit die durch das Rohr entweichenden Dämpfe abgekühlt und verdichtet werden und als Flüssigkeit unten in ein Vorlegegefäß abtröpfeln können.   Man nennt daher dieses Faß Kühlfaß und die ganze Vorrichtung den Kühlapparat.   In der Art und Weise, wie die Destillation ausgeführt wird, finden ebenfalls einige Verschiedenheiten statt.   Früher füllte man stets die Blase mit der Pflanze, aus welcher der Riechstoff abgeschieden werden sollte, und mit Wasser zugleich, stellte oder mauerte die Blasen auf besondere Heerde und erhitzte sie direct durch das Feuer; allein hierbei trat sehr häufig der Uebelstand ein, daß sich die Kräuter auf dem Boden der Blase festsetzten, anbrannten und brenzliche Oele entwickelten, welche mit dem ätherischen Oele überdestillirten und den Geruch desselben verdarben.   Trotzdem ist diese etwas unvollkommene Methode in Frankreich noch sehr allgemein gebräuchlich; auch wendet man hier verhältnißmäßig kleine Kessel an, von denen

aber viele (20—26) zugleich auf einem Heerde stehen
(s. Fig. 2). In Deutschland und England hat man ge=

Fig. 2.   Französischer Destillirapparat.

wöhnlich viel größere Destillirblasen, welche entweder so
eingerichtet sind, daß in den untersten Theil derselben
reines Wasser kommt; dann wird ein Siebboden in die
Blase eingesetzt und erst auf diesen das Kraut gebracht.
Die Kessel werden auch direct von unten erhitzt, allein
hier ist ein Anbrennen der Pflanzen nicht möglich, da
unten nur Wasser ist, welches sich in der Hitze in Dampf
verwandelt, der durch die Pflanzen hindurchtreten muß,
die riechenden Theile derselben mit fortreißt, in das
Schlangenrohr tritt und hier sammt dem Riechstoffe so
stark abgekühlt wird, daß er sich wieder verdichtet.

Oder die Destillirblasen werden nicht direct durch
Feuer erhitzt, sondern man füllt sie mit den durchnäßten

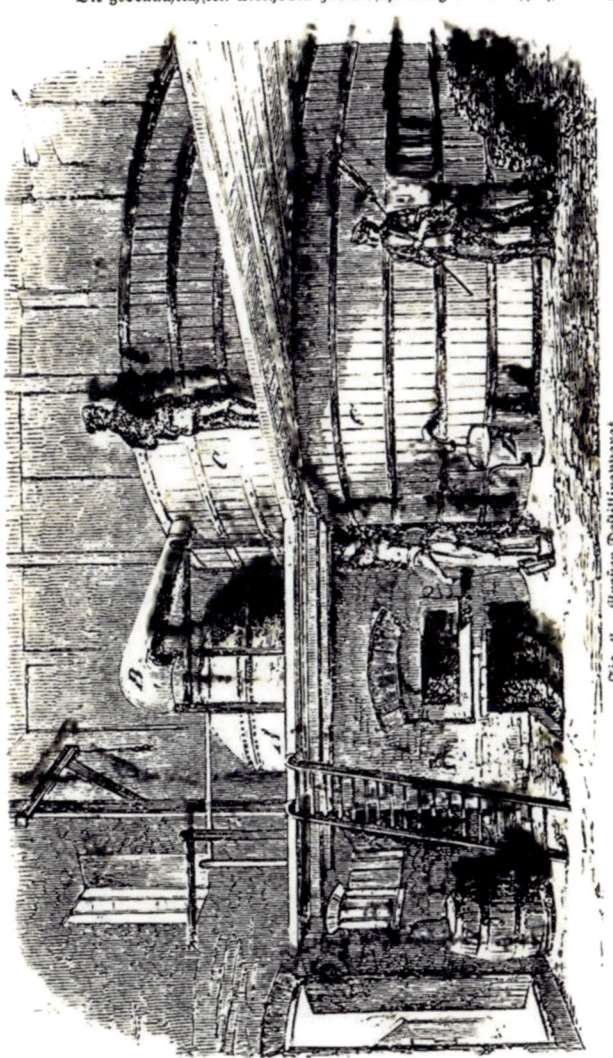

Fig. 3.　Großer Destillirapparat.

A. Die Blase.　B. Der Helm.　C. Der Mühlapparat.　D. Die Vorlegeflasche.

erweichten Pflanzentheilen, deren Riechstoff man erhalten will, und leitet aus einem Dampfkessel ziemlich gespannte Wasserdämpfe von unten ein; die Dämpfe durchdringen auch hier die Pflanze in der Blase und treten mit Riech=stoff beladen in das Kühlrohr, wo sie verdichtet werden. Diese letzte Methode der „Destillation mit ge=spannten Dämpfen" ist die vorzüglichste und daher wenigstens in Deutschland in den größeren Etablissements fast allgemein eingeführt.   Man wendet hierzu ebenfalls kupferne Blasen an, welche in einiger Entfernung über dem Boden ein Drahtsieb oder einen zweiten durchlöcher=ten Boden besitzen, auf welchen die zu destillirenden Pflanzentheile gebracht werden (siehe die Figuren 3 und 4). Gewöhnlich hat man, je nach dem Betriebe und der

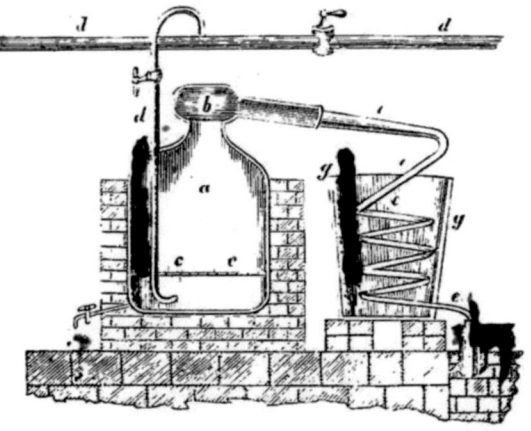

Fig. 4.   Apparat zur Destillation mit gespannten Dämpfen.

Größe der Fabrik, 4, 6, 10 oder noch mehr größere und kleinere solcher Blasen, welche alle von einem, im da=

neben befindlichen Raume stehenden Dampfkessel mit
Wasserdampf gespeist werden.    Der Dampf wird durch
das Rohr d (Fig. 4), welches unterhalb des Siebbodens
c in die Blase a einmündet, zu den zu destillirenden
Pflanzentheilen geleitet, und nimmt, indem er die letzteren
durchdringt, das ätherische Oel mit fort.    Die mit den
Oeldämpfen geschwängerten Wasserdämpfe gehen nun
durch den Helm b und das Schlangenrohr e in die Vorlage
f. Dieselbe ist in Figur 5 im vergrößerten Maaßstabe abgebildet, und wird gewöhn-
lich Florentiner Flasche
genannt; im Kleinen macht
man sie in der Regel aus
Glas, bei größerem Betriebe
jedoch von Kupferblech.

In dem Schlangenrohr
welches durch das im Kühl-
fasse g befindliche kalte Wasser stark abgekühlt wird, verdichten sich nun die Oel-
dämpfe zugleich mit den
Wasserdämpfen, und ge-

Fig. 5.    Florentiner Flasche.

langen so in die Florentiner Flasche. Diese ist mit einem
nahe über dem Boden von der Seitenwand auslaufenden
gekrümmten Rohre versehen, das ungefähr bis zu $2/3$ der
Höhe der Vorlage reicht. Die meisten ätherischen Oele sind
leichter als das Wasser und werden sich daher größtentheils
auf der Oberfläche des Wassers abscheiden; wenn sich nun
bei fortgehender Destillation die Vorlage mit Wasser

und aufschwimmendem Oel bis etwa über $^2/_3$ angefüllt hat, so fängt das Wasser an, durch die Seitenröhre von unten auszufließen, das aufschwimmende Oel bleibt aber in der Flasche zurück. Erst wenn sich so viel Oel in der Flasche angesammelt hat, daß es der Ausflußröhre nahe kommt, ist es nöthig, die Flasche zu wechseln. Das ausfließende Wasser ist gewöhnlich etwas trübe und hält eine kleine Menge des ätherischen Oeles noch aufgelöst, weshalb es auch den Geruch desselben, wenn auch in schwächerem Grade, besitzt. Außer der kleinen Menge von Oel enthalten diese Wässer gewöhnlich auch noch wenig von einer organischen Säure, die in den meisten Fällen Propionsäure, Angelicasäure oder Zimmtsäure sein dürfte. Diese Wässer werden zuweilen zu Parfümerien, am häufigsten aber in der Medicin gebraucht, und in den Apotheken gewöhnlich so dargestellt, daß man eine kleinere Menge der Pflanzentheile, als wie sie zum Zwecke der Oelbereitung genommen wird, mit Wasser destillirt. Man hat z. B. Fenchelwasser (Aqua Foeniculi), Pfeffermünzwasser (Aqua Menthae piperitae), Hollunderwasser (Aqua Sambuci) u. a. m.

Ein in mehrfacher Hinsicht verbesserter Destillirapparat ist der der Firma Drew, Heywood und Barron patentirte. Fig. 6 ist die Gesammtansicht, Fig. 7 der Durchschnitt desselben. Der Apparat ruht auf einem massiven Fuße und besteht aus einer doppelwandigen Blase, wobei der zur Erhitzung nöthige Dampf durch das Rohr S in den Zwischenraum zwischen der inneren eigentlichen Blasenwandung und dem äußeren Dampfmantel einströmt.

Auf der Blase sitzt ein Helm, der mittelst Schrauben fest
mit der Blase verbunden werden kann.   Im Helm ist eine
Rührvorrichtung angebracht, welche aus zwei, der Blasen=
wandung entsprechend gekrümmten und mit einer auf dem
Boden der Blase schleifenden Kette verbundenen Stangen
besteht.   Diese Stangen werden durch die außerhalb des
Helmes befindliche Kurbel und die im Helme befindlichen
konischen Räder in rotirende Bewegung gesetzt, wozu die
Kraft eines Arbeiters, der die Kurbel dreht, genügt.   Füllt
man nun die Destillirblase z. B. mit 2 Centnern Gewürz=
nelken, so wird zugleich so viel Wasser zugegossen, daß die
Blase beinahe voll ist; dann schraubt man den Helm auf
und läßt Dampf in den Blasenmantel (nicht in die eigent=
liche Blase) einströmen.   Hierdurch wird das auf die Ge=
würznelken gegossene Wasser in der Blase bald zum Sieden
erhitzt; zugleich fängt der Arbeiter an den Rührer in Be=
wegung zu setzen.   Die von dem siedenden Wasser in der
Blase frei werdenden Wasserdämpfe beladen sich mit dem
ätherischen Oele der Gewürznelken, steigen in dem mit
S & O bezeichneten Rohr empor, gelangen aus diesem in
das Schlangenrohr des Kühlers, werden hier verdichtet und
fließen bei R in den Behälter C ab.   In diesem trennt sich
das mit übergegangene Oel freiwillig vom Wasser und
zwar ist das in unserem Beispiel gewählte Oel der Gewürz=
nelken specifisch schwerer, bildet also für sich eine Flüssig=
keitsschicht auf dem Boden der Cisterne, auf welcher das
Wasser schwimmt.   Sobald sich der Behälter C bis zu dem
am oberen Rande angebrachten Ueberfluß=Röhrchen gefüllt
hat, fließt das Wasser in dem Verhältnisse als es über=

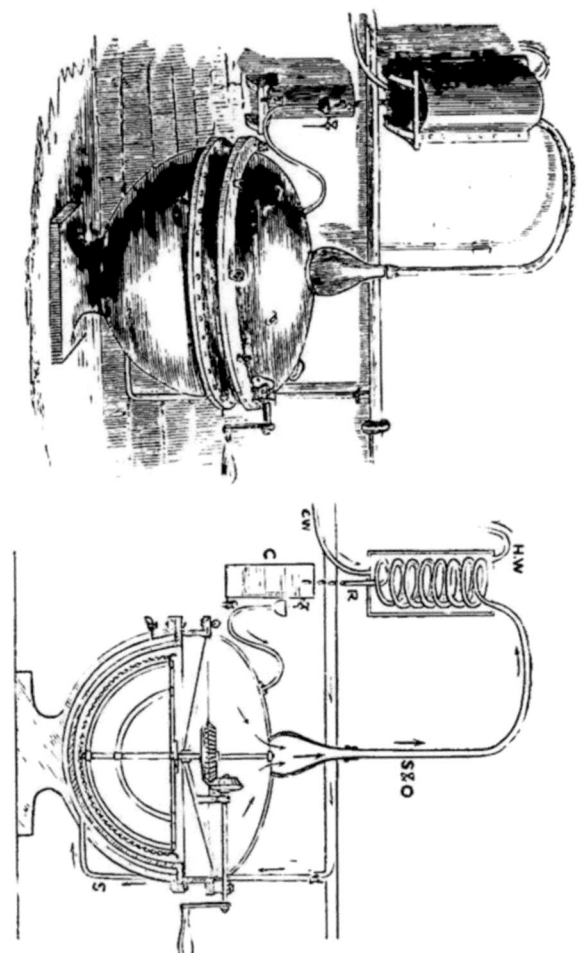

Fig. 6 und 7.   Verbesserter Destillirapparat.

destillirt in den Trichter einer Art Heberröhre und aus die=
ser wieder in die Destillirblase zurück.   In dieser letzteren
Einrichtung liegt der größte Vorzug dieses Apparates, und
es ist einleuchtend, daß man, da das überdestillirte Wasser
immer und immer wieder durch das Heberrohr oder den
sogenannten Siphon in die Blase zurückfließt, mit ganz
wenig Wasser eine große Quantität von Oel enthaltenden
Stoffen destilliren kann.   Man erzielt hierbei eine größere
Ausbeute, weil bei den anderen Methoden nicht unbedeu=
tende Mengen von Oel in den großen Quantitäten des zur
Destillation erforderlichen Wassers oder Dampfes gelöst
bleiben.   Destillirt man ein ätherisches Oel, welches speci=
fisch leichter als Wasser ist, so nimmt man anstatt des Be=
hälters C zum Aufsammeln einen Behälter von der Form
einer Florentiner Flasche (siehe oben Fig. 5 auf S. 41),
aus welcher das sich unten ansammelnde Wasser in der
beschriebenen Weise fortwährend in den Siphon abfließt.
Es ist wohl kaum nöthig zu bemerken, daß man den Siphon
beim Beginn der Destillation mit Wasser füllen muß,
damit keine Dämpfe durch denselben entweichen können.
Die Spannung der Dämpfe des in der Blase kochenden
Wassers ist nie so groß, daß dadurch das Wasser aus dem
Siphon zurückgedrückt werden könnte.   Endlich ist noch zu
bemerken, daß der Kühler durch das Rohr CW mit kaltem
Wasser versorgt wird, während das warm gewordene Was=
ser bei HW abfließt.

Man hat verschiedene Versuche angestellt, zu ermitteln,
ob es wol rathsamer sei, die Vegetabilien in ganz frischem,
noch nassem Zustande zu destilliren, oder sie vorher zu trock=

nen, und diese Versuche haben ergeben, daß man in vielen
Fällen eine etwas größere Ausbeute an ätherischem Oele
erhält, wenn man die Pflanzentheile vorher an der Luft
getrocknet hat.   Natürlich wurde bei diesen Versuchen das
in den Pflanzen enthaltene und durch das Trocknen verloren gehende Wasser mit in Rechnung gebracht.   Ebenso
ist durch viele vergleichende Versuche ermittelt und bewiesen worden, daß man die Samen der Doldengewächse
(Umbelliferen), wie z. B. Kümmel, Fenchel u. s. w., vor
der Destillation nicht zerkleinern und zerquetschen darf, sondern dieselben im unzerquetschten Zustande zuvor in einem
hölzernen Bottich mit wenig lauwarmem Wasser einweichen
und so einen halben Tag stehen lassen muß, nach welcher
Zeit das Wasser abgelassen und der Same in die Blase
gebracht wird; der nun einströmende Dampf durchdringt
die so benetzten Samen besser, als die trockenen.   Zerquetscht man zuvor die Samen, so erhält man eine geringere Ausbeute an Oel, weil die im Innern des Samens
enthaltenen Eiweißtheilchen das Oel einhüllen und so an
der Verdampfung hindern.   Das Oel ist nämlich in den
Samen der Umbelliferen nur in kleinen Bläschen in der
äußeren braunen Schale enthalten, während der weiße Kern
kein Oel enthält.   Auch Pfeffermünzkraut, Krausemünze und
dergl. braucht man nicht zu zerkleinern, sondern nur zu
trocknen.

Um nun die auf diese Weise erhaltenen Oele noch weiter zu reinigen, werden sie häufig einer Rectification,
d. h. einer nochmaligen Destillation in kleineren kupfernen
Blasen unterworfen, und hierauf in einen gläsernen

Scheidetrichter (s. unten Fig. 9) gegossen, der mit einem gläsernen Hahn versehen ist. Man kann dadurch alles dem Oele etwa noch mechanisch anhängende Wasser vollständig abscheiden, indem man das zu unterst befindliche Wasser in eine untergestellte Flasche mittelst Oeffnen des Hahnes abläßt.

Man muß die ätherischen Oele in sehr gut verschlossenen, ziemlich vollen Gefäßen im Schatten aufbewahren, da sie durch den Zutritt der Luft und des Lichtes sehr leicht verharzen, dick und braun werden, und einen unangenehmen Geruch bekommen.

Das Destillat, welches man bei Anwendung der einen oder andern dieser Destillationsmethoden erhält und in den Vorlegeflaschen aufsammelt, theilt sich bei ruhigem Stehen in zwei Schichten, von welchen die obere meistens das ätherische Oel, die untere das schwerere Wasser ist, welches aber immer etwas von dem Oele mit aufgelöst enthält, also nach dem Oele riecht und daher „**ätherisches Wasser**" genannt und hin und wieder ebenfalls noch verwendet wird. Einige Riechstoffe, z. B. das Gewürznelkenöl und Zimmtöl, sind dagegen schwerer als das Wasser und bilden die Flüssigkeitsschichte auf dem Boden der Flasche. Zunächst wird also das Oel von dem Wasser getrennt, indem man es entweder (bei kleinen Quantitäten) mittelst einer Pipette (s. Fig. 8) abhebt oder durch einen mit einem Hahn verschließbaren sogenannten Scheidetrichter (s. Fig. 9) trennt. Man verschließt nämlich erst den Trichter, füllt ihn mit den zwei Flüssigkeitsschichten und indem man ihn hierauf öffnet, kann man erst die eine schwerere Flüssigkeit in ein darunter gestelltes, nachher die leichtere Flüssigkeit in ein anderes untergestelltes Gefäß besonders ablaufen lassen.

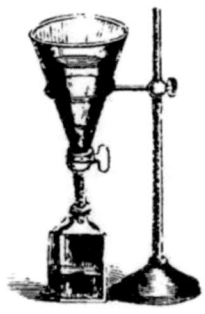

Fig. 8.
Abheben des Oeles vermittelst der Pipette.

Fig. 9.
Scheidetrichter zum Trennen des ätherischen Oeles vom Wasser.

Die Methode der Destillation ist zur Gewinnung der meisten ätherischen Oele aus den Pflanzen die zweckmäßigste; immerhin giebt es manche Blüten, die gerade den feinsten, ausgesuchtesten Geruch besitzen, der aber auf diese Weise nicht abgeschieden werden kann. Früher destillirte man auch zuweilen die Pflanzen anstatt mit Wasser, mit Weingeist, doch ist man jetzt, wenigstens für die Zwecke der Parfümerie, hiervon abgekommen, da der Weingeist zu leicht siedet, daher nur wenig ätherisches Oel mit fortnimmt, das meiste noch in der Pflanze zurückläßt, und man also hierbei zu große Verluste hat. Man erhielt dann als

Destillat sogleich eine Auflösung des Oeles in Weingeist, also nur eine Flüssigkeitsschichte. Die Destillation mit Weingeist wird nur noch zur Darstellung feiner Liqueure benutzt.

3. Die **Maceration** wird auf folgende Weise ausgeführt: Zur Gewinnung der sogenannten Pomade wird eine bestimmte Menge von gut gereinigtem Rinds- oder Hirschtalg mit gereinigtem Schweineschmalz gemischt (über die Reinigung dieser Fette siehe später bei den Pomaden), in einen Metall- oder Porzellantopf gebracht und in diesem bis zum Schmelzen erhitzt, was am besten auf die Weise geschieht, daß man jeden Topf in ein mit Wasser gefülltes Gefäß setzt und das Wasser von unten erhitzt (Wasserbad), wie der Durchschnitt des Macerationsbades, auch Marien-

Fig. 10.  Macerations-Bäder.

bad genannt, in Fig. 11 deutlich veranschaulicht; oder man läßt sogleich heiße Wasserdämpfe unter die Töpfe strömen

(Dampfbad). Ist das Fett geschmolzen, so werden nun die sorgfältig ausgesuchten Blüten, deren Wohlgeruch man gewinnen will, in dasselbe eingetaucht und 12—48 Stunden darin gelassen (macerirt), wobei das Fett immer im geschmolzenen Zustande erhalten wird. Das Fett zeichnet sich durch eine sehr große Anziehung (Adhäsion) zu den Pflanzengerüchen aus und indem es dieselben aufnimmt, gleichsam auflöst, wird es dadurch in hohem Grade wohlriechend, während die Blüten ihren Geruch ganz verloren haben.

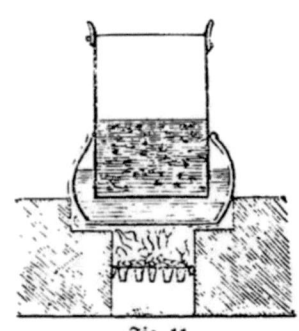

Sobald die Blüten ganz erschöpft sind, seiht man das Fett von denselben in frische Töpfe ab (s. Fig. 10), macerirt es mit frisch zugesetzten Blüten wie das erste Mal und wiederholt diese Operation 10 bis 15 Mal, bis die Pomade die gewünschte Stärke, d. h. den gewünschten starken Geruch besitzt. Die verschieden starken Pomaden werden in

Fig. 11.
Durchschnitt eines Macerations-Bades.

Frankreich mit Nummern bezeichnet, von Nr. 6 bis 24, wobei die höheren Nummern die gehaltreicheren Pomaden angeben.

Zur Gewinnung von parfümirten Oelen, sogenannten „Huiles Antiques" mit Hülfe der Maceration verfährt man ganz gleich, nur daß man anstatt des Fettes reines Olivenöl nimmt und mit den Blüten erwärmt. Das Resultat ist ebenfalls dasselbe. Nach dieser Methode werden besonders die Gerüche aus den Rosenblättern, Orangeblüten und Akazienblüten abgeschieden; auch die Pomaden und Oele mit Veilchen= oder Resedageruch werden zuerst durch Maceration, zum Schlusse aber noch durch Absorption dargestellt. Die in Fig. 10 abgebildete Macerationsvor= richtung wird von Herrn March zu Nizza angewendet.

Wenn keine der beschriebenen drei Methoden ein ge= nügendes Resultat giebt, so bleibt noch eine Verfahrungs= art übrig, nämlich:

4. Die **Absorption** (Enfleurage). — Von allen Ope= rationen zur Abscheidung der Wohlgerüche aus den Blüten ist diese für den Parfümeur die wichtigste, und dennoch wird sie in Deutschland zur Zeit noch nicht in Anwendung gebracht. Durch diese Operation kann man allein jene feinen Pomaden gewinnen, die man hier als „f r a n z ö = s i s c h e  P o m a d e n" so sehr bewundert, sowie auch die „f r a n z ö s i s c h e n  O e l e". Alle diese Producte, auch die Essenzen, die durch Behandlung der Pomaden mit Weingeist erhalten werden, wie wir später erfahren werden, zeichnen sich durch ihren starken, unvergleichlich schönen Geruch aus.

Die Gerüche einiger Blüten sind nämlich so außer= ordentlich subtil und flüchtig, daß die zur Ausführung der zweiten und dritten Operation nothwendige Hitze eine tief= gehende, namentlich die Feinheit des Geruches betreffende Veränderung, wo nicht gänzliche Zerstörung derselben her= beiführen würde, und auch durch die Pressung wären sie nicht zu gewinnen, da diese Gerüche nur in sehr geringer Menge vorhanden sind. Es bleibt also nur die Absorp=

4 *

tionsmethode übrig, welche in der Kälte ausgeführt wird und daher jeden Geruch ganz unverändert läßt.    Diese Operation wird auf folgende Weise ausgeführt:

Man nimmt 600 Millimeter breite und 1 Meter lange starke viereckige Glastafeln, legt dieselben (jede einzeln) in dazu passende, mit 80 Millimeter hohen Rändern versehene Rahmen (siehe Fig. 12), Châssis, bedeckt jede Tafel mit Hülse eines Spatels, ungefähr 8 Millimeter hoch, gleich-

Fig. 12. Glasrahmen.

mäßig mit gereinigtem Fett, steckt in dieses die wohlriechen-den Blüten, deren Geruch man abscheiden will, so ein, daß der Kelch nach oben gerichtet ist, und läßt sie 12—72 Stunden lang darin stecken.

Einige Häuser, z. B. das der Herren Gebrüder Pilar, der Gebrüder Pascal, des Herrn Herman und meh-rere andere haben während der Sommerzeit 3000 solcher

Glasrahmen in Gebrauch. Sind die Rahmen auf die erwähnte Weise gefüllt, so legt man einen über den anderen, und nachdem die bestimmte Zeit verflossen ist, zieht man die nun geruchlos gewordenen Blüten heraus, steckt neue hinein, läßt sie wieder stehen und wiederholt dies so oft, als die Blütezeit der Pflanzen dauert, also ungefähr 2—3 Monate lang.

Will man den Blütengeruch auf ein Oel übertragen, so tränkt man grobe leinene Tücher mit dem feinsten Olivenöle, breitet dieselben auf Rahmen aus, die anstatt Glastafeln einen Boden von Draht-Gaze haben (s. Fig. 13). Hierauf werden die Blüten, ebenfalls mit dem Kelche nach

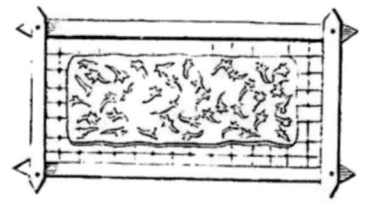

Fig. 13. Rahmen mit einem Eisendraht-Boden.

oben gerichtet, auf die Tücher gelegt und so lange darauf liegen gelassen, bis sie durch frische Blüten ersetzt werden können. Diese Operationen wiederholt man längere Zeit hindurch, legt endlich die Tücher unter eine kräftige Schraubenpresse (s. Fig. 14), um das nun parfümirte Oel daraus zu erhalten.

Alle für die Gewinnung der einzelnen Riechstoffe erforderlichen speciellen Angaben werden wir im s e c h s t e n Abschnitte, welcher der Erörterung der für die Parfümerie wichtigen Pflanzen und deren Riechstoffe gewidmet ist, mittheilen.

Fig. 14.   Schraubenpresse.

Zum Schlusse dieses Abschnittes lassen wir noch eine Tabelle über die Menge des aus den für die Parfümerie wichtigsten Rohstoffen abscheidbaren ätherischen Oeles folgen:

| Name des Pflanzenstoffs. | Quantität des Pflanzenstoffs in Kilogrammen. | Daraus abscheidbares Oel in Grammen. |
|---|---|---|
| Anissamen | 25 | 600—800 |
| Calmuswurzel | 112 | 1067 |
| Cederholz | 28 | 267 |
| Dost (Origanum), ge= trocknet | 25 | 134—200 |
| Gewürznelfen | 1 | 186 |
| Kümmelsamen | 25 | 1067 |
| Lavendelblüten | 112 | 2000—2134 |
| Majoran, frisch | 100 | 200 |
| „ getrocknet | 20 | 200 |
| Mandel=Preßkuchen | 14 | 67 |
| Melisse, frisch | 60 | 67—100 |
| Muskatblüte | 3 | 200 |
| Muskatnuß | 2 | 200—267 |
| Myrtenblätter | 112 | 334 |
| Orangenschalen | 10 | 67 |
| Patchouliblätter | 112 | 1870 |
| Pfeffermünze, frisch | 100 | 200 |
| „ getrocknet | 25 | 200—267 |
| Rosen (Blüten) | 112 | 12—17 |
| Rosengeranium=Blätter | 112 | 134 |
| Rosenholz | 112 | 200—267 |
| Santalholz | 112 | 2000 |
| Thymian, getrocknet | 20 | 67—100 |
| Veilchen | 112 | 4 |
| Vetiver | 112 | 1000 |
| Zimmt | 25 | 100 |
| Zimmtcassia | 25 | 200 |

Einzelne specielle Angaben hierüber sind im sechsten Abschnitte zu finden.

# IV.

Die Extraction der Wohlgerüche aus den Blüten mittelst Aether oder Schwefelkohlenstoff von Dr. Millon, Vorstand des chemischen Centrallaboratoriums in Algier. — Dr. Hirzel's Extractionsmethode. — M. A. Piver's Verfahren.

Außer den im vorigen Abschnitte beschriebenen Methoden zur Abscheidung der Wohlgerüche von den Blüten oder anderen Pflanzentheilen, hat man in neuerer Zeit vielfache Versuche angestellt, um namentlich die feinsten Blütengerüche, die nur durch die umständliche Methode der Maceration oder Absorption gewonnen werden können, nach einem leichteren und besseren Verfahren zu gewinnen. Von großem Interesse in Hinsicht hierauf sind die Mittheilungen des Dr. Millon, welche derselbe schon im Jahre 1856 gemacht hat und welche wir hier wörtlich folgen lassen:

„Wenn man Getreide oder sämmtliches Mehl desselben mit Aether behandelt, so löst man ein Gemenge von fetten und wachsartigen Materien auf, welche mehr oder weniger gefärbt und immer mit einem ziemlich starken Geruche begabt sind, der identisch ist mit demjenigen, welchen das in Masse aufgehäufte Getreide entwickelt. Dieses aromatische

Prinzip ist sehr beständig und läßt sich in der fetten Sub=
stanz noch mehrere Jahre nach seiner Ausziehung wahr=
nehmen. Es verschwindet in der That nicht eher, als bis
das Getreidefett ranzig zu werden beginnt.

„Diese Thatsache hat als Ausgangspunkt für zahlreiche
Untersuchungen gedient, welche ich über die Ausziehung des
aromatischen Prinzips der Blüten und verschiedener Vege=
tabilien angestellt habe.

„In Algerien ist das Parfüm der Blumen vor Allem
ausgezeichnet durch eine außerordentliche Lieblichkeit; man
glaubt auch, daß es intensiver sei, allein wenn ich nach der
Leichtigkeit urtheilen darf, mit der man es erträgt, so würde
ich eher geneigt sein, die entgegengesetzte Meinung anzu=
nehmen und zu glauben, daß diese Wohlgerüche bei größe=
rer Menge auch mehr Feinheit und Milde besitzen.

„Was an die Lebhaftigkeit und die Kraft der ursprüng=
lichen Wohlgerüche der südlichen Gegenden hat glauben
machen, ist die Form, in der sie versendet werden. Die Blü=
ten können nicht ausgeführt werden, ohne getrocknet, das
heißt verändert zu sein, und sehr häufig müssen sie destillirt
werden, um ihr aromatisches Prinzip in einer für den Han=
del passenden Form zu liefern; was abermals eine Verände=
rung ist, wobei sehr stark riechende destillirte Wässer und
vorzüglich ätherische Oele entstehen. Da es nun das äthe=
rische Oel ist, an welches sich die Idee der in der Ferne cul=
tivirten Blume knüpft, und da es gewiß ist, daß die äthe=
rischen Oele mehr Kraft haben, als die Blumen, so ist leicht
zu begreifen, wie die Wohlgerüche des Südens den Ruf
erlangt haben, welchen sie genießen.

„Eine genaue Vergleichung der Blumen von Gegenden, die weit von einander entfernt sind, ist nie möglich; wenn man jedoch die ätherischen Oele unter sich vergleicht, so erkennt man, daß die des Nordens jenen des Südens in Nichts nachstehen.

„Außer der Destillation besitzt die Parfümerie noch andere Ausziehungsmethoden, aber sie sind nicht gebräuchlich für die Parfüme, welche Afrika und der Orient fabriziren.

„Wie dem auch sei, man muß die Destillation mit Wasser als eine Operation betrachten, welche das in den verschiedenen Organen der Vegetabilien enthaltene Parfüm entartet, sie erzeugt eine besondere Art von brenzlichen Substanzen, welche im Geruche nie weder die Pflanze, noch die Blüte mit Treue wiedergeben.

„Ich glaube als Grundsatz aufstellen zu können, daß man die natürlichen Wohlgerüche alterirt, sobald man sie einer höheren Temperatur aussetzt, als die ist, welche die Pflanze in der Atmosphäre findet; in Uebereinstimmung mit diesem Prinzip war ich bemüht, das Parfüm zu trennen, indem ich es in einer sehr leicht flüchtigen Flüssigkeit auflöste, welche ich dann durch Destillation entfernte.

„Ich habe vergleichsweise Aether, Schwefelkohlenstoff, Chloroform, sowie den flüchtigsten Theil der Producte, die unter dem Namen Holzgeist und Benzin existiren, angewandt; auch habe ich einige Versuche mit Alkohol gemacht, dessen Siedepunkt indessen die höchste Temperatur der Atmosphäre $+ 70^{0}$, welche ich in Algerien beobachtet habe, um mehrere Grade übersteigt.

„Der Aether hat mir ausgezeichnete Resultate geliefert; in einigen Fällen kann der Schwefelkohlenstoff sehr gut den Aether ersetzen; mit den übrigen angeführten Auflösungs= mitteln erhält man nur ausnahmsweise ein gutes Resultat, auch sind sie viel weniger leicht zu handhaben.

„Das Verfahren ist sehr einfach; man bringt die Blü= ten in einen Verdrängungsapparat und gießt Aether dar= auf, bis sie damit bedeckt sind. Nach 10 bis 15 Minuten läßt man die Flüssigkeit ablaufen und bringt eine neue Quantität Aether darauf, welche zum Waschen dient und nicht länger darin bleibt, als die erste.

„Der Aether löst alles Parfüm auf und hinterläßt das= selbe bei der Destillation in Gestalt eines weißen oder ver= schieden gefärbten Rückstandes, welcher bald fest, bald öl= artig oder halbflüssig ist, immer aber nach einiger Zeit fest wird*).

„Dieser Rückstand wird in dem Augenblicke, wo man ihn erhält, in eine dünne Schichte ausgestrichen, durch Sonnenwärme oder eine gleiche Temperatur in geschmolze= nem Zustande erhalten und öfters bewegt, bis er nicht mehr den Geruch des Auflösungsmittels von sich giebt.

„Dieses Lösungsmittel, Aether oder Schwefelkohlen= stoff, muß mit der größten Sorgfalt gereinigt sein; die

---

*) Wir halten es für unsere Pflicht, hier daran zu erinnern, daß das oben beschriebene Verfahren zur Gewinnung gewisser Parfüme dasselbe ist, welches schon vor mehr als 30 Jahren zuerst von Robiquet und dann von L. A. Buchner zu gleichem Zwecke und namentlich zur Gewinnung des Aroma's der Jonquillen, Reseden, Linden und der Blüten von Phila- delphus coronarius mit glücklichem Erfolge angewendet wurde. (S. Repert. f. d. Pharm. 2. Reihe, IV, 249 und VI, 382.)　　D. H.

bei der Destillation übergegangene Flüssigkeit wird ver=
richtet und wiederum angewendet; sie kann unendlich oft
dienen, doch ist es rathsam, die gleiche Flüssigkeit und den
gleichen Apparat zur Behandlung von Blüten derselben
Art zu verwenden.

„Bei guter Leitung der Operation und zweckmäßiger
Anordnung des Apparates verliert man sehr wenig Aether
oder Schwefelkohlenstoff und die Destillation geht sehr schnell
von Statten. Diese Methode wird erlauben, am gleichen
Orte und in demselben Zeitraume mehr Blüten oder Blätter
zu behandeln, als die Destillation, oder jede andere jetzt
übliche Ausziehungsmethode.

„Aber das Sammeln der Blüten ist eine sehr delicate
Sache; man muß eine Tageszeit wählen, welche jeder Blüte
angepaßt ist, und einen gewissen Grad von Entfaltung,
den nur die Erfahrung allein lehrt.

„So liefert die Nelke ihr Parfüm nur, wenn man sie
zwei oder drei Stunden nach einem starken Sonnenschein
sammelt.

„Die Rosen muß man im Gegentheil Morgens pflücken
und während sie ganz offen sind.

„Die Jasminblüten müssen vor Sonnenaufgang ge=
brochen werden.

„Die Cassie giebt immer ein liebliches Parfüm, aber
für ein geübtes Organ verschieden, je nachdem die Blüte
Morgens, Abends oder in der Mitte des Tages gepflückt
worden ist.

„Bei der jetzigen Destillation vereinigt man alle Mo=
dificationen der Blüte zu einem und demselben ätherischen

Oel, welches an keine derselben genau erinnert, und dieses Gemisch corrigirt vielleicht in einem gewissen Grade die mangelhaften Theile der Ernte; aber bei diesem neuen Extractions-Verfahren giebt sich die leichteste Alteration, die geringste Veränderung des Zustandes und der Qualität in dem Parfüm zu erkennen, und damit dieses die Frische und Lieblichkeit des Geruches der Blüte besitze, muß es in der That aus einer frisch und lieblich riechenden Blüte erhalten worden sein.

„Hier kann man sagen: was die Blüte gilt, das gilt auch das Parfüm.

„Im Anfange meiner Versuche fürchtete ich die Berührung mit der Luft sehr; ich habe sogar damit angefangen, die gesättigte Flüssigkeit in einem Strome von Wasserstoffgas oder Kohlensäure zu destilliren, aber diese künstlichen Atmosphären schadeten immer der Güte des Rückstandes und theilten ihm häufig einen unangenehmen Geruch mit, den ich nicht zu verjagen wußte; zuweilen verschwand sogar das Aroma der Blume.

„Ich habe bald auf diese complicirten Apparate verzichtet und angefangen, den Zutritt der Luft zu begünstigen, statt ihn abzuhalten. In der That habe ich mich überzeugt, daß das Parfüm, weit entfernt, sich leicht zu verflüchtigen, wie die ätherischen Oele, eine große Beständigkeit besitzt. Es verändert sich wirklich nur in Berührung mit den andern Stoffen der Pflanze; diese letztern ziehen es in ihre Zersetzung mit hinein; aber einmal von den zerstörbaren Organen der Pflanze getrennt, entgeht es ihrem Einflusse und gehorcht den Gesetzen der Umwand-

lung, oder vielmehr der Zersetzung, welche ihm eigenthüm=
lich sind.

„Auf diese Weise bewahre ich seit mehreren Jahren
isolirte Parfüme auf dem Boden von immer offenen Glas=
röhren auf, oder in Schalen, welche dem freien Zutritt der
Luft ausgesetzt sind, ohne daß ein merklicher Verlust statt=
fände. Nach meiner Meinung wird dieser allgemeine Cha=
rakter von Beständigkeit oder vielmehr von Widerstand
gegen die atmosphärischen Einflüsse die eigentlichen Par=
füme auszeichnen; die ätherischen Oele, welche aus den
Vegetabilien ausschwitzen, oder durch Destillation daraus
entbunden werden, sind Producte einer andern Natur.

„Ich hätte gewünscht, diesen Punkt der chemischen Clas=
sification durch die Elementaranalyse und durch die Anwen=
dung von Reagentien auf diese neuen Substanzen aufzu=
klären, es scheint dies um so leichter, da sie fix und unver=
änderlich, oder wenig veränderlich an der Luft sind, aber
ich bin da auf eine eigenthümliche Schwierigkeit gestoßen,
welche unübersteiglich gewesen ist und es auch ohne Zweifel
noch lange sein wird.

„Wenn man nämlich den aromatischen Theil, den ein
Kilogramm Blüten liefert, wägt, so findet man, daß er
kaum ein Tausendstel derselben beträgt; so liefert das Me=
lissenkraut nur ein Gramm Rückstand per Kilo; mehrere
Varietäten von Rosen liefern nicht mehr. Die Cassie, die
Nelke geben 3 bis 4 Gramm; aber diese Rückstände sind
Gemenge, worin man auch viel Wachs, Fett, Oel und
Farbstoff findet; dies ist also ein sehr zusammengesetztes
Product, welches weder das reine Gewicht, noch das Ver=

hältniß des Parfüms angiebt. Um diesen Körper zu isoli=
ren, habe ich mehrere Lösungsmittel auf einander folgen
lassen, z. B. Aether auf Schwefelkohlenstoff und umgekehrt,
aber ich habe kein befriedigendes Resultat erhalten.   Der
Alkohol hat mir noch die interessanteste Trennung gewährt.
Indem ich ihn auf den Rückstand wirken ließ, löste er das
aromatische Prinzip auf und nahm wol ein wenig Farbstoff
und Fett mit, aber er ließ die verschiedenen Wachsarten,
welche der Aether aufgelöst hatte und die den größten Theil
des Rückstandes bildten, fast unberührt. Ich konnte hoffen,
den Alkohol zu entfernen und so das Parfüm fast rein zu
erhalten; aber wenn man diesen gesättigten Alkohol destil=
lirt, so alterirt man das Parfüm, und wenn man es in
Wasser gießt, so aromatisirt sich dieses, ohne daß das aro=
matische Prinzip obenauf schwimmt.

„Immerhin kann diese ziemlich bestimmte Wirkung des
Alkohols eine annähernde Idee von der Menge des in der
Pflanze enthaltenen Parfüms geben. Man erschöpfe so ein
Gramm des aromatischen Rückstandes, der einem Kilo Blü=
ten entspricht, mit Alkohol, so wird man alles Parfüm auf=
lösen; man wäge nun den wachsartigen, ganz und gar ge=
ruchlosen Theil, welchen der Alkohol nicht gelöst hat, und
man wird bestätigt finden, daß er nur einige Hundertstel
seines Gewichtes verloren hat.   Indessen ist der Alkohol
weit entfernt, nur den aromatischen Theil aufgelöst zu
haben; er hat auch allen Farbstoff, Fett, Oel und ein
wenig Wachs aufgenommen.

„Wenn man die Reinigung des Parfüms weiter ver=
folgen und eine vollständige Isolirung erreichen könnte, so

bin ich überzeugt, daß man bei einer derartigen Opera=
tion, nach allen unvermeidlichen Verlusten, aus einer bedeu=
tenden Menge Blüten nicht mehr als ein Milligramm per
Kilo erhalten würde.    Bei dem Preise gewisser Blumen
würde das Gramm dieses gereinigten Parfüms mehrere
Tausende Franken kosten, selten weniger.

„Man sieht hieraus, daß man bei diesen Substanzen
weit von den Bedingungen entfernt ist, welche dem chemi=
schen Studium eines Stoffes günstig sind, und die für die
Mehrzahl der Arbeiter hauptsächlich in seiner reichlichen
Menge und in seinem niedrigen Preise bestehen.

„Bei dem Mangel der Elementaranalyse und der wich=
tigsten chemischen Reactionen scheint mir die annehmbarste
Definition, welche man von diesen neuen Stoffen geben
kann, folgende zu sein:

„Das Parfüm der Blüten ist ein fixes, oder selten
flüchtiges Prinzip, wovon die Blüte nur unwägbare Spu=
ren enthält.  An der Luft ist es wenig oder nicht veränder=
lich; es zersetzt sich in der Wärme, sobald man die Grenzen
der atmosphärischen Wärme überschreitet; es ist fast immer
löslich, ohne scheinbare Zersetzung, in Alkohol, Aether, fet=
ten Körpern und in einer großen Anzahl von Flüssigkeiten,
wie: Schwefelkohlenstoff, Chloroform, Benzin ꝛc.; das
Parfüm ist fast unendlich vertheilbar in der Luft, d. h. es
verbreitet sich darin und giebt seine Gegenwart durch einen
angenehmen Geruch zu erkennen, ohne daß sein Gewicht
nach unsern jetzigen Schätzungsmethoden auf merkliche
Weise dadurch verringert würde.  Es ist ebenso vertheilbar
in Wasser, und wenn man einige Tropfen einer weingeisti=

gen Löſung in daſſelbe gießt, ſo wird es bewunderungs=
würdig aromatiſirt.

„Aber eine Thatſache, welche die Veränderlichkeit des
Parfüms durch chemiſche Agentien beweiſt, iſt die, daß
wenn man ſeine alkoholiſche Löſung in gewöhnliches Waſſer
ſchüttet, der Geruch ſogleich verſchwindet, während er ſich
in deſtillirtem Waſſer hält.

„Die obige Beſchreibung begründet eine große Aehn=
lichkeit zwiſchen dem Parfüm der Blumen und dem des
Moſchus und es ſteht zu hoffen, daß ſich dieſe Aehnlichkeit
auch auf die therapeutiſchen Wirkungen ausdehnen werde
und daß dieſe neuen Stoffe, innerlich genommen, denſelben
Einfluß auf den Organismus haben werden. Es würde
eine große Erleichterung für den Arzt und den Kranken
ſein, wenn man dem Moſchus, deſſen Geruch faſt immer
etwas Abſtoßendes hat und der bis jetzt eine Art Speci=
ficum iſt, das durch kein anderes Arzneimittel mit Erfolg
erſetzt werden kann, ein angenehmes Parfüm ſubſtituiren
könnte.

„Die Leichtigkeit, womit ſich die Parfüme, welche ich
beſchreibe, in Alkohol, Oelen und Fetten löſen, zeigt, wel=
chen Vortheil die Induſtrie davon ziehen kann. Die Haupt=
ſache iſt, daß die geringe Menge der Ausbeute, welche die
Blumen liefern, genau das Parfüm derſelben repräſentirt;
dieſes nun findet ſich unverändert und ganz darin wieder,
ſo daß ein Gramm des Rückſtandes, welcher aus einem Kilo
Blüten gewonnen worden, in demſelben Grade Fett oder
Oel aromatiſirt und ſo unter einem tauſend Mal geringern
Volum die gleiche Wirkung hervorbringt. Dieſes Verfah=

ren bemächtigt sich also des nutzbaren Theiles der Blüten, macht ihn haltbar, concentrirt ihn, sammelt größere Mengen davon an, die in allen für die Ernte günstigen Gegenden unbegrenzt sind, und gestattet, dieselben ohne Umstände und Verlust an die Parfümerie-Fabriken zu versenden, wo sie dann die letzten Zubereitungen erhalten. Dies ist nicht Alles; das Tränken der Fette und Oele mit dem Wohlgeruche der Blüten, welches jetzt so langwierig, kostspielig und unvollständig ist, wird ganz verschwinden und fast immer durch eine schnellere Methode, durch ein einfaches Zusammenmischen oder durch eine Auflösung, die man an jedem Orte und zu passender Zeit vornehmen kann, ersetzt werden. Es ist dies für die Kunst der Parfümerie, deren commercielle Wichtigkeit besonders in Frankreich bedeutend ist, ein ganz neues, auf die äußerste Einfachheit zurückgeführtes Verfahren.

„Im Laufe dieser Versuche habe ich die Blumen angewendet, welche ich zur Hand hatte und die in Algerien am besten gedeihen; einige davon sind in ihrer Cultur durch das Klima außerordentlich begünstigt, und vorzüglich würde durch die neue Extractionsmethode, welche ich oben beschrieben habe, ihre Verwendung leicht und ergiebig werden. Ich werde diese bevorzugten Blumen schnell durchgehen, ohne eine andere Absicht, als sie besonders der Aufmerksamkeit zu empfehlen und einige nützliche Bemerkungen darüber niederzulegen.

„Die Cassia Farnesiana oder levantische Cassie, welche die Araber Ben nennen, findet sich fast in allen maurischen Niederlassungen, mit denen die Umgegend von

Algier besetzt ist, aber jedes Landgut besitzt nur eine kleine Anzahl von Exemplaren, höchstens zwei oder drei. Obgleich die Eingebornen ihr Parfüm, dessen sie sich bedienen, um ihre Koffer oder Santonks, worin sie ihre Kleider aufbewahren, zu parfümiren, sehr hoch schätzen, so haben sie doch bis jetzt keinen Handel damit getrieben. Jeder muselmännische Grundbesitzer cultivirt einige Stämme davon zu seinem Hausgebrauch. Während der Ernte, die Ende des Sommers stattfindet und mehrere Monate dauert, machen die Frauen und Kinder Schnüre davon, ähnlich denen, welche sie aus Jasmin und Neceris verfertigen.

„Was die Cultur der Cassie in den Händen der Mauren beschränkt hat, ist, daß die Blume die Destillation nicht erträgt; aber die hie und da auf allen Algier umgebenden Villas zerstreuten Bäume genügen, ihre kräftige Vegetation zu beweisen. Im Norden Europa's ist sie ein Strauch, den man in die Gewächshäuser stellt und der nur an den wärmsten Standorten in den freien Boden gesetzt werden darf. In Frankreich cultivirt man sie nur im Bar-Departement, unweit Cannes.

„Der mittlere Preis der frischen Blüte ist 5 Franken per Kilo; man verkauft sie an die Parfümeriefabrikanten von Grasse, welche sie direct mit Oel oder Fett behandeln, und man kann nach dem hohen Preise, worauf sie sich erhält, sowie nach den Aufschlüssen, welche der Parfümeriehandel liefert, schließen, daß ihre Production unzureichend ist, und daß eine reichlichere Cultur leichtern Absatz gewähren würde.

„Man verkauft auch die getrockneten Blumen, die man

überall zubereiten und an die Verbrauchsorte versenden
kann; aber die Blüten verlieren beim Trocknen nicht allein
Wasser, sondern es verflüchtigt sich auch ihr Wohlgeruch,
welcher zugleich an seiner Feinheit einbüßt.   Die Arbeit
wird vermehrt, der relative Werth vermindert und die
trockene Blüte giebt für die Parfümerie nur eine geringere
Waare.

„Die mit Aether behandelten Cassiablüten geben ein
tadelfreies Extract, dessen Mischungen mit fetten Körpern
in Nichts den aus der frischen Blüte erhaltenen Präparaten nachstehen.

„Der Schwefelkohlenstoff erschöpft die Blüten so gut
wie der Aether, das Extract, welches er liefert, ist von ausgezeichneter Milde und Lieblichkeit im Gegensatz zu dem
ätherischen Extract, welches mehr Feuer besitzt.

„Diese verschiedenen Extracte geben mit Alkohol eine
stark grünlichgelb gefärbte Tinctur, welche man ohne Schwierigkeiten und in beliebiger Concentration bereiten kann.
Man braucht nur einige Tropfen von dieser geistigen Tinctur
in destillirtes Wasser zu gießen, um dieses vollständig zu
aromatisiren; mit Brunnenwasser würde der Geruch verschwinden.

„Die von den Mauren cultivirten w o h l r i e c h e n -
d e n  R o s e n  werden durch drei Varietäten repräsen-
tirt, welche alle drei schwach nach Moschus riechen.

„Sie bezeichnen mit dem Namen  M o s c h u s -
N e c e r i  eine einfache weiße Rose, deren kräftige Spröß-
linge ungeheure Dickichte bilden; diese Rose ist von den
Spaniern und Franzosen, welche dieselbe mit einer wilden,

kriechenden Rose, die man fast an allen Gartenzäunen findet, und die keiner Anwendung fähig ist, verwechselten, fast ganz ausgerottet worden.

„Der gefüllte Neceri hat dasselbe Schicksal gehabt wie der einfache, und man findet ihn nur noch in den den Mauren gehörenden Gärten; er ist ebenfalls weiß und seine Krone hat einen doppelten Kreis von Blättern; sein Geruch, weniger moschusartig als der des einfachen, ist köstlich. Die Eingeborenen schätzen diese Blume ebenso hoch, wie den Jasmin.

„Diese beiden Varietäten von Rosen werden in Frankreich nicht cultivirt und ihre Producte sind in der Parfümerie unbekannt. Sie verwelken außerordentlich schnell und werden durch das Austrocknen verschlechtert; aber wenn man sie mit Aether erschöpft, so lange sie frisch sind, und in der Zeit, wo sie eben aufgeblüht sind, so erhält man ein eigenthümliches Parfüm, sehr lieblich, sehr fein, identisch mit dem Aroma der Blüten und das seines Gleichen nicht hat; jedenfalls würde dasselbe gesucht sein.

„Die dritte Rose erinnert an unsere Centifolie; es ist dies die Lieblingsblume der Eingeborenen, welche sie Mo= schusrose, seltener Rose von Tunis nennen. Sie ist nicht hochstämmig und nicht reich an Blumenblättern, wovon sie drei bis vier Kreise vom reinsten Rosenroth hat. Seit der Besitzergreifung durch die Franzosen ist sie fast ebenso mißachtet und verfolgt worden, wie die Neceris. Da sie sich nicht mit derselben Leichtigkeit fortpflanzt, so wird sie täglich seltener. Indessen verdient sie durch die Lebhaf=

tigkeit ihres Colorits, durch ihre Eleganz und vor Allem durch die Vollkommenheit des Wohlgeruches, den sie verbreitet, wohl die Stelle, welche ihr die Mauren in der Hierarchie der Blumen angewiesen haben. Auch sie giebt ihr Parfüm an den Aether ab; da sie aber nicht sehr ergiebig ist, so müßte man ihrer Cultur große Flächen Bodens widmen, um eine beträchtliche Quantität zu ernten. Es wäre zu fürchten, daß man keinen entsprechenden Preis dafür erhielte, ungeachtet der außerordentlichen Vorzüge dieses ätherischen Extractes vor allen Präparaten der Parfümerie, welche bestimmt sind, an die Rose zu erinnern.

„Einige mannigfaltigere Versuche der Gartencultur, als die der Mauren, haben gezeigt, welchen Nutzen man in Algerien aus der Production der Rosen ziehen könnte. Hauptsächlich würde man Aussichten auf Gewinn haben, wenn man diese Cultur mit der neuen Ausziehungsmethode durch Aether verbände. Das Parfüm der vorzüglichsten Rosensorten aufzubewahren und in den Parfümerie-Erzeugnissen mit seinen zartesten Abstufungen wieder zu geben, das ist ein Resultat, welches die Consumenten von Luxusartikeln verführen und die Zahl derselben vermehren würde. Dieses Problem, welches sich der erfinderischste Fabrikant zu stellen nicht gewagt haben würde, scheint mir jetzt leicht lösbar zu sein.

„Der Jasmin wird von den Mauren mit vielem Erfolge gebaut. Sie unterscheiden zwei Sorten, den türkischen, dessen Blüte klein ist, und den algerischen, dessen große Blumenkrone häufig gefüllt ist. Diese letztere Varietät verdient den Vorzug, und ihr Name beweist, welche

Sorgfalt die Algerier immer auf ihre Cultur verwendet
haben. Dieſer ſtämmige Strauch genießt unter dem afri-
kaniſchen Himmel eine lange Lebensdauer; wenn er ſeine
Aeſte frei ausdehnt, ſo wächſt er wie die Rebe und vermehrt ſeinen Ertrag jährlich, während das Leben dieſes
Strauches im ſüdlichen Frankreich zehn Jahre nicht über-
ſchreitet. Ich habe das Wachsthum eines alten Stammes
beobachtet, welcher an der Südſeite ſtand und das ganze
Jahr nicht aufhörte zu blühen. Die Blüte hat einen zarten
Geruch und iſt dergeſtalt mit Aroma geſättigt, daß ſie bei
der Deſtillation ätheriſches Oel liefert. Dieſes Reſultat,
das die Parfümeriefabrikanten von Graſſe für unmöglich
erklären würden, erhält man alle Tage unter unſeren Augen, man braucht nur das erſte deſtillirte Waſſer 4 bis 5
mal auf friſche Blüten zurückzugießen. Allerdings iſt die
Menge des ätheriſchen Oeles ſehr klein; es ſtellt das erſte
und theuerſte aller deſtillirten Parfüme dar; man verkauft
die Unze davon zu 750 bis 800 Franken, und im Detail,
wo es ſelten rein iſt, bezahlt man es noch viel theurer.
Trotz dieſes ſehr hohen Preiſes verzehren die Koſten der
Production und Fabrikation faſt allen Nutzen. Der Abſatz
iſt auch ſehr ſchwierig, und dieſes Oel wurde bis heute von
den franzöſiſchen Parfümeriefabrikanten, die ſeine Echtheit
in Abrede ſtellten, zurückgewieſen. Uebrigens hat dieſes Oel,
welches wirklich an den Jasmin erinnert, immer einen ſtarken und ſchwach empyreumatiſchen Geruch; es hält den Vergleich mit der friſchen Blüte nicht aus, während das durch
Aether erhaltene Parfüm ziemlich treu die Lieblichkeit derſelben wiedergiebt.

„Begünstigt durch die letztere Bereitungsweise würde sich die Cultur des Jasmins in den Händen von Europäern leicht entwickeln. Sonst müßte man, da sich die Blüte nicht aufbewahren läßt, mit den Häusern von Grasse concurriren und die frische Blüte in Fabriken bringen, um sie mit Oel oder Fett zu behandeln. Dies würde ein kostspieliges und unsicheres Unternehmen sein, für welches man sich zuerst die Production der Blüten auf einem hinreichend großen Stück Landes sichern müßte. Mit Aether verschwinden alle diese Schwierigkeiten.

„Ich will mich begnügen, hier noch die Blüten der Pomeranze, der Tuberose, des Heliotrops, der Levkoje, Narzisse und Nelke zu erwähnen und zu empfehlen. Die Blüten der riechenden Verbena sind sehr wohlriechend, aber sie sind sehr klein und unzureichend für eine Ernte; das Blatt läßt sich sehr gut mit der Blüte vereinigen und dies Gemenge giebt an den Aether ein ausgezeichnetes Parfüm ab.

„Die Clematis wächst wild in allen Gebüschen Afrika's und liefert mit Aether ein sehr reichliches Extract; es finden sich darin mehrere organische Producte mit einander gemengt und die Untersuchung desselben würde leicht sein, aber das Parfüm ermangelt der Feinheit; außerdem zeigt das so erhaltene Extract die unangenehme Eigenschaft, daß es auf die Haut wirkt und fast ebenso stark blasenziehend ist, als das Cantharidenpulver. Es ist dies das einzige Parfüm, das mir eine so sonderbare Eigenschaft gezeigt hat.

„Wenn ich in die obige Aufzählung das Geranium, den Thymian, Lavendel, Fenchel, Majoran, Anis, Wer=

muth und einige andere aromatische Pflanzen, deren Cultur sich sehr gut für das Klima Algeriens eignet und dort sehr vortheilhafte Resultate zu geben verspricht, nicht einge= schlossen habe, so geschah dies, weil mir die neue Methode bis jetzt auf diese Pflanzen nicht anwendbar zu sein scheint; für lange Zeit wird ohne Zweifel noch die Destillation das beste Mittel bleiben, das aromatische Prinzip derselben in Form eines ätherischen Oeles zu gewinnen.

„Ebenso verhält es sich mit den zahlreichen Producten, welche die Familie der Aurantiaceen der Industrie liefert; ich habe nur die Pomeranzenblüten davon ausgenommen. Wenn man das durch Aether daraus ausgezogene Parfüm mit dem Neroliöl vergleicht, so wird man den ganzen Un= terschied begreifen, der zwischen einem ätherischen Oel und einem Parfüm existirt. Derselbe Vergleich läßt sich anstellen mit dem Citronenöl und dem Parfüm der sogenannten Citronenmelisse.

„Ein letzter Zug, der die Parfüme, von denen ich eine Idee zu geben versucht habe, charakterisirt, ist, daß sie den Vergleich mit der Blüte aushalten; man athmet sie mit Vergnügen neben dem größten Strauße der Blüten selbst, von denen sie abstammen, ein. Diese Probe ist entscheidend; macht man sie mit den ätherischen Oelen, so stehen diese immer den Naturproducten weit nach.

„Indem ich die Aufmerksamkeit auf die Cultur der vor= genannten Gewächse lenke, hüte ich mich jedoch wohl, irgend eine Ziffer zu geben, oder solche verführerische Berechnun= gen zu machen, durch welche man oft die Production in Ländern, die neuerdings der europäischen Auswanderung

eröffnet worden, anzuspornen gesucht hat.  In Algerien sind
diese trügerischen Schätzungen verurtheilt; sie sind aus der
Mode gekommen und zwingen denjenigen, welche die Co=
lonie kennen, ein Lächeln ab.  In der That ist es in die=
sem Lande am schwierigsten, ein Resultat, wenn es wirklich
erzielt worden ist, allgemein zu machen.  Ohne Zweifel
wird der Boden in Ländern von hoher Cultur nach und
nach gleichwerthig; die Hektare ist dort eine Art landwirth=
schaftlicher Einheit und ein ausgezeichnetes Vergleichungs=
maß geworden, aber auf afrikanischem Boden hat die Hek=
tare nur einen metrischen Werth.  Dort wagt man kaum,
zwei benachbarte Parzellen Landes mit einander zu ver=
gleichen, so große Modificationen finden sich dort in der
Vegetation.

„Auf einem solchen Boden, der schon mit Veränder=
lichkeiten und ausnahmsweisen Unregelmäßigkeiten erfüllt
ist, wird die Cultur der aromatischen Pflanzen noch beson=
dern Schwierigkeiten begegnen, die an den Gebräuchen des
Verkehrs haften.

„Die Parfümeriemärkte sind weder immer offen, noch
überall verbreitet, wie jene für Nahrungsmittel; diese In=
dustrie liebt gewisse Verproviantirungsorte, die sie nicht
gern verändern wird.  Es existiren da starke Interessen,
welche lange Widerstand leisten und nur nach und nach der
Ueberlegenheit der Productionsmittel, der Güte und Billig=
keit der Producte weichen werden.

„Ebenso darf man die Aufnahme, welche die Neugierde
den ersten algerischen Producten verschafft hat, nicht mit
einer feststehenden Gangbarkeit verwechseln.  Die Neuheit

und der reelle Vortheil, der sich heutzutage an alle Lebens=
mittel der Colonie knüpft, hat für den Anfang einige sehr
günstige Preise erzielen lassen, auf die zu rechnen unklug
sein würde.

„In jedem Falle darf die Production der Parfüme und
ätherischen Oele, die in Frankreich sehr begrenzt und auf
einige privilegirte Oertlichkeiten beschränkt ist, in Afrika
keine unüberlegte Ausdehnung annehmen: die Absatzwege
würden sich bei einer übermäßigen Ernte bald schließen und
die Täuschung würde um so grausamer sein, da die Cultur
der Blumen und aromatischen Pflanzen Auslagen und ziem=
lich bedeutende Opfer verlangt. Sie bedürfen fast immer
eines ausgesuchten Bodens, einer guten Berüngung, zahl=
reicher Bearbeitungen und vieler, besonderer Sorgfalt, und
die erste Ernte läßt oft mehrere Jahre auf sich warten;
aber unter gewissen Bedingungen des Bodens und der
Lage, welche die Erfahrung bald auffinden wird, in der
Nachbarschaft einer Bevölkerung, die fähig ist, in den
Augenblicken der Dringlichkeit Hand an's Werk zu legen,
mit hinreichender Zeit und hinreichendem Gelde und end=
lich, und dies ist der wichtigste Punkt, mit guten Bürg=
schaften für den Absatz der Producte, bietet dieser wahrhaft
algerische Culturzweig bedeutende und gute Aussichten auf
Gewinn.

„Ein ernstliches Unternehmen würde ohne Mühe die
ersten Proben und Versuche überwinden; es würde bald zu
einer Art von Schule werden, woraus gute Belehrungen
und weise, praktische Vortheile hervorgehen würden. Einige
intelligente Colonisten würden ihren Nutzen dabei finden

und sich, je nach dem natürlichen Vortheil der Bearbeitung
des Bodens und ihrer persönlichen Stellung, einen größe=
ren oder geringeren Antheil an der Production der Par=
füme sichern. Sie würden auf diese Weise dazu beitragen,
in Algerien einen oder mehrere Märkte für Blumen und
ätherische Öle in's Leben zu rufen, von wo aus die Aus=
fuhr dieser Stoffe regelmäßig geschehen könnte. Wenn ich
mich nicht täusche, so würde zu dieser Zeit die Cultur der
Blumen und der ätherischen Öle ihren Charakter anneh=
men und überhaupt interessant werden. Sie würde sich in
die niedrigsten Hütten Eingang verschaffen, sowohl als ein
ländliches Vergnügen, wie auch als Speculation; es würde
dies eine Zierde und ein Festschmuck sein neben den Ent=
behrungen des Landlebens, und eine Befriedigung des
Luxus für die Landarbeiter. Dann würde, unter gewissen
Bedingungen der Familie und des Eigenthums, bei Sorg=
falt und Wachsamkeit, dieser liebenswürdige Zuwachs ein
wesentlicher und einträglicher Industriezweig werden, der,
in Betreff seiner allgemeinen Wichtigkeit, über der Bienen=
zucht und der Seidenraupenzucht ziemlich nahe stehen würde.

„Heutzutage ist diese Industrie trotz der Anstrengungen
mehrerer geschickter Colonisten, trotz der Ermutdigungen,
welche die oberste Verwaltung diesen hat zu Theil werden
lassen, weit entfernt, gegründet zu sein. Ohne Zweifel ist
Algerien bestimmt, ein Blumenmarkt erster Classe zu wer=
den, aber die oben erwähnten Versuche sind hinreichend
gewesen, mich zu überzeugen, mit welcher Schwierigkeit und
zu welchem Preise man sich die zu einem einfachen Ver=
suche nöthigen Blüten und Pflanzen verschaffen mußte. Es

wären Hinderniſſe genug vorhanden geweſen, mich in mei-
nen Unterſuchungen aufzuhalten, wenn ich nicht während
der 5 oder 6 Jahre, die ſie dauerten, von Herrn Fer-
rand, früherem Marineofficier, der ſich die Frage der
Production der Parfüme in Algerien angelegen ſein läßt,
unterſtützt und ermuthigt worden wäre. Sobald die nöthigen Producte in einem zufriedenſtellenden Zuſtande erhalten worden waren, wurden ſie Herrn Piver, deſſen Name
in der Parfümerie-Fabrikation eine Autorität iſt, mitgetheilt. Seine ausgezeichneten Rathſchläge haben mich in
dem Gange, den ich befolgt habe, ſehr unterſtützt (J. de
Pharm. et de Chim. December 1856. Aus dem neuen
Repertorium für Pharmacie von A. Buchner Bd. VI,
Heft 3)."

Trotzdem daß ſeit den eben mitgetheilten Erfahrungen
des Dr. Millon nun volle 16 Jahre verfloſſen ſind, iſt doch
Alles beim Alten geblieben und die Extraction der Blütengerüche wird immer noch durch die Methoden der Maceration und der Abſorption ausgeführt. Wir ſind aber nichts-
deſtoweniger der beſtimmten Meinung, daß ſich doch endlich
ein rationelleres Extractionsverfahren Bahn brechen wird,
und es handelt ſich hier hauptſächlich nur um die Conſtruc-
tion von recht zweckmäßigen Apparaten, um dem neuen
Verfahren Eingang zu verſchaffen.

In dieſer Hinſicht hat der Ueberſetzer dieſes Werkes
(Dr. Hirzel) ſchon ſeit einer Reihe von Jahren viele
Verſuche angeſtellt, um dieſe Angelegenheit der praktiſchen
Ausführung näher zu bringen. Einige kurze Angaben dar-
über mögen hier eine Stelle finden.

Ich benutze zur Extraction der Blütengerüche nicht
Aether oder Schwefelkohlenstoff, sondern die flüchtigsten
Bestandtheile des pennsylvanischen Stein=
öles, den sogenannten Petroleumäther, welche nach
einer besonderen Methode mit größter Sorgfalt gereinigt
werden.  Die frisch gepflückten Blüten kommen in einem
hermetisch verschlossenen Cylinder nur 10—15 Minuten
mit dem flüchtigen Steinöl in Berührung. Letzteres nimmt
den Wohlgeruch rasch auf, wird mit immer frischen Blüten
in Berührung gebracht, bis es sich endlich mit einer größe=
ren Menge des Wohlgeruches beladen hat und dann so ver=
dunstet, daß der Wohlgeruch nebst etwas Fett und Farb=
stoff aus den Blüten zurückbleibt. Die hierbei in Anwen=
dung kommende Verdunstungsmethode ist besonders zweck=
mäßig, indem dabei nur wenig von dem leichten Steinöl
verloren geht und dennoch der Wohlgeruch keiner höheren
Temperatur, die ihm schädlich werden könnte, ausgesetzt
wird.  Dieses Verfahren ist nebst dem dazu erforderlichen
Apparate schon zu Anfang des Jahres 1864 in Frankreich,
England, Oesterreich und mehreren Staaten Deutschlands
patentirt worden, und Versuche in kleinerem Maßstabe mit
hier einheimischen oder der Cultur fähigen Pflanzen, z. B.
mit Maiblümchen, Reseda, weißen Lilien ec., haben sehr
günstige Resultate gegeben. Auch das Aroma verschiedener
Gewürze, z. B. von Zimmt, Vanille, Gewürznelken, habe
ich nach dieser Methode mit bestem Erfolge extrahirt. Selbst
für manche Arzneipflanzen, wie z. B. für Arnicablumen,
eignet sich diese Extractionsmethode ausgezeichnet.  Das
nach diesem Verfahren gewonnene wohlriechende Extract

giebt seinen Wohlgeruch leicht an reinen Alkohol ab, während Fett und der größte Theil des Farbstoffes ungelöst zurückbleiben. Man kann daher auf diese Weise leicht die schönsten wohlriechenden Esprits, Essenzen oder Extracte bereiten. Acht Jahre sind inzwischen verflossen, ohne daß diese Angelegenheit zur wirklich praktischen Ausführung gekommen ist. Die Fabrikation der wohlriechenden Oele, Essenzen ꝛc. für die Parfümerie ruht in wenig Händen und diese scheinen ein Interesse zu haben nichts Neues aufkommen zu lassen, bis endlich ein vielleicht zufälliger Umstand doch schließlich der neuen Methode Bahn brechen wird.

Auch in Frankreich, dem Hauptproductionslande für die Grundgerüche zur Parfümerie, ist trotz aller Bemühungen Alles beim Alten geblieben, obschon dort Versuche in größerem Maßstabe zur Ausführung gekommen sind. — D. Reveil, der Verfasser der französischen Bearbeitung des engl. Werkes „The Art of Perfumery" von Piesse, schrieb zwar im Jahre 1865, wie folgt:

„Das Verfahren von M. E. Millon zur Extraction der Blütengerüche ist durch M. A. Piver in die Praxis übergeführt worden. Die Operation zerfällt in drei besondere Manipulationen, nämlich erstens die Auflösung des Blütengeruches, zweitens die Destillation des Lösungsmittels bei niedriger Temperatur, drittens die Verflüchtigung der letzten Spuren des Lösungsmittels.

„Die Lösungsmittel können sein: Aether, Chloroform, Schwefelkohlenstoff und die gut gereinigten leicht flüchtigen

Bestandtheile des Steinöls, welche unter dem Namen Petroleumäther in den Handel kommen. Die Auflösung erfolgt in besonderen, fest verschlossenen Apparaten; dabei gestattet die Aufstellung der Cylinder, welche übereinander stehen, daß man die Flüssigkeit aus einem in einen andern Cylinder ablassen kann, und damit hierbei die entstehenden Dämpfe den Abfluß nicht durch Ausübung eines Gegendruckes verhindern, ist eine kleine Saugpumpe angebracht.

„Die Destillation muß bei einer Temperatur vorgenommen werden, welche nur wenige Grade über dem Siedepunkt des angewandten Lösungsmittels ist, das heißt für Aether bei 35—40°; für Schwefelkohlenstoff bei 45°, für Chloroform bei 62°— 68°; die entweichenden Dämpfe des Destillates müssen sehr gut abgekühlt und in einem abgekühlten Gefäß angesammelt werden, an welchem sich eine kleine Oeffnung befindet, durch welche die Luft entweichen kann.

„Die letzten Theile des Lösungsmittels sind schwierig zu entfernen, und wenn man Schwefelkohlenstoff oder Petroleumäther anwendet, so schadet der schlechte Geruch derselben der Feinheit des Parfüms. Es ist daher durchaus nöthig, diese letzten Spuren fortzuschaffen, und zu diesem Zwecke wird der Rückstand von der Destillation in einem verschlossenen Verdunstungsapparat erwärmt, dabei umgerührt und überdies noch ein Strom von Luft durchgeleitet, wie dies M. A. Piver vorgeschlagen hat.

„So isolirt zeigen die Gerüche der Blüten den höchsten Grad der Reinheit und Lieblichkeit. Nach M. A. Piver

hat eine Hektare Land mit Heliotropium bebaut eine ge=
nügende Quantität von Blumen gegeben, welche, nach der
Methode von Millon behandelt, sechs Kilogramm des
Parfüms lieferten, wobei sich die Kosten auf 3000 Francs
beliefen. Vier Gramm dieses Parfüms genügen, um ein
Kilogramm Pomade schön zu parfümiren.

„Im Großen ist nur die Extraction der Blüten=
gerüche mit Schwefelkohlenstoff oder Petroleumäther aus=
führbar."

Trotz dieser von Reveil mitgetheilten sehr günstigen
Resultate, ist doch die Angelegenheit nicht über das
Stadium des Versuches hinausgekommen, und scheint in
Frankreich wie hier gänzlich unbeachtet von Seiten der=
jenigen geblieben zu sein, welche Gelegenheit hätten, sich
praktisch damit zu befassen.

—————

# V.

Chemische Zusammensetzung und allgemeine Eigenschaften der Riechstoffe. — Kurze Aufzählung der wichtigsten ätherischen Oele. — Prüfung der ätherischen Oele des Handels. — Erkennung der Verfälschung mit fetten Oelen. — Erkennung der Verfälschung mit Weingeist. — Verfälschung theurerer ätherischer Oele mit wohlfeileren, namentlich Terpentinöl. — Methode von Dr. Heppe zur Prüfung der ätherischen Oele. — Tabelle über die Siedepunkte und Erstarrungspunkte einiger ätherischer Oele.

Wir haben bereits oben gesehen, daß die Ursache des eigenthümlichen Geruchs der meisten Pflanzen einem besondern in denselben vorkommenden Riechstoffe zuzuschreiben ist, welchen wir, wenn er im abgeschiedenen Zustande flüssig erscheint, ätherisches Oel, wenn er fest erscheint, Campher nennen. Manche ätherische Oele erstarren übrigens schon bei etwas niedriger Temperatur, z. B. das Rosenöl, das Anisöl, Fenchelöl u. a. m. Die ätherischen Oele besitzen den Geruch der Pflanze, aus welcher sie abgeschieden worden sind, gewöhnlich in sehr hohem, allerdings zuweilen etwas veränderten Grade. Die meisten sind jedoch keine einfachen Substanzen, son-

dern Gemenge mehrerer verschiedener Verbindungen. Sie
bestehen zunächst aus einem sogenannten Kohlenwasser=
stoffe, einer Verbindung, die nur die beiden Elemente Koh=
lenstoff und Wasserstoff enthält und bei den meisten Oelen
dieselbe chemische Zusammensetzung = $C_{10}H_{16}$ besitzt; und
außerdem sind mit diesen Kohlenwasserstoffen noch verschie=
dene sauerstoffhaltige Substanzen vermischt, von welchen
sich häufig einige, bei längerem ruhigen Stehen der Oele,
als weiße krystallinische Masse, sogenanntes S t e a r o p =
t e n, ausscheiden, während der Kohlenwasserstoff selbst
immer flüssig bleibt und dann E l a e o p t e n genannt wird.

Die rohen ätherischen Oele sind entweder farblos, oder
gelb, braun, röthlich, grün oder blau gefärbt und besitzen
meistens ein großes Lichtbrechungsvermögen. Die Farbe,
durch welche sich manche ätherische Oele auszeichnen, scheint
jedoch von einem mit dem Oel überdestillirten fremden
Bestandtheil herzurühren. Um dies zu beweisen, hat
Emil S a ch ß e in Leipzig folgenden höchst interessanten
Versuch ausgeführt: Er destillirte eine Mischung von
Wermuthöl, welches eine intensiv dunkelgrüne Farbe be=
sitzt, mit Gewürznelkenöl und fand, daß nun das Wer=
muthöl, welches flüchtiger ist, daher zuerst destillirt, ganz
farblos überging, während später das Gewürznelkenöl
dunkelgrün gefärbt überdestillirte. Der grüne Farbstoff
des Wermuthöls ist daher auf das Nelkenöl übergegangen.
Der Siedepunkt der ätherischen Oele liegt bei 160°—180°,
bei einigen noch höher (vergl. die am Schlusse dieses Ab=
schnitts befindliche Tabelle); sie lassen sich besonders mit
Wasserdämpfen unverändert destilliren, nur ihr Geruch

erleidet bei jeder Destillation eine kleine Veränderung und
wird bei den sehr gut riechenden Oelen dabei weniger
schön, bei den schlecht riechenden Oelen, z. B. beim Ter=
pentinöl, dagegen angenehmer, so daß, wenn die verschie=
densten Oele oftmals für sich destillirt werden, zuletzt
Producte entstehen, die bei allen Oelen einen sehr ähn=
lichen Geruch zeigen.    Die ätherischen Oele verflüchtigen
sich auch schon bei gewöhnlicher Temperatur etwas und
da sie ziemlich leicht entzündlich sind und mit hoher, hell=
leuchtender, stark rußender Flamme brennen, so ist es
nothwendig, beim Ausgießen größerer Mengen derselben
in Kellern das Licht in gehöriger Entfernung zu halten
oder sich nur einer Laterne zu bedienen.    Mit Wasser
lassen sich die ätherischen Oele nicht vermischen, sie lösen
sich überhaupt nur in geringer Menge im Wasser auf
und vermögen auch selbst etwas Wasser aufzunehmen.
In Weingeist (Alkohol) sind die meisten leichter auflöslich,
und wenn der Weingeist stark, d. h. frei von Wasser ist,
so lassen sie sich fast in jedem Verhältnisse damit ver=
mischen.    Aether, Schwefelkohlenstoff, Benzin, Chloro=
form und fette Oele lösen die ätherischen Oele sehr leicht
auf.    Der Ausdruck „ätherische Oele" ist übrigens ein
sehr unpassender, indem diese Stoffe, welche besser
„Riechstoffe" genannt werden, in keiner Beziehung
Aehnlichkeit mit den fetten Oelen besitzen, sondern im Ge=
gentheil Eigenschaften zeigen, welche denen der fetten Oele
gerade entgegengesetzt sind. Nur ihr flüssiger Zustand und
ihr Vermögen, das Papier durchscheinend zu machen, er=
innern an die fetten Oele; doch dann könnte man über=

haupt jede Flüssigkeit „Oel" nennen. Wir erwähnen dieses deshalb, weil die meisten Leute, welche mit der Chemie nicht vertraut sind, durch diese Benennung irregeleitet werden und glauben, daß zwischen ätherischen und fetten Oelen eine große Aehnlichkeit bestehe.

Die Darstellung der ätherischen Oele durch Pressung oder Destillation (denn die Methode der Maceration und Absorption liefert den Riechstoff nicht isolirt, sondern nur in Fetten aufgelöst) haben wir bereits im dritten Abschnitte ausführlich berücksichtigt und wollen hier zunächst einige der wichtigsten ätherischen Oele namhaft machen. Im Uebrigen verweisen wir auf die speciellen Mittheilungen im sechsten Abschnitte.

Die Chemiker unterscheiden die sämmtlichen ätherischen Oele gewöhnlich nach ihrer Zusammensetzung, als s a u e r = s t o f f f r e i e oder solche, welche nur einen Kohlenwasserstoff = $C_{10}H_{16}$ enthalten, und als s a u e r s t o f f h a l t i g e oder solche, welche entweder noch andere aus Kohlenstoff, Wasser= stoff und Sauerstoff bestehende Verbindungen neben dem Kohlenwasserstoffe oder den Kohlenwasserstoff selbst mit Wasser oder Sauerstoff verbunden enthalten.

I. S a u e r s t o f f f r e i e ä t h e r i s c h e O e l e:

1. T e r p e n t i n ö l. Obgleich dieses Oel nicht zu den wohlriechenden gezählt werden darf, so ist es doch hier einer kurzen Erwähnung werth, da es so häufig zur Verfälschung der theureren Oele benutzt wird. — Man gewinnt es durch Destillation von Terpentin mit Wasser, wobei das Terpentinharz zurückbleibt. Je=

nachdem das Terpentinöl aus dem Terpentin einer oder der anderen Species der Familie Pinus gewonnen wurde, zeigt es kleine Verschiedenheiten in Geruch und Siedepunkt. Im Handel unterscheidet man gewöhnlich französisches oder amerikanisches und deutsches (Oleum terebinthinae gallicum und germanicum). Das Terpentinöl ist eine unangenehm harzig riechende, ganz farblose oder schwach gelblich gefärbte, durchsichtige Flüssigkeit, in ungefähr 12 Thln. Weingeist löslich, von brennendem Geschmack. Sein spec. Gewicht = 0,88; es siedet bei 160°. Läßt man es mit einer wässerigen Auflösung von Chlorkalk in Berührung und destillirt es sodann, so wird es ganz harzfrei, von angenehmerem Geruch und führt sodann den Namen Camphin. Zuweilen bereitet man das Camphin auch nur durch Destillation des Terpentinöles über gebranntem Kalk.

Das Kienöl, Oleum Pini, wird in Deutschland aus dem Harze der Tannen und Fichten gewonnen, indem man den beim Theerschweelen zuerst ausbratenden, wenig gefärbten, sogenannten weißen Theer einer Destillation ohne Wasser unterwirfst, wobei das Pech zurückbleibt. Es riecht ähnlich wie Terpentinöl, aber stärker und unangenehmer.

2. Citronenöl, Oleum Citri, kommt als blaßgelbe, etwas trübe, stark nach Citronen riechende Flüssigkeit in den Handel und wird dann auch Oleum de Cedro genannt. Sein spec. Gewicht ist = 0,85; sein Siedepunkt liegt bei 165°, es ist in 10—20 Thln. Weingeist löslich.

3. Pomeranzenschalenöl oder Portugalöl, Oleum Aurantii, ist gelblich, dünnflüssig, riecht angenehm, siedet bei 180⁰ und giebt mit 5 Thln. Weingeist eine trübe Lösung. — Aehnlich wie dieses ist das Pomeranzenblütöl oder Neroliöl, Oleum Neroli, welches weit angenehmer riecht, eine röthlich-gelbe Farbe und einen bittern Geschmack, ein spec. Gewicht = 0,819—0,9 besitzt und sich in seinem gleichen Gewichte Weingeist löst.

4. Limonöl, Limetteöl, Oleum Limettae, ist gelblich, riecht angenehm, schmeckt anhaltend campherartig und brennend bitter.

5. Wachholderbeeröl, Oleum Juniperi, ist farblos, dünnflüssig, in 12 Thln. Weingeist trübe löslich, riecht stark, schmeckt scharf brennend, spec. Gewicht = 0,839.

6. Weihrauchöl, Oleum Olibani, ist farblos, riecht angenehm, siedet bei 162⁰.

7. Cubebenöl, Oleum Cubebae, ist farblos, dickflüssig, riecht angenehm aromatisch.

8. Corianderöl, Oleum Coriandri, ist blaßgelb, von 0,871 spec. Gewicht, siedet bei 150⁰.

II. Sauerstoffhaltige ätherische Oele:

9. Bergamottöl, Oleum Bergamottae, schwach gelblich oder grüngelb gefärbt, dünnflüssig, sehr angenehm riechend, in jedweder Menge von Weingeist löslich, spec. Gewicht = 0,88.

10. Nelkenöl, Oleum caryophyllorum, ist etwas dicklich, gelb bis bräunlich, von 1,034 spec. Gewicht, in

jedweder Menge Weingeist löslich), enthält einen sauer=
stofffreien Kohlenwasserstoff mit einer sauerstoffhal=
tigen Substanz, der Nelkensäure, verbunden.

11. Zimmtöl, echtes, Oleum cinnamomi zeylanici,
aus dem besten Ceylon=Zimmt, ist ebenfalls etwas
dickflüssig, bräunlich gelb gefärbt, in jeder Menge von
Weingeist löslich, schmeckt äußerst scharf brennend,
zugleich süßlich und hat ein spec. Gewicht = 1,04
—1,1.

12. Zimmtöl, Zimmtcassienöl, Oleum Cassiae,
Oleum cinnamomi cassiae, hat eine gelbliche Farbe,
riecht weniger lieblich als das reine Zimmtöl, schmeckt
pfefferartig brennend und beißend, ist in jeder Menge
von Weingeist löslich. Sein spec. Gewicht ist = 1,06.

13. Rosenöl, Oleum Rosae, wird im Oriente auch
Attar genannt. Es ist meist farblos oder blaßgelblich,
dicklich, krystallinisch, bei einer Wärme von 15 bis
25⁰ C. schmelzend und dann flüssig, bei 17⁰ nur in
90 Thln. Weingeist löslich; es riecht außerordent=
lich intensiv und besitzt bei 32 Wärmegraden ein spec.
Gewicht = 0,832. Es wird oft schon im Oriente
mit anderen Oelen vermischt und verfälscht, besonders
mit einem Oele, welches unter dem Namen Palma=
rosaöl, Oleum palmarosae, in den Handel kömmt
und von einer Geraniumart abzustammen scheint.

14. Thymianöl, Oleum Thymi, gelblich oder grün=
lich, dünnflüssig, in seinem gleichen Gewicht Wein=
geiste löslich, schmeckt kühlend campherartig, spec.
Gewicht = 0,905.

15. Saſſafrasöl, Oleum Sassafras, iſt farblos, wird
aber leicht gelb und röthlich gelb, riecht angenehm wür=
zig und ſchmeckt aromatiſch, ſpec. Gewicht = 1,08.

16. Rosmarinöl, Oleum Rorismarini, iſt farblos oder
grünlich gelb, dünnflüſſig, in ſeinem gleichen Gewicht
Weingeiſt löslich, durchdringend aromatiſch riechend
und ſchmeckend, ſpec. Gewicht = 0,895 — 0,916.

17. Pfeffermünzöl, Oleum Menthae piperitae, iſt
farblos oder gelblich, dünnflüſſig, in ſeinem gleichen
Gewicht Weingeiſt löslich, riecht ſehr angenehm er=
friſchend, ſchmeckt brennend und beim Einziehen von
Luft in den Mund kühlend, ſpec. Gewicht = 0,902.

18. Lavendelöl, Oleum Lavandulae, iſt blaßgelb,
dünnflüſſig, in ſeinem gleichen Gewicht Weingeiſt
löslich, ſehr angenehm riechend, von gewürzig brennen=
dem Geſchmack, ſpec. Gewicht = 0,898 — 0,91.

19. Meliſſenöl, Oleum Melissae, iſt ſchwachgelblich,
riecht ebenfalls kräftig und angenehm.

20. Muscatblütenöl, Oleum macis oder macidis,
iſt farblos oder gelblich, dünnflüſſig, in 6 Thln. Wein=
geiſt löslich, riecht ſtark und angenehm, ſchmeckt nicht
brennend, ſpec. Gewicht = 0,931 — 0,947.

21. Muscatnußöl, Oleum Nucum moschatarum,
farblos oder blaßgelb, riecht ſcharf ſtechend, ſchmeckt
gewürzhaft beißend, ſpec. Gewicht = 0,93.

22. Kümmelöl, Oleum Carvi, iſt farblos oder hellgelb,
dünnflüſſig, in jedweder Menge Weingeiſt löslich, riecht
nach Kümmel, ſchmeckt aromatiſch, etwas brennend, ſpec.
Gewicht = 0,96.

23. Calmusöl, Olenm Calami, ist gelb bis bräunlich gelb, dickflüssig, in jedweder Menge Weingeist löslich, riecht und schmeckt nach Calmus, spec. Gewicht = 0,962.

24. Fenchelöl, Olenm Foenicnli, ist hellgelb, dünnflüssig, in 1—2 Thln. Weingeist löslich, von süßlich aromatischem Fenchelgeruch und Geschmack, spec. Gewicht = 0,997. Erstarrt bei + 4⁰ bis + 18⁰ zu einer krystallinischen Masse.

25. Anisöl, Oleum Anisi, ist farblos oder gelblich, in 4—5 Thln. Weingeist löslich, riecht durchdringend nach Anis, schmeckt gewürzig, erstarrt schon bei + 6⁰ bis + 18⁰ C. zu einer krystallinischen Masse, spec. Gewicht = 0,980.

26. Sternanisöl, Olenm Anisi stellati, wird in China und Japan aus den Samen eines Baumes (Illicium anisatnm, dem sogenannten Sternanis, durch Destillation gewonnen, stimmt in seinen Eigenschaften sehr mit dem Anisöl überein.

Die eben erwähnten Oele sind die wichtigsten und bekanntesten, und da sie in der Parfümerie, sowie zum Theil auch in der Liqueur-Fabrikation eine ausgedehnte und vielseitige Anwendung finden, und viele derselben sehr hoch im Preise stehen, so werden besonders die theureren im Handel außerordentlich häufig verfälscht. Wir wollen daher in Nachstehendem die bis jetzt bekannt gewordenen Methoden zu ihrer Nachweisung und Prüfung kurz mittheilen, verhehlen jedoch nicht, daß uns gerade in dieser Hinsicht die Chemie noch wenig Hülfe leistet und daher die Untersuchung und Prüfung der ätherischen Oele auf ihre Reinheit sehr häufig ganz unmöglich ist.

# Prüfung der ätherischen Oele des Handels.

## I. Constituirung der Identität der ätherischen Oele durch ihre physikalischen Eigenschaften.

Bei der großen Zahl und Verschiedenheit der ätherischen Oele ist es nicht möglich, besondere Regeln zur Feststellung der Identität der einzelnen ätherischen Oele zu geben, sondern man muß das betreffende Oel bereits kennen, muß es einmal gesehen, und sich den Geruch desselben eingeprägt haben, wenn man behaupten will, daß ein durch den Handel bezogenes Oel wirklich das gewünschte ist. Der Geruch ist hierbei die Hauptsache, und dieser kann für die einzelnen Oele nicht so genau beschrieben werden, daß man aus dieser Beschreibung die Art des Oeles finden könnte. Bei vielen Oelen kommen verschiedene Sorten in den Handel; um diese zu unterscheiden, hat man keinen andern Anhaltepunkt, als den Geruch.

Bei der Prüfung der ätherischen Oele ist also

1. der Geruch zu erforschen und festzustellen,
2. bei rohen Oelen die Farbe (Zimmtöl muß bräunlich, Chamillenöl schön blau, Rosmarinöl farblos sein), ferner
3. der Geschmack, und
4. die Flüchtigkeit; endlich
5. erforsche man noch das specifische Gewicht des zu prüfenden Oeles, und vergleiche dasselbe mit den bekannten specifischen Gewichten der betreffenden reinen Oele.

## II. Prüfung auf die Reinheit der ätherischen Oele.

### 1. Erkennung der Verfälschung mit fetten Oelen.

Eine solche grobe Verfälschung kommt wohl nur noch sehr selten vor, da man diesen Betrug sehr leicht entdecken kann.

Die einfachste Methode ist, einen Tropfen des zu prüfenden Oels auf Papier zu bringen und das letztere schwach zu erwärmen; war das Oel rein, so wird der durch dasselbe entstandene Fettfleck wieder verschwinden, im Gegentheile wird selbst bei längerem Erwärmen der durchsichtige Fettfleck bleiben. —

Eine andere Methode ist, das zu prüfende Oel in der erforderlichen Menge 80⁰/₀ Weingeist zu lösen; ist fettes Oel vorhanden, so bleibt der größte Theil des fetten Oeles ungelöst und scheidet sich aus. Endlich kann man auch das zu prüfende Oel mit Wasser in einer kleinen Glasretorte auf der Lampe destilliren; so wird das fette Oel, wenn es in dem ätherischen Oele vorhanden war, in der Retorte zurückbleiben, und kann so leicht durch seine Verseifbarkeit mit Aetzkalilange erkannt werden.

### 2. Erkennung der Verfälschung mit Weingeist (Spiritus, Alkohol).

Um die ätherischen Oele auf einen Weingeistgehalt zu prüfen, schüttelt man gleiche Volumina des zu prüfenden Oeles und Wasser in einer gradnirten Glasröhre (Fig. 15) tüchtig durcheinander und läßt dann die Mischung so lange

stehen, bis sich Oel und Wasser wieder ge=
trennt haben; bei Gegenwart von größeren
Mengen Weingeist wird sich nun das Volumen
des Oeles mehr oder weniger verringert
haben, weil der Weingeist sich vom Oele trennt
und sich mit dem Wasser vermischt und dessen
Volumen vermehrt. Man kann mittelst
Ablesen des Wasserniveaus an der Gradein=
theilung einen ungefähren Schluß auf die
Menge des hinzugefügten Weingeistes machen.
— Oder man kann auch zweitens so ver=
fahren, daß man das verfälschte Oel mit
Wasser destillirt und das Destillat in ver=
schiedenen Gefäßen auffängt; da der Wein=
geist leichter flüchtig ist, als das Wasser
und das Oel, so wird er zuerst übergehen und
sich in der ersten Vorlage finden; er kann dann
durch Geruch, Geschmack, Brennbarkeit u. s. w.
leicht erkannt werden.

Fig. 15.
Graduirte Glas-
röhre zur Prü-
fung äther. Oele.

Noch eine andere Methode hat Borsarelli angegeben.
Hiernach wird ein unten zugeschmolzenes Glasröhrchen zu
²⁄₃ mit dem zu prüfenden Oel gefüllt, dann einige staub=
freie Stückchen von Chlorcalcium hineingethan, und das
Ganze 5 Minuten lang im Wasserbade unter öfterem Schüt=
teln erhitzt. — Wenn kein Weingeist vorhanden ist, so
zeigen sich die Chlorcalciumstückchen nach dem Erkalten un=
verändert, ist wenig Weingeist darin, so zeigen sie sich
efflorescirt und zusammengebacken, bei viel Weingeistgehalt
sind sie mit diesem zu einer trüben Schicht zerflossen, und

die darüber befindliche Oelschicht hat um so mehr abgenommen, je mehr Weingeist vorhanden war. —

Nach B r a n d e s verwandelt ein Gemisch aus 4,8
Gramm Citronenöl und 0,15 Gramm Weingeist noch
0,03 Gramm Chlorcalcium zu einer Flüssigkeit.

Da sich die reinen ätherischen Oele mit fetten Oelen
zu vollkommen klaren Flüssigkeiten mischen, jene Oele mit
Alkohol aber nicht, so kann man auch dadurch, daß man
gleiche Raumtheile Olivenöl und des zu prüfenden Oeles
zusammenmischt, finden, ob eine Verfälschung mit Alkohol
stattgefunden hat oder nicht. —

Eine sehr empfindliche, aber umständlichere Probe hat
O b e r d ö r f f e r angegeben. Man bringt hiernach 10
Gramme des fraglichen Oeles in ein flaches Schälchen,
stellt in die Mitte desselben ein kleines gläsernes Tisch-
chen (wozu sich sehr gut der umgekehrte abgesprengte Hals
einer 200 Gramme fassenden Arzneiflasche eignet), und legt
darauf ein Uhrglas mit 0,5—0,6 Grammen P l a t i n -
m o h r, über denselben einen Streifen angefeuchtetes blaues
Lackmuspapier, und stürzt über das Ganze eine oben offene
Glasglocke. Ist kein Weingeist vorhanden, so bleibt das
Lackmuspapier blau, gegentheils wird es durch die entstandene Essigsäure roth gefärbt werden. Natürlich muß man
den Apparat einige Stunden stehen lassen, damit die Essig-
säurebildung vor sich gehen kann, was aber, wenn nicht
gar zu wenig Alkohol vorhanden ist, in der Regel schon
früher geschieht. Nach dieser Methode gelingt es noch
1—2 Proc. Alkohol in einem ätherischen Oele deutlich
nachzuweisen. Bei einem Gehalte von 5 Proc. Alkohol

im ätherischen Oel, entsteht bei dieser Probe schon so viel Essigsäure, daß man dieselbe gewöhnlich auch durch den sich in der Glasglocke verbreitenden Geruch erkennt.

### 3. Verfälschung theurerer ätherischer Oele mit wohlfeileren, besonders mit Terpentinöl.

Man beobachte den Geruch beim Reiben des zu prüfenden Oeles zwischen den Händen, oder nach dem Anzünden und Ausblasen; hierbei wird der Terpentinölgeruch deutlich hervortreten. Nach Voget und Zeller lösen viele ätherische Oele das Santelroth auf, Terpentinöl nicht, eine Beimischung desselben wird daher die lösende Kraft des anderen Oeles schwächen; die Probe ist jedoch auch nicht recht sicher und genau. —

Tuchen hat vorgeschlagen, die ätherischen Oele mittelst Jod auf Terpentinöl zu prüfen. Das letztere giebt nämlich nach ihm mit Jod eine lebhafte Verpuffung, was viele andere Oele nicht thun, man solle daher einen Gehalt von Terpentinöl in diesen Oelen dadurch entdecken können, daß bei der Berührung derselben mit Jod eine Verpuffung entstehe. Es ist die Probe aber ebenfalls sehr unsicher, da nämlich sehr Viel auf die relative Menge des Jod's dabei ankommt. — Viele Oele nämlich, die mit Jod nicht verpuffen, wenn man das letztere in geringer Menge hinzufügt, verpuffen dennoch, wenn man mehr Jod anwendet, vorzüglich, wenn man einen Tropfen des Oeles auf einige Lamellen von Jod fallen läßt. —

Alle diese Methoden geben daher keine sicheren Resultate und sehr kleine Mengen von Terpentinöl sind dadurch gar nicht nachzuweisen.   Besser ist die Methode von **Dr. Heppe**, mittelst deren man, vorausgesetzt, daß man die nöthige Vor= sicht, Accuratesse und Aufmerksamkeit gebraucht, die klein= sten Mengen Terpentinöl nachweisen kann.   Man kann durch dieses Verfahren aber nur einen Gehalt von s a u e r= s t o f f f r e i e n  Oelen in  s a u e r s t o f f h a l t i g e n  (siehe Seite 85) nachweisen, weßhalb es sich n i c h t dazu eignet, das Terpentinöl im Citronen=, Pomeranzenöl und ähnlichen nachzuweisen, wohl aber, um diese genannten Oele im Kümmel=, Nelken=, Zimmt=, Fenchel=, Bergamottöl u. s. w. zu erkennen.

Das Verfahren ist folgendes :

Man füllt ein 80—100$^m$/m langes und 6—12$^m$ m im Durchmesser haltendes Gläschen von dünnem Glase, ein sogenanntes Reagensröhrchen, bis zum vierten höchstens dritten Theil seiner Länge mit dem zu prüfenden Oele an. Hierbei ist zu beobachten, daß das Reagensgläschen g a n z r e i n und v o l l k o m m e n  t r o c k e n sein muß, weil sonst die Probe zuweilen mißglücken könnte.   Sodann bringt man eine kleine Menge, 2—5 Milligramme (ungefähr so viel wie ein kleiner Stecknadelkopf) ä u ß e r s t  f e i n  g e= r i e b e n e n und gut getrockneten, reinen „N i t r o= p r u s s i d k u p f e r s" in das Gläschen, schüttelt Beides tüchtig durcheinander, und erwärmt das Gläschen allmälig über einer gewöhnlichen kleinen Spirituslampe bis zum Sieden des Oeles, indem man, um das Spritzen zu ver= hüten, das Röhrchen etwas geneigt hält und in der Flamme hin und her bewegt. Man läßt dann das Oel einige Se= cunden fortsieden und setzt dann das Gläschen bei Seite, damit es erkalte und sich das Pulver absetze. War das Oel rein, d. h. frei von Terpentinöl, so wird der Niederschlag s ch w a r z, b r a u n oder g r a u erscheinen; auch das über= stehende Oel wird je nach der Menge des zugesetzten Re= agens und nach der ursprünglichen Farbe des Oeles v e r = s ch i e d e n g e f ä r b t und mehr oder weniger d u n k l e r aussehen. War jedoch das Oel mit Terpentinöl versetzt, so wird der Niederschlag s ch ö n g r ü n oder b l a u g r ü n, das überstehende Oel dagegen seine ursprüngliche Normal= farbe besitzen, oder nur sehr wenig dunkler gefärbt erschei= nen. Je länger man das Oel zum Absetzen stehen läßt, desto schöner und deutlicher tritt die Farbe des Oeles und des Niederschlags hervor. Ferner muß man, um s e h r k l e i n e Mengen Terpentinöl in sauerstoffhaltigen Oelen nachzuweisen und s i ch e r zu erkennen, am besten immer erst ganz wenig von dem Nitroprussidkupfer dem zu prüfen= den Oele zufügen, und erst dann, wenn man sich überzeugt hat, daß das Oel entweder rein oder unrein war, kann man größere Quantitäten des Reagens hinzusetzen, um einestheils, wenn das Oel r e i n war, die Reaction besser beurtheilen zu können, anderntheils, wenn es u n r e i n war, diese Verfälschung sicherer nachzuweisen und einen ungefähren Schluß auf die Menge des vorhandenen Terpen= tinöls ziehen zu können. Je weniger man Nitroprussidkupfer anwendet, desto kleinere Mengen Terpentinöl kann man nachweisen. Ferner ist es den Laien in der Chemie anzu= rathen, sich g a n z r e i n e Normalöle anzuschaffen und so lange, bis sie eine gewisse Fertigkeit in der Ausübung der Probe und in der Beurtheilung der Farben erlangt haben, folgende Vorsichtsmaßregeln bei der Prüfung der Oele zu beachten. — Man erhitze nämlich in einem andern Glasröhrchen Etwas von dem reinen Normalöle mit gleichviel Nitroprussitkupfer, wie in dem zu prüfenden Oele, gleich

Fig. 16.   Heppe's Verfahren, Terpentinöl nachzuweisen.

lange und gleich stark, was man sehr bequem dadurch ausführen kann, daß man beide Hände benutzt, in jede eines der Reagensgläser nimmt und beide in eine Spiritusflamme hält, wie es in Fig. 16 zu sehen ist. — Nach Beendigung des Versuchs vergleicht man dann die beiden Glasröhrchen mit einander, wodurch man sich leichter von der Aechtheit oder Unächtheit des fraglichen Oeles überzeugen kann. Hat man gefunden, daß das zu prüfende Oel Terpentinöl enthalten müsse, so kann man, um ganz sicher zu sein, auf die angeführte Weise die Gegenprobe machen, indem man Etwas von dem reinen Normalöle mit Terpentinöl versetzt und mit dem verdächtigen Oele zugleich und gleichlange erhitzt.    Die sauerstofffreien ätherischen Oele verhalten sich fast alle gleich das gegen Nitroprussitkupfer, sie zersetzen dasselbe nämlich nicht; nicht aber die sauerstoffhaltigen Oele. Das Verhalten der letzteren soll daher jetzt angeführt werden.

| Name des Oels | Farbe des Oels | Verhältniß des Nitroprussid-kupfers zum Oel | Farbe d. Oels nach dem Versuch | Farbe des Niederschlags |
|---|---|---|---|---|
| Kümmelöl, aus Samen | wasserhell u. farblos | 1 : 1000 Th. | schwach gelblich | schmutziggrau |
| Kümmelöl, aus Spreu (rein) | gelblich | 1 : 1000 = | dunkelbraungelb | grünlichgrau |
| Fenchelöl | blaßgelblich | 1 : 1000 = | bräunlichgelb | schwarz |
| = | = | 1 : 100 = | rothbraun | = |
| Dillöl | lichtröthlich-gelb | 1 : 1000 = | wird erst farblos, dann gelblich | schwarz |
| = | = | 1 : 100 = | erst farblos, dann bräunlichgelb | = |
| Anisöl | hellgelb | 1 : 1000 = | gelb | schwarz |
| = | = | 1 : 100 = | dunkelweingelb | = |
| Römisch Kümmel-öl (Ol. Cumini) | gelblich | 1 : 1000 = | bräunlichgelb | aschgrau |
| = | = | 1 : 100 = | dunkelbraungelb | |
| Lavendelöl | blaßgelb | 1 : 1000 = | weingelb | schiefergrau |
| = | = | 1 : 100 = | braungelb | |
| Krausemünzöl | farblos | 1 : 1000 = | weingelb | erst grau dann schwarz |
| Pfeffermünzöl | farblos | 1 : 1000 = | gelblich | schwarz |
| = | = | 1 : 100 = | bräunlichgelb | = |
| Melissenöl | gelb | 1 : 1000 = | dunkelweingelb | = |
| Majoranöl | farblos | 1 : 1000 = | gelblich | = |
| = | = | 1 : 100 = | braungelb | = |
| Salbeiöl | schwach-gelblich | 1 : 1000 = | weingelb | dunkelgrün, dann fast |
| = | = | 1 : 100 = | braungelb | schwarz |
| Feldquendelöl (Ol. Serpylli) | schwach-gelblich | 1 : 1000 = | bräunlichgelb | schiefergrau |
| = | = | 1 : 100 = | dunkelbraungelb | fast schwarz. |
| Wermuthöl | gelbbraun | 1 : 1000 = | dunkelbraun | schwarz |
| Wurmsamenöl | hellgelb | 1 : 1000 = | dunkelgelb | schwarz |
| Schafgarbenblü-tenöl | dunkelazur-blau | 1 : 1000 = | erst blaßblau, dann dunkelg rün | graubraun |

| Name des Oels | Farbe des Oels | Verhältniß des Nitroprussid-kupfers zum Oel | Farbe d. Oels nach dem Versuche | Farbe des Niederschlags |
|---|---|---|---|---|
| Rainfarrnöl (Ol. Tanaceti) | hellgelb | 1 : 1000 Th. | rothbraun | schmutzig-braun |
| Cajeputöl | farblos | 1 : 1000 = | bräunlichgelb | schwarz |
| Nelkenöl (Ol. caryophylli) | schwach-gelblich | 1 : 2000 = | rosaroth und klar | schiefergrau |
| | = | 1 : 1000 = | violetroth und klar | = |
| | = | 1 : 500 = | kirschroth und un-durchsichtig | = |
| | = | 1 : 100 = | dunkelkirschroth u. undurchsichtig | = |
| Zimmtcassiaöl | bräunlichgelb | 1 : 1000 = | bräunlichroth bis hyazinthroth | schwarz |
| | | 1 : 100 = | dunkelbraunroth | = |
| Sassafrasöl | gelblich | 1 : 1000 = | gelblichbraun | = |
| Sternanisöl | hellgelb | 1 : 1000 = | dunkelweingelb | = |
| Baldrianöl | blaßgrünlich | 1 : 1000 = | bräunlichgelb | = |
| Rautenöl | schwach-gelblich | 1 : 100 = | braungelb | aschgrau |
| Bergamottenöl | gelblich | 1 : 1000 = | dunkelgelb | = |
| | | 1 : 100 = | bräunlichgelb | = |

Sind diese sauerstoffhaltigen ätherischen Oele mit sauer-stofffreien, z. B. Terpentinöl, vermischt, so zeigen sie ganz dasselbe Verhalten, wie die letzteren; das Nitroprussidkupfer wird nämlich nicht zersetzt und behält daher seine grau-grüne Farbe. Ist z. B. das Nelkenöl mit Terpentinöl ver-mischt, so tritt die rothe Färbung durch Nitroprussidkupfer nicht ein.

Ueber einige besondere Prüfungsmethoden einzelner Oele und sonstige charakteristische Eigenschaften derselben finden sich im Abschnitt VI, welcher der speciellen Beschrei-bung der verschiedenen Riechstoffe gewidmet ist, noch speci-ellere Angaben.

**Tabelle der Siede=, Schmelz= oder Erstarrungspunkte einiger für die Parfümerie wichtiger Stoffe.**

| | | | |
|---|---|---|---|
| Santalholzöl | siedet bei | 288° | Celsius |
| Vetiveröl | " " | 286° | " |
| Patchouliöl | " " | 268° | " |
| Cederholzöl | " " | 264° | " |
| Lavendelöl (engl.) | " " | 246° | " |
| Grasöl, indisches, | " " | 226° | " |
| Rosenöl, türkisches, | " " | 222° | " |
| Geraniumöl (spanisches) | " " | 221° | " |
| Geraniumöl (indisches) | " " | 216° | " |
| Gaultheriaöl | " " | 204° | " |
| Bergamottöl | " " | 188° | " |
| Bittermandelöl | " " | 180° | " |
| Kümmelöl | " " | 176° | " |
| Citronenschalöl } Orangenschalöl } | " " | 174° | " |
| Spiköl | " " | 140° | " |
| Weißes Wachs | schmilzt " | 65½° | " |
| Campher | sublimirt " | 63° | " |
| Paraffin | schmilzt " | 51° | " |
| Wallrath | schmilzt " | 45° | " |
| Rosenöl (italienisches) | erstarrt " | + 16° | " |
| „ (türkisches) | " " | + 15° | " |
| Geranium=, Neroli=, Nelkenöl setzen Krystalle ab | " | — 16° | " |
| Santal=, Ceder=, Grasöl erstarren zu einer Gallerte | | — 22° | " |
| Bergamottöl erstarrt | " | — 24° | " |
| Zimmtöl bleibt noch flüssig | " | — 25° | " |

# VI.

## Die wichtigsten Riechstoffe aus dem Pflanzenreiche.

Akazie — Ananas — Anis — Balsame — Benzoë — Berga-
motte — Bisamkörner — Bittermandelöl — Calmus — Cam-
pher — Cascarilla — Ceder — Citronblüte — Citronschale —
Citronella — Citrongras-Dill — Fenchel — Flieder — Frangi-
pani — Geißblatt — Geranium — Gurke — Hediosma —
Heliotrop — Hollunder — Hovenia — Jasmin — Jonquille —
Kirschlorbeer — Kümmel — Lavendel — Levkoje — Lilak —
Lilie — Limone — Lorbeer — Magnolia — Majoran — Mecca-
balsam — Melisse — Münze und Pfeffermünze — Muscatblüte
— Muscatnuß — Myrrhe — Myrte — Narde — Nelke —
Nelke, gewürzige — Orangenblüte — Orangenschale — Palmöl
— Patchouli — Perubalsam — Platterbse — Piment — Raute
— Reseda — Rose — Rose, wilde — Rosenholz — Rosmarin
— Salbei — Santal — Sassafras — Schönmünze — Spiräa
— Sternanis — Storax — Thymian — Tolubalsam — Tonka-
bohne — Tuberose — Vanille — Veilchen — Veilchenwurzel
Verbena — Vetiver — Volkameria — Weihrauch — Winter-
grün — Ysop — Zimmt — Zimmtcassie — Fünf billige
Parfüme.

Die sogenannten Taschentuchparfüme, wie sie in den
Kaufläden von Paris und den deutschen Städten gefunden

werden, sind entweder einfach oder zusammengesetzt. Die einfachen heißen in Frankreich: Extraits, Esprits oder Essences; die zusammengesetzten sind die Bouquets oder Fleurs. Die Bouquets sind so genau abgemessene Mischungen der verschiedenen wohlriechenden Extraits, daß weder der Geruch des einen noch des andern vorwiegend ist; sie erscheinen also mit einem besonderen zusammengesetzten, gewöhnlich ausgezeichnet lieblichen Geruch und sind daher von denen, welche so vermögend sind, sich dieselben zu kaufen, sehr geschätzt.

Wir werden in diesem Abschnitte zunächst nur die einfachen Pflanzengerüche betrachten und erst später zu den Mischungen derselben übergehen, und da eine wissenschaftliche Classification hier nicht viel nützen würde, so werden wir jene, die verschiedenen Gerüche enthaltenden Pflanzen in alphabetischer Ordnung aufzählen, obschon ein alphabetisches Register am Schlusse des Werkes das Nachschlagen außerdem erleichtern wird. Allerdings können wir hier nur etwa den zehnten Theil von allen den Pflanzen, welche einen angenehmen Geruch besitzen, erwähnen, nämlich nur diejenigen, welche in der Parfümerie entweder schon angewendet werden oder doch sehr beachtenswerth sind. Es ist sehr zu bedauern, daß von jenen Herren, welche im Jahre 1851 die Producte der ostindischen Compagnie auf der Londoner Weltausstellung zu beurtheilen hatten, keiner den Werth der Wohlgerüche zu schätzen vermochte; denn es waren aus jenem Lande mehrere ganz neue ätherische Oele eingesendet worden, die der Beachtung wohl werth gewesen wären.

## Akazie.

### (Engl. und franz.: Cassie.)

Der Akaziengeruch ist einer der feinsten Wohlgerüche und wird zu den ausgesuchtesten Taschentuchparfümen benutzt. Im reinen Zustande besitzt er einen so intensiven Veilchen=Geruch, daß er fast zu stark erscheint. Man erhält ihn aus den Blütenköpfchen der Acacia Farnesiana W. (s. Fig. 17) durch die Methode der Maceration. Das gereinigte Fett wird geschmolzen, die Blumenköpfchen hineingethan und mehrere Stunden lang auf dem Macerationsbade digerirt; hierauf werden die erschöpften Blüten entfernt, frische in den das Fett enthaltenden Topf gebracht und diese Operation 8—10mal wiederholt, bis das Fett hinreichend stark parfümirt ist. Man setzt nur so viele Blumen auf einmal zu, daß dieselben ganz vom Fett überdeckt werden. Nachdem man das mit dem Geruche gesättigte Fett von den zuletzt zugesetzten Blüten abgeseiht hat, läßt man es einige Tage an einem Orte stehen, der nur so warm sein darf, daß das Fett gerade flüssig bleibt (nicht erstarrt), wobei sich alle Unreinigkeiten zu Boden setzen. Von diesen gießt man das klare Fett ab, läßt es erkalten und hat die „Akazien=Pomade" des Handels. Die Akazienblüten kosten 5—8 Francs per Kilogramm, und man braucht 2 Kilogramm Blüten, um ein Kilogramm Fett genügend mit dem Geruch zu sättigen.

Das fette Akazien=Oel wird auf gleiche Weise gewonnen, nur nimmt man anstatt des Fettes Olivenöl oder fettes Mandelöl. Diese beiden Präparate sind als eine

Auflösung zu betrachten von dem wirklichen ätherischen Akazienöl der Akazienblüten in dem neutralen Fette. Wahrscheinlich wird einmal, wenn dieser lohnende Industriezweig sich weiter verbreitet, eine ähnlich riechende

Fig. 17. Acacia Farnesiana W.
(Die Blütenköpfchen sind in natürlicher Größe.)

Pomade von Süd-Australien nach Europa eingeführt werden, welche von einer Akazienart (Acacia decurrens) gewonnen werden kann, die dort in großer Menge wächst, und da das Rindstalg in Australien sehr billig ist, so könnte ein guter Handel mit solcher Pomade eingeleitet werden. Eine andere süd=australische Akazienart, die sogenannte Himbeersaft=Akazie, liefert ein unge= mein wohlriechendes Holz.

Um das Akazien=Extract zu bereiten, nimmt man 3 Kilo von Nr. 24 (der besten) der Akazienpomade und übergießt dieselbe mit 4 Liter des besten rectificirten Weingeistes. Man digerirt die Pomade 3—4 Wochen lang bei sehr gelinder Temperatur mit dem Weingeist, gießt hierauf letzteren von ersterer ab, so hat er eine schöne grüne Farbe und den lieblichen Geruch der Akazienblüten und ist das gewünschte Akazienextract. Alle Extracte, welche auf diese Weise durch die sogenannte „kalte Infusion" bereitet werden, besitzen einen viel natürlicheren und zar= teren Blütengeruch, als wenn man das durch Destillation erhaltene ätherische Oel in Weingeist auflöst. Ueberdies sind die Wohlgerüche in vielen Blüten, z. B. den Veilchen, in Jasmin, Reseda, nur in so geringer Menge vorhanden, daß die Methode der Maceration oder Absorption, verbun= den mit der kalten Infusion, der einzig mögliche Weg zu ihrer Uebertragung auf Weingeist ist.

In diesem und allen ähnlichen Fällen muß zum Behufe der kalten Infusion die Pomade erst in sehr kleine Stück= chen zerschnitten werden, was auf dieselbe Weise geschehen kann, wie man z. B. das Fleisch klein hackt, also auf einem Wiegebrett; dann erst übergießt man sie mit dem Wein= geist; dieser entzieht dem Fett den Riechstoff und hält ihn aufgelöst.

Der größte Theil des Extractes kann ohne Schwierig=

keit von der Pomade abgegossen werden, nur ein kleiner
Theil desselben bleibt in den Zwischenräumen zurück und
fließt nur langsam ab; doch kann sein Abfließen dadurch
befördert werden, daß man die Pomade auf einen Trichter
bringt, der über einer Flasche steht, die das abtropfende
Extract aufnimmt.     Schließlich bringt man die Pomade,
die nun „gewaschene Pomade" genannt wird, in
eine zinnerne oder kupferne Pfanne, welche man in heißes
Wasser setzt, bis die Pomade geschmolzen ist, wobei sich
dann alles noch darin zurückgebliebene Extract auf der
Oberfläche ausscheidet und nach dem Erkalten abgegossen
werden kann.

Die gewaschene Pomade kann als Haarpomade ver=
wendet werden, für welchen Zweck sie ganz vorzüglich ge=
eignet ist; denn sie besteht aus dem reinsten Fette und be=
sitzt immer noch einen zwar schwachen, aber deutlichen und
lieblichen Geruch.     Sollte man sie nicht so verwerthen kön=
nen, so behandelt man sie am besten nochmals mit Wein=
geist, um zunächst ein zweites, schwächeres Extract zu billi=
geren Parfümen zu erhalten, und dann kann das Fett wie=
der zur Maceration von neuen Akazienblüten oder zu ande=
ren technischen Zwecken benutzt werden.

Der Akaziengeruch ist der größten Beachtung werth und
wird von den meisten Parfümisten noch nicht genügend be=
rücksichtigt.     Er ist einer der schönsten Wohlgerüche zur Fa=
brikation von Essenzen zum Taschentuchgebrauch und von
Pomaden.     Mit andern Gerüchen vermischt, ertheilt er den
Mischungen den beliebten Blumengeruch, der so sehr be=
wundert wird, in hohem Grade, und es giebt mehrere zu=

sammengesetzte Parfüme, die vorzüglich dem Akaziengeruch)
ihre Beliebtheit verdanken.

Schließlich sei noch bemerkt, daß die in Frankreich und
England gebräuchliche Benennung „Cassie" für den
Akaziengeruch leicht zu Verwechslungen mit der Zimmt=
cassie (s. diese) oder Cassia Anlaß geben kann. In
Deutschland nennt man sehr häufig auch den Schoten=
dorn, Robinia Pseudacacia L., Akazie. Die Blüten die=
ses Baumes, der zuweilen auch wilde Akazie genannt
wird, sind zwar wohlriechend, werden jedoch für Parfüme=
riezwecke zur Zeit nicht benutzt. — Einen der Akazie etwas
ähnlichen Geruch haben die Blätter des schwarzen
Johannisbeerstrauches (Black currant), welche
daher ebenfalls hin und wieder in der Parfümerie benutzt
werden.

## Ananas.

### (Engl. Pine-apple; franz. Ananas.)

Das unter dem Namen Ananasäther oder
Ananasöl in den Handel kommende künstlich dargestellte
Product ist Buttersäureäther (buttersaures Aethyl=
oxyd) und wurde von Dr. Hofmann und Dr. Lyon
Playfair irrthümlicher Weise zur Benutzung in der
Parfümerie empfohlen; allein mehrere in einer großen
Parfümeriefabrik ausgeführte Versuche haben zu dem
Resultate geführt, daß dieses Kunstproduct schon deshalb
als Parfüm unbrauchbar ist, weil der Dampf desselben,
selbst wenn er außerordentlich durch Luft verdünnt ist,

doch sehr reizend auf die Luftröhre und die Athmungs=
werkzeuge einwirkt und Husten, oft auch heftigen, anhalten=
den Kopfschmerz hervorruft. Durch Auflösen des Ananas=
öls in der zehnfachen Menge Weingeist erhält man die
Ananasessenz, doch ist es einleuchtend, daß dieselbe
unter genannten Umständen von den Parfümeriefabri=
kanten nicht wohl benutzt werden kann; dagegen ist sie
eine höchst werthvolle Substanz für die Conditoren, welche
dieselbe verwenden, um gewissen Zuckerwaaren einen den
Ananasfrüchten ähnlichen Geschmack zu ertheilen.

Der Ananasäther des Handels stammt also nicht von
den Ananasfrüchten ab. Man hat zwar zur Zeit den
Wohlgeruch oder das Aroma dieser Früchte noch nicht
isolirt, doch kann mit Bestimmtheit behauptet werden, daß
dessen Geruch etwas ganz Anderes ist, als die künstliche
Ananasessenz, welche nur im Geschmacke einige Aehnlichkeit
mit den Ananasfrüchten hat.

Was wir vom Ananasäther gesagt haben, gilt für alle
künstlich dargestellten sogenannten Fruchtäther oder
Fruchtessenzen, die physiologische Wirkung derselben auf
den Körper steht ihrer Anwendung zu Parfümeriezwecken
stets entgegen: dagegen vermögen sie bei gewisser Beschrän=
kung den Geschmackssinn zu befriedigen. Wir können daher
hier keine Rücksicht auf die Fruchtessenzen nehmen.

## Anis.

(Engl. Anise; franz. Anis.)

Dieses bekannte Gewürz besteht aus den ausgedrosche=
nen und durch Sieben gereinigten Samen der Anis=

pflanze, Pimpinella anisum L. (s. Fig. 18), welche an vielen Orten in Deutschland, besonders zwischen Langensalza und Erfurt, auch bei Bamberg, im Magdeburgischen, ferner in Böhmen und Mähren, Polen, Rußland, dem südlichen Frankreich, in Spanien bei Alicante, in Unteritalien, in der Levante angebaut wird. Am geschätztesten ist

Fig. 18. Pimpinella anisum L.
Zweig, Blüte, Frucht, Durchschnitt der Frucht.

der spanische Anis; sehr gut ist auch der aus Deutschland und Süd-Frankreich, geringer der aus Polen und Ruß-

land. Durch Destillation der Anissamen, welche jedoch
nicht zu alt sein dürfen, mit Wasser oder Wasserdampf,
gewinnt man das ä t h e r i s c h e A n i s ö l, und zwar liefern
25 Kilo Samen 600—800 Gramme; dagegen 25 Kilo
Spreu nur 84 Gramm ätherisches Oel.  Das Anisöl ist
fast farblos, gewöhnlich blaßgelb, wird aber beim Aufbe=
wahren dunkler; es ist leichter als das Wasser (s. auch
o b e n S. 90), riecht und schmeckt so stark nach Anis, daß
sein Geruch· und Geschmack unangenehm erscheinen.  Frisch
bereitetes Oel ist dickflüssig und erstarrt schon bei $+ 10^0$
bis $+ 15^0$ C. zu einer schönen weißen weichen krystallini=
schen Masse.  Altes Oel wird schwieriger fest.  Oel aus
der Spreu dagegen wird leichter fest, als das Oel aus den
Samen.  V e r f ä l s c h u n g e n: das Anisöl wird zuweilen
mit etwas Walrath versetzt, in welchem Falle es besser er=
starrt und leichter mit billigeren Oelen vermischt werden
kann.  Destillirt man solches Oel, so bleibt das Walrath,
welches nicht flüchtig ist, zurück und man erkennt auf diese
Weise die Verfälschung sehr leicht.  Auch mit Seife soll
die Anisessenz zuweilen versetzt werden, was man jedoch
leicht durch Schütteln mit destillirtem Wasser entdeckt, wel=
ches die Seife auflöst.

Das Anisöl eignet sich zum Parfümiren von Seifen
und Pomaden unter gleichzeitiger Anwendung anderer Par=
füme sehr gut, nur darf man nicht zu viel davon anwen=
den.  Besonders beliebt ist der Anisgeruch in Portugal.
Zu den feinen Taschentuchparfümen wird das Anisöl nie
benutzt.

## Balsame.

(Engl. Balsams; franz. Baumes.)

Von den in den Handel kommenden balsamischen Pro=
ducten sind mehrere für die Parfümerie von Wichtigkeit,
besonders der Meccabalsam (s. d.), der Pernbal=
sam (s. d.), der Storax (s. d.) und der Tolubalsam
(s. d.).

## Benzoë.

(Engl. Benzoïn oder Benjamin; franz. Benjoin.)

Die Benzoë ist eine für die Parfümerie sehr nützliche
Substanz, die man oft unrichtiger Weise als eine Art
Gummi betrachtet.    Genau genommen ist sie ein balsami=
sches Product, welches man aber an der Luft trocknen und
erhärten läßt.    Sie stammt von Styrax Benzoïn Dryand
(s. Fig. 19), einem Baume, der in Ostindien, vorzüglich
auf Sumatra, Java, Borneo und in Siam heimisch ist.
Hat dieser Baum ein Alter von 5—6 Jahren erreicht, so
macht man in den Stamm desselben Längsschnitte und
schlitzt die Rinde etwas auf.    Es fließt nun ein dünner,
wohlriechender Balsam aus, der an der Luft zur Benzoë
erhärtet.    Ein Baum liefert durchschnittlich eine Ausbeute
von $1\frac{1}{2}$ Kilo davon.    Die beste, aber theuerste und im Han=
del seltenste Sorte von ungemein lieblichem Vanillegeruch
ist die aus dem Königreiche Siam kommende Siam=
benzoë; dieselbe besteht aus kleineren unregelmäßigen
Stücken, ist aber etwas durchscheinend, außen blaßgelb, röth=
lich oder bräunlich, innen milchweiß.    Nach dieser ist die aus
großen Stücken bestehende, viele weiße, mandelähnliche

Körner enthaltende Mandelbenzoë die beste und kommt
vorzüglich von Sumatra über Singapore und Bombay
nach Europa. Am geringsten ist die aus großen, schweren
Kuchen von meist brauner Farbe bestehende Benzoë, welche
in der Parfümerie wegen ihres schlechteren Geruches nicht
verwendet werden darf. Im Allgemeinen ist die Benzoë
hart, leicht zerreiblich, von süßlich mildem, vanilleartigem
Geruch und Geschmack und von 1,063 spec. Gewicht. Beim
Erhitzen schmilzt sie zu einer durchsichtigen Masse, verbrei=
tet auf glühende Kohlen geworfen einen weißen Rauch,
löst sich, wenn sie gut ist, vollständig in Weingeist, nur
theilweise in Aether, gar nicht in Wasser, und enthält meh=
rere Harze, Benzoësäure und etwas ätherisches Oel. Ihr

Pulver erregt heftiges Niesen;
im Uebrigen wirkt sie nicht gif=
tig. Die weißen Dämpfe, wel=
che sich beim Erhitzen der Ben=
zoë verflüchtigen, verdichten
sich an kalten Flächen zu sehr
zarten, glänzenden, nadelför=
migen oder blättrigen Krystal=
len von Benzoësäure, so=
genannten Benzoëblumen
(Flores Benzoë). Die Benzoë=
säure ist nämlich ein Haupt=

Fig. 19.
Styrax Benzoïn Dryand.

bestandtheil der Benzoë; sie findet sich in derselben zu
15—22 Procent. Treibt man die Benzoësäure durch Er=
hitzung aus der Benzoë, so entweicht mit derselben zugleich
der größte Theil des ätherischen Oeles, das jedoch wegen

wird.  Das Harz schmilzt nun; die darin vorkommende
Benzoësäure entweicht zum größten Theile durch die
Oeffnung a des Trichters, und indem die Dämpfe der=

Fig. 20.  Mohr's Sublimirapparat.

selben in den großen Kasten treten, verdichten sie sich
nebst dem ebenfalls verflüchtigten Aroma und setzen sich
an den inneren Wandungen desselben in kleinen, schwach=
gelben Krystallblättchen ab, die nach beendigter Operation
mit einem Federbart zusammengewischt und in ein Glas
gebracht werden.  Oft wird das in der Pfanne zurückge=
bliebene Harz gepulvert und nochmals erhitzt, wobei man
noch eine geringe Menge Benzoësäure erhält.  Die so
gewonnenen Benzoëblumen sind zwar keine ganz reine
Benzoësäure, doch sind sie zum Gebrauche in der Parfü=
merie ganz ausgezeichnet, denn eine chemisch reine Ben=
zoësäure ist ganz geruchlos und hat daher für den Parfü=
misten durchaus keinen Werth.  Ihr Werth als Parfüm
richtet sich nach ihrem Gehalt an Aroma.  Selbst zu
medicinischen Zwecken verwendet man die Benzoësäure

8*

nicht rein, sondern ebenfalls in diesem wohlriechenden
Zustande, also verunreinigt durch ein liebliches Aroma.

Scheidet man die Benzoësäure aus der Benzoë auf
nassem Wege ab, so erhält man zwar eine größere Aus=
beute, aber die Säure ist, wie schon erwähnt, fast geruch=
los und daher für die Parfümerie ohne Werth.  Zur
nassen Bereitung benutzt man folgende Methode: 1 Theil
gebrannter Kalk wird in 4—6 Theilen Wasser gelöscht,
das erhaltene Kalkhydrat mit 30 Theilen Wasser zu
einem Brei zerrührt und dieser mit 4 Theilen fein gepul=
verter Benzoë eine Stunde lang unter Umrühren gekocht.
Hierauf filtrirt man durch Leinwand, dampft die abfiltrirte
klare, farblose Flüssigkeit, welche alle Benzoësäure der
Benzoë, mit Kalk verbunden, als benzoësauren Kalk ent=
hält, etwas ein und versetzt sie noch heiß mit überschüssiger
Salzsäure, welche letztere den Kalk aufnimmt, während
die Benzoësäure, beim Erkalten in Nadeln herauskrystal=
lisirt, gesammelt und getrocknet wird.  Gewöhnlich kocht
man das Harz 2 oder 3 mal auf diese Weise mit Kalk
aus, um alle Säure zu gewinnen.

In der neuesten Zeit wird die Benzoësäure nicht allein
in der Parfümerie und als Arzneistoff benutzt, sondern sie
hat auch eine bedeutende technische Anwendung gefunden,
z. B. als Zusatz bei der Umwandlung des Anilinroth in
Anilinblau.  Die zu technischen Zwecken bestimmte Ben=
zoësäure wird jedoch nicht aus der Benzoë abgeschieden,
sondern künstlich bereitet, theils aus einer Substanz,
welche aus dem Harne der Pferde, Kühe und Kälber
abgeschieden werden kann und daher **Pferdeharn=**

säure oder auch Hippursäure genannt wird, theils
aus einem Bestandtheil des Steinkohlentheers, dem
Naphtalin. Diese künstlich bereitete, technische
Benzoësäure ist im reinsten Zustand geruchlos; im
unreineren Zustande von unangenehmem Geruch. Jeden=
falls ist sie für Parfümeriezwecke völlig un=
brauchbar.

Die Benzoë ist das Weihrauch des fernen Ostens
und wird auch anstatt oder gemeinschaftlich mit Weihrauch
während der Ceremonie in den römisch=katholischen Kirchen
verbrannt; auch in den Kirchen der Hindu und Moha=
medaner dient sie als Räucherungsmittel und die wohl=
habenden Chinesen räuchern ihre Häuser damit.

Die weingeistige Lösung der Benzoë, die sogenannte
Benzoëtinctur: 30 Gramme Benzoë in $\frac{1}{2}$ Liter
rectificirtem Weingeist, bildet einen guten Grundgeruch
zu den Bouquets, da sie wie der Tolubalsam den aus äthe=
rischen Oelen bereiteten Parfümen mehr Beständigkeit
und Körper ertheilt. Ihre Hauptverwendung in der
Parfümerie findet aber die Benzoë bei Anfertigung von
Räucherkerzchen und ähnlichen Präparaten und zu unechter
Vanillepomade. Außerdem ist sie auch wegen ihrer Wir=
kung auf die Fette, die dadurch ihre Neigung, ranzig zu
werden, verlieren, für die Pomadenfabrikation (s. diesen
Abschnitt) von größter Wichtigkeit.

## Bergamotte.

### (Engl. Bergamot; franz. Bergamote.)

Die Bergamotte ist die Frucht von dem Berga=
motteitronenbaum (Citrus Bergamium Risso). Sie
ist dick, rund oder birnförmig genabelt; ihr Fleisch schmeckt
sauer und etwas bitter; ihre Schale ist goldgelb, ziemlich
dünn und für die Parfümerie der wichtigste Theil, da sie
viel ätherisches Oel, Bergamottöl, von köstlichem
Geruch enthält. Dieses Oel sitzt in den äußersten Thei=
len der Schalen in kleinen Zellen eingeschlossen. Zu
seiner Gewinnung werden entweder die Schalen gepreßt
oder man dreht die Früchte in einer Art Blechtrichter, der
mit Zähnen, wie ein Reibeisen, besetzt ist, herum. Hier=
durch werden die Zellen zerrissen und das Oel fließt durch
den Hals des Trichters in ein untergesetztes Gefäß ab.
Aus 100 Früchten erhält man ungefähr 90 Gramme
ätherisches Oel. Es ist klar, blaß grünlichgelb und von
lieblichem, starkem Geruch (s. auch oben S. 87), jedoch
ziemlich subtil. Wird es nämlich in schlecht verschlossenen
Gefäßen aufbewahrt, so verliert es seine grünliche Fär=
bung, wird trübe und nimmt, indem es sich unter Sauer=
stoff=Absorption verharzt, einen Terpentin=ähnlichen Ge=
ruch an. Man bewahrt es daher am besten in ganz gut
verschlossenen Gefäßen in einem kühlen Keller vor dem
Licht geschützt auf; denn auch das Licht, besonders die
directen Sonnenstrahlen, schaden seinem Wohlgeruch.
Dieses ist eine Beobachtung, welche sich auf die meisten

Parfüme bezieht, nur der Rosengeruch leidet durchaus nicht vom Lichte.

Vermischt man das Bergamottöl mit anderen ätherischen Oelen, so trägt es sehr viel zur Bildung eines schönen Geruches bei, und giebt namentlich den Gewürzölen eine Lieblichkeit, die durch kein anderes Mittel erreichbar ist. Solche Mischungen dienen vorzüglich zur Bereitung von fein parfümirten Seifen. Löst man 210 Gramme des Bergamottöles in 4 Liter rectificirtem Weingeist, so erhält man das Bergamottextract, welches eine vielfache Anwendung zu Taschentuchparfümen findet. Obgleich es durch Veilchenwurzelextract und andere Parfüme gut verdeckt ist, so erkennt man es doch als die vorherrschende Substanz in den Bouquets von Baylay und Blew.

Das meiste Bergamottöl kommt aus Italien und Marseille in den Handel, und zwar in kupfernen, selten blechernen Flaschen von 25—30 Kilo Inhalt.

## Bisamkörner.

(Engl. Musk Seed; franz. Graine d'Ambrette.)

Die Bisamkörner, auch Abelmoschuskörner genannt, sind die Samenkörner der im mittleren Afrika, Arabien und den beiden Indien einheimischen Bisampflanze, Hibiscus Abelmoschus L. (s. Fig. 21). Die Körner sind röthlichgrau, nierenförmig und an der Oberfläche leicht gerippt. Sie besitzen nur einen schwachen, an Moschus erinnernden Geruch, der beim Pulvern etwas stärker hervortritt. Die besten kommen von Martinique. Man benutzt sie nur noch selten zur Fabrikation von billi-

gen Riechpulvern und ähnlichen Präparaten. Früher, als
noch die Mode herrschte, die Haare zu pudern, parfümirte
man die Stärke damit, aus welcher bekanntlich der Puder
besteht. Man vermischte nämlich das zarte Stärkemehl
mit den grob gepulverten Körnern, ließ die Mischung
mehrere Stunden liegen, trennte dann die Stärke wieder
durch ein feines Haarsieb und verpackte das durchgesiebte
Pulver zum Verkauf.

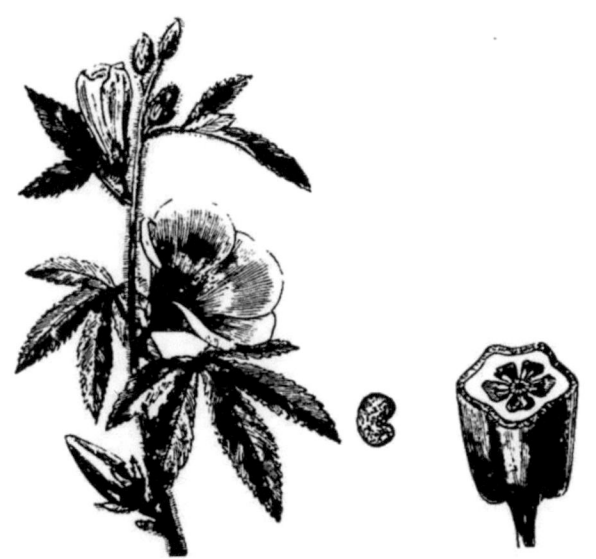

Fig. 21.

Hibiscus Abelmoschus L.        Bisamkorn. Durchschnitt der Frucht.

Es scheint, daß einige andere Hibiscusarten und ver=
wandte Pflanzen ebenfalls bemerkenswerthe Eigenschaften
besitzen. In China sollen z. B. die Blüten von Hibiscus

Rosa sinensis L. zum Dunkelfärben der Haare und Augenbrauen, sowie zur Bereitung von Schuhwichse die= nen. Ferner kann hier die S u m b u l = oder M o s ch u s = w u r z e l (franz. Soumbul) eine kurze Erwähnung finden. Diese Wurzel kommt seit einigen Jahren theils aus der Bucharei, theils über Bombay in den Handel. Sie soll von Sumbulus moschatus abstammen. Die russische oder bucharische ist die gehaltreichere; man erhält sie in $^3/_4$ bis 2 Zoll dicken, bis 30 Linien breiten Querschnitten; sie ist leicht, schwammig, blaßbraun, außen dicht mit Wurzel= fasern besetzt, riecht sehr stark und täuschend nach Moschus, ist aber dem Wurmfraße sehr unterworfen. Die ost= indische Sumbulwurzel riecht schwächer, besitzt eine mehr röthliche Farbe und ein dichteres Gefüge. Die Sumbul= wurzel ist für die Parfümerie sehr brauchbar.

## Bittermandel.

### (Engl. Almonds; franz. Amandes.)

Das B i t t e r m a n d e l ö l, auch ä t h e r i s ch e s M a n d e l ö l genannt, ist schon längst eines der belieb= testen Parfüme. Man gewinnt dieses Oel aus den Blättern verschiedener mandelartiger Gewächse, sowie aus den Samen oder Kernen der Pfirsiche, Aprikosen ꝛc. und aus den bitteren Mandeln. In allen den Pflanzenthei= len, aus denen man Bittermandelöl darstellen kann, findet sich jedoch dieses Oel nicht fertig gebildet, sondern es entsteht erst durch eine Art von Gährung zugleich mit Blausäure, und diese Gährung tritt ein, wenn man die betreffenden Pflanzentheile mindestens 24 Stunden lang mit lauwarmem Wasser in Berührung läßt. Nach erfolgter Gährung kann das entstandene Bittermandelöl mit Wasser destillirt werden. Das in den Handel kommende ächte reine Bittermandelöl wird gewöhnlich aus den bitteren Mandeln (s. Fig. 22) dargestellt. Zuerst preßt man die Mandeln aus, um das in ihnen enthaltene fette Oel zu entfernen; der zurückbleibende Preßkuchen wird mit warmem Wasser und etwas Salz versetzt, damit zu einem Brei zerrührt und nach 24stündigem Stehen in der Wärme der Destillation unterworfen. In den bittern Mandeln findet sich nämlich eine ziemliche Menge einer weißen, geruchlosen, in kleinen glimmerartigen Blättchen krystallisirenden Substanz, die man Amygdalin genannt hat. Dieses Amygdalin zerfällt bei dem Stehen mit dem warmen Wasser zu Bittermandelöl, Blausäure und Zucker. Die beiden ersten Substanzen sind also nicht, wie zuweilen geglaubt wird, in den frischen Mandeln enthalten, sondern entstehen erst bei der Zersetzung des an sich geruch- und geschmacklosen Amygdalins, und wenn man dann den Brei destillirt, so gehen sie mit den Wasserdämpfen über. Auch die Kirschlorbeerblätter, Pfirsichkerne 2c. enthalten etwas Amygdalin. 7 Kilo der ausgepreßten bittern Mandeln (die süßen Mandeln, die von derselben Pflanze, nur von einer Varietät derselben, abstammen, enthalten kein Amygdalin und geben daher kein Bittermandelöl) geben im Durchschnitt 30 Gramme Bittermandelöl. Das reine Bittermandelöl ist eine farblose, das Licht stark brechende Flüssigkeit, leicht entzündlich und mit helllenchtender Flamme brennbar, im Wasser wenig löslich und nur langsam in Form schwerer Oeltröpfchen darin untersinkend; sein spec. Gewicht ist = 1,043, bei 178 — 180° C. destillirt es. In Weingeist und Aether ist es leicht auflöslich; es besitzt einen aromatisch brennen= den Geschmack und im reinen Zustande keineswegs einen angenehmen, sondern einen starken, betäubenden Geruch; dagegen tritt sein Geruch mit großer Lieblichkeit hervor, wenn man 80 Gramme desselben in 4 Liter Weingeist auflöst und auf diese Weise ein Bittermandelextract bereitet. Man muß das Bittermandelöl in sehr gut schließenden Gefäßen aufbewahren, da es sich bei Luftzu= tritt rasch verändert, und gießt man es in flache Schalen aus, so geht es unter Aufnahme von Sauerstoff aus der

Fig. 22.
Bittermandelblüte und Frucht (Amygdalus communis var. amara).

Luft vollständig in feste krystallinische Benzoësäure über. Bittermandelöl = $C_7 H_6 O + O$ = Benzoësäure = $C_7 H_6 O_2$. Das Bittermandelöl wird in der Parfümerie vorzugsweise zu feinen Seifen, kalten Crêmen, Schönheits= mitteln 2c. genommen; doch muß man bei seiner Anwen=

tung sehr vorsichtig sein, da es immer mit Blausäure
verunreinigt in den Handel kommt, daher ein heftiges
Gift ist und leicht zu Vergiftungen Veranlassung geben
kann. Ein chemisch reines Bittermandelöl wirkt dagegen
nicht giftig, kann selbst ohne Nachtheil genossen werden;
doch ist seine Reindarstellung schwierig und würde das
ohnehin schon theure Product noch theurer machen, wird
daher für gewöhnlich nicht ausgeführt.

Nitrobenzol, Mirbanöl oder Mirban=
essenz, Essence de Mirbane, unrichtiger Weise auch
künstliches Bittermandelöl genannt. Vor ungefähr 12
Jahren ließ sich Herr Mansfield zu Weybridge eine
Methode patentiren, um künstliches Bittermandelöl aus
Benzin oder Benzol darzustellen und seit dieser Zeit ist
dieses Kunstproduct ein sehr bedeutender Handelsartikel
geworden, der auch in Deutschland in großen Quantitäten
fabricirt wird. Das Benzol ist nämlich eines von den
vielen Producten, die sich im Steinkohlentheeröl finden
und da es schon bei 82° siedet, so destillirt es zuerst über,
wenn man größere Massen des Steinkohlentheeröles in
einem Destillationsapparate gelind erhitzt und kann be=
sonders angesammelt werden. Um aus dem Benzol
Mirbanöl zu erzeugen, versetzt man es nach und nach mit
concentrirter Salpetersäure, von welcher es sehr heftig
angegriffen und in Mirbanöl umgewandelt wird, welches
man durch öfteres Waschen mit Wasser und dünner Soda=
lösung von anhaftender Säure befreit. Das so bereitete
Mirbanöl besitzt jedoch eine ganz andere Zusammensetzung
als das echte Bittermandelöl; sein Geruch ist weniger

lieblich, so daß es nur für billigere Parfümerie-Artikel, z. B. billige Toiletteseifen, in Anwendung kömmt; es sinkt wie das reine Bittermandelöl in Wasser unter, verwandelt sich aber in Berührung mit der Luft nicht in Benzoësäure und wird nicht fest. Es ist viel billiger und nicht so giftig. Besonders geschätzt ist das farblose Mirbanöl, welches aus Frankreich in den Handel kommt. Weniger beliebt ist das gelbgefärbte, da es auch der Seife eine bräunlich gelbe Färbung ertheilt. Ein sehr dunkel gefärbtes Mirbanöl, welches durch Behandeln von Benzin mit einer Mischung von Schwefelsäure und Salpetersäure bereitet wird, kann in der Parfümerie nicht benutzt werden, ist dagegen das Hauptmaterial zur Anilinfabrikation.

Man benutzt das farblose Mirbanöl zuweilen auch zur Verfälschung des echten Bittermandelöles. Zur Entdeckung dieser Verfälschung dient folgende einfache Reaction: Schüttelt man echtes unvermischtes Bittermandelöl mit einer Lösung von Aetzkali in Weingeist, so löst es sich zur farblosen Flüssigkeit und wird dadurch in benzoësaures Kali übergeführt. Schüttelt man dagegen Mirbanöl mit einer weingeistigen Lösung von Kali, so scheidet sich ein in Alkohol und Aether unlösliches Harz aus.

In neuester Zeit wird auch ein künstliches Bittermandelöl, als Oleum amygdalarum arteficiale, in den Handel gebracht, welches in seiner chemischen Zusammensetzung mit dem echten Bittermandelöl vollständig übereinstimmt, überhaupt mit letzterem

identisch ist. Diesem künstlichen Bittermandelöl haften
aber einige bei seiner Darstellung mit entstandene Neben=
producte sehr hartnäckig an, so daß es noch einen dumpfi=
gen und unangenehmen Nebengeruch besitzt, der seiner
Anwendung zu seinen Parfümerien hinderlich ist. Es
wäre von hohem Werthe, wenn ein so ausgezeichnetes
Parfüm, wie das echte Bittermandelöl ist, künstlich bereitet
werden könnte; denn das Mirbanöl verdient die Bezeich=
nung „künstl. Bittermandelöl" durchaus nicht.

### Calmus, Kalmus.

(Engl. Flag; franz. Glaieul.)

Die Wurzelstöcke der in sumpfigen Gegenden und ste=
henden Gewässern sehr häufig
wachsenden Calmuspflanze,
Acorus Calamus L. (s. Fig.
23), geben bei der Destilla=
tion mit Wasser eine so große
Menge eines nicht unange=
nehm riechenden ätherischen
Oeles, daß man von 100 Kilo
Wurzel ungefähr 1 Kilo Oel
erhält. Das Calmusöl
(s. auch oben S. 90) ist dick=
flüssig, blaßgelblich, wird mit
der Zeit dunkler und röthlich,
schwimmt auf Wasser, löst sich
leicht in Alkohol und Aether
und kann zum Parfümiren

Fig. 23. Calmuspflanze.

von Pomaden und Seifen, selbst zu Extracten verwendet werden, doch muß man es stets mit anderen Oelen vermischen, die seinen Geruch überdecken. Seine Hauptanwendung findet es nicht in der Parfümerie, sondern zur Liqueur= fabrikation.

## Campher, Kampher.

### (Engl. Camphor; franz. Camphre.)

Diese schön aussehende, kräftig riechende Substanz findet sich fertig gebildet in verschiedenen Pflanzen, so besonders in **Dryobalanops Camphora C.**, dem Campherbaum von Borneo, Sumatra und Java. Der meiste nach Europa kommende Campher stammt aber von **Laurus Campho-ra L.** (s. Fig. 24 u. 25), dem Cam= pher = Lorbeer= baume, der auf der Insel Formosa hei= misch ist, und kömmt über Canton in den Handel. Der Cam= pher ist in dem Baum in allen Theilen des= selben fertig gebildet enthalten. Wenn man

Fig. 24. Campher=Lorbeerbaum.

einen solchen Baum spaltet, so findet man zuweilen, be= sonders zwischen der Rinde und dem Holze sowie im starke 12—18 Zoll lange Massen von auskrystallisirtem Campher. Es giebt auf Formosa Leute, sogenannte Campher = Seher, welche behaupten, die Fähigkeit zu besitzen, die zur Fällung werthvollsten Bäume erkennen

Fig. 25.   Zweig des Campher=Lorbeerbaums.

zu können. Auf ihren Rath hin werden jedoch viele Bäume gefällt, in denen keine Campher=Krystalle sind. Um den Campher zu gewinnen, werden die Aeste und Zweige gespalten und in kochendes Wasser geworfen. Der in denselben enthaltene Campher schmilzt, steigt auf die Oberfläche, erstarrt beim Erkalten und kann abgenommen werden. Zuweilen überdeckt man die Siedekessel auch mit

thönernen Helmen, die inwendig mit Reisstroh ausgefüt-
tert sind.   Beim Kochen der Zweige des Campherbaumes
mit dem Wasser entweicht nämlich ein Theil des Camphers mit den Wasserdämpfen, verdichtet sich in dem
Helme und setzt sich an dem Stroh fest.   Nach beendigter
Operation wird er von dem Stroh abgelöst und sogleich
verpackt, um versendet werden zu können.·

Der im Kleinhandel vorkommende Campher ist vorher
noch einmal raffinirt oder gereinigt worden; denn aller
nach Europa kommende Rohcampher wird hier noch einer
besonderen Reinigung unterworfen, bevor man ihn wieder
verkauft.   Diese Reinigung war einst ein Monopol der
Venetianer; jetzt wird sie in allen bedeutenderen Handels-
städten ausgeführt.   Man vermischt den rohen Campher
mit etwas Kalk und unterwirft ihn einer Sublimation,
wobei er in ganz weißen, schönen kuchenförmigen Maßen
erhalten wird.   Der Campher ist weiß, krystallinisch,
halbdurchsichtig, fettglänzend, leicht zerbrechlich, aber dennoch schwer zerreiblich; mit einigen Tropfen Weingeist
befeuchtet, läßt er sich jedoch leicht zum feinsten Pulver
zerreiben.   Er ist sehr flüchtig und verfliegt schon bei gewöhnlicher Temperatur an der Luft; bei 175° schmilzt
er, bei 240° siedet er.   Sein spec. Gewicht ist = 0,985.
Er ist leicht entzündlich, brennt mit hellleuchtender, rußender Flamme, löst sich nicht in Wasser, leicht in Weingeist,
Aether und allen ätherischen Oelen auf.   Er besitzt einen
erwärmenden, aromatischen, hintennach kühlenden Geschmack und einen sehr charakteristischen, den meisten
Menschen angenehmen Geruch.   Seine chemische Zusam-

mensetzung ist = $C_{10}H_{16}O$ und in dieser Hinsicht unter=
scheidet sich diese gewöhnliche Camphersorte, die man
Laurineencampher, auch chinesischen, japa=
nischen oder holländischen Campher nennt,
von dem seltener in den Handel kommenden Dryobala=
nops=Campher oder dem sogenannten Borneo=Cam=
pher, der =$C_{10}H_{18}O$ ist, eine härtere Consistenz besitzt
und erst bei 198° schmilzt, bei 212° siedet, sonst aber dem
gewöhnlichen Campher vollständig gleichkommt.   Der so=
genannte künstliche Campher, welchen man durch
Sättigen von Terpentinöl mit Chlorwasserstoffgas bereitet,
hat andere Eigenschaften und ist in der Parfümerie nicht
brauchbar.   In manchen Ländern wird der Campher als
ein Schutzmittel gegen ansteckende Krankheiten betrachtet
und daher in Zeiten, wo solche Krankheiten auftreten, in
der Tasche getragen.   Er besitzt ferner· fäulnißwidrige,
sogenannte antiseptische Eigenschaften und wird deswegen
in großer Menge zu allen Arten von Zahnmitteln, zu
Seifen, aromatischem Essig und anderen Toilette=Gegen=
ständen benutzt.   Innerlich wird er als Arzneimittel zu=
weilen gereicht, doch wirkt er in größeren Dosen giftig.

## Cascarill, Schakkarill.

### (Engl. Cascarilla; franz. Cascarille.)

Unter diesem Namen erhält man im Handel die Rinde
von Croton Eluteria Swartz, einem auf Jamaica einhei=
mischen Baume, in gerollten, rinnenförmigen, 6—25 m m
dicken Stücken; sie ist dicht, schwer, leicht zerbrechlich,
außen weißlich oder grauweiß, unregelmäßig längs= oder

querrissig; innen chocolatebraun, gestreift, auf dem
Bruche eben, harzglänzend.   Ihr Geruch ist angenehm
aromatisch, ihr Geschmack scharf aromatisch, zugleich widrig
bitter.   Sie enthält eine sehr geringe Menge eines ätherischen Oeles, welchem sie ihren Wohlgeruch verdankt.
Man benutzt sie zur Bereitung mancher Räuchermassen,
auch ist sie ein Bestandtheil einer Mischung, die unter
dem Namen Eau à brûler vielfach zum Parfümiren von
Zimmern benutzt wird.   Burnett theilt mit, daß die
Blätter der Cascarilla gratissima so wohlriechend seien,
daß die Bewohner vom Cap der guten Hoffnung dieselben
als Parfüm benutzen.

## Ceder.
### (Engl. Cedar; franz. Cèdre.)

Das Cederholz wird hin und wieder unter den Waaren des Parfümerie-Fabrikanten gefunden und eignet sich
im gepulverten Zustande zur Bereitung von Riechpulvern.
Dünne Streifen von Cederholz werden zuweilen verkauft,
um die Lampen damit anzuzünden, da sie beim Verbrennen
einen angenehmen Geruch verbreiten.   Viele Leute hängen auch Stückchen von Cederholz in die Kleiderschränke,
um die Motten abzuhalten.   Das Cederholz ist röthlich-
weiß bis röthlichbraun, mit feinen, sehr sichtbaren Jahr-
ringen, von angenehmem Geruch, sehr weich, leicht und
spaltbar, dem Wurmfraße nicht unterworfen, es enthält
ein fast farbloses, sehr angenehm riechendes ätherisches
Oel, welches sich vorzüglich zur Bereitung von wohlriechender Hautpomade (Cold cream) eignet, jedoch in gut

9*

schließenden Gefäßen aufbewahrt werden muß, da es sich sonst leicht verharzt. Als Taschentuchparfüm kommt im Handel eine Mischung vor unter dem Namen Libanon=Ceder, bestehend aus:

Cederholz=Oel . . . . . . . . 30 Gramme

Rectificirtem Weingeist . . . . . $\frac{1}{2}$ Liter

Rosenessenz (Esprit de Roses triple) $\frac{1}{8}$ Liter

Früher war das ätherische Cederholzöl sehr selten im Handel; jetzt ist es leicht in großer Menge zu beziehen. Das Holz der virginischen oder amerikanischen Ceder, Juniperus virginiana L., auch Bleistift=holz genannt, wird von den Bleistiftfabrikanten in großer Menge zum Einfassen des Graphites verbraucht. Das=selbe ist so reich an ätherischem Oele, daß 100 Kilo davon 1700 Gramme Oel bei der Destillation geben. Das Oel der virginischen Ceder riecht nicht sehr verschieden von dem Oele der Libanon=Ceder, Cedrus Libani, und alle Parfüme, welche den Namen „Libanon=Ceder" führen, enthalten das Oel der amerikanischen Ceder, da die Par=fümeure diesen allbekannten Namen nicht ändern wollen. Man benützt nun die bei der Bleistiftfabrikation in Menge entstehenden Späne und Abfälle des Cederholzes, um daraus das ätherische Oel abzudestilliren, und daher ist dies Oel jetzt häufiger im Handel. Außerdem bereitet man sich auch eine Cedertinctur durch einfache Di=gestion von Cederholz mit concentrirtem Weingeist, welcher das Oel und einen rothen Farbstoff aus dem Holze mit aufnimmt. Die so bereitete Cedertinctur besitzt eine car=moisinrothe Farbe und kann deswegen nicht als Taschen=

tuchparfüm verwendet werden, da sie Flecke in die Tücher machen würde; dagegen ist sie eine ganz ausgezeichnete Zahntinctur und bildet auch den Hauptbestandtheil des französischen berühmten Zahnmittels: „Eau Botot".

## Citrone.

### (Engl. und franz. Citron.)

Die Citronen, die allbekannten Früchte des Citro= nenbaums, Citrus medica Risso, enthalten in ihren Schalen ein außerordentlich lieblich riechendes, sehr werth= volles ätherisches Oel, das Citronenöl, richtiger Citronenschalenöl, auch Cedroöl, Cedratöl, Cedroessenz, Citron an zeste genannt. Man scheidet dieses Oel auf dieselbe Weise ab wie das Verga= mottöl (f. S. 118) oder bereitet es auch durch Destillation der Schalen mit Wasser. Es ist blaßgelb (f. oben S. 86), riecht lieblich erfrischend, schmeckt campherartig brennend, löst sich nur in absolutem Weingeist vollständig auf, in wasserhaltigem Weingeist schwierig. Es ist äußerst em= pfindlich gegen Licht und Luft und muß daher in ganz damit gefüllten und gut verschlossenen Flaschen an schatti= gen kühlen Orten aufbewahrt bleiben, sonst wird es trübe, verharzt sich und verliert seinen Wohlgeruch vollständig. Solches schlecht gewordenes Oel kann durch wiederholtes Schütteln mit warmem Wasser wieder verbessert werden (vergl. Limone). Man benutzt dieses Oel zu den fein= sten Taschentuchparfümen.

Noch feiner und lieblicher, aber sehr theuer und selten, ist das Citronenblütöl, welches durch Destillation

ter Blüten des Citronenbaums mit Wasser bereitet und
zu theuren Parfümen, z. B. zur Bereitung des Ungar-
Wassers, benutzt wird.

Die häufig vorkommende Verfälschung der Citronenöle mit gereinigtem Terpentinöl erkennt der
Sachverständige, wenn er etwas von dem Oele zwischen
den Händen verreibt. Das Oel muß der Haut den reinsten Citronengeruch ertheilen und darf keinen Terpentingeruch zurücklassen.

Ein Citronenextract bereitet man durch Auf-
lösen von 55 Grammen Citronenöl in 4 Liter reinstem
Alkohol. Viele setzen dieser Lösung noch 10—15 Gramme
Bergamottöl zu.

## Citronella.

### (Engl. Citronella; franz. Citronelle.)

Unter diesem Namen kommt vorzüglich von Ceylon
ein sehr stark und angenehm riechendes ätherisches Oel in
den Handel, welches durch Destillation der Blätter des
dort wild und in Menge wachsenden Citronengrases
(auch Kameelheu genannt), Andropogon Schoenan-
thus L., gewonnen wird, das jetzt auf Ceylon in der
Nähe der Städte Colombo und Punto de Galle überdies
in großer Ausdehnung cultivirt wird, und zwar zu dem
ausschließlichen Zwecke der Gewinnung des wohlriechenden
Oeles. Die durchschnittliche Ausfuhr von Citronella
aus dem Hafen von Colombo beträgt jährlich 2000 Kilo.
Das Citronella- oder Citronengras-Oel ist billig, indem
der Ausfuhrpreis desselben zu Colombo nur $2^2/_3$ Thlr.

per Kilo beträgt; daher wird es jetzt in großer Menge
zum Parfümiren von Seife benutzt. Die häufig in den
Handel kommende beliebte gelbe „Honigseife" ist mit
diesem Oele parfümirt. Einzelne Parfümisten benutzen
die Citronella auch zu Pomaden, wozu sie sich jedoch nicht
gut eignet. Man verwechsele die Citronella nicht mit
anderen mehr oder weniger ähnlichen Gerüchen, besonders
mit denen des Citronengrases, der Narde, der
Melisse, der Schönmünze und der sogenannten
Verbene (siehe diese Artikel).

## Citronengras.

### (Engl. Lemon Grass; franz. Schoenanthe.)

Das Citronengras, auch Bartgras, Limon=
gras, Narden=Bartgras genannt, Andropogon
Nardus L., wächst in Ostindien in großer Menge und
wird wie das vorige auf Ceylon und den Molukken cul=
tivirt. Durch Destillation mit Wasser bereitet man dar=
aus ein ätherisches Oel, welches sich durch seinen starken,
sehr angenehmen, etwas an Geranium erinnernden Ge=
ruch auszeichnet und fast farblos ist. Dieses Oel wird
in alten Porterflaschen nach England eingeführt, gewöhn=
lich unter dem Namen Grasöl oder Citronen=
grasöl, zuweilen auch als Verbenaöl (s. Verbena).
Man benutzt es zum Parfümiren von Seifen und
Pomaden, besonders auch zur Darstellung der unechten
Verbenaessenz (s. Verbena) und zur Verfälschung des
Rosenöls, sowie des echten Geraniumöls (s. Geranium).
Zuweilen wird es geradezu mit dem Geranium verwech=

selt und als türkische Geraniumessenz (in der
Türkei Idris Yaghi genannt) über Konstantinopel in den
Handel gebracht.  Das direct von Bombay kommende
wird auch Roshé-oil, Rosinöl und fälschlich Geraniumöl genannt.

Wegen des verhältnißmäßig billigen Preises, des
starken und im verdünnten Zustande wirklich sehr angenehmen Geruches verdiente das Grasöl noch eine weit
ausgedehntere Anwendung, als dies bis jetzt geschehen ist.
Ceylon producirt jährlich ungefähr 800 Kilo Grasöl
und 100 Gramme werden mit 35—50 Sgr. bezahlt.

## Dill.

### (Engl. Dill; franz. Aneth.)

Nur zuweilen findet bei dem Parfümisten eine Nachfrage nach „Dillwasser" statt, da dieses mehr ein
Artikel der Droguisten ist und nicht wegen seines Geruches, sondern wegen seiner Wirkung als Heilmittel angewendet wird.  Manche Damen benutzen eine Mischung
von gleichen Theilen Dillwasser und Rosenwasser als
Schönheitsmittel, um die Gesichtsfarbe schön zu erhalten.
Das ätherische Dillöl wird aus den zerquetschten Samen von Anethum graveolens L. (s. Fig. 26) durch
Destillation mit Wasser bereitet, wobei das Oel auf der
Oberfläche des übergegangenen Wassers schwimmt und auf
die gewöhnliche Weise von letzterem getrennt wird.  Das
Letztere ist das Dillwasser des Handels, da es etwas Oel
aufgelöst enthält.  Das Dillöl kann in geringer Menge,

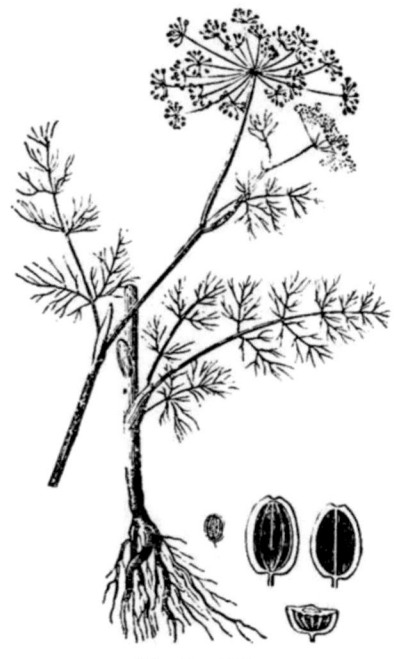

Fig. 26.  Dill.

mit anderen Oelen vermischt, zum Parfümiren von Seifen
benutzt werden.

## Fenchel.

### (Engl. Fennel; franz. Fenouil.)

Das getrocknete Fenchelkraut Foeniculum vulgare
Gärtner wird zuweilen billigen Riechpulvern beigemischt.
Die Fenchelsamen liefern bei der Destillation mit Wasser
das ätherische Fenchelöl, von welchem man 3 bis

3¹/₃ Kilo aus je 100 Kilo Samen gewinnt. Das Fenchelöl ist farblos oder gelblich, von sehr starkem unangenehmem Fenchelgeruch und aromatischem Geschmack (s. oben S. 90). Im frischen Zustande hat es ein spec. Gew. = 0,96—0,98; im Alter wird es oft schwerer als Wasser. Man benutzt es selten gemeinschaftlich mit anderen Oelen zum Parfümiren der Seifen. Seine Hauptanwendung findet es zur Liqueurfabrikation.

## Flieder.

### (Engl. Lilac; franz. Lilas.)

Die Blüten des spanischen Flieders, Syringa vulgaris L., eines überall in Anlagen gepflanzten Baumes, besitzen bekanntlich einen sehr starken und angenehmen, fast etwas betäubenden Geruch, welcher durch die Methode der Maceration oder Absorption aus denselben auf ein Fett übertragen werden kann. Behandelt man sodann die erhaltene Fliederpomade mit rectificirtem Weingeist, wie bei der Akazie beschrieben wurde, so erhält man eine Fliederessenz, welche in ihrem Geruche so viel Aehnlichkeit mit der Tuberose hat, daß sie sehr häufig anstatt der letzteren, welche sehr selten ist, aber doch häufig verlangt wird, in Anwendung kommt. Eine lieblich riechende, nachgemachte „weiße Fliederessenz" wird folgendermaßen erhalten:

Weingeistiger Auszug von Tuberosenpomade ¹/₂ Liter.
Weingeistiger Auszug von Orangeblütpomade 1 8 Liter.
Bittermandelöl (ätherisches) . . . . . 3 Tropfen.
Zibethextract . . . . . . . . . 15 Gramme.

Das Zibethextract wird nur zugesetzt, um zu bewir=
ken, daß der Parfüm, nachdem er in ein Taschentuch ge=
gossen worden, länger anhalte.

## Frangipani

### (Engl. Frangipanni; franz. Frangipane)

nennt man den himmlischen Wohlgeruch verschiedener
Arten der auf den westindischen Inseln heimischen Pflan=
zengattung Plumeria. Dieser Wohlgeruch ist sehr beliebt;
es scheint jedoch, daß man unter diesem Namen gewöhn=
lich nur ein den Plumeria-Blüten ähnlich riechendes
zusammengesetztes Blumenbouquet erhält.

## Geißblatt, Jelängerjelieber.

### (Engl. Honeysuckle, Woodbine; franz. Chèvrefeuille.)

Die ausgezeichnet lieblich riechenden Blüten dieses
die traulichen Gartenlauben so häufig umschlingenden
Strauches, Lonicera Caprifolium L., haben merkwürdiger
Weise noch keine Anwendung in der Parfümerie gefunden.
Sie sind jedoch sehr beachtenswerth. Eine vorzügliche
Nachahmung des Geißblattgeruches erhält man nach fol=
gender Vorschrift:

Weingeistiger Auszug von Rosenpomade    . $1\frac{1}{2}$ Liter  
    =            =        = Veilchenpomade . $1\frac{1}{2}$  =  
    =            =        = Tuberosenpomade $1/2$  =  
Vanilleextract  .   .   .   .   .   .   . $1\frac{1}{8}$  =  
Toluextract   .   .   .   .   .   .   . $1'\frac{1}{8}$  =  
Neroliöl  .   .   .   .   .   .   .   . 10 Tropfen  
Bittermandelöl (ätherisches)  .   .   .   . 5    =

Die so bereitete Geißblattessenz ist aber sehr theuer, kann jedoch, indem man sie mit Weingeist verdünnt, auch billiger hergestellt werden, und bleibt trotzdem noch ein feines Parfüm.

Im Allgemeinen muß man bei der Bereitung solcher zusammengesetzter Mischungen von der Voraussetzung ausgehen, daß, nachdem der flüssige Parfüm auf Flaschen gefüllt ist, man denselben per 50 Gramme mit 1 Thlr. verkaufen kann, indem dies der Durchschnittspreis der feinsten Parfüme ist, welche Fabrikanten in Paris und London bereiten. Nach diesem Maßstabe muß man daher die Vorschrift einrichten, damit man nicht zum Nachtheil arbeitet, doch auch den Käufern etwas Preiswürdiges liefert.

## Geranium, Rosenblattgeranium.
### (Engl. Geranium; franz. Géranium.)

Die Blätter des Rosenblattgeraniums, Pelargonium odoratissimum Ait., geben bei der Destillation mit Wasser ein dem Rosenöl ähnlich, lieblich riechendes ätherisches Oel. Die Aehnlichkeit dieses Geraniumölgeruches mit dem des Rosenöls ist so groß, daß das Geraniumöl wegen seines viel billigeren Preises in großartigstem Maßstabe zur Verfälschung und anstatt des Rosenöls verbraucht und häufig nur zu diesem Zwecke gekauft wird. Es wird vorzüglich in Südfrankreich und in der Türkei (von den Rosenpflanzern) angebaut. Zu Montfort-Lamaury, im Departement de Seine et Oise, sieht man Hunderte von Feldern, die mit Rosengeranium

bepflanzt sind. 100 Kilo der Blätter geben 120 Gramme
ätherisches Oel. Obschon das Rosenblattgeraniumöl vorzüglich zur Verfälschung des Rosenöls dient, so wird es
doch selbst wieder häufig mit dem oben (f. S. 135) erwähnten Grasöl verfälscht und kam besonders früher nur
selten rein in den Handel. Jetzt, wo sich die Cultur des
Rosengeraniums bedeutend ausgedehnt hat, ist es eher rein
zu erhalten. Zuweilen sieht es grün gefärbt aus, zuweilen
ist es auch farblos; doch verdient das bräunlich gefärbte
den Vorzug.

Die Auflösung von 30 Grammen des Oeles in 1 Liter
rectificirtem Weingeist bildet das im Handel vorkommende
R o s e n b l a t t g e r a n i u m = E x t r a c t. Es ist sehr zu
empfehlen, beim Einkauf darauf zu achten, daß der ganze
Name ausgeschrieben ist; denn mit diesem Oel oder
Extract kann deshalb sehr leicht eine absichtliche oder un-
absichtliche Verwirrung entstehen, weil das Grasöl, wie
wir schon auf S. 136 erwähnt haben, von den praktischen
Parfümisten auch zuweilen „G e r a n i u m ö l" genannt
wird. 100 Gramme des reinen Rosenblattgeraniumöls
kosten 200 Sgr. (6⅔ Thaler), das Oel ist also etwa
5mal theurer als das Grasöl. Man kann das echte
Geraniumöl, sowie die übrigen Parfümöle, am besten von
den Großhändlern beziehen, da denselben zuverlässigere
Quellen offen sind und sie gewöhnlich bessere Kenntnisse
von den Waaren besitzen, auch größeren Werth darauf
legen, reelle Waare zu liefern, als die kleinen Droguisten.
Das reine Rosenblattgeranium ist für die Parfümerie sehr
werthvoll und gefällt dem Publikum sehr gut.

Erst kürzlich sind auch einige Proben von Rosengera=
niumöl nach England gekommen, welche in Spanien pro=
ducirt worden.    Dieses Oel war beinahe so gut, wie das
von Grasse kommende, und kostete nur 110 Sgr. (3²/₃ Thlr.)
per 100 Gramme.

## Gurke.

### (Engl. Cucumber; franz. Concombre.)

Die Gurke ist die Frucht von Cucumis sativus L. und
gehört in der Hauptsache nur auf die Speisetafel.    Ihr
eigenthümlicher Geruch ist aber doch im Cold cream sehr
geschätzt, und um die hierzu nöthige G u r k e n e s s e n z zu
gewinnen, destillirt man am besten Alkohol drei= bis vier=
mal nacheinander über frischen, zerschnittenen Gurken ab.
Die so bereitete Essenz hat einen starken und angenehmen
Gurkengeruch.

## Hediosmia.

Dieser noch wenig bekannte Geruch soll von der
Pflanzengattung Hedyosmum, deren Arten in Jamaica
einheimische Sträucher bilden, abstammen.

## Heliotrop. Sonnenwende.

### (Engl. Heliotrope; franz. Héliotrope.)

Der Heliotropgeruch wird aus den Blüten von Heliotropium peruvianum L. oder H. grandiflorum L. entwe=
der durch die Methode der Maceration oder der Absorption
abgeschieden.    So ausgezeichnet dieser Geruch ist, so wird
er gegenwärtig doch nicht von den Parfümisten angewen=

ter. Dies ist um so auffallender, als der Geruch sehr
kräftig ist und die Blumen leicht zu bekommen sind. Es
wäre gewiß sehr einträglich, wenn sich Jemand mit der
Abscheidung dieses Geruches beschäftigen und zu diesem
Zwecke eine größere Menge dieser Pflanzen in einem
Garten cultiviren würde. Zu einem Versuche im Kleinen, welchen Jedermann leicht ausführen kann, würde
folgendes Verfahren zu empfehlen sein: Auf eine gewöhnliche Kohlenpfanne, wie man sie zum Hausgebrauche hat,
wird ein großer Topf mit Wasser gestellt und das Wasser
darin zum Sieden gebracht. Auf die Oeffnung des
Topfes stellt man ein Pfännchen mit einem Pfunde Fett,
am besten frischem Rindstalg, das man vorher durch
mehrmaliges Umschmelzen und Eingießen in kaltes Wasser
durch ein Haarsieb gereinigt hat. Nachdem das in dem
Pfännchen befindliche gereinigte Fett durch die aus dem
darunter befindlichen Topf aufsteigenden heißen Wasserdämpfe geschmolzen ist, steckt man so viele Blüten als
möglich in dasselbe, läßt das Pfännchen 24 Stunden an
einem Orte stehen, der so warm ist, daß das Fett nicht
erstarrt; hierauf seiht man das Fett von den erschöpften
Blumen ab, steckt frische Blüten in dasselbe und wiederholt
diese Operation etwa 8 Tage lang, so wird man eine
ganz ausgezeichnet riechende Heliotrop-Pomade erhalten. (Ueber die Darstellung von gereinigtem, völlig
geruchlosem Fette siehe auch den Abschnitt über die Pomaden.) Nachdem die so durch Maceration bereitete Heliotrop-Pomade erkaltet ist, wird sie gewiegt, in eine weithalsige Flasche gebracht, mit ziemlich viel Weingeist

übergossen und 8—14 Tage an einen warmen Ort ge=
stellt, wobei, indem der Geruch aus dem Fette in den
Weingeist übergeht, das Heliotropextract zum Ge=
brauche für das Taschentuch gewonnen wird, welches einen
ganz außerordentlich lieblichen Geruch besitzt. Will man
lieber eine Huile antique von Heliotrop bereiten, so be=
handelt man die Blüten der Sonnenwende mit fettem
Mandelöl, anstatt mit Rindstalg, und hat dann den
Vortheil, daß man die etwas langweilige Reinigung des
Fettes dadurch umgehen kann, da das fette Mandelöl
ganz geruchlos ist.

Wir empfehlen den Gartenbesitzern überhaupt, die
Blüten der in ihren Gärten blühenden Pflanzen, wenn
sie wohlriechend sind, nicht unbenutzt verwelken zu lassen,
sondern sich durch Anschaffung der vorhin beschriebenen
einfachen Vorrichtung zur Maceration das Vergnügen zu
bereiten, die verschiedenen Blüten alle ihres Geruches zu
berauben und alle zugleich in dem nämlichen Fette zu ma=
ceriren. Man erhält dadurch eine wirkliche Tausend=
Blumen=Pomade (millefleur), welche mit Weingeist
in der beschriebenen Weise behandelt eine Tausend=
blumenessenz giebt, die ganz ausgezeichnet riecht und
zum Parfümiren der Kleider benutzt werden kann. Auf
solche Weise kann man sich noch eine neue Freude durch
den Anbau der wohlriechenden Blüten verschaffen. Man
glaube ja nicht, daß solche Versuche, weil sie anfangs
etwas Mühe machen, die aber sehr gering ist, nicht dieser
Mühe werth seien, und besonders diejenigen, welche die
so bereiteten Producte verkaufen würden, um sich damit

ein hübsches Taschengeld zu verdienen, machen wir noch=
mals darauf aufmerksam, daß so feine Blütenpomaden und
Blütenessenzen mit 20 Sgr. bis 1 Thlr. per 50 Gramme
(also das Kilo mit 14—20 Thlr.) bezahlt werden. Wir
sind überzeugt, daß, wenn einmal nur einige Gärtner oder
Gartenbesitzer diese einträgliche, unterhaltende, interessante
und leichte Arbeit auszuführen anfangen, dieselbe sich sehr
bald weiter verbreiten und Manchem eine Quelle des Se=
gens werden wird.

Der Heliotropgeruch gleicht einer Mischung von Bit=
termandelgeruch und Vanille und wird bis jetzt künstlich
nach folgender Vorschrift bereitet:

Weingeistiger Auszug (Extract) von Vanille $1/4$ Liter
       =           = von franz. Rosenpomade $1/8$ =
       =           = = Orangenblütenpomade 60 Gramme
       =           = (Extract) von Ambra  . 30  =
Aetherisches Bittermandelöl . . . . . 5 Tropfen.

Eine solche Mischung ist das Extrait de Héliotrope,
welches in Paris verkauft wird. Es ist ein sehr feiner
Geruch, den die meisten Leute für den reinen Heliotrop=
geruch halten.

Auf einen interessanten von Piver ausgeführten
Versuch, um den Heliotropium=Blüten den Wohlgeruch
mittels Schwefelkohlenstoff zu entziehen, haben wir bereits
oben (s. S. 81) aufmerksam gemacht.

## Hollunder, gemeiner Flieder.

### (Engl. Elder; franz. Sureau.)

Das einzige in der Parfümerie hin und wieder zur Anwendung kommende Präparat des Hollunders, Sambucus nigra L., ist das Hollunderblütenwasser. Zu seiner Bereitung destillirt man 4 1/2 Kilo Hollunderblüten, die eben gepflückt worden sind, aus einer Blase mit 18 Liter Wasser, bis 10 Liter übergegangen sind. Zu dem Destillat setzt man 100 Gramme rectificirten Weingeist, so hat man das zum Verkaufe passende Hollunderwasser. Ein stärkeres Hollunderblütenwasser erhält man nach Krembs, wenn man 1 Kilo der frischen Blüten so lange mit Wasser destillirt, bis das Uebergehende beinahe geruchlos ist. Man erhält dann gewöhnlich ungefähr 7—9 Kilo Destillat. Dieses versetzt man hierauf mit 1 Kilo starkem Weingeist und destillirt nochmals, bis 2 1/2 Kilo davon übergegangen sind, wobei man ein Destillat gewinnt, welches den ganzen Geruch der Blüten enthält, aber, da es stärker ist, sich besser aufbewahren läßt. Durch Vermischung von 75 Grammen dieses concentrirten Wassers mit 300 Grammen destillirtem Wasser erhält man das gewöhnliche schwache Hollunderblütenwasser. Als Schönheitsmittel bereitet man sich aus dem Hollunderblütenwasser, wie wir später lehren werden, Hollundermilch, Hollunderextract, Hollunder=Cold cream, und mehrere andere empfehlenswerthe Präparate.

# Hovenia.

## (Engl. Hovenia; franz. Hovénia.)

Dieser Parfüm ist selten im Handel. Würde er nicht besser riechen, als die in Japan einheimische Pflanze: Hovenia dulcis oder H. inaequalis, nach welcher er genannt worden ist, so würde er wohl kaum Käufer finden. Er wird aber immer als Hoveniaessenz künstlich nach folgender Vorschrift bereitet:

| | |
|---|---|
| Rectificirter Weingeist . . . | 1 Liter. |
| Rosenwasser . . . . . . | 1 1/4 = |
| Limonöl . . . . . . . | 15 Gramme. |
| Rosenöl . . . . . . . | 4 = |
| Nelkenöl . . . . . . | 2 = |
| Neroliöl . . . . . . . | 10 Tropfen. |

Zuerst löst man die ätherischen Oele in dem Weingeist auf, setzt dann das Rosenwasser zu, schüttelt, um die trübe Flüssigkeit zu klären, mit etwas kohlensaurer Magnesia, filtrirt und füllt die Essenz zum Verkaufe auf Flaschen. Der Zusatz des Rosenwassers hat übrigens nur den Zweck, die Essenz billiger liefern zu können; ohne Rosenwasser wird sie besser.

# Jasmin.

## (Engl. Jasmine; franz. Jasmin.)

Die Jasminblüte ist eine der werthvollsten Blüten für den Parfümeur. Ihr Geruch ist herrlich, mild und so eigenthümlich, daß er mit nichts Anderem verglichen und daher auch nicht künstlich nachgeahmt werden kann.

10*

Das ätherische Jasminöl kann man erhalten, wenn man dieselbe Menge Wasser mehrmals über frischen Jasminblüten von Jasminum odoratissimum L. (s. Fig. 27)

Fig. 27.  Jasmin.

abdestillirt; allein dasselbe ist wegen der großen Herstellungskosten außerordentlich theuer. Die Jasmincultur ist besonders ausgedehnt zu Cannes im Departement du Var im südlichen Frankreich. Die Fabrikanten bauen jedoch nicht allen Jasmin, den sie gebrauchen, sondern kaufen kleine Quantitäten davon von den Landleuten in der Umgegend auf, welche kleine Jasminpflanzungen

haben und jeden Morgen die Blüten sammeln. Das
Kilo Blüten wird mit 1 bis $1\frac{1}{3}$ Thaler bezahlt. Auf
diese Weise erhalten die großen Häuser im Sommer täg=
lich etwa 100 Kilo Blüten. Die Jasminpflanzen, welche
zu Cannes cultivirt werden, haben sehr große Blüten,
wachsen meist als kleine Sträucher oder Bäume (s. Fig. 28)
und werden nur selten durch ein Lattengitter, an welchem
sie hervorkriechen, unterstützt.

Fig. 28. Das Pflücken der Jasminblüten.

Die gewöhnliche Methode, um den Geruch von den
Blüten abzuscheiden, ist die der Absorption. Auf den
Glastafelrahmen wird die Jasminpomade, auf den
Eisengaze=Rahmen das Huile antique des Jasmins berei=
tet. Die Hauptblütezeit des Jasmins dauert länger als
sechs Wochen. Das Jasminextract wird auf die
ebenfalls schon mehrmals erwähnte Weise bereitet, indem

man die klein gehackte oder gewiegte Jasminpomade mit
rectificirtem Weingeist übergießt und bei sehr gelinder
Wärme etwa 14 Tage damit in Berührung läßt.    Zur
Bereitung des besten Jasminextracts übergießt man 1 Kilo
der Pomade mit einem Liter Weingeist.. Nimmt man
anstatt der Jasminpomade das Huile antique des Jasmins, so muß dies mit dem Weingeist oft und heftig um-
geschüttelt werden, damit alle Theile des Oeles mit dem
Weingeist in Berührung kommen und ihren Geruch an
diesen abgeben. Die gewaschene Jasminpomade
oder das gewaschene Jasminöl eignen sich dann
noch ausgezeichnet zur Bereitung von Haarpomade oder
Haaröl und gefallen sicherlich dem Käufer weit besser, als
solche Pomaden, welche unmittelbar durch Vermischung
von Fetten mit ätherischen Oelen dargestellt worden sind.
Der Unterschied ist außerordentlich groß.

Das Jasminextract ist ein Hauptbestandtheil der beliebtesten Taschentuchparfüme der französischen Parfümeure.
Wir wollen hier noch darauf aufmerksam machen, daß sich
zu seiner Bereitung Korn= oder Rübenbranntwein, der
auf das Sorgfältigste entfuselt worden ist, am besten
eignet, besser sogar als der ächte französische Weinsprit.
Das Jasminextract wird häufig ganz rein als Taschen=
tuchparfüm verkauft, doch besitzt es dann den Uebelstand,
anfangs zwar sehr lieblich zu riechen, seinen Geruch aber,
wenn es im Taschentuche mit der Luft in Berührung
kommt, theils zu schnell abzugeben, theils zu verändern
und in einen sogenannten „kränkelnden" Geruch überzu=
geben.  Es ist zweckmäßig, das Extract mit wohl abge=

messenen kleinen Mengen anderer Parfüme zu vermischen, um es dauerhafter zu machen.

Kühlt man das Jasminextract auf 0° ab, so krystallisirt daraus ein Stearopten in zarten weißen Blättchen heraus. Dieses Jasminstearopten ist geruchlos, schmilzt bei 125°, löst sich schwierig in Wasser, dagegen leicht in Alkohol und Aether auf.

In der Türkei cultivirt man den Jasmin zu einem anderen Zweck. Man läßt nämlich einen einzigen Schößling stehen und erhält auf diese Weise sehr schöne gerade Stöcke zur Herstellung von Rohren für Pfeifen.

## Jonquille.

### (Engl. Jonquil; franz. Jonquille.)

Die Jonquille, Narcissus Jonquilla L., ist eine in Südfrankreich einheimische Narzissenart (vgl. Narzisse) mit ein- oder vielblumigem Schaft und schmalen grasartigen Blättern. Sie wird im Vergleiche zum Jasmin und der Tuberose nur wenig angepflanzt. Mit Hülfe der Methode der Absorption bereitet man daraus eine Jonquillepomade von vorzüglichem Geruch, und durch Digeriren von 1 Kilo der fein gewiegten Pomade mit 1 Liter reinstem Alkohol erhält man nach einer Einwirkung von vier Wochen das Jonquilleextract. Gewöhnlich muß aber diese Pflanze nur ihren Namen hergeben; denn das Jonquilleextract der Pariser Parfümisten ist nur eine Nachahmung, die man nach folgender Vorschrift darstellen kann:

Extract von Jasminpomade  .  .  $1\frac{1}{2}$ Liter.
    „    „   Tuberosenpomade  .  $1\frac{1}{2}$  =
    „    „   Orangenblütenpomade  $1\frac{1}{4}$  =
Vanilleextract  .  .  .  .  .  .  60 Gramme.

## Kirschlorbeer.
### (Engl. Laurel; franz. Laurier-cerise.)

Die Kirschlorbeerblätter von Prunus Lauro Cerasus L.
enthalten wie die bittern Mandeln (s. S. 122) etwas
Amygdalin; werden sie daher mit Wasser zerquetscht,
24 Stunden in die Wärme gestellt und destillirt, so erhält
man ein dem Bittermandelöl ähnliches oder wahrscheinlich
ganz gleiches, sehr lieblich riechendes Oel, welches aber
nur selten bereitet wird und daher auch keine Anwendung
gefunden hat.

## Kümmel, Karbe.
### (Engl. Caraway; franz. Carvi.)

Die unter dem Namen Kümmel in den Handel kommenden ausgedroschenen Samen von Carum Carvi L.
sind so allgemein als Gewürz bekannt, daß eine Beschrei-
bung derselben nicht nöthig ist.  Durch Destillation der
vorher in Wasser eingeweichten Samen mit Wasserdämpfen liefern sie das ätherische Kümmelöl (100 Kilo
guter Kümmel geben ungefähr $4\frac{1}{2}$ Kilo Oel). Dieses
Oel (siehe über die Eigenschaften oben S. 89) wird
besonders in Leipzig in großartigem Maßstabe fabricirt
und fast ausschließlich zur Liquenrfabrikation benutzt. Man
wendet es jedoch mit Vortheil, natürlich mit anderen

Oelen vermischt, zum Parfümiren der Seife an; ja mit Lavendel- und Bergamottöl eignet es sich sogar zur Bereitung billiger Parfüme. Anstatt des reinen Kümmelöles benutzt man zum Seifenparfümiren häufig das billigere Kümmelspreuöl, welches aber fast immer mit Terpentinöl verfälschtes Kümmelöl ist (vgl. über die Prüfung oben S. 96 ff.).

Zerstoßene Kümmelsamen sind ein brauchbares Material zur Bereitung billiger Riechpulver.

## Lavendel.

### (Engl. Lavender; franz. Lavande.)

Das englische Klima scheint besonders geeignet zu sein zur Entwickelung des feinen, schon seit alten Zeiten so beliebten Geruches der Lavendelpflanze; denn kein Land der Erde vermag ein so vorzügliches Lavendelöl zu produciren, wie England. Schon die Alten parfümirten das Wasser zu ihren Bädern mit den Blüten und Blättern des Lavendels (Lavandula).

Der Lavendel wird in außerordentlicher Ausdehnung zu Mitcham in Surrey und zu Hitchin in Hertfordshire gebaut; das sind die Hauptplätze seiner Production, was auch die Handelsverhältnisse beweisen. Große Lavendelpflanzungen sind jedoch auch in Frankreich; das beste, unter dem Namen Alpenlavendel in den Handel kommende französische Lavendelöl ist zwar im Geruche sehr schön, aber immerhin bedeutend geringer als das englische und daher auch viermal billiger als das letztere. Burnett glaubte, daß das ätherische Oel der Lavandula Spica L.

(engl. Spike, franz. Aspic) lieblicher rieche, als das aller
anderen Lavendelarten; doch der französische Spiklavendel
beweist die Unrichtigkeit dieser Behauptung, indem er nicht
einmal ein Zehntheil des Werthes hat von dem aus der
Lavandula vera bereiteten Oele.    50 Kilo von guten
Lavendelblüten geben bei der Destillation mit Wasserdämpfen 800—1000 Gramme ätherisches Oel.

Die Lavandula vera D. C. oder echte Lavendelpflanze
wächst in Persien, auf den canarischen Inseln, in der
Berberei und in Süd=Europa wild; sie soll aus Süd=
Europa nach England verpflanzt worden sein, wo sie auf
günstigem Boden und unter sorgfältiger Pflege in Bezug
auf ihren Geruch eine solche Veredlung erfuhr, daß sie
jetzt ein viel wohlriechenderes Oel als in ihrem Vater=
lande erzeugt.    Die eigenthümlichen Eigenschaften der
meisten Pflanzen erleiden bei der Versetzung in ein ande=
res Klima eine Veränderung und bilden sich verschieden
aus, je nach der mehr oder weniger zweckmäßigen Be=
handlung bei ihrem Anbau.    Alle Culturpflanzen bewei=
sen die Wahrheit dieser schon oft ausgesprochenen That=
sache.    Die Lavendelpflanze würde durchaus nicht in allen
Gegenden Englands so gut gedeihen; indem gerade nur
der Erdboden zu Mitcham und Hitchin ihrer Entwicklung
so günstig ist.    Herr S. Perks zu Hitchin erzeugt zur
Zeit das feinste Lavendelöl und giebt über die Lavendel=
cultur folgende Mittheilungen:

Die Lavendelplantagen dürfen weder von hohen Hecken
umzäunt sein, noch darf man in ihrer Nähe oder in der
Pflanzung selbst größere Bäume haben; da dadurch viel

Feuchtigkeit zurückgehalten wird und sich in kühleren Nächten leichter Reif bildet auf den Pflanzen. Man muß möglichst sonnige Lagen wählen.

Im October steckt man eine große Anzahl von Ablegern der alten Pflanzen in Beete, die vorher zu diesem Zwecke vorgerichtet wurden. Man läßt sie hierin 12 Monate lang und stutzt sie während dieser Zeit gut zu. Sind die Pflanzen ein Jahr alt geworden, so werden sie nun in 1,3 Meter weit auseinanderliegende Reihen, bei günstigem Wetter so gepflanzt, daß jede Pflanze in der Reihe einen Meter von der folgenden entfernt ist; doch läßt man ihnen das Blühen noch nicht zu, sondern fährt mit dem Abschneiden der Blütentriebe noch fort, um die Pflanze zu stärken und in ihrem Blätterwuchs dichter zu machen, was durch eine zugleich damit verbundene zweckmäßige Düngung vollständig erreicht wird. Wenn der Dünger, den man übrigens nur in beschränktem Maße anwenden darf, nicht in genügender Menge zu erhalten ist, so wendet man anstatt dessen sauren phosphorsauren Kalt, sogenanntes Superphosphat, an, welches sehr wohlthätig auf die Pflanze einwirkt und ebenfalls die Erzeugung besserer Blüten veranlaßt. Die Blütezeit ist im August. (S. die Abbildung eines Lavendelfeldes zu Mitcham, Fig. 29.)

Um das ätherische Oel zu gewinnen, werden die Blüten und Blütenstengel mit einer hinreichenden Menge von Wasser in Blasen gethan und der Destillation unterworfen. S. Perks hat jedoch die Erfahrung gemacht, daß die Blütenstiele nur sehr wenig und schlechteres Oel geben; daher läßt er in neuerer Zeit die Blüten von den Stielen abstreifen und nur die Blüten allein mit Wasser destilliren. Obgleich dies mehr Arbeit verursacht, so wird dadurch das Product viel werthvoller und die größeren Herstellungskosten werden vollständig durch den höheren Preis, der dafür bezahlt wird, gedeckt. Der Geruch des auf diese Weise bereiteten Lavendelöles ist so viel besser, als der jedes anders dargestellten Lavendelöles, daß, wenn man dasselbe einmal gerochen hat, man an keinem andern mehr Gefallen finden kann, und das geht selbst solchen so, die einen ganz ungeübten Geruchsinn haben. Das ist in Wirklichkeit ein reines Oel, und wenn es zweckmäßig mit andern passenden Substanzen gemischt wird, giebt es ein Lavendelwasser, wie bis dahin kein wohlriechenderes erzeugt werden konnte.

Auf einen Acker Land gehen bei der oben beschriebenen Pflanzungsmethode ungefähr 3547 Lavendelstöcke; diese sind im vierten Jahre am ergiebigsten und liefern etwa 6—7 Liter ätherisches Lavendelöl.

Das echte englische Lavendelöl ist vollkommen farblos, leicht beweglich, von 0,876 bis 0,880 spec. Gewicht; es löst sich in fünf Theilen Weingeist von 0,894 spec. Gewicht vollkommen auf; ist es weniger löslich, so kann man auf eine Vermischung mit Terpentinöl, ist es specifisch schwerer, auf eine Vermischung mit Spiköl schließen. Das Spiköl oder Spiklavendelöl besitzt einen viel schlechteren Geruch und stets eine gelbliche Farbe; etwas besser ist das französische Lavande des Alpes. Uebrigens sind alle Lavendelöle gegen die Luft

Fig. 29. Lavendelfeld.

und das Licht sehr empfindlich, indem sie verharzen und
einen unangenehmen Terpentingeruch annehmen.   Man
muß sie daher in sehr gut verschlossenen Flaschen und im
Schatten aufbewahren.

Alle geringeren Sorten des Lavendelöles werden nur
zum Parfümiren von Seifen und Fetten benutzt.   Das
Lavendelöl von Mitcham und Hitchin dagegen wird allein
zur Fabrikation der Parfüme bereitet, die man „Laven=
delwasser" genannt hat.   Eigentlich sollte man, in
Uebereinstimmung mit anderen Parfümen, Lavendel=
essenz; sagen; denn diese Parfüme werden nicht mit
Wasser, sondern wie die übrigen mit Weingeist bereitet.
Man hat außerordentlich verschiedene und viele Vorschrif=
ten zur Bereitung des sogenannten Lavendelwassers gege=
ben; doch kann man die flüssigen Parfüme, die mit
Lavendelöl dargestellt werden, alle eintheilen in: einfache
Lavendelessenzen, zusammengesetzte Lavendelessenzen und
Lavendelwasser.

Zur Bereitung der Lavendelessenz giebt es zwei
Hauptmethoden, indem man entweder eine Mischung von
Lavendelöl und rectificirtem Weingeist mit einander destil=
lirt; oder indem man das Oel nur im Weingeist auflöst.
— Die erst erwähnte Methode liefert begreiflicher Weise
ein feineres Product und wird von den berühmtesten
englischen Parfümerien=Fabrikanten befolgt, so besonders
von Smyth und Nephew, deren Fabrikate weit und breit
bekannt sind und bis nach Ostindien gehen.   Die durch
Destillation bereitete Lavendelessenz zeichnet sich dadurch
aus, daß sie ganz farblos und wasserhell ist, während die

durch einfaches Auflösen des Oeles in Weingeist bereitete
einen gelblichen Schein hat und nach einiger Zeit immer
dunkler und harzig wird. Die Vorschrift zur Bereitung
der Smyth'schen Lavendelessenz ist:

Englisch Lavendelöl . . . . 60 Gramme.
Rectificirter Weingeist (von 85%) 2½ Liter.
Rosenwasser . . . . . . ½ =

Diese Flüssigkeiten werden mit einander gemischt und
2½ Liter davon abdestillirt. Die Bereitung der Lavendelessenz nach dieser Methode verursacht bedeutende Kosten,
immerhin können jedoch 500 Gramme (½ Kilo) der
Essenz für den Preis von 4½ Thlr. geliefert werden.
Dem kleineren Händler ist es gewöhnlich zu weitläufig,
die Lavendelessenz zu destilliren, er würde auch keine Käufer für dieses theure Product finden. Dagegen kann nach
folgender Vorschrift ein sehr gutes Product durch einfaches
Auflösen des Oeles im Weingeist erhalten werden, welches
fast so farblos wie das Smyth'sche ist:

Lavendelöl . . . . . 175 Gramme.
Rectificirter Weingeist . . 4 Liter.

500 Gramme dieser Lavendelessenz werden beim Verkaufe im Kleinen mit 2¼ Thlr. angeboten. Manche
Parfümisten und Droguisten, welche Lavendelwasser oder
Lavendelessenz bereiten, setzen, in der Meinung, ein besseres Product zu erhalten, etwas Bergamottöl zu; doch ist
dies schon aus dem Grunde nicht zu empfehlen, weil solche
Mischungen leicht eine andere Farbe annehmen. Zur
Bereitung von sogenanntem Lavendelwasser mischt
man

Englisches Lavendelöl . . . 120 Gramme.

Rectificirten Weingeist . . . 3 Liter.

Rosenwasser . . . . . . $1\frac{'}{2}$ =

mit einander, filtrirt sie und füllt sie zum Verkaufe auf
Flaschen. — Ein ordinäres Lavendelwasser erhält man
auf dieselbe Weise, nur daß man anstatt des englischen,
französischen Lavendel anwendet. — Vorschriften zur Bereitung von Lavendelbouquet, Rondeletia und ähnlichen
Mischungen, in denen das Lavendelöl ein Hauptbestandtheil ist, werden wir später geben.

## Levkoje, Goldlack.
### (Engl. Wallflower; franz. Giroflée.)

Die Levkoje, Cheiranthus Cheiri L., wird wegen ihres
herrlichen Geruches in unseren Gärten ganz vorzüglich
cultivirt; dennoch hat sich noch Niemand damit beschäftigt,
diesen Geruch von den Blüten abzuscheiden und für die
Anwendung in der Parfümerie nutzbar zu machen. Wir
müssen uns daher darauf beschränken, die Beachtung auf
denselben hinzulenken, und empfehlen auch hier den
Gärtnern und Gartenbesitzern, einen Versuch im Kleinen
auszuführen. Wir sind überzeugt, daß das Resultat
günstig genug ausfallen würde, um auch Andere zu veranlassen, den herrlichen Geruch dieser Blumen an Fett
zu fesseln, um sich immer daran erfreuen zu können.
Zur Zeit begnügt man sich damit, den Levkojegeruch durch
Mischung verschiedener Parfüme nach folgender Vorschrift
darzustellen:

Orangeblütenextract . . . . $\frac{1}{2}$ Liter.

Vanilleextract . . . . . . $\frac{1}{4}$ „

Rosenesprit . . . . . . $\frac{1}{2}$ „

Veilchenwurzelextract . . . $\frac{1}{4}$ „

Akazienblütenextract . . . $\frac{1}{4}$ „

Aetherisches Bittermandelöl . . 5 Tropfen.

Nachdem man diese Flüssigkeiten vermischt hat, läßt man die Mischung 2 bis 3 Wochen stehen, bevor man sie verkauft, damit sich die Gerüche besser mit einander vereinigen.

### Lilak, Zimmtröschen, wilder Jasmin.
#### (Engl. Syringa; franz. Seringa.)

Die Blüten des Zimmtröschens (Philadelphus coronarius L.) haben einen außerordentlich starken Geruch, der dem der Orangeblüten entfernt ähnlich ist, so daß die Amerikaner diese Pflanze Dreck=Orange nennen. Ein großer Theil der Pomade, welche von den französischen Fabrikanten als feine Orangeblütpomade verkauft wird, ist nichts Anderes, als gereinigtes Schweinefett, welches mit den Zimmtröschenblüten parfümirt worden ist, durch die Methode der Maceration. Da diese Pflanze in Deutschland vortrefflich gedeiht, so könnte sie hier ebenfalls mit Vortheil dazu verwendet werden, eine unechte Orangeblütpomade damit darzustellen.

### Lilie, weiße.
#### (Engl. Lily; franz. Lis.)

Diese herrlich riechende Pflanze, Lilium candidum L., welche ebenfalls in allen Gärten gepflanzt wird und deren

große weiße Blumen ein liebliches und kräftiges Aroma
besitzen, hat bis jetzt auch noch keine Beachtung von Seiten
der Parfümerien-Fabrikanten gefunden. In Deutschland
gedeiht sie vortrefflich, und durch die Methode der Mace=
ration, sowie durch das Extractionsverfahren von Hirzel
oder Piver kann ihr Geruch unverändert auf Fett und
von diesem auf Weingeist übertragen werden. Wir for=
dern also auch hier wiederum zu Versuchen auf. Die bis
jetzt in den Handel kommende Lilienessenz ist eine
Nachahmung des Liliengeruches, welche nach folgender
Vorschrift bereitet werden kann:

| | | |
|---|---|---|
| Tuberosenextract | . . . . . | $1/_4$ Liter. |
| Jasminextract | . . . . . | 30 Gramm |
| Orangeblütextract | . . . . | 60    „ |
| Vanilleextract | . . . . . | 90    „ |
| Akazienextract | . . . . . | $1/_8$ Liter. |
| Rosenextract | . . . . . | $1/_8$  . „ |
| Aetherisches Bittermandelöl | . . | 3 Tropfen. |

Nachdem diese Flüssigkeiten gut gemischt sind, läßt man
die Mischung erst einen Monat stehen, bevor man sie ver=
kauft. Sie ist sehr geschätzt.

## Limone.

### (Engl. Lemon; franz. Limon.)

Die Limonen sind die Früchte von Citrus Limonum
Risso. Sie sind den Citronen fast gleich, nur etwas
kleiner, langoval, mit dünnerer compacter Schale, die
ärmer an ätherischem Oel ist, und mit sehr saurem Safte.
Aus den Schalen bereitet man durch Pressung ein lieblich)

riechendes ätherisches Oel, welches wie das Citronen=
schalenöl als Citron au zeste in den Handel kommt.
Zuweilen destillirt man aber die Schalen mit Wasser
und gewinnt dann die sogenannte Limonenessenz,
Essence de limons, welche bedeutend geringer ist. Das
meiste Limonöl kommt aus Messina, wo Hunderte von
Aeckern mit Limonen bepflanzt sind. Die Limonessenz
erhält man auch aus dem südlichen Frankreich. — Hier
ist auch noch die Limette, die Frucht von Citrus Limetta
Risso, zu erwähnen. Diese ist fast kugelrund, mit dicker,
sehr ölreicher Schale und weniger saurem Geschmacke; das
aus den Schalen gepreßte Limetteöl gleicht ebenfalls
dem Citronenschalenöl. Das Limonöl ist, wie alle von
Pflanzen aus der Familie der Citronengewächse herstam=
menden Oele, sehr geneigt zur Oxydation, wenn es mit
Licht und Luft in Berührung kommt; auch eine höhere
Temperatur vermag es nicht zu ertragen und muß daher
in einem kühlen Keller aufbewahrt werden. Die meisten
Proben dieses Oeles, welche in den mit Gas geheizten
Localen der Droguisten stehen, besitzen eher einen Geruch
wie Terpentinölessenz, als wie Limonessenz. Das ver=
harzte Limonöl kann wie das Citronöl (s. d.) wieder
ziemlich gereinigt werden durch heftiges Schütteln mit
warmem Wasser und nachherige Trennung davon. In
dieser Hinsicht hat Herr Cobb von Yarmouth folgende
Beobachtungen gemacht.

Veranlaßt durch die beständige Zersetzung seiner
Limonessenz hat er verschiedene Mittel versucht, um diesem
Uebelstande vorzubeugen. Zuerst versuchte er, das Oel

wieder zu destilliren; allein der Verlust hierbei ist beson=
ders bei kleinen Quantitäten sehr bedeutend und außer=
dem verschlechtert sich der Wohlgeruch und wird mehr Ter=
pentinöl=ähnlich.   Auch die Versuche, durch starke Abküh=
lung des Oeles, durch Anwendung einer Kältemischung,
die harzigen Theile daraus abzuscheiden, blieben ohne
ein günstiges Resultat.   Am besten gelang es, das Oel
gut zu erhalten und das schlecht gewordene wieder zu ver=
bessern, wenn dasselbe mit wenig heißem Wasser geschüt=
telt und das Wasser in der Flasche gelassen wurde.   Auf
der Oberfläche des Wassers, da, wo dasselbe mit dem dar=
auf schwimmenden Oele in Berührung kommt, scheidet
sich dann eine ganz zähe Masse aus, so daß das Oel fast
vollständig abgegossen werden kann, ohne daß dieser Nie=
derschlag mit fortgerissen wird. Es ist möglich, daß kaltes
Wasser ähnlich wirkt; denn die Wirkung beruht haupt=
sächlich darauf, daß das Wasser die noch im Oele vor=
handenen schleimigen Theile anzieht.   Das meiste im
Handel vorkommende Limonöl ist durch die Methode der
Pressung hergestellt worden, nämlich auf die Weise, daß
man die äußersten Schalen von den Limonen abschält, in
ein Haartuch einschlägt und auspreßt.   Das abgelaufene
Oel läßt man einige Zeit stehen, bis es sich geklärt hat,
gießt es dann von den Unreinigkeiten ab und filtrirt es.
Natürlich enthält es nun immer noch wenige schleimige
Theile aufgelöst, welche, indem sie allmälig in Zersetzung
übergehen, wie ein die Gährung erregendes Ferment
wirken und auch eine Zersetzung in dem Oele selbst ver=
ursachen.   Wenn dieses also die Ursache der leichten Ver=

änderlichkeit des Limonöles und überhaupt aller durch
Pressung gewonnenen Oele ist, woran wir nicht zweifeln,
so brauchen wir nur die schleimigen Theile so vollständig
als möglich zu entfernen, um ein beständiges Oel zu er=
halten und das geschieht durch Schütteln mit warmem
Wasser ziemlich gut, ohne daß dadurch der Geruch des
Oeles so verschlechtert wird, wie durch die Destillation.

Man darf jedoch nicht außer Acht lassen, daß die
Veränderung der Cürnsöle sowie der meisten übrigen
ätherischen Oele wesentlich von der Bildung eines Harzes
abhängt, welches, wie S a u s s u r e zuverlässig bewiesen
hat, dadurch entsteht, daß das Oel, sowie es von der
Pflanze getrennt ist, begierig Sauerstoff absorbirt und
sich theilweise in ein Harz verwandelt, welches sich in dem
unverändert gebliebenen Theile des Oels in Auflösung
erhält.

Nach S a u s s u r e 's Beobachtungen nimmt die Fähig=
keit, Sauerstoff zu absorbiren, eine Zeit lang stufenweise
zu, bis sie ein Maximum erreicht hat, und vermindert
sich dann nach Verlauf einer bestimmten Zeit wieder.
Beim Lavendelöl z. B. hält dieses Maximum nur sieben
Tage an und während dieser Zeit absorbirt das Oel jeden
Tag sein siebenfaches Volumen Sauerstoffgas. Bei dem
Limonöl zeigt sich das Maximum erst, nachdem das Oel
einen Monat lang der Luft ausgesetzt war; es dauert
dann 26 Tage lang, während welcher Zeit das Oel jeden
Tag sein doppeltes Volumen Sauerstoff aufnimmt; das
dadurch entstehende Harz, welches in dem Oele gelöst
bleibt, trägt sehr Viel dazu bei, den lieblichen Geruch des

reinen Oeles zu zerstören oder wenigstens zu verdecken. Hieraus geht hervor, daß man das Limonöl und überhaupt alle ätherischen Oele stets in sehr gut verschlossenen Flaschen und an dunkeln, kühlen Orten aufbewahren muß, wo ziemlich das ganze Jahr hindurch dieselbe Temperatur ist.

Wenn das Limonöl frisch und gut ist, so ist es besonders anwendbar mit Rosmarin, Gewürznelken und Kümmel vermischt zu Riechpulver für Kinderstuben. Wegen seiner leichten Oxydirbarkeit sollte es dagegen nicht zum Parfümiren von Fetten benutzt werden, da es leicht die Ursache wird, daß die Fette schnell ranzig werden. Bei der Fabrikation anderer zusammengesetzter Parfüme muß es in Weingeist aufgelöst sein und zwar in dem Verhältniß von 200 — 250 Gramm Oel auf 4 Liter Weingeist. In solcher Lösung wird es namentlich in großer Menge zur Fabrikation des Eau de Cologne benutzt. Daß auch Farina dasselbe hierzu benutzt, läßt sich leicht dadurch erkennen, daß man sein Eau de Cologne und zwar 10—15 Gramm davon mit einigen Tropfen von concentrirtem Aetzammoniak (Salmiakgeist) versetzt, wodurch der Geruch des Limonöls leicht bemerkbar hervortritt.

Das Aetzammoniak ist nämlich eines unserer besten Hülfsmittel, um die Zusammensetzung mancher Parfüme zu ermitteln, indem einige der riechenden Oele mit dem Ammoniak in Verbindung treten und ihren Geruch hierbei einbüßen, wodurch dann die andern, auf welche das Ammoniak nicht einwirkt, deutlicher an ihrem Geruche zu erkennen sind.

## Lorbeer.

### (Engl. Bay; franz. Laurier.)

Das ätherische Lorbeeröl, welches man durch Destillation der Früchte des gemeinen Lorbeerbaumes (Laurus nobilis L.) mit Wasser erhält, riecht zwar ganz angenehm, wird aber selten benutzt. Man hat es empfohlen, um die Fliegen und Insecten aus den Zimmern zu verjagen, indem dieselben diesen Geruch nicht ertragen. Doch nimmt man zu diesem Zwecke meist das fette Lorbeeröl, welches durch Auskochen der frischen, zerstoßenen Lorbeeren mit Wasser gewonnen wird. Dieses Oel ist salbenförmig, etwas körnig, von grüner Farbe, starkem Geruch nach Lorbeeren und besteht theils aus ätherischem, theils aus fettem Oel. Es kommt namentlich vom Gardasee und von Venedig in den Handel, meist in Fässern von 200 Kilo Inhalt.

## Magnolia.

### (Engl. und franz. Magnolia.)

Der Geruch der Magnoliablüten von Magnolia grandiflora L. und anderen Arten ist ganz ausgezeichnet schön. Die Pflanze gedeiht jedoch schwierig bei uns und hat daher keine praktische Verwendung finden können. In Paris wird ein künstlicher Magnolia-Geruch verkauft, den man nach folgender Vorschrift bereiten kann:

Weingeistiger Auszug von Orangeblütenpomade $1\frac{1}{2}$ Liter.

| | | | | | |
|---|---|---|---|---|---|
| „ | „ | „ | Rosenpomade | . . 1 | „ |
| „ | „ | „ | Tuberosenpomade | . $\frac{1}{4}$ | „ |

Weingeistiger Auszug von Veilchenpomade  .  $1\frac{1}{4}$ Liter.

Citronenschalenöl (gepreßtes  .  .  .  .  .  3 Tropf.

Aetherisches Bittermandelöl  .  .  .  .  . 10  „

Diese künstliche Magnoliaessenz ist ganz vorzüglich.

## Majoran.

### (Engl. Marjoram; franz. Marjolaine, Origan.)

Durch Destillation der Majoranpflanze mit Wasser
erhält man das Majoranöl oder, wie es die Franzosen nennen, das Origanöl (die Majoranpflanze ist
Origanum majorana L.). Dieses Oel ist sehr kräftig
und gleicht den verschiedenen Thymianölen.  100 Kilo
des frischen Krautes geben ungefähr 200 Gramm Oel.
Das Origanöl wird in großer Menge zum Parfümiren
der Seife benutzt, besonders in Paris, so z. B. von
Gellée frères, die ihre „Tablet monstre soap, tablette
monstre de savon", welche auch ins Ausland geht, damit
parfümiren.

## Meccabalsam, Opobalsam.

### (Engl. Balsam of Mecca; franz. Baume de la Mecque.)

Dieses balsamische Product existirt nur noch dem
Namen nach.  Es kommt aber gegenwärtig nicht mehr in
den europäischen Handel, da die in Arabien und Aegypten
heimische Stammpflanze, Balsamodendron Gileadense
Zth., aus deren Stamm es nach gemachten Einschnitten
ausfließt, zu selten geworden ist.  Der echte Meccabalsam
ist dünnflüssig, trübe, blaßgelb und sehr wohlriechend.

## Melisse, Citronenmelisse.

### (Engl. Balm; franz. Mélisse.)

Durch Destillation der Melissa officinalis L. mit Wasser erhält man ein angenehm riechendes ätherisches Oel, jedoch nur in sehr geringer Menge, weshalb es auch nur wenig benutzt wird, mit Ausnahme zur Bereitung der Acqua di Argento und des Carmeliterwassers.

## Münze und Pfeffermünze.

### (Engl. Mint and Peppermint; frz. Menthe et Menthe poivrée.)

Die verschiedenen Arten der Pflanzengattung Mentha, Münze, zeichnen sich durch einen Gehalt an ätherischem Oele aus; so liefern z. B. die grüne Münze, Mentha viridis L., und die Gartenmünze oder Krause=münze, Mentha crispa, bei der Destillation ihres Krau=tes mit Wasser oder Dampf ein sehr kräftig riechendes, etwas gelblich gefärbtes Oel von 0,978 spec. Gew., das sogenannte Krausemünzöl. Dieses wird mit anderen Oelen vermischt zum Parfümiren der Seifen, besonders aber zur Bereitung von Mundwässern, Zahnseifen und Zahntincturen verwendet. Die Münzöle zeichnen sich nämlich vor allen andern Oelen dadurch aus, daß sie den Tabakgeruch sehr vollständig überdecken, und daher werden die daraus bereiteten Mundwässer eben so häufig zum Mundausspülen nach dem Rauchen, als zur Reinigung der Zähne benutzt.

Von der Mentha piperita L. erhält man durch Destil=lation mit Wasser das Pfeffermünzöl, ein farbloses, seltener grünlichgelbes, leichtbewegliches Oel von sehr angenehmem, gewürzigem Geruch und Geschmack und 0,90 bis 0,92 spec. Gewicht. Das beste Pfefferminzöl kommt von Mitcham in Surrey, wo die Pfefferminze in großer Ausdehnung cultivirt wird. Aber auch in Nordamerika hat der Anbau der Pfefferminze eine bedeutende Ausbreitung gewonnen, indem gegenwärtig ungefähr 3000 Acker Land hierzu verwendet werden und zwar 1000 in den Staaten New-York und Ohio und 2000 in der Grafschaft St. Josephs im Staate Michigan, wo die Hauptproduction stattfindet. Die Pfefferminze wird nur zum Behufe der Oelgewinnung gebaut. Ein Acker mit Pfefferminzpflanzen liefert ungefähr $3\frac{1}{2}$ Kilo Oel, welches per Kilo zu 8 Thlr. verkauft wird. Beim Anbau werden die Wurzeln der Pfefferminzpflanzen dicht nebeneinander in Reihen gepflanzt und zwischen den einzelnen Reihen etwas Raum gelassen, damit man durchgehen kann. Man schneidet dann die Pflanzen gegen Ende August, häuft sie wie Heu auf Haufen, die einige Tage auf dem Felde liegen bleiben, und unterwirft sie dann der Destillation. Die größte Sorgfalt muß darauf verwendet werden, daß kein Unkraut zwischen den Pfefferminzpflanzen emporwuchert, weil sonst das Oel leicht verunreinigt werden könnte. Alle fünf Jahre werden die Felder umgepflügt und gewechselt. Die Ernte des ersten Jahres ist im Allgemeinen die reichlichste und beste.

Die Destillation wird in einem höchst einfachen Destillirapparat ausgeführt. Die Destillirblase ist eine hölzerne Tonne, in welche die Pflanzen gebracht und mit den

Füßen eingestampft werden. Ist die Tonne gefüllt, so wird sie mit dem Deckel oder Helm bedeckt und Dampf zugelassen, welcher das Oel durch einen Kühler in die zum Aufsammeln desselben bestimmte Flasche führt. Nach beendigter Destillation wird die destillirte Münze auf Haufen geworfen, getrocknet und ist dann ein ziemlich gutes Futter für die Schafe.

Nach England werden jährlich ungefähr 8000 Kilo Pfeffermünzöl übergeschifft und der Gewinn beträgt ungefähr 18 Procent vom erforderlichen Capital und der nöthigen Arbeit.

Die Pfeffermünze ist als Bestandtheil der Pfeffermünzzeltchen oder Pastillen zu bekannt, um als Parfüm geschätzt zu werden; auch findet sie ihre Hauptanwendung in der Liqueurfabrikation. Nichtsdestoweniger wird das Pfeffermünzöl, wie schon oben von den Münzölen im Allgemeinen erwähnt wurde, vielfach zum Parfümiren der Seifen und zu Mundwässern genommen, jedoch mehr von den französischen, als von den deutschen und englischen Parfümisten. Auch bildet die weingeistige Lösung des Pfeffermünzöls den Hauptbestandtheil des berühmten „Eau botot". Nach Dr. Geißler giebt das getrocknete Pfeffermünzkraut bei der Destillation mit Wasser über freiem Feuer eine größere Menge, aber dunkler gefärbtes ätherisches Oel, als bei der Destillation mit gespannten Dämpfen; auch ist das nach der letzteren Methode bereitete specifisch etwas leichter, als das nach der ersten Methode erhaltene. Das frische Pfeffermünzkraut dagegen giebt bei beiden Methoden der Destillation eine gleiche Menge

Oel. In dem getrockneten Pfeffermünzkraut scheinen nämlich zwei verschiedene Oele vorzukommen, welche verschiedene Siedepunkte und verschiedenes specifisches Gewicht besitzen. Das schwerere Oel entsteht jedenfalls aus dem leichteren während des Trocknens und Aufbewahrens des Krautes und hat ein specifisches Gewicht = 0,930, während im frischen Kraute nur ein Oel vorkommt, dessen specifisches Gewicht = 0,910 ist.

## Muscatblüte, Muscatblumen.

### (Engl. Mace; franz. Macis.)

Diese geschätzte Gewürzsubstanz besteht aus den getrockneten Bruchstücken des Samenmantels (Arillus), von welchem die Muscatnuß (s. d.) umgeben ist. Dieser Samenmantel ist im frischen Zustande fleischig-lederartig und purpurroth; im getrockneten dagegen hart, zerbrechlich, orangegelb, $1/2$ Millimeter dick, von etwas fettigem Ansehen und lieblich aromatischem, von dem der Muscatnuß bestimmt verschiedenen Geruch, eine gewiß sehr auffallende Erscheinung, wenn man bedenkt, daß beide Producte kaum 5 Millimeter weit von einander entfernt entstehen. In Betreff des Geschmacks ist der Unterschied geringer. Gute Muscatblüten müssen kräftig riechen, etwas zäh, biegsam und ölig sein und eine orangegelbe Farbe besitzen. Man erhält sie von den Molukken über Holland und benutzt sie im gepulverten Zustande in der Parfümerie zur Bereitung von Riechpulvern. — Durch Destillation der Muscatblüte mit Wasser gewinnt man das ätherische Muscatblütöl, es ist farblos oder gelbröthlich, dickflüssig, von

0,920 — 0,953 spec. Gewicht und besteht aus einem leichteren Theil und einem festen Stearopten, welches specifisch schwerer als Wasser und in Wasser, Alkohol und Aether löslich ist. Aus 100 Kilo Muscatblüten erhält man etwa 6 Kilo ätherisches Oel, welches wie die Blüten ebenfalls von den Molukken in den Handel gebracht wird und sich sehr gut zum Parfümiren der Seifen eignet.

### Muscatnuß, Muskate.

(Engl. Nutmeg; franz. Muscade.)

Die Muscatnuß ist der Same oder Samenkern des auf den Molukken einheimischen **Muscatnußbaumes**, Myristica moschata Thunb. (s. Fig. 30). Die ganze

Fig. 30. Zweig des Muscatnußbaumes.
Muscatnuß mit und ohne Blüte.

Frucht besteht aus diesem Samen und vier denselben um=
gebenden Hüllen.   Die erste oder äußerste dieser Hüllen
ist eine harte Schale, gleich der unserer Wallnüsse, unter
dieser liegt die lederartige Haut, welche wir soeben als
Muscatblüte kennen gelernt haben (s. die Muscatnuß mit
der darauf liegenden Muscatblüte in Fig. 31).   Diese
sogenannte Muscatblüte umfaßt die innere Schale und
öffnet sich in dem Verhältnisse, als die Früchte oder besser
gesagt die Samen wachsen, wie ein Netzwerk.   Die unter
der Muscatblüte liegende dritte Hülle ist eine harte dünne
geruchlose Schale und auf diese folgt nach Innen endlich
eine grünliche Haut, die wirkliche Samenhaut der Mus=
catnuß, welche keine Anwendung hat.

Die Muscatnüsse, so wie sie von den genannten
Hüllen befreit in den Handel kommen, sind rundlich oder
rundlich=eiförmig, 5 — 6 Gramme schwer, 16 — 20 Milli=

meter lang, 9 — 16 Milli=
meter dick, außen braun,
häufig weiß bestäubt, mit
netzartig gerunzelter Ober=
fläche; inwendig schön roth=
braun und weißlich mar=
morirt, dicht, fett und
ölreich, von starkem ange=

Fig. 31.
Muscatnuß mit der Muscatblüte.

nehmen aromatischen Geruch und Geschmack.   Wurm=
stichige, schimmlige, inwendig hohle und schwach riechende,
sogenannte S t o m p e n sind zu verwerfen.   Die besten
kommen von den Molukken; diejenigen von Isle de
France, Bourbon und Cayenne sind geringer.

Wenige würzig riechende Substanzen sind so wichtige Handelswaaren, wie die Muscatnuß. Die vorzüglichsten Muscatnuß-Pflanzungen der Welt sind die Banda-Inseln, auf welchen die Holländer Colonien errichtet haben und zwar schon seit 250 Jahren. Bald nach der Unterjochung der Ureinwohner jener Inseln waren sie eifrig bemüht, sich den alleinigen Handel mit den Muscatnüssen zu sichern, und beschränkten zur Erreichung dieses Zweckes den Anbau der Muscatnußbäume auf einige jener Inseln, und um ja recht sicher zu sein, dieses Monopol zu erhalten, zerstörten sie alle Muscatnußbäume auf den anderen Inseln. Dasselbe verächtliche Experiment versuchten sie auch mit den Gewürznelken. Allein sie mußten ihre unersättliche Habsucht schwer büßen, indem die furchtbaren Stürme und Erdbeben im Jahre 1778 ihre Muscatpflanzungen auf den Banda-Inseln fast ganz zerstörten, während sie auf den anderen Inseln nur wenig Schaden anrichteten. Während die Holländer die Gewürzinseln besaßen, war die Ausfuhr von Muscatblüten und Muscatnüssen von ihren Muscat-Niederlassungen, so beschränkt dieselben auch waren, wirklich enorm. Die Menge der in Europa verkauften Muscatnüsse wurde auf 125,000 Kilo, der in Ostindien verkauften auf 62,500 Kilo geschätzt; die Menge der in Europa verkauften Muscatblüten betrug 45,000 Kilo, der in Ostindien verkauften 5000 Kilo.

Als im Jahre 1796 die Engländer die Gewürzinseln eroberten, führte die ostindische Compagnie in den zwei folgenden Jahren allein in England 64,862 Kilo Muscatnüsse und 143,000 Kilo Muscatblüten ein.

Wenn die Gewürzernte sehr günstig war und in Folge dessen der Preis der Gewürze eine Erniedrigung zu erfahren schien, so entschlossen sich die Holländer eher, große Quantitäten der Früchte zu vernichten, als den Kaufpreis derselben zu erniedrigen. Als W. Tempel in Amsterdam war, versicherte ihm ein Kaufmann, der eben von Banda zurückgekehrt war, daß er einst drei Haufen von Muscatnüssen verbrennen sah, welche so groß waren, daß eine Kirche von gewöhnlicher Größe nicht alle die Nüsse hätte aufnehmen können. Wilcocks erzählt, daß er auf der Insel Walchern in der Nähe von Mittelburg in der Provinz Zeeland einen solchen Brand von Gewürznelken, Muscatnüssen und Zimmt mit angesehen habe, daß die Luft mehrere Meilen im Umkreis von dem eigenthümlichen Wohlgeruche dieser Gewürze erfüllt gewesen sei. Balfour theilt mit, daß, als im Jahre 1814 die Moluffen in den Besitz der Engländer kamen, die Anzahl der gepflanzten Muscatnußbäume auf 570,000 geschätzt wurde, von denen 480,000 Früchte trugen. Die Production der Moluffen an Muscatnüssen wurde zu 300,000 — 350,000 Kilo im Jahre berechnet, wovon die Hälfte nach Europa ging. Die Muscatnüsse dienen in der Parfümerie zur Bereitung von Riechpulvern, womit die Riechsäckchen und Riechkissen gefüllt werden. Natürlich werden die Nüsse zu diesem Zwecke vorher sein gepulvert.

Außerdem werden aus den Muscatnüssen zwei für die Parfümerie beachtenswerthe Präparate dargestellt, nämlich durch Destillation mit Wasser oder Wasserdämpfen das ätherische **Muscatnußöl.** Dieses ist farblos, etwas gelblich, von 0,920 — 0,948 spec. Gewicht und sehr starkem angenehm gewürzigem Geruch und Geschmack. Es beginnt bei 165° zu sieden, wobei zunächst ein flüssiger Kohlenwasserstoff von der Zusammensetzung des Terpentinöls ($C_{10}H_{16}$) übergeht, der selbst bei — 18° nicht fest wird. Dabei steigt der Siedepunkt bis 210° und es bleibt ein sauerstoffhaltiger Rückstand. Das Muscatnußöl eignet sich nicht allein sehr gut zum Parfümiren der Seife, sondern kann auch in kleinen Mengen zu Lavendel, Santal, Bergamott und anderen Gerüchen gesetzt und mit Vortheil zur Herstellung mannigfacher Parfümeriewaaren benutzt werden.

Das zweite Präparat aus der Muscatnuß ist die sogenannte **Muscatnußbutter,** welche an den Productionsorten der Muscatnüsse durch Auspressen derselben bereitet und in länglichen Kuchen von Ziegelsteinform und 350 — 570 Grammen Gewicht in den Handel gebracht wird. Sie ist eine weiche, salbenartige, gelbe, sehr wohlriechende Masse, welche schon bei 31° schmilzt, aus fettem Oel, ätherischem Oel und einem gelben Farbstoffe besteht, und welche man vor 40 Jahren mit Aetznatron verseifte, um die beliebte wohlriechende **Bandaseife** darzustellen, die jetzt fast außer Gebrauch ist.

## Myrrhe.
### (Engl. Myrrh; franz. Myrrhe.)

Dieses schon im Alterthum bekannte und geschätzte Gummiharz ist der an der Luft eingetrocknete Saft von

Balsamodendron Myrrha Nees. Es kommt zur Zeit nur über Ostindien nach Europa, und zwar als Myrrha electa, in unregelmäßigen, verschieden geformten, oft zusammengeflebten Stücken; es fühlt sich fettig an, ist zerbrechlich, jedoch schwierig zu pulvern, durchscheinend, dunkler oder heller rothbraun, außen uneben rauh, meist bestäubt, im Bruche matt oder fettglänzend, glatt, mit dunkleren Schichten durchzogen. Mit Wasser giebt es eine gelbe Emulsion, in Alkohol und Aether ist es nur theilweise, in Alkalien vollständig löslich. Eine geringere, in größeren unförmlichen, dunkeln und wenig durchscheinenden Stücken in den Handel kommende Sorte wird Myrrha naturalis genannt. Im Allgemeinen kann man annehmen, daß die Myrrhe durchschnittlich 60 Procent Gummi, gegen 40 Procent Harz und etwa 2 Procent ätherisches Oel enthält. Beim Erhitzen bläht sie sich auf, ohne zu schmelzen, und verbreitet einen starken und angenehmen Geruch, der hauptsächlich von dem freiwerdenden ätherischen Oele herrührt. Nach Harris wächst der Myrrhabaum in großer Menge an der abyssinischen Küste des rothen Meeres und wird dort Kurbeta genannt; doch kommen zwei Varietäten desselben vor. Die eine Varietät, von welcher die bessere Sorte der Myrrhe abstammt, ist ein kleiner Strauch mit tief eingeschnittenen, krausen, matt grün gefärbten Blättern. Die andere Varietät, welche mehr eine Art Balsam liefert, erreicht eine Höhe von $3\frac{1}{2}$ Meter, hat stark glänzende, schwach gezähnte Blätter. Die Myrrhe, auch Hofali genannt, fließt aus dem verwundeten Stamme als ein sehr scharfer, ätzender

Milchsaft aus, welcher aber, während er eintrocknet, seine ätzenden Eigenschaften, sei es nun, indem sich der scharfe Körper verflüchtigt oder chemisch zersetzt, verliert. Die Jahreszeit, in welcher die Myrrhe gesammelt wird, ist im Januar, wenn nach dem ersten Regen die Knospen hervorbrechen, und im März, wenn die Samen anfangen zu reifen.

Jeder Vorübergehende hebt die Myrrhe, die er gerade findet, auf, legt dieselbe in den leeren oder hohlen Raum seines Schirmes und vertauscht sie gegen eine Hand voll Tabak, sobald ihm ein Sklavenhändler auf der Caravanen= straße begegnet. Auch die an der Seeküste wohnenden Kaufleute reisen, bevor sie von Abyssinien zurückkehren, in die Wälder, welche das westliche Ufer des Flusses Hawash bedecken und sammeln hier große Quantitäten von Myrrhe, welche zu hohen Preisen verkauft werden. Das Myrrhaharz wird von den Parfümisten in großer Menge zur Bereitung von Zahnmitteln, Räucherkerzchen und Räucheressenzen verbraucht.

## Myrte, Mirthe.
### (Engl. Myrtle; franz. Myrte.)

Durch Destillation der Blätter der gewöhnlichen Myrte (Myrtus communis L.) mit Wasser kann man ein sehr wohlriechendes ätherisches Oel erhalten, welches aber fast gar nicht im Handel zu bekommen ist. Aus 100 Kilo der Blätter erhält man etwa 300 Gramme Oel. Eine künstliche Myrtenessenz wird dagegen zuweilen ver= kauft und kann nach folgender Vorschrift bereitet werden:

12*

| | | |
|---|---|---|
| Vanilleextract | . . | $1/_4$ Liter |
| Rosenextract | . . | $1/_2$ „ |
| Orangenblütenextract | | $1/_4$ „ |
| Tuberosenextract | . | $1/_4$ „ |
| Jasminextract | . . | 60 Gramme. |

Man mischt, läßt 14 Tage stehen und füllt diesen feinen
Parfüm in Flaschen zum Verkaufe.

Myrtenblüt-Wasser wird in Frankreich zuwei=
len als Eau d'anges, Engelwasser, verkauft und auf
die gewöhnliche Weise bereitet.

## Narcisse.
### (Engl. Narcissus; franz. Narcisse.)

Der Geruch der Narcissenblüten von Narcissus poë=
ticus L. ist ausgezeichnet schön, aber etwas betäubend.
Die Narcissen werden im Vergleiche mit Jasmin und
Tuberosen nur in geringer Menge, z. B. in Nizza, ange=
baut.   Die Abscheidung des Narcissengeruches aus den
Blüten geschieht wie beim Jasmin durch die Methode der
Absorption.   Die meiste Narcissen=Essenz, welche
die Pariser Parfümeure verkaufen, wird künstlich bereitet,
wozu wir folgende Vorschrift geben können:

| | | |
|---|---|---|
| Tuberosenextract | $1^1/_2$ | Liter |
| Jonquilleextract | 1 | „ |
| Storaxextract | . | $1/_8$ „ |
| Toluextract | . . | $1/_8$ „ |

Dieser Geruch ist zwar sehr schön, doch hat er nur
den Namen der Narcisse und gleicht dem wirklichen
Narcissengeruche durchaus nicht.

## Narde.

### (Engl. Spikenard; franz. Spika-Nard.)

Die wohlriechende Narde (Nardostachys Jatamansi) ist eine Pflanze aus der Familie der Baldrian=artigen Gewächse. Ihr Geruch behagt zwar gewiß den wenigsten europäischen Nasen, ist dagegen in Ostindien, dem Vater= lande der Pflanze, so sehr geschätzt, daß er als einer der beliebtesten asiatischen Parfüme bezeichnet werden kann. Besonders lieben ihn die eingeborenen Ostindier mit Baldrian vermischt. Die Narde wird schon im alten Testamente mehrmals erwähnt, ist daher in ganz früher Zeit bekannt gewesen. In Europa ist sie dagegen zur Zeit fast unbekannt.

## Nelke, Gartennelke.

### (Engl. Pink; franz. Oeillet.)

Die Nelke (Dianthus Caryophyllus L.) riecht beson= ders am Abend äußerst angenehm, ist aber trotzdem zur Zeit noch nicht in der Parfümerie angewendet worden; dagegen wird eine Nelkenessenz künstlich dargestellt, nach folgender Vorschrift:

| | |
|---|---|
| Rosensprit(=extract) | $1/4$ Liter. |
| Orangeblütextract . | $1/8$ „ |
| Akazienblütextract . | $1/8$ „ |
| Vanilleextract . . | 60 Gramme. |
| Gewürznelkenöl . | 10 Tropfen. |

Es ist überraschend, wie täuschend ähnlich der Geruch dieser Essenz dem der Gartennelke ist, und wir sind über=

zeugt, daß Niemand daran zweifeln wird, daß diese Essenz unmittelbar aus der Blume, deren Namen sie trägt, bereitet worden sei.

## Nelke, Gewürznelke.

### (Engl. Clove; franz. Girofle.)

Alle Theile des Gewürznelkenbaums, Caryophyllus aromaticus L. (s. Fig. 32), besonders aber die noch nicht aufgebrochenen Blütenknospen, welche die Gewürznelken des Handels sind, enthalten ein herrlich aromatisch riechen=

Fig. 32.  Gewürznelken.

des Oel. Die Nelken werden schon seit mehr als 2000 Jahren nach Europa in den Handel gebracht. Der Nelkenbaum wächst vorzüglich auf den Molukken und auf anderen Inseln des chinesischen Meeres. Jeder Baum giebt nach Burnett einen Ertrag von 2 — 2¹⁄₂ Kilogramm Gewürznelken; doch habe es einen schönen Gewürznelkenbaum gegeben, der in einem einzigen Sommer 62¹⁄₂ Kilogramm Nelken geliefert habe, und da ungefähr 10,000 Gewürznelken auf ein Kilogramm gehen, so muß dieser Baum allein wenigstens 625,000 Blüten entwickelt haben.

Das ätherische Gewürznelkenöl oder auch nur Nelkenöl genannt, kann durch Pressung aus den frisch gepflückten Gewürznelken gewonnen werden, doch wird es

meistentheils durch die Methode der Destillation abgeschie=
den. Van Hees erhielt aus 10 Kilogramm Amboina=
nelken 1860 Gramme Nelkenöl. Das frische Nelkenöl
ist farblos (vergl. S. 87), sinkt im Wasser unter (sein
spec. Gewicht schwankt zwischen 1,034 — 1,055), wird
bei längerem Aufbewahren dicker flüssig, dunkler und
etwas schwerer, und hat ganz den kräftig gewürzigen
Geruch und Geschmack der Gewürznelken. Es erstarrt
bei —20° noch nicht und enthält außer einem Kohlen=
wasserstoff, zugleich eine sauerstoffhaltige, erst bei 248°
siedende Flüssigkeit, die sogenannte Nelkensäure. Wenige
ätherische Oele haben eine so allgemeine Anwendung in
der Parfümerie gefunden, wie das Nelkenöl, welches sich
für Seifen, Pomaden und flüssige Parfüme gleich gut
eignet. Wir werden sehen, daß die Rondeletia und viele
andere zusammengesetzte Bouquets das Nelkenöl enthalten.
Die Nelkenessenz bereitet man durch Auflösen von
100 Grammen des Oeles in 4 Liter Weingeist.

## Orangenblüte, Neroli.

### (Engl. Orange-flower; franz. Fleur d'Oranger.)

Aus den Orangeblüten lassen sich zwei verschiedene
Wohlgerüche abscheiden, je nach der Methode, die man zur
Abscheidung anwendet. Diese Verschiedenheit des Ge=
ruches einer und derselben Blüte ist für den Fabrikanten
von einigem Werthe und dem Chemiker und Pflanzen=
physiologen erscheint sie als eine eigenthümliche, interessante
Thatsache, deren Erforschung gewiß der Mühe würdig
wäre. Die Orangeblüten sind nicht die einzigen, die sich

so verhalten, auch die Rosen und vielleicht alle Blüten geben bei verschiedener Behandlung zwei bestimmt ver= schiedene Gerüche.

Scheidet man den Wohlgeruch aus den Orangeblüten durch die Methode der Maceration vermittelst Fett ab, so erhält man die Orangeblütenpomade, die, jenachdem man öfter oder weniger oft frische Blüten in dasselbe Fett einbrachte, stärker und werthvoller oder geringerer Qualität wird. Das Kilo frische Orange= blüten wird mit 6 — 10 Sgr. bezahlt. Man braucht durchschnittlich 8 Kilo Blüten, um 1 Kilo Fett genügend mit dem Geruche zu sättigen, und bringt diese 8 Kilo in 64 Portionen in das geschmolzene Fett ein. — Durch monatelanges Ausziehen der so bereiteten Orangeblüten= pomade mit rectificirtem Weingeist, bei ganz mäßiger Temperatur, erhält man das Orangeblütenextrait oder die Orangeblütenessenz, und zu der Berei= tung derselben nimmt man am besten 4 Kilogramme der Pomade zu je 4 Liter des Weingeistes. Dieses Orange= blütenextrait ist ein Parfüm für das Taschentuch, dem kein anderer an die Seite zu stellen ist; sein Geruch ist dem der frischen Blüten so total gleich, daß selbst der beste Kenner, dem man die Augen zuhält, nicht unterscheiden kann, ob er die Blüten oder das Extrait zu riechen be= kommt. Der herrliche Blütengeruch des Extraits ist für den Parfümeur von hohem Werthe, und derselbe verwen= det es theils rein, theils mit anderen dazu passenden Blütengerüchen vermischt, aber immer nur zu den werth= vollsten Taschentuchparfümen.

in wohl verschlossenen Flaschen an kühlen Orten im
Schatten aufbewahrt werden. Das Neroliöl wird zuwei=
len mit Copaivaöl versetzt; um diese Verfälschung
nachzuweisen empfiehlt Schramm einige Tropfen des zu
prüfenden Oeles mit Spiritus zu vermischen, Baumwolle
oder einen reinen Docht damit zu tränken und anzuzün=
den.    Nach dem Verbrennen des Spiritus entwickelt sich
beim Glimmen des Dochtes ganz deutlich der Copaiva=
geruch, sowie auch der Geruch nach erhitzten fetten Oelen,
wenn solche vorhanden waren.

Das Petale oder Blumen= und das Bigarade=Neroli
werden im ausgedehntesten Maßstabe zur Fabrikation des
Ungarwassers, des Eau de Cologne und anderer Taschen=
tuchparfüme benutzt, das Petitgrain dagegen dient vorzüg=
lich zum Parfümiren der Seife.

Um den Neroliesprit oder das Nerolieextrait
zu erhalten, löst man je 16 Gramme des Neroli petale
oder Blumenneroli in einem Liter rectificirtem Weingeist
auf.    Obschon diese Auflösung sehr angenehm riecht und
vielfach zu feinen Parfümen verwendet wird, so steht sie
doch in keinem Vergleiche zu dem weingeistigen Auszug
der Orangenblütpomade, sondern hat einen so total ande=
ren Geruch, wie wenn sie aus einer anderen Blume ge=
wonnen worden wäre, und doch sind der Theorie zu Folge
beide Extraits nichts Anderes als weingeistige Auflösungen
des Orangeblütenöles.

Das mit dem Neroliöl zugleich überdestillirte, von
dem Oele getrennte Wasser ist das Orange= oder
Pomeranzenblütwasser des Handels und riecht

ſehr angenehm nach dem darin aufgelöſten Oele.   Man
benutzt daſſelbe als Schönheitsmittel für die Haut, ſowie
auch als Augenwaſſer; immerhin ſollte man glauben, es
würde, da es billig iſt, häufiger verlangt, als der Fall iſt.
Uebrigens kommen im Handel drei Sorten von Orange=
blütwaſſer vor.   Das beſte iſt von den Blüten abdeſtillirt,
das zweite iſt mit Neroliöl und Waſſer bereitet und das
dritte iſt durch Deſtillation der Blätter, Zweige und jungen
unreifen Früchte mit Waſſer dargeſtellt worden.    Das
erſte zeichnet ſich dadurch aus, daß, wenn man eine Probe
davon mit ein paar Tropfen von engliſcher Schwefelſäure
verſetzt, es ſogleich eine zarte roſenrothe Farbe annimmt;
das zweite zeigt dieſelbe Erſcheinung nur, wenn es friſch
bereitet worden iſt; aber ſchon nach zwei bis drei Monaten
verliert es ſeinen Geruch faſt vollſtändig und wird durch
Schwefelſäure nicht mehr roth gefärbt; das dritte wird
durch Zuſatz von Schwefelſäure von Anfang an nicht ge=
färbt, es iſt ſehr ſchwach riechend und ſein Geruch gleicht
eher dem der Limone, als dem der Orange.

## Orangenſchalen, Pomeranzenſchalen.

(Engl. Orange peel; franz. Écorce d'Oranges.)

Die Blüten des Orangebaumes geben, wie wir ge=
ſehen haben, das Neroliöl.   Die Früchte dieſes Baumes
enthalten in ihren äußerſten Theilen, in der oberſten
Schale, ein ätheriſches Oel, welches ſowohl durch Preſſung,
als durch Deſtillation mit Waſſer daraus abgeſchieden
werden kann und Orangeeſſenz, Portugal=
eſſenz, Portugalöl, Apfelſinenöl genannt

wird. Der größte Theil desselben wird durch Auspressen der Schalen gewonnen. Man erkennt schon daran, wie viel von diesem Oele in der Schale sitzt (in kleinen Bläschen), daß das Oel herausspritzt und sich entzündet, wenn man eine frische Orangenschale gegen ein brennendes Licht hält und mit den Fingern etwas zusammendrückt. Das Portugalöl (vergl. S. 87) ist blaßgelb, dünnflüssig, von 0,819 — 0,9 spec. Gewicht; es hat eine bedeutende Anwendung in der Parfümerie gefunden und wegen seines erfrischenden Geruches nach Apfelsinen wird es von Vielen sehr geschätzt. So ist es z. B. die Hauptsubstanz des „Lissabonwassers" und des „Portugalwassers", welche beiden Parfüme sehr gut nach folgender Vorschrift bereitet werden können.

Vorschrift zum Lissabonwasser:

Rectificirter Weingeist (von 85 %)    4 Liter.

Portugalöl . . . . . . . 150 Gramme.

Citronenschalenöl (gepreßtes) . . 60    „

Rosenöl . . . . . . . 10    „

Vorschrift zum Portugalwasser:

Rectificirter Weingeist (von 85 %)    4 Liter.

Portugalöl . . . . . . . 300 Gramme.

Citronenschalenöl (gepreßtes) . . 60    „

Bergamottöl . . . . . . 30    „

Rosenöl . . . . . . . 10    „

Wahrer Weingeist (aus Wein abdestillirt) eignet sich zu allen Parfümen, welche solche Citron-, Orange- oder Limon-Oele enthalten, am besten.

Auch bemerken wir hierbei, daß man alle diese Par=
füme niemals in Flaschen füllen darf, die nicht ganz gut
ausgetrocknet sind, weil sie sonst, indem sich ein Theil der
Oele ausscheidet, milchig werden. Es ist am besten, die
Flaschen erst mit Weingeist auszuspülen und dann erst zu
füllen, besonders wenn man Parfüme hat, die viel Oran=
gen= oder Citronenschalenöl enthalten, da diese beiden
Oele nur in starkem Weingeist leicht auflöslich sind.

## Palmöl.
### (Engl. Palm; franz. Palme.)

Der Geruch des in den Handel kommenden fetten
Palmöles von den Früchten der Oelpalme, Elais
Guineensis L., wird durch einen besonderen, in diesem
Oele enthaltenen Riechstoff bedingt, welcher durch Wein=
geist aus dem Fette ausgezogen werden kann und dem
Veilchenwurzelextract etwas gleicht, doch nur eine ent=
fernte Aehnlichkeit damit hat. Mehrere Versuche, diesen
Riechstoff in der Parfümerie praktisch in Anwendung zu
bringen, namentlich denselben als ein Ersatzmittel der
Veilchen zu verwenden, sind jedoch erfolglos geblieben.

## Patchouli, Patschuli.
### (Engl. Patchouly; franz. Patchouly.)

Die Patchoulipflanze, Pogostemon Patchouli, Lind=
ley; Plectranthus crassifolius, Burnett (s. Fig. 34),
wächst in China und Ostindien sehr häufig und hat in
ihrem Wuchs und in ihren Formen einige Aehnlichkeit
mit unserer gewöhnlichen Gartensalbey, nur sind ihre

Blätter nicht so fleischig. Die Blätter und Stengel der Patchoulipflanze kommen gewöhnlich in Bündeln von $\frac{1}{4}$ Kilogramm in den Handel, sind reich an einem äthe=

Fig. 34. Patchoulikraut.

rischen Oele, welches sich durch die Methode der Destillation dar= aus abscheiden läßt. 100 Kilo gutes Kraut geben ungefähr 1680 Gramme ätherisches Patchouliöl. Dieses ist dickflüssig, braun und stimmt in seinen physikalischen Eigenschaften ziemlich mit dem Santalholzöl überein, übertrifft aber an Kraft und Intensität des Geruches alle anderen Pflanzen= gerüche sehr bedeutend. Denn ver= mischt man eine gewisse Menge Patchouliöl mit einem gleichen

Gewichte irgend eines anderen Oeles, so wird man stets nur das erste riechen und der zugesetzte Geruch wird ganz davon verdeckt. Das Patchouliextract erhält man nach folgender Vorschrift:

Rectificirter Weingeist   4 Liter.

Patchouliöl   .   .   .   40 Gramme.

Rosenöl   .   .   .   .   10   „

Das so bereitete Patchouliextract ist das, welches von den Parfümisten gewöhnlich unter diesem Namen oder als Patchouliessenz verkauft wird. Obgleich wenige Parfüme einen so angenehmen Geruch haben, so kann man doch nicht sagen, daß das reine Patchouliöl oder auch

Patchouliextract wirklich lieblich rieche; denn dieser Geruch hat im concentrirten Zustande immer eine dumpfige, „müffige" Beimischung und erinnert an den Geruch einer alten Jacke. Der charakteristische Geruch der chinesischen und indischen Zimmer ist der nach einer Mischung von Patchouli und Campher. Wenn dagegen das Patchouliextract in sehr geringer Menge mit anderen Wohlgerüchen vermischt wird, so ertheilt es diesen Mischungen einen ganz vorzüglichen und eigenthümlichen Parfüm.

Interessant ist die Art und Weise, wie der Gebrauch des Patchouli's sich in Europa verbreitete und wie dieser Geruch zuerst zu uns kam. Bekanntlich wurden noch vor wenigen Jahren die echten indischen Shawls zu einem ganz enorm hohen Preise verkauft. Einige französische Fabrikanten ahmten dieselben so ausgezeichnet nach, daß die Kaufleute das indische Fabrikat von dem französischen nur durch seinen eigenthümlichen Parfüm zu unterscheiden vermochten. Natürlich boten die französischen Fabrikanten Alles auf, um zu demselben Parfüm zu gelangen. Ihre Bemühungen blieben längere Zeit erfolglos, bis es ihnen endlich gelang, das Geheimniß zu entdecken; sie ließen sich die Pflanze, nämlich das Patchoulikraut, womit die echten indischen Shawls parfümirt sind, aus Indien kommen, parfümirten ihr Fabrikat auch damit, um es dem aus Indien kommenden ganz gleich zu machen und als indisches ausgeben zu können, und so wurde denn der Parfüm nach und nach bekannter und kam endlich auch in den Besitz der Parfümisten.

Das Patchoulikraut wird sehr häufig zum Parfümiren

der Wäsche und Kleider benutzt.    Zu diesem Zwecke wird
es am besten erst gepulvert und in Muslin-Säckchen, die
mit Seide überzogen werden, gefüllt.    Es bildet dann
zugleich ein ganz vorzügliches Mittel, um die Motten von
den Kleidern abzuhalten.    Wir werden bei Behandlung
der Bouquets und Blumen sehen, daß die Patchouliessenz
sehr häufig gemeinschaftlich mit anderen Gerüchen ange=
wendet wird.

## Perubalsam.

(Engl. Balsam of Peru; franz. Baume du Pérou.)

Dieser Balsam stammt von dem Balsambaume,
Myroxylon punctatum Kotsch.    Er gleicht in seinem
äußeren Ansehen dem Syrup und erscheint als eine dun=
kelrothe, syrupdicke Flüssigkeit von 1,15 —1,16 spec. Ge=
wicht; in einzelnen Tropfen ist er durchscheinend; er
trocknet nicht beim Liegen an der Luft, besitzt einen ange=
nehmen, an Vanille erinnernden, doch weniger lieblichen
Geruch und einen scharfen, bitteren, kratzenden Geschmack;
in Wasser sinkt er unter, ohne sich darin aufzulösen; in
absolutem Alkohol löst er sich fast vollständig, in wässe=
rigem Alkohol und Aether nur theilweise; er reagirt sauer
und wenn er unverfälscht ist, so müssen je 1000 Theile
davon 75 Theile reines krystallisirtes kohlensaures Natron
sättigen.    Bei der Destillation mit Wasser giebt er ein
ätherisches Oel; er enthält Zimmtsäure, ferner verschie=
dene Harze, sowie einen öligen, geruchlosen Körper, das
sogenannte Cinnameïn $= C_{18}H_{18}O_2$ und eine krystalli=
sirbare Substanz $= C_{18}H_{16}O_2$. Er wird häufig verfälscht.

Die Verfälschung mit Alkohol entdeckt man durch Schütteln des Balsams mit Wasser, in welchem Falle derselbe an Volumen verliert, wenn er Alkohol enthielt. Die Verfälschung mit Copaivabalsam entdeckt man nach Ulex durch Erhitzen des Balsams in einer Retorte im Paraffinbade, bis einige Tropfen übergegangen sind, was meist bei 190° erfolgt. War der Balsam rein, so erstarren diese Tropfen zu fester blätteriger Zimmt= säure, im entgegengesetzten Falle schwimmen die Krystalle im Copaivaöl. Die Verfälschung mit Ricinusöl oder anderen Oelen entdeckt man durch Vermischen von zehn Tropfen des Balsams mit zwanzig Tropfen concentrirter Schwefelsäure. Der reine Balsam verwan= delt sich dabei in ein brüchiges Harz, das mit Oel ver= fälscht in eine schmierige Masse übergeht, die um so schmieriger erscheint, je mehr fettes Oel beigemischt war. Außerdem dient auch das hohe spec. Gewicht des Perubalsams als Mittel zur Prüfung seiner Reinheit, indem alle Substanzen, mit welchen der Balsam gewöhnlich verfälscht wird, spec. leichter sind und daher auch das spec. Gewicht des Balsams erniedrigen. Löst man 1 Theil Kochsalz in 5 Theilen Wasser auf, so erhält man Salzwasser von 1,125 spec. Gewicht; da nun ein guter Perubalsam ein spec. Gew. = 1,14—1,16 besitzen muß, so sinkt derselbe, wenn man einen Tropfen davon auf das Salzwasser von 1,125 spec. Gewicht gießt, in diesem unter. Schwimmt er dagegen auf dem Salz= wasser, so kann man sicher darauf rechnen, daß man ver= fälschten Perubalsam vor sich hat.

Durch Auflösen von 60 Grm. Perubalsam in 1 Liter Weingeist kann man sich zwar eine Perubalsamtinctur bereiten; doch läßt sich diese wegen ihrer dunklen Farbe nicht gut zu flüssigen Parfümen benutzen; besser eignet sich der Perubalsam zum Parfümiren der Seife, welcher er einen sehr angenehmen Geruch und die Fähigkeit leicht zu schäumen ertheilt; außerdem wirkt der Perubalsam auch sehr wohlthätig auf die Haut, weshalb solche Seife schwache medicinische Wirkungen, namentlich im Winter gegen gesprungene Haut, besitzt. Man nimmt zur Peru= balsamseife auf je 50 Kilogr. Seife 2 Kilogr. des Balsams und schmelzt Beides mit einander zusammen. Auch zur Bereitung von Räuchermitteln wird der Peru= balsam benutzt.

Nach den Mittheilungen des Dr. Dorat im Staate San=Salvador in Mittelamerika ist der Perubalsambaum schön, unten buschig, oben pyramidal zulaufend bis zu einer Höhe von etwa 18 Meter. Die Blüten sind sehr wohlriechend, stehen an den Enden der Zweige und er= scheinen gegen Ende September oder Anfang October; sie sind weiß mit blaß grünlichem Kelche und sehr klebrig von ausschwitzendem Balsam; die Blätter sind glänzend dunkelgrün; die Frucht mandelförmig, mit weißem, bal= samreichem Kern. Zuweilen bereitet man auch aus den Blüten einen ganz vorzüglichen Balsam, der aber sehr selten ist und nicht in den Handel kommt. Die Balsam= production beginnt, nachdem der Baum 5 Jahr alt ge= worden; der Baum selbst erreicht ein hohes Alter; er liebt einen trockenen Boden, steigt aber nicht über 300—350

Meter über den Meeresspiegel empor. Er verbreitet einen
Wohlgeruch, der sich auf eine Entfernung von 40 und
mehr Meter erstreckt.     Die Sammelzeit beginnt in der
trockenen Jahreszeit in den ersten Tagen des Novembers.
Man trennt mittelst einer Axt bis zu einer gewissen
Höhe die Rinde des Stammes an vier verschiedenen Seiten
in Längsstreifen bis auf das Holz los, doch so, daß sie
dabei nicht zerrissen wird.     Dies muß mit großer Sorg=
falt ausgeführt werden, damit der Baum nicht abstirbt.
In die so durch Schlagen mit der Axt gelockerte Rinde
macht man mit einem scharfen Instrumente einige Ein=
schnitte und steckt in dieselben einen brennenden Span.
Der ausfließende Balsam fängt nun an zu brennen; man
läßt ihn einige Zeit fortbrennen und löscht dann das
Feuer.

In diesem Zustande läßt man den Baum 15 Tage
lang und beobachtet ihn sorgfältig.     Nach dieser Zeit be=
ginnt der Balsam reichlich auszufließen und man fängt
ihn mittelst baumwollener Lappen auf, welche man in die
Einschnitte stopft.     Sind die Lappen ganz mit Balsam
getränkt, so preßt man sie aus und wirft sie dann in einen
irdenen Topf mit kochendem Wasser, wobei sich der Balsam
lostrennt und gleich Oel auf dem Wasser schwimmt.
Dieser wird von Zeit zu Zeit abgenommen, in reine
Flaschen gethan und neue Lappen ausgekocht.     Das Ab=
zapfen des Baumes wird nur an vier Tagen in jeder
Woche ausgeführt, d. h. vier Ernten im Monate von
jedem Baume, und die mittlere Production beträgt
$1^1{}_{\prime 2} — 2^1{}_{\prime 2}$ Kilo per Woche.     Sobald der Balsam zu

13*

fließen aufhört, werden neue Einschnitte in die Rinde gemacht, ebenfalls entzündet, wo dann nach Verlauf von 15 Tagen der Balsam wieder zu fließen beginnt. Auf diese Weise wird das Sammeln fortgesetzt, bis im April oder Mai der erste Regen fällt, wo dann die Arbeit aufhört.

Der so gewonnene Balsam erscheint als eine schmutzige, syrupdicke, sehr dunkelbraun gefärbte Flüssigkeit; er wird an Ort und Stelle geklärt, indem man ihn absitzen läßt; dann von Neuem aufkocht und die an der Oberfläche steigenden Theile abschöpft, welche letzteren zur Darstellung einer Tinctur benutzt werden, welche bei den Indianern als Heilmittel in Anwendung ist.

Nach dieser Reinigung wird der Balsam an der Küste mit 32 — 44 Sgr. per Kilogramm verkauft und besitzt dann eine ambragraue Farbe, wird aber beim Lagern wieder dunkelbraun. Zuweilen wird der Balsam nochmals gereinigt und dann als raffinirter Balsam für höheren Preis verkauft.

Ein kräftiger Baum liefert bei guter Behandlung ungefähr 30 Jahre nacheinander Balsam; dann muß man ihn etwa 5—6 Jahre ruhen lassen, wobei er sich so erholt, daß er von Neuem noch mehrere Jahre benutzt werden kann.

Der Perubalsam, welcher in England eingeführt wird, wird in dem Departement von Sonsonate in der Republik Salvador producirt. Die Bäume, von welchen er dort gewonnen wird, erstrecken sich längs der Küsten dieses Departements in einer Ausdehnung von mehreren Meilen.

Im District Cuisnagua stehen 3574 Bäume, welche jährlich 300 Kilogramm des Balsams liefern. Würde bei dem Sammeln des Balsams mehr Sorgfalt beobachtet, so könnte die genannte Ausbeute von 300 bis auf 500 Kilogr. gesteigert werden. Ist der Jahrgang regnerisch, so erhält man ein geringeres Product, um aber diesem Uebelstande zu begegnen, erhitzen die Indianer den Stamm des Baumes durch Feuer. Hierdurch wird allerdings das Ausfließen des Balsams befördert, aber gewöhnlich auch zugleich der Baum zerstört. Wenn diesem Verfahren nicht bald eine Grenze gesetzt wird, so ist zu befürchten, daß diese werthvollen Bäume nach und nach eingehen. Glücklicherweise ist das Gouvernement hierauf aufmerksam gemacht worden und ist gegenwärtig mit der Untersuchung dieser Angelegenheit beschäftigt.

Nach den Aussagen der mit dem Sammeln des Balsams beschäftigten Indianer sollen die im Schatten stehenden Bäume mehr Balsam liefern, und den meisten Balsam sollen die Bäume liefern, welche mit der Hand gepflanzt worden sind. Diese Erfahrung hat sich in Calcutta, wo eine bedeutende Menge Balsam von künstlich gepflanzten Bäumen jährlich gesammelt wird, bewährt. Dort fließt der Balsam besonders reichlich in den Monaten December und Januar aus. Dieser Calcuttabalsam oder Calcauzate ist mehr orangefarbig, von geringerem specifischem Gewicht, als der amerikanische, riecht stark und ist flüchtig und scharf.

Im Jahre 1855 wurden von San Salvator 11,402 Kilogr. Perubalsam im Werthe von 19,827 Dollars aus=

geführt. An der Küste von Chiquimulilla in Guatemala findet man ebenfalls Bäume von derselben Art; die Einwohner jener Gegend sammeln jedoch keinen Balsam von denselben. Der Theil der Küste von Salvador, welcher sich von Acajutla bis Libertad erstreckt, wird die **Balsamküste** genannt, weil hier allein das Product gewonnen wird, welches wir als Perubalsam erhalten; sie erstreckt sich ungefähr 3—4 Meilen weit, ist mit dichten Waldungen umgeben und wird daher sehr selten besucht. Es befinden sich in diesem Districte nur ungefähr 5 bis 6 Dörfer, welche ausschließlich von Indianern bewohnt sind, die ganz für sich leben und nur in die Städte kommen, um den Balsam zu verkaufen, von welchem sie jährlich 9000—11,500 Kilogramm produciren. Die Annahme, daß der Perubalsam in Südamerika producirt werde, beruht, wie hieraus hervorgeht, auf einem Irrthum. Bis jetzt haben nur wenig Kaufleute die eigentliche Productionsstätte gekannt.

## Platterbse, Wicke.

(Engl. Pea. Sweet Pea: franz. Pois de senteur.)

Durch die Methode der Absorption erhält man aus den Blüten der Platterbse (Lathyrus tuberosus L.) eine sehr wohlriechende Pomade und durch Ausziehen derselben mit Weingeist ein feines Extract. Dasselbe wird jedoch nur selten bereitet, da die Pflanze wenig angebaut wird. Dagegen führt eine Essenz, die man nach folgender Vorschrift bereiten kann, den Namen der Platterbse:

Tuberosenextract          $1/_4$ Liter.

Orangeblütenextract       $1/_4$     „

Rosenpomadeextract        $1/_4$     „

Vanilleextract            30 Gramme.

Diese **Platterbsenessenz** riecht sehr angenehm und erinnert an Orangenblüten.

Die Vanille dient hierbei mehr dazu, um dem Geruche eine gewisse Beständigkeit zu geben, indem sonst der in das Tuch gegossene Parfüm zu rasch verriechen würde. Wir haben hier absichtlich Vanille gewählt, und diese in diesem Falle der Ambra und dem Moschus, die zu gleichem Zwecke benutzt werden können, vorgezogen, weil die Vanille dieselbe Taste unseres Geruchsinnes wie die Orangeblüte berührt. Sobald die Parfüme nicht nach diesem Grund-satze mit einander vermischt worden sind, erzielen sie keinen guten Erfolg, indem dann, während die flüchtigeren Ge-rüche verfliegen, die übrigbleibenden ganz andere Empfin-dungen hervorrufen, was nicht sein darf.

## Piment, Nelkenpfeffer, Jamaikapfeffer.

### (Engl. Pimento, Allspice; franz. Piment.)

Dieses allbekannte Gewürz besteht aus den körner-förmigen Früchten des Pimentbaumes, Myrtus Pimenta L. (s. Fig. 35). Die beste Sorte erhält man aus Jamaika. Durch Destillation des gepulverten Pimentes mit Wasser-dampf erhält man von je 100 Kilogr. 6 Kilogr. eines farblosen ätherischen Oeles, des **Pimentöles**. Dieses gleicht im Geruche etwas dem Gewürznelkenöl, sinkt wie dieses im Wasser unter, schmeckt sehr scharf brennend.

Man hat es zum Parfümiren der Seifen, und die Pimentessenz, eine Auflösung von 100 Grammen Pimentöl in 4 Liter Alkohol, zur Bereitung billiger flüssiger Parfüme empfohlen. Es hat aber zur Zeit noch keinen rechten Beifall gefunden.

Fig. 35. Piment.

## Raute.

(Engl. und franz. Rue.)

Der Geruch der Raute (Ruta graveolens L.) ist aromatisch durchdringend und einer großen Vertheilung fähig; daher wurde die Pflanze schon seit den ältesten Zeiten als ein Schutzmittel gegen ansteckende Krankheiten betrachtet. Durch Destillation mit Wasser erhält man das ätherische Rautenöl, von blaßgelber Farbe und 0,911 spec. Gewicht, welches zuweilen zu Kräuteressigen und aromatischen Toilette=Gegenständen benutzt wird. Eine wichtige Verwendung hat es zur Fabrikation des künstlichen Oenanthäthers (Weinfuselöl, Weinöl) gefunden, welcher zur Bereitung von künst= lichem Cognac unentbehrlich ist.

## Reseda.
### (Engl. Mignonette, Rézéda; franz. Mignonnette.)

Besäße diese Pflanze (Reseda odorata L.) nicht diesen ausgezeichneten Geruch, so würde man sie gewiß nur als ein Unkraut betrachten. So lieblich und ergiebig aber ihr Geruch ist, so hat bis vor Kurzem doch keine Kunst und Sorgfalt vermocht, diesen wundervollen Parfüm auf Weingeist überzutragen; denn der Geruch ändert sich außerordentlich leicht, sobald er von der Pflanze getrennt wird. Er erinnert zwar nach seiner Abscheidung noch schwach an die Resedablüte, und um ihm die Lieblichkeit wiederzugeben, die er verloren hat, versetzen ihn die Par= fümeure mit etwas Veilchengeruch. Auf diese Weise be= reiten sie allerdings einen Resedaparfüm, der sehr geschätzt und theuer bezahlt wird, und daher könnten gewiß auch in Deutschland, wo die Reseda ebenso gut gedeiht, wie in Frankreich, mit Vortheil Resedapflanzungen angelegt werden. Durch die Methode der Absorption bereitet man sich zunächst die Resedapomade, und indem man ein Kilogramm derselben 14 Tage lang mit 1 Liter rectificirtem Weingeist bei gelinder Wärme digerirt, erhält man die Resedaessenz oder das Resedaextract, welches, wie schon erwähnt, gewöhnlich mit etwas Veilchen=essenz versetzt wird, und außerdem ist es vortheilhaft, demselben etwas Toluextract (auf $\frac{1}{2}$ Liter Resedaextract 30 Gramme Toluextract) zuzufügen, weil es dadurch mehr Beständigkeit als Taschentuchparfüm erhält. Die besten Resedagerüche fabricirt March zu Nizza, der, wie er selbst sagt, hierfür eine besondere Vorliebe hat. Sehr schön läßt sich der Resedageruch mit der mir patentirten Methode (vergl. S. 78) isoliren und ein Extract bereiten, welches ganz den köstlichen Duft der frischen Blüten besitzt.

## Rose.

### (Engl. und franz. Rose.)

Die Rose, die Königin der Blumen, nimmt auch unter den Wohlgerüchen den ersten Platz ein. Sie wird daher in einigen Gegenden, besonders in der Türkei, zu Ghaze=pore in Indien, sowie auch im südlichen Frankreich, zum Theil in großartigem Maßstabe cultivirt und zur Dar=stellung des Rosenöls benutzt. Besonders berühmt wegen ihrer ausgedehnten Rosencultur ist die türkische Stadt Kizanlik, eine große Stadt an der Südseite des Balkans, ungefähr 70 Meilen nördlich von Adrianopel; ferner Eski=Zaghra im Thale Tunja südöstlich von Kizanlik und Carlova oder Carloya. Die Rosenpflanzer

in der Türkei sind größtentheils Christen und bewohnen
das Tiefland auf der Südseite des Balkangebirges zwischen
Selimnia und Carloya.   In guten Jahren geben diese
Districte 2250 Kilogramm Rosenöl, in schlechten nur
600—900 Kilogr., wobei wir bemerken, daß im Durch=
schnitt 16,000 gut ausgebildeteRosen zur Erzeugung von
30 Grammen Rosenöl nöthig sind.   Das Rosenöl wird
aus den Districten, wo man es bereitet, in großen flachen
kupfernen oder zinnernen Flaschen versendet, die mit
dickem weißem Filze bedeckt und mit einer Calicoetiquette
mit türkischen Buchstaben versehen sind.   Die Händler in
Konstantinopel füllen es in geschliffene und vergoldete
Glasfläschchen um, und in diesen kommt es gewöhnlich
auf den europäischen Markt.   Die hauptsächlichste zur
Rosenölgewinnung dienende Rosensorte ist die Rosa cen-
tifolia L.   Jedenfalls werden auch andere Arten benutzt,
doch sind die Angaben hierüber sehr widersprechend.

Das Rosenöl, engl. Atar of roses, Attar, fälsch=
lich auch Otto genannt, franz. Essence de rose, ist ge=
wöhnlich blaßstrohgelb, zuweilen auch grünlich, dickflüssig,
leichter als Wasser (vergl. S. 88), erstarrt schon bei + 14
bis + 20° mehr oder weniger vollständig, löst sich in
Alkohol etwas schwierig, in Aether und Oelen dagegen
sehr leicht auf.   Es riecht in reinem Zustande ungemein
stark, fast betäubend, und läßt erst bei genügender Ver=
dünnung mit Weingeist oder anderen Stoffen ein Urtheil
über seinen Geruch zu.   Es besteht aus mindestens zwei
verschiedenen Bestandtheilen, nämlich aus einem flüssigen
Theil, welcher sauerstoffhaltig und der Träger des herr=

lichen Geruches ist, und aus einem festen Theil, dem
sogenannten Rosenstearopten oder Rosenöl=
campher, welcher nur aus Kohlenstoff und Wasserstoff
zu bestehen scheint, leicht in kleinen Lamellen krystallisirt
und ganz geruchlos ist, dem Rosenöl jedoch die Fähigkeit
ertheilt, in der Kälte zu erstarren.   Das Rosenöl wird
sehr oft verfälscht.   Es giebt aber kaum eine schwierigere
Aufgabe, als die sichere Nachweisung einer solchen Ver=
fälschung; denn das unverfälschte Oel kommt selbst in so
ungemein verschiedenen Sorten in den Handel, daß man
vergeblich nach einem sicheren Anhaltepunkte sucht.   Es
ist nicht allein im Geruch verschieden, sondern auch in der
Farbe, der Consistenz, welche es in der Kälte annimmt,
und der Temperatur, bei welcher es erstarrt.   Manche
ziehen das leichter erstarrende Oel dem flüssigeren vor,
ohne daß sich ein triftiger Grund hierfür angeben ließe.
Die Annahme, daß leichter erstarrendes Rosenöl besser
sei, hat nach N. Baur höchstens insofern eine Berech=
tigung, als die Gefrierfähigkeit des Rosenöles allerdings
herabgedrückt wird, wenn man dasselbe mit Geraniumöl
versetzt.   Baur vermuthet, daß der ölige und der feste
Bestandtheil des Rosenöles betreffs ihrer chemischen
Zusammensetzung in einer gewissen Beziehung zu einander
stehen, in der Art, daß sie sich in einander überführen
lassen.   Reiner und geruchloser Rosenölcampher nehme
z. B. an der Luft oder unter Einwirkung sehr mild oxy=
dirend wirkender Stoffe sehr bald einen Rosenölgeruch
an, wobei sein Schmelzpunkt sinke, und umgekehrt gelinge
es durch Behandlung des vom Campher möglichst befreiten

Rosenöles mit einer Mischung von Zink und einer
schwachsauren Lösung von concentrirter Salzsäure in
Alkohol (unter Ausschluß der Erwärmung), also durch
einen Reductionsproceß, das flüssige Oel in eine dem
Rosenölcampher völlig analoge feste Substanz überzufüh=
ren, so daß man also auf solche Weise ein Rosenöl leichter
gefrierend herstellen könnte. Gewöhnlich sind die örtlichen
Verhältnisse der Productionsstellen von entscheidendem
Einfluß, so soll z. B. der vorzüglich liebliche Geruch des
in Südfrankreich aus der Provencerrose, Rosa provin=
cialis, destillirten Oeles durch die dort massenhaft schwär=
menden Bienen bedingt werden, welche den Blütenstaub
der Orangeblüten aus den angrenzenden Orangepflan=
zungen auf die Rosenknospen übertragen; auch erstarrt
das französische Rosenöl gewöhnlich leichter, als das tür=
kische. Beachtenswerth ist zur Entdeckung von Ge=
raniumöl im Rosenöl, daß das reine Rosenöl sei=
nen Geruch nicht verändert, wenn ihm etwas concentrirte
Schwefelsäure beigemischt wird; dagegen einen unange=
nehmen Geruch annimmt, wenn es Geraniumöl enthält.
Dämpfe von salpetriger Säure färben das Rosenöl gelb,
das Geraniumöl grün. Jod färbt das Rosenöl nicht,
bräunt dagegen das Geraniumöl. Um im Rosenöl
eine Beimischung von Wallrath, Paraffin
und dergleichen zu entdecken, soll man nach Baur in
einem Probirröhrchen ungefähr 1 Kubikcentimeter des zu
prüfenden Rosenöles mit circa 5 Kubikcentimeter Wein=
geist von 75 Procent versetzen, gut durchschütteln und
abfiltriren. Der hierbei auf dem Filter gebliebene Rück=

stand wird mit wenigen Tropfen Weingeist nachgewaschen
und zwischen Fließpapier getrocknet.   Von diesem Rück=
stand legt man ein Stückchen auf Cigarettenpapier und
erwärmt vorsichtig.   Reiner Rosenölcampher verfliegt voll=
ständig, während vorhandenes Wallrath, Paraffin u. dgl.
einen deutlichen nicht verschwindenden Fettfleck erzeugen.

Das zu Kaschmir bereitete Rosenöl wird für das beste
gehalten und höher als jedes andere geschätzt, was nicht
überraschen kann, indem uns mehrere Reisende mittheilen,
daß sich die dortigen Rosen eben so sehr durch ihre Schön=
heit, wie durch ihren herrlichen Wohlgeruch auszeichnen.
Dort destillirt man dasselbe Wasser zweimal über frischen
Rosen ab, läßt dasselbe dann in offene Gefäße fließen,
welche die Nacht über in kaltes fließendes Wasser gestellt
werden.   Während dieser Zeit scheidet sich das im Wasser
vertheilt gewesene Rosenöl auf der Oberfläche in kleinen
weichen Stückchen oder Tröpfchen ab, welche mit dem
Blatte einer Schwertlilie sorgfältig abgenommen werden.
Dieses Oel besitzt in der Kälte eine dunkelgrüne Farbe,
ist so hart wie Harz, und wird selbst bei der Temperatur
des siedenden Wassers nicht ganz flüssig.   250—300 Kilo=
gramme Rosenblätter geben 30 Gramme dieses Oeles.

Der feinste Rosengeruch wird jedoch zu Grasse
und Cannes in Frankreich fabricirt; denn hier verarbeitet
man die Rosen selten zu Rosenöl, sondern man trägt ihren
Geruch durch die schon mehrmals erwähnte Methode der
Maceration auf Fett über und erhält auf diese Weise eine
Rosenpomade, die man noch dadurch ganz vollkom=
men macht, daß man die letzte Portion der Blumen nur

durch die Methode der Absorption mit der Pomade zusam=
menbringt und damit in Berührung läßt, bis sie ihren
Geruch an diese abgegeben haben.    Von dieser so berei=
teten besten Rosenpomade (Nr. 24) behandelt man dann
je 1 Kilogr. mit 1 Liter rectificirtem Weingeist und erhält
so den Esprit de Roses, Rosenesprit oder Rosen=
essenz von der besten Qualität.    Dieser besitzt einen
ganz anderen, viel lieblicheren Rosengeruch als der Rosen=
esprit, der nur durch Auflösen von Rosenöl in Weingeist
bereitet worden ist, zwar auch nach Rosen, aber doch wieder
ganz anders riecht, ein Verhältniß, worauf wir schon bei
Betrachtung des Heliotrop= und des Orangeblütgeruches
aufmerksam machten.    Uebrigens verkaufen die Parfümisten
den Rosenesprit, der aus der französischen Rosenpomade
bereitet worden, niemals im Kleinen, sondern halten ihn
zurück, um damit ihre gesuchtesten Bouquets zu bereiten.

Auch in England, besonders in der Nähe von Mitcham,
sind große Rosenpflanzungen; doch werden die in England
gezogenen Rosen nur zur Bereitung von Rosenwasser
benutzt.    Von Mitte Juni bis Anfang Juli werden die
Rosen jeden Vormittag, nachdem der Thau von denselben
wieder verdunstet ist, gepflückt, in Säcke gethan und nach
der Stadt geschickt.    Sobald sie dort anlangen, werden sie
in einem kühlen Raume ausgebreitet; denn würde man
sie auf einem Haufen liegen lassen, so würden sie sehr
rasch unter starker Erhitzung in Gährung übergehen und
nach 2 — 3 Stunden ganz unbrauchbar sein.    Es wird
wohl kaum eine Substanz geben, welche so rasch Sauer=
stoff absorbirt und so schnell heiß wird, wie ein Haufen

von frisch gepflückten Rosen. Mehrere englische Parfümeure salzen die Rosenblätter, um sie aufbewahren zu
können, ein. Sie trennen die Blätter zunächst von den
Stielen und reiben dann je 6 Kilogramm derselben mit
1 Kilogramm gewöhnlichem Küchensalz gut zusammen.
Das Salz zieht hierbei das in den Rosenblättern enthaltene Wasser an, zerfließt zum Theil, wodurch das Ganze
in eine pappige Masse verwandelt wird, welche man dann
in Fässer einstampft. So eingesalzen lassen sie sich lange
Zeit aufbewahren, ohne daß ihr Geruch sehr darunter
leidet, und man erhält ein recht gutes Rosenwasser, wenn
man 6 Kilogr. der eingesalzenen Blätter mit 10 Liter
Wasser so lange destillirt, bis 8 Liter Rosenwasser übergegangen sind. In Deutschland befinden sich zwar keine
wirklichen Rosenpflanzungen, aber die Rosenblätter werden
doch auch von vielen Gartenbesitzern und Gärtnern gesammelt, freilich meistens erst, wenn sie von den welk
gewordenen Blumen abblättern, und in die Apotheken
oder an die Parfümisten verkauft, welche Rosenwasser
daraus bereiten. Das aus dem südlichen Frankreich kommende Rosenwasser besitzt jedoch einen viel feineren und
stärkeren Geruch, da es das Wasser ist, welches als
Nebenproduct bei der Destillation des Rosenöles, mit
welchem es überdestillirt, erhalten wird und als eine mit
Rosenöl gesättigte wässerige Flüssigkeit betrachtet werden kann, während das deutsche Rosenwasser noch viel
Rosenöl aufzulösen vermöchte und überhaupt im Geruche
keinen Vergleich mit dem französischen Rosenwasser aus-
hält. Für den Gebrauch als Taschentuchparfüm giebt es

sechs Arten von Rosenessenzen, welche das Schönste sind, was der Parfümeur darstellen kann, nämlich: **Esprit de Roses triple, Zwillingsrose, Moosrose, weiße Rose, Theerose** und **gelbe Chinarose.**

Vorschrift zu Esprit de Roses triple:

Rectificirter Weingeist . . . . 4 Liter.
Rosenöl . . . . . . . 90 Gramme.

Vorschrift zu Zwillingsrose=Esprit:

Rosenpomade (Nr. 24) . . . 4 Kilogramm.
Rectificirter Weingeist (von 85%) 4 Liter.
Französisches Rosenöl . . . 45 Gramme.

Man läßt den Weingeist einen Monat lang auf der Pomade stehen, gießt ihn dann davon ab und löst das Rosenöl bei ganz gelinder Wärme darin auf. Die erhal= tene Flüssigkeit wird sogleich auf Flaschen gefüllt. Die= selbe zeichnet sich dadurch aus, daß sich im Winter schöne Krystallnetze durch die ganze Flüssigkeit hindurch ziehen.

Vorschrift zur Moosrosenessenz:

Weingeistiger Auszug von franz. Rosenpomade 1 Liter.
Esprit de Roses triple . . . . . . 1/2 „
Weingeistiger Auszug von Orangeblütpomade 1/2 „
Ambraextract . . . . . . . . 1/4 „
Moschusextract . . . . . . . 100 Grm.

Vorschrift zur Essenz der weißen Rose:

Weingeistiger Auszug von franz. Rosenpomade 1 Liter.
Esprit de Roses triple . . . . . . 1 „

Veilchensprit . . . . . . . . 1 Liter.

Jasminextract . . . . . . . . $\frac{1}{2}$ „

Patchouliextract . . . . . . . $\frac{1}{4}$ „

Vorschrift zur Theerosenessenz:

Weingeistiger Auszug von franz. Rosenpomade $\frac{1}{2}$ Liter.

Esprit de Roses triple . . . . . . $\frac{1}{2}$ „

Rosenblattgeraniumextract . . . . $\frac{1}{2}$ „

Santalholzextract . . . . . . . $\frac{1}{4}$ „

Neroliextract . . . . . . . . $\frac{1}{8}$ „

Veilchenwurzelextract . . . . . . $\frac{1}{8}$ „

Vorschrift zur Essenz der gelben Chinarose:

Esprit de Roses triple . . . . . . 1 Liter.

Tuberosenextract . . . . . . . 1 „

Tonkabohnenextract . . . . . . $\frac{1}{8}$ „

Verbenenextract . . . . . . . . $\frac{1}{8}$ „

## Rose, wilde; Hundsrose.

(Engl. Eglantine, Sweet-Briar; franz. Églantine.)

So angenehm der Geruch dieser Pflanze (Rosa canina L.) ist, so würde die Ausbeute zu gering sein, und daher kann er nicht gesammelt werden; auch haben einige Versuche gezeigt, daß der Geruch außerordentlich flüchtig ist. Um nun aber der Nachfrage nach „wilder Rose" zu genügen, wird der Geruch nachgemacht, wozu folgende Vorschrift empfehlenswerth ist:

Weingeistiger Auszug von franz. Rosenpomade $\frac{1}{2}$ Liter.

„ „ „ Akazienpomade . $\frac{1}{8}$ „

„ „ „ Orangenblütpomade $\frac{1}{8}$ „

Esprit de Roses . . . . . . . . . ¹/₈ Liter.

Neroliöl . . . . . . . . . . 2 Gramme.

Grasöl . . . . . . . . . . 2 „

Die so bereitete Essenz der wilden Rose ist ein ausgesucht schöner Parfüm.


## Rosenholz.

### (Engl. Rhodium; franz. Bois de Rose.)

Destillirt man das Rosenholz, welches von Convolvulus scoparius L. abstammt, mit Wasser, so erhält man ein sehr angenehm riechendes ätherisches Oel, welches dem Rosenöl schwach ähnlich riecht, und daher sein Name: Rosenholzöl. Zu jener Zeit, in welcher das Rosengeranium noch nicht angebaut wurde, wurde das Rosenholzöl sowol, als das aus der Wurzel der Genista canariensis L. (Canarisches Rosenholz genannt) abdestillirte Oel hauptsächlich zur Verfälschung des echten Rosenöles benutzt. Seit aber das Rosengeranium gebaut wird, dessen Oel sich hierzu viel besser eignet, ist es im Werthe gesunken und jetzt selten im Handel. Aus 100 Kilogramm Rosenholz erhält man durchschnittlich 200 Gramme Oel. Das gepulverte Rosenholz eignet sich recht gut zur Bereitung von Riechpulvern und zum Parfümiren von Wachtstuben. Die Franzosen nennen das Rosenholz Jacaranda, weil sie der irrigen Ansicht sind, daß der Jacarandabaum ein dem Rosenholz gleiches Holz liefere.

## Rosmarin.

### (Engl. Rosemary; franz. Romarin.)

Durch Destillation des Rosmarinkrautes (Rosmarinus officinalis L.) mit Wasser erhält man das ätherische **Rosmarinöl**. Dieses ist dünnflüssig, farblos oder blaß grünlichgelb (vergl. S. 89), riecht mehr aromatisch, als lieblich, schmeckt angenehm gewürzig, beginnt bei 185° C. zu sieden. Es enthält neben einem flüssigen Kohlenwasserstoff ein festes Stearopten. Aus 100 Kilogramm frischem Rosmarin erhält man 1500 Gramme des Oeles. Dieses Oel wird häufig in der Parfümerie benutzt, besonders mit anderen Oelen zugleich zum Parfümiren der Seife. Auch das kölnische Wasser kann nicht ohne dies Oel bereitet werden, und in dem einst so berühmt gewesenen Ungarwasser ist das Rosmarinöl sogar die Hauptsubstanz, wie die nachstehende Vorschrift zu dessen Bereitung beweist:

Weingeist aus Wein bereitet (von 85°⁄₀)    4 Liter.
Deutsches Rosmarinöl . . . . . .    60 Gramme.
Limonschalenöl . . . . . . . .    30  „
Melissenöl . . . . . . . . .    30  „
Münzöl . . . . . . . . .    2  „
Esprit de Roses . . . . . . .    ½ Liter.
Orangeblütextract . . . . . . .    ½  „

Das Ungarwasser ist als Parfüm für das Taschentuch besonders für solche werthvoll, welche viel und lange sprechen müssen, indem das darin enthaltene Rosmarinöl sehr wohlthätig und erfrischend auf die Gesichtsnerven einwirkt, wenn man sich mit einem durch Ungarwasser parfümirten Taschentuch den Schweiß abwischt.

## Salbei.

### (Engl. Sage; franz. Sauge.)

Durch Destillation der Blätter verschiedener Salbei=Arten (Salvia) erhält man sehr aromatisch riechende ätherische Oele, welche aber selten in den Handel kommen, obschon sie zum Parfümiren der Seifen werthvoll wären. Getrocknete und gepulverte Salbeiblätter eignen sich gut zu Riechpulvern.

## Santal, Santel.

### (Engl. und franz. Santal.)

Das Santalholz stammt von Santalum album L. (s. Fig. 36); es ist dunkelgelb, von starkem durchbringendem Geruch, ziemlich weich, aber sehr fein und daher leicht zu schnitzen. Es liefert bei der Destillation mit Wasser das ätherische Santalholzöl, welches sich vor allen anderen Oelen durch seine dickflüssige Beschaffenheit, dunkle Farbe und intensiven Geruch auszeichnet. Leider ist es außerordentlich theuer und sehr schwierig unverfälscht zu bekommen, sonst würde es weit häufiger benutzt werden; denn obschon der Geruch des Holzes und Oeles nicht allen Leuten zusagt, so ist derselbe doch ein Lieblingsgeruch der Freunde guter Gerüche. Aus 100 Kilogr. des Holzes erhält man 1800 Gramme Oel. Das beste Santelholz wächst auf der Insel Timor und den Santelholzinseln, wo es namentlich für den Handel in China in großer Menge cultivirt wird; denn die Braminen, Hindu und Chinesen verbrennen dieses Holz bei ihren religiösen Ceremonien in unglaublich großer Quantität.

Früher wuchs der Santalbaum in China selbst 'sehr häufig, ist aber jetzt, weil er in so großer Ausdehnung verbraucht wird, im himmlischen Reiche fast ganz ausgerottet; dagegen ist er in neuerer Zeit, da die Nachfrage nach Santalholz so bedeutend ist, in Westaustralien cultivirt worden, in der Erwartung, daß dadurch ein einträglicher Handel eröffnet werde, woran nicht zu zweifeln ist.

Fig. 36. Santalholz.

Das Santalholz besitzt die werthvolle Eigenschaft, den in China und Indien heimischen weißen Ameisen (welche bekanntlich alle organischen Substanzen, die ihnen im Wege stehen, zerstören) nicht zu schmecken, und ist das einzige Holz, welches diese merkwürdigen Thiere verschonen. Es wird daher in China und Indien auch als Nutzholz, zu Kleiderschränken, Commoden, Urkundenkisten, Juwelenkästchen und vielen anderen derartigen Gegenständen benutzt, wozu es wegen seiner Dauerhaftigkeit und seines Wohlgeruches höchst werthvoll ist.

Das Santalholzöl wird in seiner weingeistigen Auf=
lösung zu den beliebtesten zusammengesetzten Parfümen,
die sich eines alten Rufes erfreuen, benutzt, z. B.
„Maréchale" und vielen anderen, deren Bereitung wir
später mittheilen werden. Das Santalholzextract
des Handels wird nach folgender Vorschrift bereitet:

Rectificirter Weingeist . 3 1/2 Liter.
Esprit de Roses . . 1/2 „
Aetherisches Santalholzöl 90 Gramme.

Alle Parfüme, welchen man die Auflösung des San=
talholzöles in Weingeist zusetzt, sind trotzdem, daß das
reine Oel eine ganz dunkle Farbe besitzt, dennoch fast
farblos oder nur von ganz schwachem bräunlichen Scheine,
und dies ist eine wichtige Eigenschaft; denn ein feiner
Parfüm, den sich die Damen in ihre Taschentücher gießen,
wird gut bezahlt: aber außer seinem schönen Wohlgeruch
muß er zugleich die Eigenschaft besitzen, keine Flecke in
die Taschentücher zu machen, wenn er in diesen eintrock=
net. Nur ein völlig farbloser Parfüm, der die Tücher
nicht beschmutzt, kann auf eine weite Verbreitung An=
spruch machen. Würde man aber die Parfüme sogleich
durch Behandlung eines Krautes oder Holzes mit Wein=
geist bereiten wollen, so ginge auch etwas Farbstoff in die
Lösung mit über und selbst das wohlriechendste Fabrikat
wäre dann unbrauchbar; daher kann man die Methode
der directen Extraction mit Weingeist nicht oder nur selten
anwenden, und unter allen Umständen ist es besser, die
ätherischen Oele zu benutzen.

Das Santalöl paßt sehr gut zum Rosenöl in seinem

Geruche, und wurde früher, bevor das Rosengeraniumöl cultivirt wurde, zur Verfälschung des Rosenöles benutzt. Das Santalöl selbst wird zuweilen mit Ricinusöl ver= mischt, welche Verfälschung schwierig zu entdecken ist, da das Ricinusöl sich ebenfalls leicht in Weingeist auflöst. Hin und wieder wird das Santalholz unrichtigerweise S a n d e l h o l z geschrieben und dadurch ein Irrthum ver= anlaßt.

## Sassafras.

(Engl. und franz. Sassafras.)

Das Wurzelholz des in den Wäldern von Nordamerika heimischen Sassafrasbaumes, Sassafras officinalis Nees v. E., kommt nebst der daran sitzenden dicken graubraunen R i n d e  a l s  S a s s a f r a s h o l z  o d e r  F e n c h e l h o l z in den Handel. Es besitzt einen nicht sehr angenehmen fenchelartigen Geruch, und man benutzt in der Parfümerie nur den verdünnten weingeistigen Auszug desselben als Zusatz zu verschiedenen Haarwaschmitteln, wie z. B. des bekannten „Eau Athénienne". Durch Destillation von Holz und Rinde mit Dampf gewinnt man das ätherische S a s s a f r a s ö l (vergl. S. 89), welches eine gelbe Farbe, einen gewürzigen Geruch und brennenden Geschmack besitzt und in der Kälte sehr schöne Krystalle eines Stearoptens abscheidet. Dieses Oel wird jedoch nicht in der Par= fümerie benutzt.

## Schönmünze.

(Egl. Lemon scented Gumtree; frz. Gommier à Odeur de Citron.)

Die Blätter von Eucalyptus Citriodora Hérit., einer in Australien einheimischen Pflanze, entwickeln, wenn man sie zwischen den Fingern zerreibt, einen lieblichen Geruch, der theils an Citrone, theils an Melisse, theils an Citronella erinnert. Die getrockneten Blätter theilen diesen Geruch auch den Kleidern mit, wenn sie zwischen dieselben gelegt werden. Ein Versuch, welchen Herr Norie, Chemiker in Sydney, ausführte, hat ergeben, daß 4,5 Kilogramm dieser Blätter bei der Destillation mit Wasser 75 Gramme eines farblosen ätherischen Oeles lieferten, von welchem eine Probe im Museum zu Kew aufbewahrt wird.

## Spierstaude, Wiesengeißbart.

(Engl. Meadow-Sweet; franz. Reine des prés, Spirée.)

Die wohlriechenden Blüten der Spiraea Ulmaria L. (s. Fig. 37) geben bei der Destillation mit Wasser eine

Fig. 37. Wiesengeißbart.

geringe Menge eines sehr wohlriechenden ätherischen Oeles, der spiroyligen Säure, die auch künstlich dargestellt werden kann, jedoch, weil sie zu theuer ist, keine Anwendung gefunden hat.

### Sternanis.

(Engl. Star-anise; franz. Anis étoilé, Badiane.)

Unter diesem Namen erhält man im Handel die Früchte des in China und Cochinchina einheimischen

Fig. 38. Sternanis.

Sternanisbaumes, Illicium anisatum L. (s. Fig. 38). Jede Frucht besteht aus acht sternförmig ausgebreiteten, einsamigen steinfruchtartigen Fächern. Diese Fächer sind bauchig, etwas von der Seite zusammengedrückt, außen runzelig, nelkenbraun, innen glatt, braunroth, glänzend, von anisartigem Geruch und süßaromatischem Geschmack. Durch Destillation dieser Früchte mit Wasser gewinnt man daraus das ätherische Sternanisöl, welches dem gewöhnlichen Anisöl sowol in Betreff seiner Beschaffenheit, als chemischen Zusammensetzung gleichkommt, jedoch einen feineren, angenehmeren Geruch besitzt.

Auch das Holz des Sternanisbaumes riecht wie die Früchte, ist jedoch nicht mit dem aus Amerika in den Handel kommenden Anisholz zu verwechseln, welches wahrscheinlich von Ocotea pechurim H. B. abstammt.

## Storax.

### (Engl. Storax; franz. Styrax.)

Unter dem Namen Storaxbalsam, oder flüssiger Storax, engl. liquid Storax, franz. Styrax liquide, kommt gegenwärtig ein Product in den Handel, welches von einem in Kleinasien häufig vorkommenden strauchartigen Baum, dem Liquidambar orientale Mill. (s. Fig. 39) auf folgende von Lieutenant Campbell beschriebene Weise gewonnen wird. In den Monaten Juni und Juli wird die äußere Rinde des Baumes auf der einen Seite des Stammes abgezogen, in Bündel gebunden und zum Behufe der Erhitzung aufgehoben; die innere Rinde wird mit einem krummen Messer abgeschabt und in Gruben geworfen, bis eine genügende Menge davon gesammelt ist. Dann wird die Rinde, wie Herr Maltaß mittheilt, in starke Roßhaarsäcke gepackt und unter einer kräftigen Hebelpresse ausgepreßt; hierauf mit kochendem Wasser übergossen und zum zweiten Mal gepreßt, wodurch der größere Theil des Balsams gewonnen wird.

Fig. 39. Storaxbaum.

Herr Campbell dagegen erzählt, daß die innere Rinde in Wasser über einem lebhaften Feuer ausgekocht werde. Hierbei sammeln sich die in derselben enthaltenen harzig-balsamischen Theile auf der Oberfläche des Wassers

an und werden dann abgenommen; dann erst wird die
gekochte Rinde in Haarsäcke gepackt und unter Zusatz von
kochendem Wasser ausgepreßt, um allen Balsam, dort
Yagh genannt, zu gewinnen.

Dr. C r a i t h theilt mit, daß die Storaxsammler mei=
stens herumziehende Turkomanen sind, die man Yuruks
nennt. Sie sind mit einem dreieckigen Eisen bewaffnet,
mit welchem sie den Saft des Baumes nebst einer gewissen
Quantität Rinde abkratzen und in Lederbeutel stecken, die
sie an einem Gürtel tragen. Haben sie genug Masse ge=
sammelt, so kochen sie dieselbe in einem geräumigen Kessel
aus und sammeln den sich abscheidenden Balsam in Fässern.
Die zurückbleibende Rinde wird dann in Haartuch gepackt,
unter einer gewöhnlichen Presse ausgepreßt und der
abfließende Balsam zu dem vorher gesammelten gethan.
Die extrahirte Rinde wird aus dem Haartuch geschüttet,
an der Sonne getrocknet und nach den griechischen und
türkischen Inseln, sowie nach manchen türkischen Städten
versendet, wo sie zu Räucherungen benutzt wird; doch hat
ihr Verbrauch seit dem Aufhören der Pest bedeutend abge=
nommen. Nach Campbell werden in den Districten Giova
und Ullä jährlich 25,000 Kilogramm und in den Districten
Marmorizza und Isgengak jährlich 16,250 Kilogramm
flüssiger Storax producirt.

Der flüssige Storax wird in Fässer oder Tonnen ver=
packt über Konstantinopel, Smyrna, Syra und Alexandria
in den Handel, und zwar größtentheils nach Triest ge=
bracht.

In frischem Zustande hat er Salbenconsistenz, ist sehr

zähe, terpentinartig, mäusegrau oder grünlichgrau; im
Alter erscheint er schwarzgrau und fester, ist undurchsichtig
und klebrig.  Er ist gewöhnlich mit mehr oder weniger
Wasser vermengt, von starkem Geruch (s. unten) und
scharfem stechendem Geschmacke. Er löst sich fast vollständig
in Alkohol und enthält ätherisches Oel, Zimmtsäure, Harz
und mehrere krystallisirbare Bestandtheile.

Außer diesem Product erhält man im Handel ein
ähnliches Product unter den Namen amerikanischer
Storax, weißer Perubalsam, flüssige Ambra,
Liquidambar aus Amerika.  Dieser Balsam ist klar,
durchsichtig, halbflüssig, bräunlich gelb, schwimmt auf dem
Wasser, löst sich nur theilweise in Alkohol, riecht und
schmeckt dem Storax ähnlich und kann wie dieser benutzt
werden.  Er stammt von Liquidambar styraciflua.

Im Alterthum hatte man im Orient auch ein festes
Storaxharz, welches wahrscheinlich von Styrax offi-
cinale L. gewonnen wurde, jetzt aber nicht mehr zu bekommen ist.

In Betreff des Geruches, den der flüssige Storax besitzt, sagt Piesse, daß dieser Balsam das Angenehme
mit dem Unangenehmen verbinde, indem er einestheils der
Tuberose ähnlich dufte, anderntheils einen an Steinkohlentheeröl erinnernden Geruch besitze. Diesen unangenehmen Geruch besitzt aber der Storax nur im concentrirten
Zustande; sowie man ihn fein vertheilt oder verdünnt, so
verbreitet er den lieblichsten Wohlgeruch.  Aehnliche Erfahrungen können wir mit vielen Gegenständen machen.
Je nach der vorhandenen Quantität sind die Wirkungen

oft verschieden, ja sogar zuweilen ganz entgegengesetzt. Zu Parfümeriezwecken muß man daher den Storax sehr verdünnen, und kann sich z. B. durch Auflösen von 30 Grammen Storax in $^1/_2$ Liter rectificirtem Weingeist eine sehr brauchbare S t o r a x t i n c t u r bereiten.

Der hauptsächlichste Nutzen der Storaxtinctur ist, den ihr ähnlichen Gerüchen mehr Beständigkeit zu geben, so besonders den durch die Methode der Maceration abge= schiedenen Gerüchen der Narcisse oder Tuberose.  Je ein Liter von Narcissenextract oder Tuberosenextract kann mit 30—60 Grammen Storaxtinctur versetzt werden, wodurch sich der liebliche Geruch der Blumen viel länger erhält.

Im Allgemeinen bemerken wir hier noch, daß, wenn man 60 Gramme von Storax, Tolu oder Benzoëtinctur zu einem Kilogramm irgend eines flüchtigen, leicht ver= fliegbaren Parfüms setzt, dieser in der Art dadurch ver= bessert wird, daß er sich viel länger im Taschentuche erhält. Stellt man sich einen Parfüm durch Auflösen eines äthe= rischen Oeles in Weingeist dar, so ist es ebenfalls ge= bräuchlich, denselben mit einer geringen Menge einer weniger flüchtigen Substanz, wie mit Moschusextract, Vanilleextract, Ambra, Storax, Tolu, Veilchenwurzel, Vetiver oder Benzoë, zu versetzen.  Der Fabrikant muß hier seinen Geschmack und seine Erfahrung zu Hülfe neh= men, um von diesen zur Fixirung dienenden Substanzen diejenige zu wählen, welche in ihrem Geruche am besten zu dem Geruche der flüchtigeren Stoffe paßt (vergl. die Scala der Gerüche auf S. 15 und 16).

Das Vermögen, welches diese Substanzen besitzen,

um die flüchtigeren Gerüche mehr zu binden, ist für den
Parfümisten sehr werthvoll, und die Ursache davon scheint
darauf zu beruhen, daß dieselben eine kleine Menge von
Harz enthalten, welches den Geruchstoff gleichsam auflöst
oder aufnimmt und ihn zwingt, länger auf dem Taschen=
tuche haften zu bleiben.  Ist ein Parfüm nur aus ver=
schiedenen flüchtigen Oelen, ohne eine solche fixirende
Substanz, zusammengesetzt, so wird selbst ein weniger
Geübter ziemlich leicht die Zusammensetzung desselben
erkennen können, wenn er abdunstet, da die flüchtigen
Gerüche nie ganz gleich leicht verfliegbar sind.  Aus einer
Mischung von Rose, Jasmin und Patchouli wird zuerst
der Jasmin verdunsten und vorherrschen; dann wird der
Rosengeruch deutlicher zum Vorschein kommen, und wenn
diese verflogen sind, so bleibt der Patchouligeruch zurück.

## Thymian.

### (Engl. Thyme; franz. Thym.)

Alle Thymianarten, besonders Thymus vulgaris L.,
geben gleich dem Majoran, Origanum und ähnlichen ver=
wandten Pflanzen bei der Destillation mit Wasser ange=
nehm aromatisch riechende, ätherische Oele, welche in
großer Menge zur Fabrikation von parfümirten Seifen
benutzt werden.  Obschon sie sich zu diesem Zwecke vor=
züglich eignen, gefallen sie dagegen in anderen Mischungen
den Wenigsten.  Im Fette sowie im Spiritus entwickeln
sie natürlicher Weise keinen Blumen=, sondern einen
Kräutergeruch, und sind daher nicht beliebt.  Im getrock=
neten und gepulverten Zustande kann man den Thymian

zur Bereitung von Riechpulvern benutzen. Das äthe=
rische Thymianöl (vergl. S. 88) ist farblos oder gelb=
lich und dünnflüssig, und besteht aus einem flüssigen Koh=
lenwasserstoff und einem sauerstoffhaltigen krystallisirbaren
Bestandtheil. Aus dem sogenannten Feldkümmel
oder Quendel, Thymus Serpyllum L., destillirt man
das ähnlich riechende Quendelöl ab.

## Tolubalsam, Opobalsam.

### (Engl. Balsam of Tolu; franz. Baume de Tolu.)

Dieses sehr geschätzte harzig=balsamische Product wird
theils von Myroxylon peruiferum L. (in Bolivia, Peru,
Neu=Granada, Mexiko und Columbien heimisch), theils
von Myroxylon toluiferum Kth. (in den Gebirgen von
Turbaco, Tolu und auf den Hügeln an den Ufern des
Magdalenenstromes, zwischen Garapatas und Mompay
wachsend) gewonnen, indem man in die mächtigen Stämme
der genannten Bäume Einschnitte macht, aus denen der
Balsam im flüssigen Zustande ausfließt, aber sehr bald
erhärtet (Unterschied vom Perubalsam), und daher nicht
flüssig, sondern fest oder halbfest in den Handel kommt.
Man erhält ihn zuweilen direct von Carthagena, St. Marta
und Savanilla; häufiger jedoch von Newyork oder Jamaika,
häufig noch in etwas weichem, dem Terpentin in der
Consistenz gleichendem Zustande oder ganz erhärtet in
Büchsen von Weißblech oder Thon. Im weichen Zustande
ist er frischer, dunkler und durchsichtiger. Erhärtet
erscheint er fest, in der Kälte brüchig, in der Wärme leicht
erweichend und fließend, durchscheinend, von gelber bis

rothbrauner Farbe und körnig kryſtalliniſchem Bruche.
Der Tolubalſam riecht lieblicher, aber etwas ſchwächer
als der Perubalſam.  Er ſchmeckt ſüßlich, etwas ſcharf,
verbreitet namentlich beim Erhitzen einen angenehmen
Geruch, weshalb er zur Darſtellung von Räuchermitteln
ſehr werthvoll iſt, löſt ſich leicht in Alkohol, weniger in
Aether.  Durch Auflöſen von 30 Grammen des Balſams
in ½ Liter rectificirtem Alkohol erhält man die Tolu =
balſamtinctur, welche, wie die Löſungen von Peru=
balſam, Storax ꝛc., zum Dauerhaftmachen der Taſchen=
tuchparfüme oftmals mit Vortheil benutzt wird.

Der Tolubalſam wird zuweilen mit Colophonium
verfälſcht, was man nach Ulex entdeckt, wenn man
eine Probe des Balſams mit etwas concentrirter Schwefel=
ſäure erhitzt.  Der reine Balſam löſt ſich dabei zur kirſch=
rothen Flüſſigkeit; der mit Harz verſetzte wird dagegen
ſchwarz und entwickelt viel ſchweflige Säure.

### Tonkabohne, Tonkobohne.

(Engl. Tonquin, Tonka; franz. Tonkin, Fève Tonka.)

Unter dieſem Namen erhält man im Handel die Samen
des in den Waldungen von Guyana heimiſchen Tonka=
baums, Dipterix odorata Willd. (ſ. Fig. 40).  Dieſer
Baum trägt circa 52 Millimeter lange und 39—40 Milli=
meter breite holzige Steinfrüchte (ſ. Fig. 41), welche als
Same in ihrem Innern eine Tonkabohne (ſ. Fig. 42)
einſchließen.  Die Tonkabohnen ſind länglich, etwas platt=
gedrückt, bis 40 Millimeter lang und 10 Millimeter breit,
gewöhnlich etwas gekrümmt und mit einer glatten, netz=

runzligen, faſt ſchwarzen, dünnen, zerbrechlichen Samen=
ſchale bedeckt. Sie enthalten ein flüchtiges, wohlriechendes
Oel, zugleich mit einem feſten, ebenfalls wohlriechenden

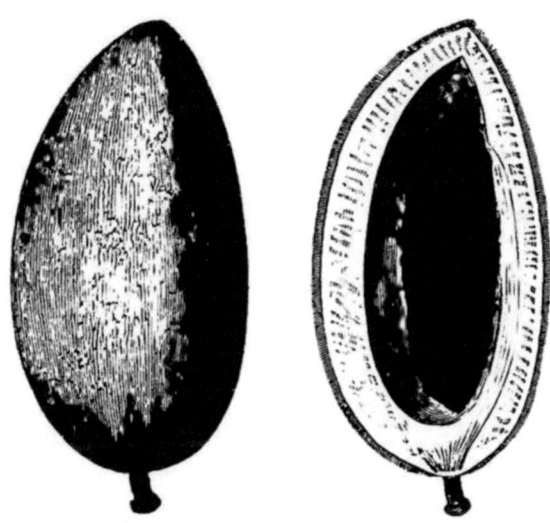

Fig. 41. Frucht des Tonkabaumes.

Stoffe, dem ſogenannten Coumarin, und ein fettes
Oel. Ihr Geſchmack iſt aromatiſch bitter. Im friſchen
Zuſtande ſind ſie außerordentlich wohlriechend und erin=
nern an friſch gemähtes Heu, welches ſeinen Geruch
hauptſächlich dem Ruchgras, Anthoxanthum odoratum
L., verdankt; dieſes Gras enthält ohne Zweifel die näm=
lichen Riechſtoffe wie die Tonkabohne, nur in geringerer
Menge. Ebenſo verhält es ſich mit verſchiedenen Meli=
lotus=Arten und mit dem zur Bereitung des Mai=

trankes so beliebten Waldmeister, Asperula odorata
L., in welchem wenigstens das Coumarin sicher nach=

Fig. 40. Tonkapflanze.
(Dipterix odorata Willd.)

Fig. 42. Tonkabohne in
natürlicher Größe.

gewiesen worden ist.   Es ist auffallend, daß alle diese
Pflanzen während ihres Wachsthums fast geruchlos sind,
und ihren Geruch erst verbreiten, nachdem man sie ge=
schnitten oder gepflückt hat.

Für die Parfümerie sind die Tonkabohnen sehr werth=
voll; denn im gepulverten Zustande geben sie mit andern
Riechstoffen vermischt ein ausgezeichnetes und beständiges
Riechpulver und in Weingeist gelöst benutzt man die
sogenannte Tonkatinctur oder das Tonkaextract
zur Bereitung sehr vieler zusammengesetzter Essenzen;
aber wegen seines starken Geruches muß man dasselbe
mit großer Vorsicht anwenden, indem sonst der Geruch
„schnupstabakig“ wird.   Bekanntlich werden die
Tonkabohnen zum Parfümiren des Schnupftabakes benutzt

und sind daher besonders den Schnupfern sehr wohl be=
kannt. Das reine Tonkaextract oder Tonkabohnenextract
erhält man durch einen Monat lange Digestion bei ge=
linder Wärme von:

Tonkabohnen . . . . . . 1 Kilogr.

Rectificirtem Weingeist . . . 8 Liter.

Die auf diese Weise extrahirten Bohnen werden wieder
getrocknet, gepulvert und dann noch zur Bereitung ver=
schiedener Riechpulver, besonders des Pot-Pourri, der
Olla Potrida und anderer, benutzt. Das Tonkaextract
selbst wird dagegen nie rein verkauft, sondern nur zur
Darstellung zusammengesetzter Parfüme gebraucht. Es ist
z. B. der Hauptbestandtheil des „Feldbouquets", welches
wegen seines Heu=Geruchs besonders von den Freunden
der Natur geschätzt wird.

## Tuberose.

### (Engl. Tuberose; franz. Tubéreuse.)

Einer unserer herrlichsten Gerüche ist der Tuberosen=
Geruch, welcher aus den Blüten der Tuberose, Polianthes
tuberosa L. (s. Fig. 43) durch die Methode der Absorption
abgeschieden wird. Zu je einem Kilogr. Fett braucht man
3 Kilogr. Tuberosenblüten und das Kilogr. dieser Blüten
kostet durchschnittlich 40 Sgr. Dieser Wohlgeruch ist ein
echter Blütengeruch und erinnert an den lieblichen Duft,
den ein gut eingerichteter Blumengarten des Abends
verbreitet. Er wird daher von den Parfümeuren sehr
gesucht und zur Bereitung der besten zusammengesetzten
Essenzen verbraucht.

Um das Tuberosenextract, das hierzu noth=
wendig ist[1],[2] zu erhalten, behandelt man je 1 Kilogr. der

durch die Absorptionsme=
thode gewonnenen Tubero=
senpomade Nr. 24 mit einem
Liter des besten Weingeistes,
indem man den Weingeist
wenigstens 3 Wochen lang
an einem warmen Orte
unter öfterem Umschütteln
mit der fein zerhackten Po=
made in Berührung läßt,
hierauf abgießt und durch
Baumwolle filtrirt. Das
so bereitete Tuberosenextract
ist wie das Jasminextract
außerordentlich flüchtig, so
daß es, im reinen Zustande
in ein Taschentuch gegossen,
sehr rasch verfliegen würde.
Man versetzt es daher, wenn

Fig. 43.　Tuberose.

man es zu diesem Zwecke verkauft, stets mit einer fixiren=
den Substanz und zwar zu je einem Liter des Extracts am
besten 60 Gramme Storaxtinctur oder 30 Gramme Va=
nilleextract.

## Vanille.
### (Engl. Vanilla; franz. Vanille.)

Unter diesem Namen kommen die schotenförmigen Kap=
selfrüchte (unrichtiger Weise auch Schoten genannt) der

Vanilla planifolia Andrew (f. Fig. 44) in den Handel, einer Orchidee, welche an schattigen feuchten Orten des heißen Amerikas, von Mexiko bis zu den südlichen Provinzen Brasiliens, heimisch ist. Die Vanille ist ein vorzügliches Gewürz für die Küche und Conditorei und ihr Riech-

Fig. 44.  Vanillepflanze.

stoff ist in der Parfümerie hochgeschätzt.  Sie würde in beiden Fällen weit allgemeiner in Anwendung kommen, wäre ihr Preis nicht so hoch und so schwankend. Allein die Vanilleproduction ist immer noch sehr beschränkt und unregelmäßig.  Man rechnet, daß jährlich 3 bis 4 Millionen Stück oder circa 12,500 bis 17,000 Kilogr. Vanillefrüchte gesammelt werden. Gewöhnlich wird die Vanille in Bündeln von 50 Stück (f. Fig. 45) und in gut schließenden Blechkästchen versendet und aufbewahrt.  Je schwerer ein solches Bündel, desto besser ist gewöhnlich die Vanille. Die einzelnen Früchte sind 160 bis 240 Millimeter lang, 5 bis 6 Millimeter breit, etwas flach und undeutlich dreikantig, der Länge nach gerunzelt, heller oder dunkler braun, biegsam und enthalten in ihrem Inneren eine unendliche Menge kleiner schwarzer, in einem bräunlichen ölig=balsamischen Mus liegender Samen. Gute Vanille muß lang sein, eine dunkelrothbraune, nicht schwarze Farbe besitzen, darf beim Anfassen die Finger nicht beschmutzen, aber auch nicht zu trocken sein, muß gefüllt (nicht aufgeblasen) aussehen. Der Geruch muß durchdringend und angenehm sein. Zuweilen

Fig. 45. Vanille.

ist die Vanille ganz mit zarten weißen Krystalllamellen bedeckt und wird dann ganz besonders geschätzt. Dieser krystallinische Bestandtheil wurde früher für Zimmtsäure oder Benzoësäure gehalten, ist aber nach Gobley eine eigenthümliche Substanz, Vanillin genannt = $C_{10}H_6O_2$, sehr wohlriechend, schmilzt bei 76° und verflüchtigt sich bei 150°. Als beste Sorte gilt die Vanille leg der Spanier; die zweite Sorte ist die Vanilla simarona oder Cima= ronavanille.

Nach den Angaben von Johnston wirkt der Vanille= Geruch auf das Nervensystem aufregend, indem er die geistige Thätigkeit vermehrt und im Allgemeinen auch die Lebensfunctionen energischer macht.

Das Vanilleextract wird durch Behandlung von $^1\!/_2$ Kilogr. Vanille mit 8 Liter rectificirtem Weingeist be=

reitet. Zuerst wird die Vanille der Länge nach gespalten und auf diese Weise ihr Inneres geöffnet; dann zerschneidet man die Hälften noch in etwa 25 Millimeter lange Stücke, gießt den Weingeist auf diese und läßt sie an einem warmen Orte etwa einen Monat lang stehen, indem man sie von Zeit zu Zeit schüttelt. Endlich gießt man die Flüssigkeit von dem ungelösten Theile der Vanille ab und filtrirt sie durch Baumwolle, so hat man das Vanilleextract, welches jedoch nur selten rein verkauft, sondern zur Bereitung von zusammengesetzten Parfümen, Bouquets 2c. verwendet wird. Auch zur Bereitung von Haar-Waschwässern wird das Vanilleextract, vermischt mit Rosen-, Orangen-, Hollunder- oder Rosmarin-Wasser, sehr viel benutzt.

## Veilchen.

### (Engl. Violet; franz. Violette.)

Der Veilchengeruch von den Blüten der Viola odorata L. wird so allgemein bewundert, daß es überflüssig sein würde, besondere Bemerkungen zu seiner Empfehlung auszusprechen. Die Nachfrage nach Veilchenessenz ist weit größer, als die Production, so daß die Parfümeure nicht im Stande sind, alle Bestellungen zu befriedigen und es daher schwierig ist, die reine Essenz durch die gewöhnlichen Handelsquellen zu erhalten.

Manche Parfümisten in Deutschland führen zwar die echte Veilchenessenz, verkaufen dieselbe aber zu einem so enorm hohen Preise, daß sich nur der verschwenderische und reiche Anbeter der Mode in ihren Besitz zu setzen vermag.

Die Veilchenpflanzungen, woher die meisten Veilchen kommen, sind zu Nizza in Frankreich, sowie in der Nähe von Florenz sehr bedeutend. Das ätherische Veilchen= blütenöl wurde zuerst von Herrn March zu Nizza dar= gestellt. Eine concentrirte Auflösung desselben in Wein= geist wirkt ähnlich auf den Geruchsnerven, wie Blausäure, welche vielleicht auch zugegen ist. Schon Burnett sagt, daß die Viola tricolor L., das gewöhnliche Stiefmütterchen, wenn sie zerquetscht werde, ähnlich wie Pfirsichkerne rieche und daher höchst wahrscheinlich Amygdalin enthalte, welches durch Gährung in Blausäure übergeht. Auch hat man be= obachtet, daß Leute, die sich mit Blausäure vergiftet haben, nach Veilchen rochen. Die Blüten des Stiefmütterchens sind allerdings geruchlos, enthalten aber unbedingt einen Stoff, der in den andern Veilchenarten durch verwandte Stoffe ersetzt ist.

Für Handelszwecke trägt man den Veilchengeruch genau nach den schon mehrmals erwähnten Methoden der Macera= tion oder Absorption entweder auf Fett oder fettes Oel und von diesen auf Weingeist über. Gewöhnlich vereinigt man die Methode der Maceration, die man zuerst anwendet, mit der Methode der Absorption, welche zuletzt in Anwendung kommt, um eine ganz feine Pomade zu erlangen. Zum Sättigen von 1 Kilogr. Fett mit dem Geruch sind 4 Kilogr. Veilchenblüten nöthig, und das Kilogramm dieser Blüten wird mit 36 Sgr. bezahlt. Wenn man nachher die Veil= chenpomade mit Weingeist auszieht, so erhält man die Veilchenessenz oder das Veilchenextract, welche eine sehr schöne grüne Farbe besitzt, aber trotz ihrer inten=

siven dunkeln Färbung keine Flecke auf weißen Taschen=
tüchern hinterläßt. Ihr Geruch ist von dem der Veilchen
nicht zu unterscheiden.

Die Veilchenessenz des Handels wird durch Digeriren
von 3 bis 4 Kilo fein geschnittener Veilchenpomade mit
4 Liter ganz fuselfreiem rectificirtem Weingeist bereitet.
Man digerirt ungefähr 3 bis 4 Wochen lang, gießt die
Essenz ab und versetzt dann je ein Liter davon mit
200 Grammen Veilchenwurzeltinctur und 200 Grammen
Akazienextract, um sie zum Verkaufe geeignet zu bereiten.

Es ist bemerkenswerth, daß der geruchlosere Korn=
branntwein besser geeignet ist zur Bereitung dieser Essenz,
als aus Wein abdestillirter Alkohol. Mit der Veilchen=
essenz wird aber, wie schon erwähnt, sehr viel Betrug aus=
geführt; denn es ist nicht selten, daß unter diesem Namen
in zierlichen Fläschchen nichts Anderes als Veilchenwurzel=
tinctur verkauft wird, eine Täuschung, die den Käufer sehr
unangenehm überrascht, wenn er hofft, an dem herrlichen,
theuer erkauften Wohlgeruch sich erfreuen zu können. Eine
der besten Nachahmungen des Veilchengeruches kann nach
folgender Vorschrift bereitet werden:

Weingeistiger Auszug von Akazienpomade . $1/2$ Liter.

   =    =   = Rosenpomade . $1 \atop 4$ =

Veilchenwurzeltinctur . . . . . $1 \atop 4$ =

Weingeistiger Auszug von Tuberosenpomade $1/4$ =

Bittermandelöl (ätherisches) . . . . 3 Tropfen.

Nachdem die Mischung dieser Substanzen filtrirt ist,
kann sie in Fläschchen gefüllt und verkauft werden. In
dieser Mischung ist die Akazienessenz der vorherrschende Ge=

ruch), der aber, modificirt durch den Rosen= und Tuberosen=
geruch), sehr große Aehnlichkeit mit dem Veilchengernche
bekommt. Ueberdies hat diese künstliche Veilchenessenz, wie
die echte, eine grüne Farbe und ebenso wie das Auge auf
den Tastsinn einen großen Einfluß ausübt, vermag es auch
den Geruchsinn zu täuschen, so daß die meisten Lente diese
nachgemachte Veilchenessenz ganz bestimmt für die echte
halten werden.

Die Veilchenessenz wird zur Bereitung einiger der be=
liebtesten Bouquets benutzt, wie wir bei Betrachtung der
zusammengesetzten Parfüme sehen werden.

### Veilchenwurzel.

#### (Engl. Orris; franz. Iris.)

Unter diesem Namen erhält man im Handel den ge=
trockneten Wurzelstock der Iris florentina L., welche in Ober=
Italien heimisch ist. Man sammelt die Wurzelstöcke im
dritten Herbste; sie riechen im frischen Zustande widerlich,
werden dann geschält und rasch und vorsichtig getrocknet.
Erst beim Trocknen nehmen sie ihren schwachen, aber an=
genehmen Geruch an. Man muß die Veilchenwurzel an
trocenen lnstigen Orten aufbewahren. Sie hat einen recht
angenehmen Geruch, der wegen Mangel eines passenderen
Vergleiches als dem Veilchengeruche ähnlich bezeichnet wird,
obschon er mit dem entzückenden Geruche des Veilchens un=
möglich verglichen werden darf. Immerhin riecht die Veil=
chenwurzel gut und ist wohl werth, eine große Anwendung
in der Parfümerie zu besitzen. Das Pulver der Veilchen=
wurzel benutzt man in großer Menge zur Bereitung der

Riechpulver. Es bildet einen Hauptbestandtheil der Odontine ꝛc. Die Veilchenwurzeltinctur bereitet man, indem man je 4 Kilogr. Veilchenwurzel einen Monat lang mit 4 Liter Weingeist in Berührung läßt und dann die entstandene Tinctur erst abgießt und die zurückbleibende Wurzel schwach preßt, damit nicht so viel von der Tinctur darin zurückbleibt.

Die Veilchenwurzeltinctur wird nie für sich allein verkauft, dagegen benutzt man sie als fixirenden Zusatz zu vielen der schönsten und feinsten Parfüme und in dieser Beziehung ist sie sehr werthvoll. Sie erhöht und verstärkt gleichsam den Wohlgeruch anderer wohlriechender Körper.

## Verbena, Citronenkraut.

### (Engl. Verbena; franz. Verveine.)

Man denkt sich hier den erfrischenden Geruch, welchen die Blätter der aus Peru stammenden Aloysia citriodora Orteg. (Verbena triphylla Herit.) besitzen und mit welchem der Geruch des Citronengrases, dessen ätherisches Oel daher auch häufig Verbenaöl genannt wird (s. S. 135), die größte Aehnlichkeit hat. Der Geruch der Verbena tritt besonders deutlich hervor, wenn man die Blätter zwischen den Händen reibt. Im unversehrtem Zustande riechen die Blätter dagegen nur sehr schwach. Man kann zwar aus den Blättern durch Destillation mit Wasser das echte Verbenaöl darstellen, allein es ist zu selten und wird wie die Blätter fast nicht benutzt, sondern durch das Oel des Citronengrases (das Grasöl) ersetzt. Ein gutes Verbenaextract, Extrait de Verveine, erhält man nach folgender Vorschrift:

| | | |
|---|---|---|
| Rectificirter Weingeist . . . . | 1 2 | Liter. |
| Grasöl . . . . . . . | 10 | Gramme. |
| Limonschalenöl . . . . . . | 60 | „ |
| Orangeschalenöl . . . . . . | 15 | „ |

Man mischt, läßt einige Stunden stehen und füllt zum Verkaufe auf Flaschen. Eine andere Art von Verbena=extract, die aber viel feiner riecht und auch unter dem Namen Extrait de Verveine in den Handel kommt, wird nach folgender Vorschrift erhalten:

| | | |
|---|---|---|
| Rectificirter Weingeist . . . . | 1/2 | Liter. |
| Orangeschalenöl . . . . . | 30 | Gramme. |
| Limonschalenöl . . . . . | 60 | „ |
| Citronschalenöl (gepreßtes) . . | 4 | „ |
| Grasöl . . . . . . : . | 9 | „ |
| Orangeblütenextract . . . | 200 | „ |
| Tuberosenextract . . . . | 200 | „ |
| Rosensprit . . . . . . . | 1/4 | Liter. |

Diese Mischung riecht sehr erfrischend und ist einer der feinsten Parfüme, die bereitet werden können. Da er ganz farblos ist, fleckt er nicht im Mindesten im Taschentuch. Es ist jedoch gut, wenn er bald verkauft werden kann, da die Citronöle so leicht oxydirbar sind, und dann dem Parfüm einen sogenannten sauern Geruch ertheilen. Das so bereitete Extrait de Verveine wird auch vielen zu=sammengesetzten Parfümen zugemischt, besonders zugleich mit Veilchen, Rosen und Jasmin bei der Bereitung der feinen Bouquets. Bei allen diesen Präparaten, sowie bei

der Bereitung des Portugalwassers, überhaupt da, wo die
Citrusöle in Anwendung kommen, erhält man mit dem
französischen Weinspiritus weit haltbarere und wohl=
riechendere Präparate, als mit dem gereinigten Korn=Wein=
geist. Es ist nicht unwahrscheinlich, daß die geringe Menge
Oenanthäther, welche der französische Weingeist enthält,
die Ursache hiervon ist.

### Vetiver, Iwarankusawurzel.

(Engl. Vitivert, Kus-Kus; franz. Vétyver, Vittie-vayr.)

So nennt man den Wurzelstock einer indischen Grasart,
Anatherum muricatum P. B. (s. Fig. 46), welche in der

Fig. 46.　Vetiverwurzel.

Nähe von Calcutta, sowie in der Stadt selbst in großer
Menge zu Decken, Fensterschirmen, Sonnenschirmen und
ähnlichen Gegenständen verarbeitet wird.　Während der
heißen Jahreszeit befeuchtet man diese Decken, Matten und
Schirme fortwährend mit Wasser, welches, indem es ver=
dunstet, die Luft in den Zimmern kühler macht, und zu
gleicher Zeit verbreitet sich der angenehme, theils aromatisch
würzige, theils blumenartige Vetivergeruch, wenn eine
solche Bezeichnung überhaupt zulässig ist. Der Theorie nach

muß der Geruch der Vetiverwurzel mit dem der Veilchen=
wurzel zusammengestellt werden, nicht etwa wegen der
Aehnlichkeit im Geruche selbst, sondern weil beide Gerüche
bei ihrem Gebrauche in der Parfümerie denselben Effect
hervorbringen, indem auch die Vetivertinctur die Gerüche
beständiger macht und denselben mehr Körper verleiht.

Zur Bereitung der Vetivertinctur oder Vetiver=
essenz übergießt man 2 Kilogr. getrocknete und klein zer=
schnittene Vetiverwurzel mit 4 Liter rectificirtem Wein=
geist und gießt letzteren nach etwa 14 Tagen ab. Die so
gewonnene Tinctur wird selten im reinen Zustande in der
Parfümerie verwendet; sie wird höchstens von solchen ver=
langt, welche bei einem längeren Aufenthalt in Ostindien
ihren Geruch schätzen lernten; dagegen benutzt man sie
sehr häufig zur Bereitung zusammengesetzter Parfüme, von
denen einige besonders in früherer Zeit sehr beliebt waren,
wie z. B. „Mousseline des Indes“, welcher Parfüm einst
großes Aufsehen machte.

Durch Destillation der Vetiverwurzel mit Wasser er=
hält man das ätherische Vetiveröl, und indem man
15 Gramme desselben in 1 Liter rectificirtem Weingeist
auflöst, erhält man ebenfalls eine Vetiveressenz oder Ve=
tiverextract, welche bedeutend stärker riecht, als die
unmittelbar aus der Wurzel dargestellte. Im „Maréchale“
und „Bonquet du Roi“ ist der Vetivergeruch der vor=
herrschende und beide Parfüme waren früher sehr gesucht,
sind aber jetzt etwas außer Mode gekommen.

Kleine Bündel von Vetiverwurzeln benutzt man auch
zum Parfümiren der Wäsche und zum Abhalten der Motten

von den Kleidern, und das Pulver des Vetivers wird zu mehreren Riechpulvern verwendet. 100 Kilogr. guter Vetiverwurzel geben ungefähr 800 Gramme des ätherischen Oeles, welches viel Aehnlichkeit mit dem Santalholzöle besitzt.

## Volkameria.

Unter diesem Namen wird ein ausgezeichneter Parfüm verkauft, der allerdings nicht von der Pflanze Volkameria inermis Lindl., die diesen Namen trägt und bei uns häufig in Zimmern gezogen wird, stammt, obschon die Blüten der Volkameria herrlich riechen, sondern er wird künstlich dargestellt und ist von den Pariser Parfümisten so getauft worden. Man erhält diese Volkameriaessenz sehr schön nach folgender Vorschrift:

Veilchenessenz . . . . . . . $1/2$ Liter.
Tuberosenessenz . . . . . $1/2$ „
Jasminextract . . . . . . $1/8$ „
Rosenextract . . . . . . $1/4$ „
Moschusessenz . . . . . . 50 Gramme.

Diese Substanzen werden gemischt und die Mischung kann sogleich auf Flaschen gefüllt werden. .

## Weihrauch.

### (Engl. Olibanum; franz. Oliban, Encens.)

Dieses seit uralten Zeiten bekannte Gummiharz wird besonders zu Räucherpulvern und Räucherkerzchen benutzt. In Indien erhält man es von verschiedenen Arten der Boswellia, namentlich von Boswellia serrata Col. Es

quillt aus in den Stamm dieser Bäume gemachten Wun=
den hervor und trocknet dann an der Luft ein. Ueber den
Baum, von welchem das afrikanische Olibanum abstammt,
sind wir zur Zeit noch nicht aufgeklärt worden. Die
jungen Bäume sollen besseres, werthvolleres Olibanum
geben, als die älteren. In früherer Zeit und in den
katholischen Kirchen jetzt noch, wurde das Olibanum bei
religiösen Handlungen und Ceremonien in großer Menge
verbrannt; auch stand es als Arzneimittel in hohem Rufe,
den es jedoch längst verloren hat. Das Weihrauch ist nur
zum Theil in Weingeist auflöslich und verdankt, wie die
meisten balsamischen Producte, seinen eigenthümlichen Ge=
ruch einem darin vorkommenden ätherischen Oele. Durch
Behandlung von 1 Kilogr. des Harzes mit 8 Liter Wein=
geist erhält man die Weihrauchtinctur.

## Wintergrün.

### (Engl. Winter-Green; franz. Gaulthérie.)

Aus den Blättern, nach anderen Angaben aus den
Beeren der Gaultheria procumbens L. (s. Fig. 47), einer
im Staate New=Jersey in Nordamerika häufig wachsenden
Pflanze, gewinnt man durch Destillation mit Wasser das
Wintergrünöl, auch Gaultheriaöl genannt.
Dieses Oel ist ziemlich dickflüssig, blaß grünlichgelb ge=
färbt, von starkem höchst eigenthümlichen Geruch und
besteht, wie viele andere ätherische Oele, aus zwei ver=
schiedenen Theilen, nämlich aus einem farblosen, flüchti=
geren, auf Wasser schwimmenden Kohlenwasserstoff =

$C_{10}H_{16}$, der aber nur in geringer Menge darin vorkommt, und aus spircylsaurem Methyloxyd = $(CH_3), (C_7H_5), O_3$, welches den Hauptbestandtheil des Oeles bildet und ebenfalls als eine farblose Flüssigkeit erscheint, ein spec. Gewicht = 1,173 besitzt, erst zwischen $210—224^0$ siedet,

Fig. 47. Wintergrün.

angenehm aromatisch riecht und schmeckt, in Wasser leicht, in Alkohol und Aether in allen Verhältnissen löslich ist. In neuester Zeit ist es gelungen spircylsaures Methyloxyd von reinstem Geruch nach Wintergrün künstlich nach einer einfachen Methode darzustellen, so daß man es in beliebigen Quantitäten fabriciren könnte, wenn es ein gesuchter Artikel wäre, was zur Zeit nicht der Fall ist.

Das Wintergrünöl wird besonders zur Fabrikation von parfümirten Seifen verbraucht; denn zu feineren Gerüchen ist es nicht sehr passend. Dagegen erhält man als Taschentuchparfüm im Handel zuweilen eine sogenannte Isländisch=Wintergrün=Essenz, welche sehr wohlriechend ist und nach folgender Vorschrift bereitet werden kann:

16*

| | |
|---|---|
| Rosenesprit . . . . . . | $1_{/2}$ Liter. |
| Lavendelessenz . . . . . | $1/8$ " |
| Neroliextract . . . . . . | $1_{/4}$ " |
| Vanilleextract . . . . . | $1_{/8}$ " |
| Vetiverextract . . . . . | $1/8$ " |
| Akazienextract . . . . . | $1_{,4}$ " |
| Ambraextract . . . . . . | $1_{/8}$ " |

Diese Flüssigkeiten werden gemischt und die Mischung zum
Verkaufe auf Flaschen gefüllt.

## Ysop.

(Engl. Hyssopus; franz. Hyssope.)

Durch Destillation des Ysopkrautes (Hyssopus offici-
nale L.) mit Wasser erhält man das farblose, an der Luft
leicht gelb werdende Ysopöl. Dieses wird in Frankreich
zur Bereitung billiger Parfüme benutzt und außerdem auch
zu Liqueuren genommen.

## Zimmt, Kannel.

(Engl. Cinnamon; franz. Cannelle.)

Die echte Zimmtrinde stammt von Cinnamomum
zeylanicum Nees (s. Fig. 48), einem hohen Baume, der
auf der Insel Ceylon, sowie auf anderen ostindischen Inseln und auch in Brasilien und Westindien angebaut wird.
Der in den Handel kommende Zimmt ist die Rinde (oder
eigentlich der Bast) der 2= bis 4jährigen Zweige des genannten Baumes. Zu ihrer Gewinnung werden vom Mai
bis October die Zweige geschält, die abgeschälten Röhren
von der Außen= und Mittelrinde befreit, in einander ge=

steckt und in der Sonne getrocknet. Der echte Zimmt riecht sehr stark, ungemein lieblich aromatisch und wird in der Parfümerie im gepulverten Zu=stande sehr vielfach zur Bereitung von Riechpulvern, Räucherkerzchen, Zahnpulvern 2c. benutzt. Anstatt des echten Zimmts benutzt man jedoch häufig auch die Zimmt=cassie (f. d.), ferner den soge=nannten Mutterzimmt oder Cortex Malabathri, die Rinde von Cinnamomum Tamala Nees und den Malabarzimmt oder Cas=sia lignea. Die beiden letztgenann=ten kommen meist in flachen Stücken vor und riechen viel

Fig. 48. Zimmt.

schwächer und weniger fein. Auch der aus Brasilien kom=mende Nelkenzimmt, die Rinde von Dicypellium ca=ryophyllatum, wird zuweilen anstatt des Zimmts benutzt, riecht aber wie Gewürznelken, und endlich erwähne ich noch die aus China kommenden Zimmtblüten, welche man als die verblühten Blüten einer Zimmtbaumart betrachtet.

Sehr wichtig für die Parfümerie ist nun auch das ätherische Zimmtöl (vgl. S. 88), welches besonders zu Colombo auf der Insel Ceylon durch Destillation von Zimmtabfällen mit Wasser dargestellt und in den Handel gebracht wird. Aus 100 Kilogr. Rinde erhält man nur etwa $\frac{1}{2}$ Kilogr. Oel. Das echte Zimmtöl ist dickflüssig, von 1,006 spec. Gewicht, goldgelber Farbe und sehr starkem, ungemein lieblichem Zimmtgeruch. Mit der Zeit nimmt es eine dunklere rothbraune Farbe an. Leider ist es sehr schwer unverfälscht zu erhalten. Es besteht fast nur aus dem Aldehyd der Zimmtsäure = $C_9H_8O$, läßt sich leicht in diese überführen und kann auch künstlich dargestellt werden, indem man Storax mit Kalilauge destillirt und das erhaltene Destillat oder sogenannte Styron = $C_9H_{10}O$ mit Luft und Platinschwamm in Berührung bringt. Das Zimmtöl wird zu ähnlichen Zwecken wie das Gewürz- nelkenöl benutzt, doch häufig durch Zimmtcassienöl (s. Zimmtcassie), zuweilen auch durch das Zimmt- blütenöl und durch das Zimmtblätteröl ersetzt. Das letztere wird durch Destillation der Blätter des echten Zimmtbaumes mit Wasser bereitet, hat ein spec. Gewicht = 1,05, eine braune Farbe und riecht mehr wie Gewürz- nelkenöl.

### Zimmtcassie, Cassienzimmt, chinesischer Zimmt.

(Engl. Cassia; franz. Casse.)

Unter diesem Namen erhält man im Handel die Bast- rinde des in China und Cochinchina heimischen Cinnamo- mum Cassia Nees. Sie gleicht der echten Zimmtrinde im Geruch ziemlich, nur ist der Geruch weniger lieblich. Durch Destillation mit Wasser liefert sie das Zimmtcassien- öl, welches meistens anstatt des echten Zimmtöls verkauft und selbst wieder oft mit dem billigeren Gewürznelkenöl verfälscht wird, was man dadurch entdeckt, daß man eine Probe des Oels mit etwas concentrirter Kalilauge schüttelt. Reines Oel bleibt flüssig, enthält es Nelkenöl, so erstarrt es. Aus 100 Kilogramm Zimmtcassie erhält man bis 700 Gramme Oel. Das Zimmtcassienöl (vgl. S. 88) ist gelb, von 1,04 bis 1,09 spec. Gewicht und einem Geruch, der bedeutend schwächer und weniger lieblich ist, als der des echten Zimmtöls; daher ist das Cassiaöl auch viel billiger. Das Kilogr. davon kostet nur 10—12, während das Kilogr. echtes Zimmtöl 130—180 Thlr. kostet.

### Einige billige Gerüche.

Da oft recht billige Gerüche hergestellt werden sollen, um Flaschen damit zu füllen, die in Bazars, Würfelbuden, auf Jahrmärkten und anderen Orten ausgeboten werden, so geben wir, um auch dieser Anforderung Genüge zu leisten, nachstehende Vorschriften:

1) Weingeist . . . . ½ Liter.
   Bergamottöl . . . . 30 Gramme.

2) Weingeist . . . . ½ Liter.
   Santalholzöl . . . 30 Gramme.

3) Weingeist . . . . ½ Liter.
   Französisches Lavendelöl 15 Gramme.
   Bergamottöl . . . . 15 Gramme.
   Nelkenöl . . . . . 3 Gramme.

4) Weingeist . . . . ½ Liter.
   Grasöl . . . . . 15 Gramme.
   Limonessenz . . . . 30 Gramme.

5) Weingeist   .   .   .   .   $1{}_2$ Liter.

Petitgrainöl .   .   .   .   15 Gramme.

Orangeschalenöl   .   .   30 Gramme.

Alle diese Mischungen werden erst mit etwas Kreide oder Magnesia geklärt (indem man etwa eine Messerspitze voll zusetzt und schüttelt) und dann durch Papier filtrirt. Besondere Namen kann man diesen Essenzen nicht wohl ertheilen.

Wir haben nun alle die für die Parfümerie wichtigen, aus dem Pflanzenreiche abstammenden Wohlgerüche kurz beschrieben. Es versteht sich von selbst, daß, wenn wir eine riechende Substanz unerwähnt ließen, dieselbe nicht eigenthümlich genug war, um berücksichtigt werden zu können und daß dann dieselben Methoden zur Bereitung ihrer Essenz, ihres Extracts, Wassers oder Oeles befolgt werden, wie wir sie beschrieben haben. Im Allgemeinen behandelt man die Blüten, um den Geruch derselben zu erhalten, entweder vermittelst der Absorption oder der Maceration mit Fetten oder fetten Oelen; die Wurzeln können häufig unmittelbar mit Weingeist ausgezogen (extrahirt) werden; die Samen destillirt man mit Wasser.

# VII.

## Die animalischen Riechstoffe.

Ambra — Bibergeil — Hyraceum — Moschus — Zibeth.

Das Thierreich ist lange nicht so ergiebig an Wohl=
gerüchen wie das Pflanzenreich, und wir haben vorzüglich
nur drei thierische Gerüche, die für die Parfümerie von
Bedeutung sind, nämlich: Ambra, Moschus und Zibeth.

## Ambra.

### (Engl. Ambergris; franz. Ambre gris.)

Diese Substanz wird im Meere schwimmend gefunden,
in der Nähe der Inseln Sumatra, der Moluffen und
Madagaskar, sowie auch an den Küsten von Südamerika,
China, Japan und Coromandel. An der Westküste von
Irland wurden ebenfalls schon oft große Stücke dieser
Substanz gefunden. Die Küsten von Sligo, Mayo, Kerry
und der Insel von Arran sind jedoch die vorzüglichsten
Fundorte der Ambra. In der Provinz Sligo wurde im
Jahre 1691 ein Klumpen Ambra an der Küste aufgefischt,
welcher 1¹⁄₂ Kilogr. schwer war. Ueber die Abstammung
der Ambra sind schon ganze Bücher geschrieben worden
und doch sind wir zur Zeit noch nicht ganz darüber auf=

geklärt. Sie wird in dem Magen einiger der gefräßigsten
Fische gefunden. Jene Thiere verschlingen zu gewissen
Zeiten Alles, was ihnen in den Weg kommt, scheinen da=
durch krank zu werden und als krankhaftes Product die
Ambra abzusondern. So hat man die Ambra namentlich
in den Eingeweiden des Potwallfisches (s. Fig. 49)
aufgefunden und zwar vorzüglich nur in kranken Individuen.

Fig. 49. Potwallfisch.

Einige Schriftsteller betrachten die Ambra als ein vege=
tabilisches Product, analog dem Bernstein (Ambra flava)
und nennen sie zum Unterschiede graue Ambra, Ambra
grisea. Es liegt indessen außer dem Bereiche dieses Werkes,
die vielen verschiedenen theoretischen Ansichten, die schon
über den Ursprung und die Entstehung der Ambra gelten
gemacht wurden, alle zu erwähnen, und es unterliegt
keinem Zweifel, daß die Frage hierüber längst entschieden
wäre, wenn sich ein Naturforscher neuerdings bemüht hätte,

dieselbe zu lösen. Bis jetzt wiederholen alle Schriftsteller, welche die Ambra erwähnen, immer wieder das, was schon vor mehr als 100 Jahren darüber bekannt war.

Wir wollen hier nur noch darauf aufmerksam machen, daß Capitän Buckland behauptet, man habe in der grauen Ambra die Excremente des Potwalls vor sich, und es lassen sich in der That für diese Ansicht einige schlagende Beweise anführen. Es ist bekannt, daß der Potwall den Tintenfisch verfolgt und frißt. Der Mund des Tintenfisches ist mit einem schwarzen, scharf zugespitzten, gekrümmten Horn bewaffnet, welches sich durch seine Härte, Festigkeit und Unzerstörbarkeit auszeichnet (s. Fig. 50). Solche Stücke der Schnauze des Tintenfisches findet man hin und wieder in schönen Stücken echter Ambra und man kann daher kaum daran zweifeln, daß die Ambra wirklich ein Excrement ist. Der Geruch der Ambra ist

Fig. 50. Horn des Tintenfisches.

auch keineswegs so ausgezeichnet, und es würden Viele, die noch keine Ambra gesehen haben, sehr enttäuscht sein, wenn ihnen rohe echte Ambra vorgelegt würde.

Nichtsdestoweniger wird die Ambra als eine Substanz, welche keiner Zersetzung unterworfen ist, nur langsam verfliegt und, mit anderen sehr flüchtigen Wohlgerüchen vermischt, die letzteren länger in dem Taschentuche oder in der Wäsche zurückhält, von den Parfümisten sehr geschätzt, jedenfalls mehr, als wegen ihres Geruches. Die Ambra= essenz, welche nur zur Vermischung mit anderen wohlriechenden Oelen bereitet und benutzt wird, erhält man durch Behandlung von je 40 Gramm Ambra mit 2 Liter Weingeist. Man läßt den Weingeist einen Monat lang mit der zerkleinerten Ambra in Berührung und gießt ihn dann ab. Ein Ambraextract (Extrait d'Ambre) zum Verkaufe wird dagegen nach folgender Vorschrift erhalten:

Esprit de Roses triple . . . $\frac{1}{4}$ Liter.
Ambraessenz . . . . . . $\frac{1}{2}$ „
Moschusessenz . . . . . . $\frac{1}{8}$ „
Vanilleextract . . . . . . 60 Gramme.

Dieser Parfüm hat einen so dauerhaften Geruch, daß ein gut damit parfümirtes Taschentuch noch darnach riecht, nachdem es gewaschen wurde. Die Ursache hiervon ist, daß sowol Ambra als Moschus eine Substanz enthalten, welche außerordentlich hartnäckig an den Geweben haften bleibt und in schwach alkalischen Flüssigkeiten unauflöslich ist, daher von der Seife nicht weggenommen wird, sondern noch nach der Wäsche auf der Faser gefunden werden kann.

Die gepulverte Ambra (die Ambra ist eine fettartige Substanz) wird zur Füllung der feinen Riechbüchschen mit benutzt, welche den Zweck haben, einen Wohlgeruch in der Tasche oder dem Arbeitskästchen mitzuführen; auch zur Fabrikation der spanischen Haut, zu parfümirtem Schreib= papier, parfümirten Couverts und ähnlichen Gegenständen nimmt man häufig Ambra.

## Bibergeil.

### (Engl. Castor; franz. Castoreum.)

Dieses bekannte Secret des Bibers, Castor fiber (s. Fig. 51), gleicht in mancher Hinsicht dem Zibeth, nur im Geruch unterscheidet es sich von diesem und wir zweifeln keinen Augenblick, daß die Parfümeure, so lange sie Moschus und Zibeth erhalten können, nicht geneigt sein werden, Bibergeil zu benutzen. Nichtsdestoweniger hat das

Fig. 51. Der Biber.

Bibergeil Eigenschaften, welche dasselbe in einzelnen Fällen empfehlenswerth machen, namentlich kommt hier auch sein billigerer Preis in Betracht.

Das Bibergeil wird hauptsächlich durch die Hudsonsbay= Compagnie aus Canada in den Handel gebracht und zwar noch in den birnförmigen häutigen Säcken, den sogenann= ten Bibergeilbeuteln (s. Fig. 52), in welchen das= selbe bei dem Biber gefunden wird. Sowol beim Männ= chen als beim Weibchen findet man nämlich zwischen dem After und den Geschlechtstheilen zwei besondere birnförmige, sackartige Erweiterungen, die Bibergeilbeutel. Diese werden nach Erlegung des Thieres herausgeschnitten, gewaschen, getrocknet und dann in den Handel gebracht. Sie sind

75—100 Millimeter lang, werden 50—65 Millimeter breit, haben eine unebene braune Oberfläche und wiegen ungefähr 200 Gramme. In Canada wie in Sibirien werden die Biber im Winter gejagt, wo sie sich in großer Zahl in gemeinschaftlichen, aus Baum= stämmen, Zweigen, Steinen und Erde gebauten Wohnungen zusammenschaaren. Das eigent= liche Bibergeil, welches sich in den Beuteln findet, ist eine dunkelrothbraune bis gelb= braune oder schwarzbraune, ziemlich weiche, fast salbenartige Substanz von eigenthümlich durchdringend starkem, nicht angenehmem Geruch und lange

Fig. 52. Bibergeilbeutel in natürlicher Größe.

anhaltendem bitter = balsamischem Geschmack. Beim Er= wärmen wird es weich, läßt sich entzünden und brennt mit bläulicher Flamme. In Wasser ist es wenig, in Alkohol größtentheils auflöslich. Durch Auflösen von 20 Grammen Bibergeil in 1 Liter Weingeist erhält man das Normal=Bibergeilextract. Wenn man aber mehr als ⅛ Liter von demselben zu 4 Liter eines Parfüms hinzusetzt, so wird sein charakteristischer Geruch schon vor= herrschend. Man darf daher nur kleine Mengen davon beimischen. Im Handel unterscheidet man zwei Sorten von Bibergeil, die sich sehr von einander unterscheiden, nämlich das r u ſ ſ i ſ ch e oder ſ i b i r i ſ ch e , von feinerem Geruch und viel geſchätzter , und das c a n a d i ſ ch e oder a m e r i k a n i ſ ch e von eigenthümlichem Terpentingeruch und bedeutend geringerem Werthe. G u i b o u r t vermuthet, daß die Verſchiedenheit des Geruchs der beiden Sorten Bibergeil durch die verſchiedene Nahrung des Bibers be= dingt werde. Der ſibiriſche Biber nährt ſich hauptſächlich von Birkenrinde , daher erinnert das ſibiriſche Caſtoreum in Betreff ſeines Geruchs an das J u ch t e n l e d e r ; der canadiſche Biber dagegen lebt von den dort heimiſchen terpentinreichen Nadelhölzern.

## Hyraceum.

Unter dieſem Namen kommt ſchon ſeit Jahren eine Drogue in den Handel, welche wahrſcheinlich nichts Anderes, als der eingetrocknete Koth und Harn des am Kap lebenden K l i p p e n d a ch ſ e s , Hyrax capensis Cuvier, iſt. Das Hyraceum bildet unregelmäßige, ſchwarzbraune, feſte und zähe Maſſen, welche ſich mit Waſſer zu einem Brei kneten laſſen. Es ſchmeckt widerlich bitter und riecht beſonders beim Erwärmen eigenthümlich, dem Bibergeil ähnlich. Bis jetzt iſt es in der Parfümerie wol noch nicht angewendet worden.

## Moſchus, Biſam.

### (Engl. Musk; franz. Musc.)

Dieſer durch ſeinen außerordentlich ſtarken, lange an= haltenden Geruch ausgezeichnete Körper bildet den Inhalt des ſogenannten M o ſ ch u s b e u t e l s (ſ. unten), welchen das männliche Moschusthier in der Mittellinie des Bauches, durch lange Bauchhaare verborgen, zwischen dem Nabel und der Ruthe fast 150 Millimeter weit von jenem und kaum 25—40 Millimeter weit von dieser entfernt trägt.

Das Moschusthier (Moschus moschiferus L.) ist vorzüglich auf jenen hohen Gebirgszügen einheimisch, die den Norden von Indien bilden und nach Sibirien, Thibet und China hin auslaufen. Auch im Altaigebirge lebt dasselbe, besonders in der Nähe des Baikalsee's, und in mehreren anderen Gebirgsketten, aber immer an der Grenze der Linie des ewigen Schnee's.

Wahrscheinlich könnte das kleine, überall verfolgte Moschusthier (s. Fig. 53) in den Wäldern seiner Heimat ein ruhiges und friedliches Leben führen, wenn

Fig. 53. Das Moschusthier.

es nicht von der Natur mit dem berühmten Parfüm ausgestattet worden wäre, denn da das Fell von seinem kleinen Körper werthlos ist, so würde sein Fleisch allein die Landbewohner nicht dazu veranlassen, das Thier zu jagen, da sich dieselben größeres Wildpret viel leichter verschaffen können; seine Unscheinbarkeit würde es auch vor der Verfolgung durch europäische Jäger geschützt haben. Da jedoch das Moschusthier den Bewohnern der dortigen Länder den werthvollsten Ertrag liefert, so ist es das gesuchteste aller Thiere und kann nirgends zur Ruhe kommen. Obgleich der Moschus in der ganzen cultivirten Welt bekannt ist, so haben doch die wenigsten Leute irgend welche Kenntniß des Moschusthieres, welches dieses Product liefert und wir geben daher zunächst noch einige ausführlichere Mittheilungen hierüber.

Das Moschusthier ist selten mehr als 0,9 Meter lang und bis zum Halse gemessen 0,6 Meter hoch; doch ist seine Größe keine sehr constante, indem zum Beispiel die in schattigen Wäldern lebenden Moschusthiere stets größer gewachsen sind, als die auf weniger waldigem, aber mehr felsigem Boden wohnenden. Sein Kopf ist klein, seine Ohren lang und in die Höhe gerichtet. Das Männchen hat an jeder Seite des Oberkiefers einen nach abwärts gerichteten Stoßzahn (s. Fig. 54), welcher beim ausgewachsenen Thiere etwa 80 Millimeter

Fig. 54. Kopf des Moschusthieres.

lang ist, die Dicke eines Gänsekieles besitzt, in eine scharfe Spitze ausläuft und schwach nach rückwärts gekrümmt ist.

Seine Hauptfarbe ist ein dunkel gesprengtes Braungrau, jedoch geht die Färbung an seinem Hinterkörper fast in Schwarz über und wird an der inneren Seite der Schenkel durch eine röthlich=gelbe Linie begrenzt. Kehle, Bauch und Beine sind heller grau. Die Beine sind lang und schlank, die Hufen lang und nach vorn spitz zulaufend. Die hinteren Fersen sind so lang, daß sie, wie die Hufen, den Boden berühren. Das Fell besteht aus starken, spiralig gewundenen Haaren, welche sich mit kleinen Stachelschweinborsten vergleichen lassen; sie sind so spröde, daß sie schon bei dem leisesten Zuge abbrechen und sie liegen so dicht nebeneinander, daß eine große Zahl derselben ausgerissen werden kann, ohne daß man an dem Felle eine Lücke bemerkt; sie sind am Grunde weiß und werden erst nach der Spitze zu allmälig dunkel. Das Fell ist am Hintertheil des Thieres viel langhaariger und dicker als am Vordertheil, wodurch die hintere Partie des Thieres breiter erscheint, als die vordere. Der Schwanz, welcher nur sichtbar ist, wenn man das Fell zertheilt, ist nur 25 Millimeter lang und von der Dicke eines Daumens. Bei weiblichen und bei jungen Thieren ist er mit Haaren bedeckt, bei ausgewachsenen männlichen Thieren dagegen ist er ganz kahl, gewöhnlich, sowie auch die zunächst liegenden Stellen des Körpers, mit einer gelblichen, wachsartigen Substanz überzogen und besitzt nur an seinem Ende ein kleines Büschchen von Haaren. Der Moschus, welcher viel besser bekannt ist, als das Thier selbst, wird nur im aus= gewachsenen Männchen gefunden. Das Weibchen besitzt keine Spur davon und daher ist an keinem Theile seines

Körpers der charakteristische Geruch bemerkbar. Der Koth
des Männchens riecht beinahe so stark wie reiner Moschus,
dagegen besitzt weder der Inhalt des Magens, noch der
Harnblase, noch irgend eines anderen Theiles des Körpers
einen wahrnehmbaren Moschusgeruch. Der den Moschus

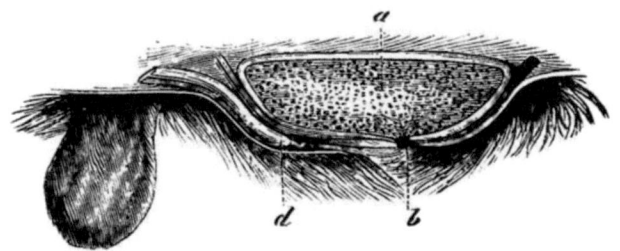

Fig. 55. Moschusbeutel im Durchschnitt.

führende Beutel liegt, wie schon erwähnt, in der Nähe der
Ruthe und zwar zwischen dem Fleische und der Haut. Seine
Lage wird durch Fig. 55 veranschaulicht; a zeigt den

Fig. 56. Moschusbeutel.

vertical durchschnittenen Moschusbeutel, b die Oeffnung
desselben, d ist ein Theil des Geschlechtsorganes des

17*

Thieres.   Fig. 56 (sowie die Fig. 57—60 auf S. 270,
272 und 273) zeigt einen vollständigen Beutel mit der
Oeffnung. Der Beutel selbst besteht aus mehreren dünnen
über einander liegenden Häuten, welche den Moschus einhüllen, und hat große Aehnlichkeit mit dem gefüllten Kropfe
oder Magen eines Rebhuhns oder anderer dem Fasanen-
geschlechte verwandten Thiere. Die Oeffnung des Beutels
geht selbst durch die äußere Haut hindurch und ist so groß,
daß man mittelst gelinden Druckes den kleinen Finger in
dieselbe hineinstecken kann; diese Oeffnung steht jedoch mit
dem Körper des Thieres selbst in keiner Verbindung. Es
ist wahrscheinlich, daß der Moschus zu gewissen Zeiten
durch diese Oeffnung entleert wird, da man die Beutel
oft nur halb gefüllt, zuweilen sogar fast leer findet (durch
diese Oeffnung nehmen die Händler oftmals die Moschus-
masse heraus und stecken, anstatt dieser, Stückchen von
Blei, Messing, Kupfer, Haut, getrocknetem Blute, Thon
und andere Verfälschungsstoffe, wie dieselben häufig nach
dem Aufschneiden der Beutel in denselben gefunden werden,
hinein, was durch die äußere Betrachtung der Beutel kaum
wahrgenommen werden kann). Der Moschus selbst findet
sich in den Beuteln als eine körnige, zum Theil pulverige
Masse; die Körner besitzen die Größe von Schrotkörnern
bis zu der von kleinen Flintenkugeln, sind unregelmäßig
geformt, jedoch meistens rund oder länglich-rund. Im
frischen Zustande besitzt der Moschus eine dunkle, röthlich-
braune Farbe, aber wenn man ihn längere Zeit, getrennt
vom Beutel, aufbewahrt, so wird er fast schwarz. Im
Herbst und Winter sind die Moschuskörnchen fest, hart und

ziemlich trocken, im Sommer findet man dagegen in den
Moschusbeuteln eine feuchte, weiche Masse, was wahr=
scheinlich durch die frische Nahrung bedingt wird, die die
Thiere zu dieser Zeit fressen. Guibourt hat sogar be=
hauptet, daß der Geruch des Moschus einzig und allein
von den Pflanzen abhänge, mit welchen sich das Moschus=
thier ernährt, wozu vor Allem die Moschus= oder Sumbul=
wurzel gehört, welche sich durch ihren intensiven Moschus=
geruch auszeichnet. Für diese Behauptung spricht beson=
ders der Umstand, daß die jungen Moschusthiere einen
mit einer fast geruchlosen Flüssigkeit erfüllten Beutel haben
und daß der Inhalt des Beutels erst mit dem zweiten
Jahre anfängt, einen Geruch anzunehmen. Anderntheils
wurden aber Moschusthiere, die man gefangen hielt, fast
ausschließlich nur mit Heu gefüttert und erzeugten trotzdem
fortwährend Moschus. Ueber die Bedeutung, welche der
Moschusbeutel und sein Inhalt für das Leben des Thieres
haben, weiß man nur, daß dasselbe zur Zeit der Begattung
etwas mehr Moschus als gewöhnlich secernirt. Der
Moschusbeutel entsteht mit dem Thiere; denn nimmt man
ein junges Thier aus dem Mutterleibe heraus, so kann
der Beutel bei demselben schon deutlich wahrgenommen
werden und ist sogar verhältnißmäßig größer, als beim
ausgewachsenen Thiere. In den zwei ersten Lebensjahren
findet man aber in den Beuteln nur eine weiche, milchige
Masse von unangenehmem Geruch. Im dritten Lebens=
jahre findet sich zuerst Moschus, doch kann nur ungefähr
4 — 5 Gramme, in dem Beutel; die Quantität vergrößert
sich in dem Verhältnisse, als das Thier wächst, und in

einigen Individuen hat man mehr als 60 Gramme ge=
funden.   30 Gramme werden als die Menge bezeichnet,
die ein ausgewachsenes Thier durchschnittlich im Beutel
hat; da jedoch sehr viele ganz junge Thiere getödtet werden,
so kommen viele Beutel mit nur 15 Grammen Inhalt in
den Handel.   Der Moschus jüngerer Thiere riecht etwas
schwächer, aber angenehmer als der von älteren.   Die ver=
schiedene Nahrung, verschiedenes Klima und Boden schei=
nen dagegen ganz ohne Einfluß auf den Geruch zu sein.

Auf den ersten höheren Gebirgszügen über den Ebenen
bis zur Waldgrenze an der Schneelinie und wahrschein=
lich in dem ganzen Umkreis des ungeheuren Himalaya=
gebirges wird das Moschusthier auf allen bewaldeten
Bergen gefunden, die mehr als 2500 Meter über dem
Meeresspiegel liegen.   In niedrigeren Gebirgen ist es
dagegen sehr selten, indem es besonders jene Wälder auf=
sucht, welche sich bis nach der Schneegrenze hinaufziehen
und wo es daher am häufigsten ist.   Uebrigens betrachtet
man es gewöhnlich, weil es zurückgezogen und einsam
lebt, für viel seltener, als es wirklich ist.   Es lebt aus=
schließlich in Wäldern und zwar ohne Unterschied ebensowol
in den hohen Eichenwäldern, als in den nur noch aus
Zwergbäumchen bestehenden Wäldern an der Schneeregion.
Jedoch scheint es die Birkenwälder, in denen sich Gebüsche
von Wachholder und weißen Alpenrosen befinden, allen
anderen Wäldern vorzuziehen, wenigstens findet man hier
der Zahl nach die meisten Thiere.

Die Moschusthiere gleichen in mancher Hinsicht in
ihren Gewohnheiten den Hasen.   Jedes Individuum wählt

sich eine besondere Stelle zu seinem Lieblingsaufenthalt.
Hier hält es sich während des Tages ruhig auf, verläßt
dann die Ruhestelle des Abends, um Nahrung zu suchen
oder sonst umherzuschweifen und kehrt dann bald nach Tages=
anbruch zurück. Gelegentlich bleibt das Thier auch den Tag
über an irgend einer andern Stelle, bis zu welcher es am
Morgen gelangt ist, gewöhnlich kehrt es aber jeden Tag zu
seiner bestimmten Ruhestelle zurück. Jedes Thier gräbt sich
in bestimmter Entfernung von den übrigen eine Vertiefung
und besucht die anderen Thiere auf seinen Wanderungen.
Zuweilen liegen mehrere Thiere wochenlang unter demsel=
ben Baume oder Gebüsche zusammen. Die Moschusthiere
machen sich die Vertiefungen auf dieselbe Weise, wie die
Hasen, indem sie mit ihren Füßen eine Grube aufscharren,
die gerade so groß ist, daß sie sich hineinlegen können, um
zu schlafen. Sie liegen sehr selten in der Sonne und selbst
bei dem kältesten Winter richten sie sich ihr Lager so ein,
daß sie vor den Sonnenstrahlen geschützt sind. Gegen Abend
werden sie lebendiger und während der Nacht wandern sie
weit vom Gipfel der Berge bis zum Fuße derselben oder
von einer zur andern Seite des Berges. Ihre nächtlichen
Wanderungen scheinen ihnen eben so sehr zur Erholung
als zur Befriedigung des Hungers zu dienen; denn man hat
beobachtet, daß sie häufig ganz steile Felswände, an welchen
wenig oder keine Vegetation ist, sehr regelmäßig besuchen
und dort mit einander spielen und sich tummeln. Man
legt ihnen daher an solchen Orten ebenso oft Schlingen, wie
in den Wäldern; manche ziehen es sogar vor, die Schlingen
längs eines Felsengrates oder Abgrundes aufzustellen.

Wenn das Moschusthier nicht ganz gemächlich und langsam geht, so schreitet es nur in Sprüngen oder Sätzen vorwärts, wobei es sich mit allen vier Beinen fast bis auf den Boden niederläßt und dann in die Höhe schnellt. Hat es große Eile, so führt es oft erstaunliche Sprünge aus, wenn man die geringe Größe des Thieres berücksichtigt. Es ist nicht selten, daß das Thier an einem mäßigen Abhange mit einem einzigen Sprunge abwärts einen Raum von mehr als 20 Meter überspringt und in mehreren aufeinander folgenden Sprüngen setzt es über hohe Gebüsche hinweg. Es geht sehr sicher und obgleich es ein Bewohner des Waldes ist, so giebt es vielleicht kein zweites Thier, welches mit solcher Leichtigkeit die steilsten Felsen hinansteigt und über Abgründe hinüberspringt. Wo der Jäger kaum mehr oder nur mit großer Sorgfalt vorwärts kann, hüpft das Moschusthier noch sicher und sorglos, und wenn dasselbe an Felsen getrieben wird, welche man für unübersteigbar hält, so findet es gewiß nach irgend einer Richtung hin einen Ausweg. Es ist kein Fall bekannt, wo ein Moschusthier einen Fehltritt that oder stürzte, außer wenn es verwundet war.

Die Moschusthiere nehmen im Vergleiche mit anderen wiederkäuenden Thieren, zu welchen sie gehören, wenig Nahrung zu sich, wenigstens muß man dies aus der geringen Quantität von Speisebrei schließen, die man stets nur in ihrem Magen findet; auch ist der Mageninhalt immer so breiig, daß es unmöglich ist, zu bestimmen, welche Nahrung sie besonders vorziehen. So oft man sie fressend geschossen hat, fand man immer in ihrem Munde und Schlunde die verschiedensten Sträucher und Kräuter und häufig auch die lange weiße Flechte, welche von den Bäumen jener hoch gelegenen Wälder in großer Menge herabhängt. Auch verschiedene Wurzeln scheinen einen Theil ihrer Nahrung auszumachen, wenigstens scharren sie Löcher in den Boden, wie manche Bergfasane. Die Einwohner glauben, daß die Männchen auch Schlangen tödten und fressen und vorzüglich die Blätter einer kleinen sehr wohlriechenden Lorbeerart als Nahrung aufsuchen, und daß der Moschus durch diese Nahrung gebildet werde; allein man sieht jene Lorbeerart nicht öfter angefressen als andere Sträucher, und daß das Moschusthier Schlangen tödte und fresse, ist eine reine Erdichtung.

Die Jungen werden entweder im Juni oder Juli geboren und jedes Weibchen bringt jährlich meist vier Junge und oft auch Zwillinge zur Welt. Diese werden stets auf besondere, etwas von einander entfernte Stellen niedergelegt; die Mutter liegt ebenfalls auf einer besonderen Stelle und besucht ihre Jungen nur, um sie zu säugen. Wenn ein Junges krank wird, so kommt die Mutter kurze Zeit an das Lager desselben, aber es ist kein Fall bekannt, wo die Mutter mit dem Jungen geht oder wo zwei Junge zusammen liegen. Diese Liebe zur Einsamkeit ist ihnen angeboren; denn wenn ein neugeborenes Moschusthier eingefangen wird und man dasselbe an einer Ziege oder an einem Schafe säugen läßt, so will es nicht längere Zeit mit seiner Amme zusammenbleiben, sondern sucht sich, sobald es seinen Hunger gestillt hat, irgend ein einsames Plätzchen als Zufluchtsort auf. Es ist interessant, diese Thiere

säugen zu sehen, indem sie während der ganzen Zeit auf
den Hinterbeinen stehen und ihre Vorderbeine rasch über=
einander kreuzen, so daß immer das eine über das andere
zu liegen kommt; sie sind jedoch schwer zu erhalten und
werden häufig, nachdem sie gefangen worden, blind, oder
sterben. In den meisten Ländern wird das Moschusthier
als königliches Eigenthum betrachtet, und in einigen Ge=
genden halten die Rajahs besondere Leute, um dieselben
zu jagen; in Gurwhal wird Jeder mit einer bedeutenden
Geldbuße bestraft, welcher einem Fremden einen Moschus=
beutel verkauft. Die Rajahs nehmen dieselben anstatt der
Abgaben in Empfang.

In einigen Districten werden die Moschusthiere mit
Hunden gejagt; aber die weitaus verbreitetste Methode ist
das Einfangen mit Schlingen. Nur die wenigsten werden
geschossen, wenn zufällig, bei der Jagd auf andere Thiere,
der Jäger auf ein Moschusthier stößt; denn dort hat man
meistens nur Luntenflinten, welche nicht geeignet sind zu
dieser Jagd, indem das Thier vollauf Zeit hat zu ent=
fliehen, bevor nur die Lunte entzündet ist, und außerdem
sind diese Flinten zu schwer, um sie auf jenen Bergen mit=
zuführen. Bei dem Fang mit Schlingen wird erst eine
etwa 1 Meter hohe Einzäunung von Büschen und Zweigen
gebildet, welche oft über eine Meile lang ist. In dieser
Einzäunung läßt man, je 9—12 Meter von einander
entfernt, schmale Durchgänge offen und in jedem solchen
Durchgang wird eine starke hanfene Schlinge so angebracht,
daß man dieselbe an einen langen Stock befestigt, dessen
dickeres Ende fest in den Boden eingesteckt ist, während das

dünnere Ende mit der daran hängenden Schlinge sich quer
vor dem Durchgange überbiegt. Wenn das Thier durch
diesen Durchgang will, so tritt es zunächst auf einige
dünne Ruthen, welche den Stock mit der Schlinge nieder=
halten; in diesem Augenblicke macht sich die Schlinge frei,
der Stock schnellt vermöge seiner Elasticität zurück und
zieht die Schlinge um die Beine des Thieres. Zugleich
mit dem Moschusthiere fangen sich in diesen Schlingen
stets eine Menge anderer Thiere, und selten kehren die
Besitzer des Zaunes ohne Beute zurück, obschon sie je den
dritten oder vierten Tag hingehen, um nachzusehen. Wenn
jedoch Iltisse diese Zäune ausfindig machen, so bringen
sie großen Schaden, indem sie fortwährend längs der Ein=
zäunung hin= und herlaufen und die Thiere, die sich in
den Schlingen gefangen haben, ergreifen. Sie werden
zwar oft selbst von den Schlingen erfaßt; allein dann
beißen sie den Strick schnell entzwei und entfliehen. Auf
diese Weise geht manches Moschusthier für die Schlingen=
steller verloren; denn wenn ein Iltiß ein solches frißt, so
zerreißt er den Moschusbeutel in Stücke und zerstreut
den Inhalt desselben auf dem Boden. Kein Thier frißt
nämlich den Moschus; selbst wenn ein Moschusthier von
einem Leoparden getödtet und gefressen wird, kann man
stets den Moschus auf dem Boden zerstreut liegen finden.
Selbst die Insecten und Maden lassen ihn unberührt.
Man findet zuweilen todte Moschusthiere, die von weitem
wie frisch getödtet aussehen; aber bei näherer Betrachtung
zeigt es sich, daß nur das mit der Haut überzogene
Skelett und der Moschusbeutel übrig geblieben, alle

fleischigen Theile von den Maden schon längst gefressen
worden sind.

Die Moschusbeutel, welche direct durch die dortigen
Jäger in den Handel kommen, sind meistentheils in einen
Theil von der Haut des Thieres eingewickelt, und zwar ist
die Haut noch mit den Haaren besetzt. Wenn die Jäger
nämlich ein Moschusthier getödtet haben, so schneiden sie
mit dem Beutel zugleich die ganze Haut oder das Fell vom
Bauche heraus. Die Beutel hängen dann an der Haut,
welche letztere mit ihrer Fleischseite auf einen flachen, vorher
im Feuer heiß gemachten Stein ausgebreitet wird, wobei
sie trocknet, ohne daß hierbei die Haare versengt werden.
Die Haut schrumpft hierbei sehr stark zusammen, wird dann
um den Beutel befestigt oder genäht und an einen luftigen
Ort gehängt, bis sie ganz hart geworden ist. Dies ist die
gewöhnlichste Methode; doch werden die Beutel an manchen Orten auch in heißes Oel eingetaucht, wobei aber der
Moschus sehr leidet. Am besten ist es, die Beutel ganz von
der Haut zu trennen und an der Luft trocknen zu lassen.
Der in den Handel kommende Moschus wird außerordent-
lich verfälscht und oft werden die Beutel selbst nachgemacht.
Da die Beutel meistens unaufgeschnitten verkauft werden,
so ist es oft kaum möglich, den Betrug zur Zeit des Ein-
kaufes zu entdecken. So kann man häufig Moschusbeutel
sehen, welche aus irgend einem Stück von dem Felle des
Moschusthieres gemacht worden und die mit irgend einer
Substanz, die man, um sie riechend zu machen, mit etwas
Moschus bestreute, gefüllt worden sind (s. unten Fig. 60).
Solche grobe Verfälschungen sind allerdings leicht zu ent-

decken, da der Haut der Nabel fehlt. Viel schwieriger ist aber die Verfälschung wahrzunehmen, wo der Moschus aus dem Beutel entleert und dafür irgend eine andere Substanz eingefüllt worden ist. Damit diese Substanzen dem Moschus gleichen, vermischt man sie mit etwas echtem Moschus; oder man entfernt nur einen Theil des Moschus aus dem Beutel und füllt den leeren Raum mit anderen Substanzen; oder man läßt den Moschus ganz im Beutel und steckt nur einige Stücke Blei hinein, um das Gewicht zu vermehren. Selbst in den Bergen, wo das Moschusthier gefangen wird, kennen die Bewohner den hohen Werth des Moschus und verfälschen ihn, indem sie Substanzen, die dem Moschus gleichen, mit etwas Moschus versetzen und als reinen Moschus für hohen Preis verkaufen.

Von den Substanzen, welche am häufigsten zur Verfälschung oder zum Füllen der nachgemachten Beutel dienen, spielt besonders das eingekochte und getrocknete Blut eine große Rolle; dieses wird erst getrocknet, dann gepulvert, hierauf zu einer Masse geknetet, die man zum Theil in Körnchen zertheilt, zum Theil zu grobem Pulver zerreibt. Diese dem Moschus sehr ähnliche körnige und pulverige Masse wird in die Beutel gefüllt. Auch Stücke von der Leber oder Milz verschiedener Thiere werden auf dieselbe Weise präparirt; ebenso getrocknete Galle und ein besonderer Theil der Rinde des Aprikosen-Baumes. Viele Betrüger geben sich nicht einmal so viel Mühe und stecken durch die schon erwähnte Oeffnung die verschiedensten Substanzen in die geleerten Beutel, ohne dieselben vorher besonders zu präpariren, selbst mit Tabak gefüllte Beutel sind schon in den Handel gekommen.

Handelssorten des Moschus. Der Moschus kommt gewöhnlich mit dem Beutel, in welchem er sich befindet, in den Großhandel; nur hin und wieder erhält man ihn getrennt vom Beutel als sogenannten granu= lirten Moschus oder Körnermoschus. Am geschätztesten ist der Moschus von Butan, Tonkin und Thibet, der soge= nannte chinesische oder tonkinesische Moschus in ziemlich kreisrunden Beuteln, wie ein solcher in Fig. 57 von beiden Seiten abgebildet ist. Man erhält ihn über

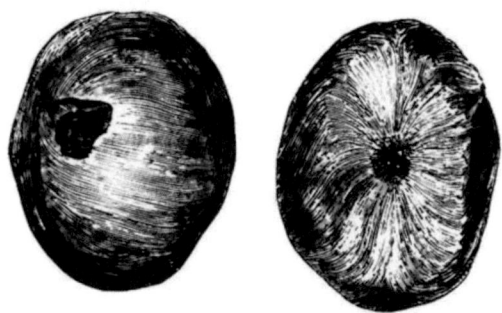

Fig. 57. Chinesischer Moschusbeutel.

Canton durch Vermittelung englischer, holländischer und amerikanischer Schiffe, doch hat die holländische Compagnie in Rücksicht auf den starken Geruch des Moschus befohlen, daß die Schiffe, welche Thee nach Europa führen, keinen Moschus mitnehmen dürfen. Der Moschus wird zwar sehr gut in Kistchen von 100—200 Millimeter Länge und Höhe verpackt, welche außen mit zusammengelötheter Bleifolie umgeben sind. In jedem Kistchen befinden sich ungefähr 25 Beutel, und jeder Beutel ist in ein sehr feines Papier eingewickelt, welche mit verschiedenen das Product betreffenden Angaben und Figuren versehen sind. Sehr häufig steht z. B. auf diesen Papieren in englischer Schrift in Roth und Blau: „Moschus, gesammelt zu Nanking von Tungthin-Chung-Chang-Kéo“. Darunter sieht man eine Figur, welche eine chinesische Gottheit darstellt, zu deren Füßen ein Moschusthier liegt, und eine Vignette, auf welcher die Vorzüglichkeit der Waare gelobt wird. Auf dem Deckel des Kistchens liest man die Worte: „Ling-Tchan-Musk“ und darunter ist ein rohes Bild einer Moschusthierjagd aufgeklebt und unter diesem die Abbildung eines Moschusbentels. Von diesem Moschus kosten 100 Gramme im Beutel 30—46 Thlr. — Die zweite Sorte des Handels ist der bengalische Moschus oder Assam-Moschus. Dieser kommt von Assam, welches im Süden von Thibet liegt, über Calcutta in den Handel. Er wird in Säcke verpackt, die in Kisten von Holz oder Weißblech eingeschlossen werden. In einer solchen Kiste sind durchschnittlich 200 Stück Moschusbeutel. Diese Moschussorte riecht zwar sehr stark, aber ziemlich kratzend. Die Beutel sind weniger regelmäßig geformt und bedeutend größer. In Fig. 58 ist ein solcher Beutel von der oberen und unteren Seite nebst zwei Haaren in natürlicher Größe abgebildet. 100 Gramme dieser Sorte kosten im Beutel 26—30 Thlr. — Die dritte Sorte endlich ist der cabardanische, sibirische oder russische Moschus. Dieser kommt von dem Altaigebirge und anderen Theilen

des nördlichen Asiens und wird uns über das baltische
Meer zugeführt; er wird selten verfälscht, besitzt aber

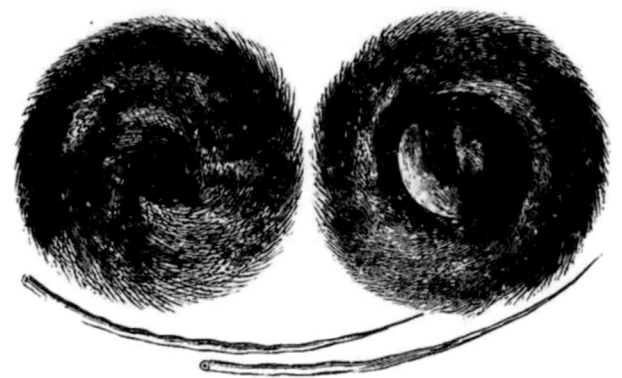

Fig. 58.　Bengalischer Moschusbeutel.

einen viel schwächeren und unangenehmeren Geruch; auch
sind die Beutel bedeutend kleiner (s. Fig. 59).　Von

Fig. 59.　Sibirischer Moschusbeutel.

dieser Sorte kosten 100 Gramme im Beutel nur 9 bis
10 Thlr.　Zur Vergleichung lassen wir in Fig. 60

noch eine Abbildung von nachgemachten Moschusbeuteln folgen.

Es ist jetzt Mode geworden, zu sagen, der Moschus= geruch sei widerlich; aber nichtsdestoweniger finden alle Menschen eine so große Befriedigung durch diesen ihrer Aussage nach abscheulichen Geruch, daß sie vorzüglich die

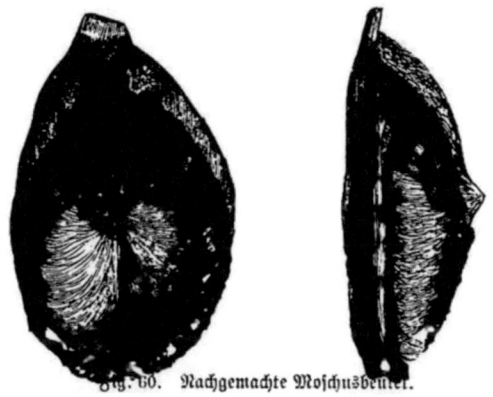

Fig. 60. Nachgemachte Moschusbeutel.

Parfüme kaufen und lieben, in welchen etwas Moschus vorkommt; allerdings muß mit erwähnt werden, daß der Verkäufer dabei stets versichern muß, es sei kein Moschus dabei. Der Parfümeur benutzt den Moschus hauptsächlich zum Parfümiren der Seife, der Riechpulver und zu den feinsten flüssigen Parfümen. Der große und wohlverdiente Ruf der echten Windsorseife, welche ohne Zweifel einen der schönsten Gerüche entwickelt, ist eine Folge des darin vorkommenden Moschus.

Das in der Seife enthaltene Alkali ist nämlich der Entwicklung des Moschusgeruches sehr günstig. Läßt man

dagegen eine concentrirte Auflösung von Potasche auf
reinen Moschus einwirken, so verschwindet der Geruch
und es entwickelt sich Ammoniak. Ueberhaupt sind ver=
schiedene Substanzen bekannt, welche den Mo=
schusgeruch vernichten, so besonders die bitteren
Mandeln, Campher, Schwefel, Goldschwefel und andere
Substanzen mehr. Wenn man daher in einer Reibschale
Moschus gerieben hat, so kann man den ihr anhaftenden
Geruch am besten dadurch beseitigen, daß man bittere
Mandeln darin zerreibt. Wird der Moschus erhitzt, so
verbrennt er unter Entwicklung eines brenzlichen, stinken=
den Geruchs und hinterläßt eine poröse schwarze, glänzende
Kohle, welche bei vollständiger Verbrennung ungefähr
10 Procent einer weißen Asche zurückläßt. Kaltes Wasser
löst $^3/_4$, siedendes Wasser $^4/_5$ und Weingeist ungefähr die
Hälfte des Gewichts vom Moschus auf. Früher galt der
Moschus als ein wichtiges Arzneimittel und in einigen
Ländern, besonders in Rußland, steht er auch jetzt noch in
hohem Ansehn.

Ein reines Moschusextract bereitet man durch
Uebergießen von 16 Grammen gekörntem Moschus mit
1 Liter rectificirtem Weingeist. Man läßt den Weingeist
bei gelinder Wärme einen Monat lang mit dem Moschus
in Berührung und gießt ihn dann davon ab. Das auf
diese Weise bereitete Moschusextract, auch Moschus=
essenz genannt, dient nur dazu, um mit anderen Par=
fümen für den Gebrauch zur Wäsche gemischt zu werden.
Es giebt, wie wir schon früher erwähnten, den flüchtigen
Wohlgerüchen mehr Körper und mehr Beständigkeit, und

trägt viel dazu bei, die fast unerfüllbar erscheinenden
Forderungen des nie zufriedenen Publikums zu befrie=
digen. Das Publikum verlangt nämlich einen Parfüm,
der kräftig und ausgezeichnet riechen muß; zugleich soll
derselbe sehr flüchtig sein, aber auch lange in dem Taschen=
tuche oder in der Wäsche zurückbleiben, also streng ge=
nommen nicht sehr flüchtig sein. Wenn wir geringe
Mengen von Moschusextract zu den Extracten der Rose,
des Jasmins, der Tuberose 2c. hinzusetzen, so erreichen
wir diese scheinbar unmögliche Forderung vollständig;
denn gießen wir eine solche Mischung in ein Taschentuch,
so verfliegen zwar die flüchtigen Blumengerüche ziemlich
rasch, allein das Taschentuch behält noch lange einen
sehr angenehmen Geruch, der zwar dem Geruch des
frischen Parfüms nicht mehr gleich ist, aber doch be=
friedigt und der Nase wohl thut. Von allen den zur
Fixirung der flüchtigen Parfüme dienenden Substanzen
wird der Moschus am häufigsten zu diesem Zwecke ge=
nommen.

Eine Moschusessenz, die unter dem Namen Extrait
de Musc oder Teinture de musc composée verkauft wird,
kann nach folgender Vorschrift bereitet werden:

> Moschusextract (reines)  $\frac{1}{2}$  Liter
> Ambraessenz  .  .  .  $\frac{1}{4}$  „
> Esprit de Roses triple  $\frac{1}{8}$  „

Die Flüssigkeiten werden gemischt, filtrirt und auf
Flaschen gefüllt.

## Zibeth.

### (Engl. Civet; franz. Civette.)

Der Zibeth ist ein Secret, welches von verschiedenen Viverra-Arten in einem weiten, doppelten, zwischen dem After und den Geschlechtstheilen liegenden Behälter abgeschieden wird. Die eigentliche Zibethkatze, Viverra civetta L. (s. Fig. 61), lebt in den heißesten

Fig. 61. Viverra civetta L.

Theilen Afrikas von der Guineaküste und dem Senegal bis nach Abyssinien, wo man sie zum Behufe der Zibethgewinnung mit großer Sorgfalt züchtet. Außerdem liefert

Fig. 62. Viverra zibetha L.

besonders auch die Viverra zibetha L. (s. Fig. 62) Zibeth.
Diese lebt in Ostindien, auf den Molukken und den
Philippinen und unterscheidet sich von der vorigen durch
ihre kürzeren und dichter stehenden Haare, durch das Fehlen
der Mähne und dadurch, daß der Schwanz abwechselnd
mit Ringen von dicht stehenden kurzen weißlichen und
Ringen von schwarzen Haaren besetzt ist. Der Zibeth wird
in einem weiten, doppelten Drüsenbehälter, der bei dem
Thiere zwischen dem After und dem Geschlechtsorgane liegt,
abgeschieden. Gleich vielen anderen aus dem Oriente stammenden Substanzen wurde auch der Zibeth zuerst durch
die Holländer nach Europa gebracht. Wenn die Zibethkatzen eingesperrt und dabei so eng von einem starken
Käfig umschlossen werden, daß sie nicht im Stande sind,
sich umzudrehen und zu beißen, so kann man ihnen die
Substanz mit Leichtigkeit nehmen. In Amsterdam wurden
früher zu diesem Zwecke viele Zibethkatzen gehalten, und
es soll das Sammeln des secernirten Zibeths wöchentlich
zweimal vorgenommen worden sein, wobei man den Zibeth
mittelst eines schmalen Löffels herausdrückte und jedes
Mal ungefähr 4 Gramme davon erhielt. Ein großer
Theil des jetzt nach Europa kommenden Zibeths wird vorzüglich von der Provinz Malabar und von Bassora am
Euphrat, sowie aus Abyssinien auf den Markt gebracht.

Im reinen Zustande besitzt der Zibeth einen Geruch,
der den meisten Leuten widerlich ist; dagegen ist sein Geruch im höchst verdünnten Zustande sehr angenehm. Es
ist nicht gut möglich, genau zu erklären, woher es kommt,
daß ein und dieselbe Substanz in verschiedenen Graden

der Concentration eine so verschiedene Wirkung auf den Geruchsnerven auszuüben vermag; aber wir finden dieselbe Thatsache bei fast allen Riechstoffen. Sehr viele ätherische Oele riechen im reinen Zustande entweder nicht angenehm oder sogar schlecht, in etwa tausendfacher Verdünnung durch Weingeist, Fett oder Seife dagegen erscheint ihr Geruch lieblich. Wir können dies besonders beim Neroli=, Thymian=, Patchouliöle und anderen beobachten. Auch das reine Rosenöl riecht keineswegs so herrlich, wie in großer Verdünnung.

Der Zibethgeruch ist sehr bekannt, nicht weil der Zibeth im Handel häufig vorkommt; denn er ist jetzt recht selten geworden, sondern weil er zum Parfümiren von Leder dient, welches sehr beliebt ist und, in ein Schreibpult gelegt, das Papier und die Couverts herrlich parfümirt, so daß diese selbst noch gut riechen, nachdem sie mit der Post weiter befördert worden sind.

Das Zibethextract oder die Zibethessenz wird bereitet, indem man in einem Mörser 30 Gramme Zibeth mit 30 Grammen Veilchenwurzel oder einer andern Substanz, welche zur Vertheilung des Zibeths dient, zerreibt und dann das Pulver mit $4\frac{1}{2}$ Liter rectificirtem Weingeist übergießt. Man läßt den Weingeist einen Monat lang damit in Berührung und gießt ihn dann ab. Das so erhaltene Extract dient vorzüglich zur Fixirung der zartesten Blumengerüche und wird besonders häufig von den französischen Parfümeuren benutzt. Zu 4 Liter eines solchen Parfüms setzt man meistens $\frac{1}{4}$ Liter des Zibethextracts.

———

# VIII.

## Ammoniak und Essigsäure in der Parfümerie.

Unerschöpfliches Riechsalz — Weißes Riechsalz — Kohlensaures Ammoniak dazu — Eau de Luce — Schnupftabak — Essigsäure zur Parfümerie — Aromatischer Essig — Gewürzessig — Rosenessig — Vierräuberessig — Gesundheitsessig — Toiletten-essig, mit Veilchengeruch, mit Rosengeruch, mit Eau de Cologne, mit Jasmingeruch, mit Orangenblütengeruch — Schönheitsessig.

## Ammoniak.

Unter den verschiedenen Namen: Riechsalz, flüchtiges Salz, unerschöpfliches Salz, Eau de Luce ꝛc. verkaufen die Parfümisten Parfüme, in welchen das Ammoniak mit wohlriechenden Substanzen vermischt vorkommt, und da diese Parfüme dem Geruchsnerven der meisten Leute sehr zusagen, so werden sie in großer Menge verbraucht.

Zur Bereitung dieser ammoniakhaltigen Wohlgerüche verwendet der Parfümist entweder starkes, reines Aetz-ammoniak (eine Auflösung des Ammoniakgases im Wasser), welches er unter dem Namen Liquor Ammonii caustici oder Salmiakgeist aus den chemischen Fabriken bezieht; oder er nimmt das, ebenfalls aus chemischen Fabriken in den Handel kommende anderthalbfach kohlensaure Ammoniak, Ammonium carbonicum, ein festes weißes, wie raffinirter Zucker aussehendes Salz, welches an der Luft einen Theil seines Ammoniaks abgiebt und daher stark nach Ammoniak riecht, wie der Salmiakgeist. Der Parfümist muß aber beim Einkauf dieser Präparate sehr darauf achten, daß dieselben keinen brenzlichen sogenannten empyrhenmatischen Geruch besitzen, was jetzt deshalb fast immer der Fall ist, weil alle Ammoniakpräparate als Nebenproducte bei der Leuchtgasbereitung gewonnen werden und ihnen dann stets noch geringe Mengen der höchst übelriechenden, stinkenden Producte der trockenen Destillation anhängen. Daß aber solches Ammoniak oder kohlensaures Ammoniak unmöglich in der Parfümerie angewandt werden kann, brauchen wir nicht besonders auseinanderzusetzen.

Der beste Parfüm mit Ammoniak, der zum Füllen von Riechfläschchen dient, ist der, dem man den Namen:

## Unerschöpfliches Salz

(Engl. Inexhaustible salt; franz. Sel inépuisable)

gegeben hat und der nach folgender Vorschrift bereitet werden kann:

| | | |
|---|---|---|
| Aetzammoniak (Salmiakgeist) | ½ | Liter |
| Rosmarinöl . . . . . | 4 | Gramme |
| Englisch Lavendelöl . . . | 4 | „ |
| Bergamottöl . . . . . | 2 | „ |
| Nelkenöl . . . . . . | 2 | „ |

Diese Substanzen werden in einer starken, wohl ver=
schlossenen Flasche durch heftiges Umschütteln mit einander
gemischt und die so bereitete Mischung zur Füllung der
Riechbüchschen benutzt. Zu diesem Behufe füllt man die
Büchschen gewöhnlich erst mit einer porösen, absorbirenden
Substanz, mit Asbest, oder, was besser ist, mit Schwamm=
stückchen, welche vorher geschlagen, gewaschen und getrocknet
worden sind. Solche Schwammstückchen kann man zu
einem geringen Preise von den Schwammhändlern be=
ziehen, welche die Wurzeln oder Ansatzstellen der feinen
Toilette=Schwämme wegschneiden, und gerade diese Ab=
schnitzel sind zur Füllung der Riechfläschchen am besten ge=
eignet. Nachdem man die Fläschchen mit den Schwämmchen
gefüllt hat, gießt man sie voll von der oben erwähnten
wohlriechenden Mischung, läßt sie eine oder mehrere
Stunden ruhig stehen, damit die Flüssigkeit von den
Schwämmchen gut eingesaugt wird, und stellt sie dann
umgekehrt in eine Schale, damit der nicht aufgesaugte
Theil der Flüssigkeit abfließen kann; denn in diesen
Fläschchen darf nur so viel von dem ammoniakalischen
Parfüm sein, als die Schwämmchen zurückzubehalten ver=
mögen; denn wenn die Damen diese Fläschchen in den
Taschen ihres Kleides mit sich führen und der Stöpsel des
Fläschchens zufälliger Weise in der Tasche locker wird oder
gar herausfällt, so darf kein Parfüm ausfließen, weil das
Ammoniak desselben sonst zerstörend auf die oft subtilen
Farben des Kleides einwirken könnte, wenn es sich in den
Stoff einsaugen oder über denselben fließen würde.

Sind die Schwämmchen gehörig getränkt, so ist es

überhaupt ganz unnöthig, daß mehr von der Flüssigkeit in
den Fläschchen vorhanden ist; denn keine andere Substanz
hält den Wohlgeruch so lange in sich zurück, als der
Schwamm, und daher kommt es wol, daß man den Geruch
der so gefüllten Fläschchen „unerschöpflich" oder unver-
gänglich genannt hat, obschon er bei öfterem Gebrauche
des Fläschchens, besonders wenn dies häufig längere Zeit
in der warmen Hand behalten wird, nach 3—4 Monaten
schwächer wird und dann das Schwämmchen wieder frisch
getränkt werden muß.

Bestehen die Fläschchen aus durchsichtigem gefärbten
Glase, so nehmen die Parfümisten anstatt der Schwämmchen, die nicht zierlich aussehen würden, zum Ausfüllen
Krystalle von beständigen, schwerlöslichen Salzen, besonders
Krystalle von schwefelsaurem Kali, und gießen etwas von
dem ammoniakalischen Parfüm hinein, wobei es jedoch
besser ist, anstatt des wässerigen Ammoniaks oder Sal-
miakgeistes zur Bereitung des Parfüms eine weingeistige
Auflösung von Ammoniak, die man durch Einleiten von
Ammoniakgas in Weingeist erhält, bis kein Gas mehr
absorbirt wird, anzuwenden.   Den Hals der Fläschchen
füllt man mit etwas ganz reiner, weißer Baumwolle aus,
damit nichts von dem Parfüm ausfließen kann, wenn das
Fläschchen umgedreht wird; denn die Krystalle besitzen
kein Aufsaugungsvermögen wie der Schwamm, und halten
die Flüssigkeit nur vermöge der Adhäsionskraft zurück, und
der Parfümist darf niemals vergessen, daß nichts aus den
Fläschchen ausfließen darf (auch wenn kein Stöpselchen
darauf ist), damit die Damen nicht in die Gefahr kommen,

daß ihre Kleider befleckt und verdorben werden durch den
ausfließenden Parfüm. In undurchsichtigen Fläschchen
ist aber jedenfalls der Schwamm allen anderen Körpern
vorzuziehen.

Die Parfümisten verkaufen ferner unter dem Namen:

## Weißes Riechsalz

(Engl. White smelling salt; franz. Sel blanc parfumé)

fein gepulvertes kohlensaures Ammoniak, welches mit
irgend einem ätherischen Oele versetzt worden ist. Besonders geeignet ist hierzu das Lavendelöl.

Der Inhalt der mit solchem Riechsalze gefüllten
Fläschchen verliert jedoch sehr bald das Piquante seines
Geruchs und wird ziemlich geruchlos. Um ein Riechsalz
zu erhalten, welches seinen ammoniakalischen Geruch
länger behält, empfiehlt Herr Allchin zunächst das
anderthalbfach kohlensaure Ammoniak in einfach kohlensaures überzuführen. Zu diesem Behufe fülle
man 400 Gramme in haselnußgroße Stücke zerschlagenes
reinstes anderthalbfach kohlensaures Ammoniak, wie es
aus den chemischen Fabriken, z. B. von Trommsdorff in
Erfurt, bezogen werden kann, in eine weithalsige gut verschließbare Flasche, gieße darauf 200 Gramme reinen
Salmiakgeist von 0,880 spec. Gewicht und rüttle die
Mischung während einer Woche fleißig durcheinander;
denn würde man dies versäumen, so würde sich das Salz
als steinharte Masse auf dem Boden der Flasche absetzen;
dann stelle man die Flasche an einen kühlen Ort und lasse
sie 3, 4 oder mehr Wochen ruhig stehen. In dieser Zeit

nimmt das anderthalbfach kohlensaure Ammoniak allmälig
das zugegossene Aetzammoniak (Salmiakgeist) auf und
verwandelt sich in eine trockene Salzmasse, in einfach
kohlensaures Ammoniak, welches sich leicht aus der Flasche
herausnehmen läßt, hierauf grob gepulvert wird, unge=
fähr wie Cremor tartari, und nun zum Füllen in die
Riechfläschchen fertig ist.  Zu diesem Behufe versetzt man
dann dieses Salz mit etwas ätherischem Oel oder concen=
trirtem, mit ätherischen Oelen parfümirtem Ammoniak.
Herr Allchin empfiehlt folgende Vorschrift aus Gray's
Supplement zur Londoner Pharmakopoe:

| | | |
|---|---|---|
| Lavendelöl (englisches) . . | 16 | Gramme. |
| Moschusextract . . . . | 8 | „ |
| Bergamottöl .. . . . | 8 | „ |
| Nelkenöl . . . . . . | 4 | „ |
| Rosenöl . . . . . . | 10 | Tropfen. |
| Zimmtöl . . . . . | 5 | „ |
| Stärkster Salmiakgeist . . | $^3/_4$ | Liter. |

Das so bereitete und parfümirte Riechsalz behält sei=
nen ammoniakalischen Geruch so lange, als etwas davon
in dem Fläschchen ist. Herr Allchin zeigte in der pharma=
ceutischen Gesellschaft ein solches Fläschchen vor, welches
vor 5 Jahren gefüllt worden, und obschon der größte Theil
des Inhalts desselben sich bereits verflüchtigt hatte, so be=
saß doch der zurückgebliebene Theil noch einen ammoniaka=
lischen und zugleich angenehmen Geruch, hatte jedoch eine
bräunliche Farbe angenommen, welche von dem in der
Mischung enthaltenen Nelkenöl herrührte und nicht er=
scheint, wenn man das Nelkenöl wegläßt.

# Prestonsalz.

(Engl. Preston salt; franz. Sel de Preston.)

Das Prestonsalz ist von allen das billigste, und wird bereitet, indem man gleiche Theile Salmiak oder kohlensaures Ammoniak und frisch zu Pulver gelöschten Kalk in einem Mörser auf das Innigste mit einander zusammenreibt und mischt, mit dieser Mischung dann die Fläschchen so füllt, daß man die Masse fest in dieselben eindrückt und nun, bevor man das Fläschchen verschließt, einen oder zwei Tropfen eines billigeren ätherischen Oeles darauf gießt, wozu sich besonders das Bergamottöl oder das französische Lavendelöl gut eignen. Es wird wol kaum nothwendig sein, zu erwähnen, daß, wenn man die Fläschchen mit Korken verschließt, diese dadurch dichter gemacht werden müssen, daß man sie mit Wachs oder geschmolzenem oder aufgelöstem Siegellack überzieht. Am besten eignet sich hierzu rothes oder schwarzes Siegellack, welches man in Weingeist, dem man etwas Aether zugesetzt hat, auflöst. Oder man taucht die anzuwendenden Korke etwa 10—15 Minuten in geschmolzenes, auf circa 120° erhitztes Paraffin vollständig ein, so daß sie ganz von Paraffin bedeckt sind. Dabei erfüllen sich, indem bei der angegebenen Temperatur alle Luft und Feuchtigkeit entweicht, die Poren des Korkes vollständig mit Paraffin und der Kork selbst wird dadurch nicht allein fester, sondern vermag auch der zersetzenden Wirkung, welche das Ammoniak auf die Korksubstanz ausübt, zu widerstehen.

## Eau de Luce.

Der einzige etwas anders zusammengesetzte ammonia=
kalische Parfüm, der aber meistens von den Droguisten,
seltener von den Parfümisten verlangt wird, ist das Eau
de Luce. Wenn dieses richtig bereitet worden, was
selten der Fall ist, so zeichnet es sich durch einen charak=
teristischen Ambrageruch aus. Man muß es nach folgender
Vorschrift darstellen:

$$\left.\begin{array}{l}\text{Benzoëtinctur oder}\\ \text{Perubalsamtinctur}\end{array}\right\}\quad 30\ \text{Gramme.}$$

Lavendelöl   .  .  .   10 Tropfen.

Ambraessenz  .  .  .   30 Gramme.

Salmiakgeist  .  .  .   60    „

Nachdem man gemischt hat, kann man die Mischung durch
Baumwolle gießen; dagegen darf man sie nicht filtriren,
da sie das Aussehen einer milchigen Emulsion besitzen muß.

O. Reveil, der Verfasser der französischen Ueber=
setzung dieses Werkes, giebt folgende in Frankreich be=
sonders gebräuchliche Vorschrift zur Darstellung des Eau
de Luce:

Rectificirtes Bernsteinöl   2 Gramme

Weiße Seife   .  .  .   1    „

Meccabalsam  .  .  .   1    „

Weingeist von 90 Proc.   96    „

werden acht Tage lang unter öfterem Schütteln mit ein=
ander in Berührung gelassen, hierauf filtrirt und, um das
Eau de Luce zu erhalten, je ein Theil dieser Flüssigkeit
zu 16 Theilen Salmiakgeist gemischt. Der Zusatz von

Seife in dieser Vorschrift hat den Zweck, die Mischung länger milchig zu erhalten.

## Schnupftabak.

### (Engl. Snuff; franz. Tabac à priser.)

Obgleich wir wünschen, daß der Geruchsinn mehr geübt werden möchte, so sind wir doch Feinde der Tabaks= dose; dennoch können wir diesen Abschnitt nicht verlassen, ohne auf die Aehnlichkeit aufmerksam zu machen, welche zwischen der Benutzung von Parfümen und derjenigen des Schnupftabaks besteht. Die Schnupfer erklären sich zwar gewöhnlich als Feinde der Parfüme; wir erkühnen uns aber zu behaupten, daß der Schnupftabak unbedingt mit zu den Parfümeriewaaren gehört, überlassen übrigens die Entscheidung dieser Frage unseren Lesern.

Zwei Dritttheile der käuflichen Schnupftabakssorten verdanken ihren Geruch vorzüglich dem Ammoniak, und die Tabaksblätter selbst dienen mehr nur dazu, um dieses Ammoniak in die Nase zu bringen. Es ist nicht zu läug= nen, daß die befeuchteten gegohrenen Tabaksblätter selbst einen ihnen eigenthümlichen Geruch besitzen, den auch der aus ihnen bereitete Schnupftabak erkennen läßt; aber das Prickelnde und den gewünschten kitzelnden Geruch verdankt der Schnupftabak hauptsächlich dem Ammoniak, und daher muß er von diesem Gesichtspunkte aus mit den Riechbüchsen der Damen in eine Parallele gestellt werden. In beiden Fällen wird der Ammoniakgeruch entweder allein, oder durch andere beigemischte Gerüche etwas modificirt und verdeckt auf den Geruchsnerven übergeführt. Die Schnupf=

tabake sind daher im wahren Sinne des Wortes ammo=
niakalische Parfüme.

Ein näheres Eingehen auf die Bereitung der Schnupf=
tabake würde hier zu weit führen und liegt außerhalb des
Bereiches dieses Werkes; denn der Parfümist beschäftigt
sich nicht mit der Darstellung des Schnupftabaks.

Die Zahl der in den Handel kommenden Schnupf=
tabake ist außerordentlich groß. Jede Fabrik hat ihre
eigenen Sorten und beliebig gewählten Namen. Man
unterscheidet aber gewöhnlich zwei Hauptsorten, nämlich
die sogenannten säuerlichen und trocknen Schnupf=
tabake, welche kräftig, aber nur schwach ammoniakalisch
riechen, und die sogenannten Rapees oder feuchten
Schnupftabake, welche sich durch ihre dunkle Farbe,
feuchte Beschaffenheit und durch ihren starken ammoniaka=
lischen Geruch auszeichnen. An jedem Schnupftabak hat
man einestheils den Geruch, das Aroma, anderntheils
die Kraft oder Wirkung zu unterscheiden. Ein Tabak
kann viel Geruch haben, dabei aber von schwacher Wirkung
sein, und umgekehrt schwächer riechen, aber stärker wirken,
wie dies z. B. bei den aus Virginia=Tabaksblättern berei=
teten Schnupftabaken der Fall ist. Die Wirkung oder Stärke
des Schnupftabaks wird jedenfalls durch den Nicotinge=
halt desselben bedingt; der Geruch des Schnupftabaks
dagegen, wie schon erwähnt, hauptsächlich vom Ammoniak=
gehalt, obschon der Einfluß, den die ätherischen Bestand=
theile der Tabaksblätter, namentlich der in denselben ent=
haltene Riechstoff, den man Nicotianin oder Tabaks=
campher genannt hat, ausüben, auch nicht ganz außer

Betracht kommt, und überdies der Geruch noch dadurch in der mannigfaltigsten Weise modificirt wird, daß man die Schnupftabake häufig mit Vanille, Tonkabohnen, Benzoë, Veilchenwurzel, Storax, Rosenholz, Santalholz, Gewürz= nelken, Zimmt, Ambra, Moschus oder anderen Substanzen schwach aromatisirt und parfümirt. Die Schnupftabak= fabrikanten waren die Ersten, welche die Parfümerie auf die Beliebtheit des Tonkabohnengeruchs aufmerksam machten.

## Die Essigsäure und ihre Anwendung in der Parfümerie.

Die Essigsäure $= C_2H_4O_2$ kann auf verschiedene Weise entstehen, nämlich entweder durch eine Art Gährung alkoholischer Flüssigkeiten oder nebst brenzlichen Substan= zen und Holzgeist bei der trockenen Destillation des Holzes. Die auf die letztere Weise erzeugte Essigsäure wird Holz= essigsäure genannt und man versteht diese Holzessig= säure gegenwärtig ebenfalls in einem sehr reinen Zustande darzustellen. Die Producte, welche man durch Gährung aus Wein, Cider, verdünntem Branntwein ꝛc. darstellt, bilden das, was man im alltäglichen Leben „Essig", engl. Vinegar, franz. Vinaigre, nennt. Als feinster Essig gilt der echte Weinessig, der aus Wein bereitet wird; doch zeichnet sich der aus Branntwein oder verdünntem Weingeist (Spiritus) bereitete sogenannte Spritessig oder Essigsprit durch seine Reinheit aus, indem er keine fremden Bestandtheile enthält und nichts ist als eine Auflösung von Essigsäure in Wasser. Der gewöhnliche Essig des Handels enthält nämlich immer nur wenig wirk=

liche Essigsäure, gewöhnlich nur 4 Procent, das Uebrige
ist Wasser.    Für die Zwecke der Parfümerie braucht man
gewöhnlich ein concentrirteres Product, welches man aus
den chemischen Fabriken bezieht, und welches in diesen ge=
wöhnlich durch Destillation von essigsauren Salzen, be=
sonders von essigsaurem Bleioxyd (Bleizucker) oder essig=
saurem Natron mit Schwefelsäure dargestellt wird.  Diese
concentrirte Essigsäure enthält gewöhnlich 30
Procent und mehr wirkliche Essigsäure mit Wasser.   Sie
ist eine farblose, sehr stark und stechend, aber nicht unan=
genehm riechende Flüssigkeit, von scharf saurem Geschmack.
Man hat darauf zu achten, daß diese Säure rein ist, kei=
nen Beigeruch, auch keine fremden Stoffe besitzt, und sich
ohne Rückstand verflüchtigen läßt.    Selbst die aus rohem
Holzessig mit der genügenden Sorgfalt dargestellte con=
centrirte Essigsäure kann benutzt werden, nur muß sie auf
das Sorgfältigste von allen brenzlichen Beimischungen
gereinigt sein.  In einzelnen Fällen wird auch ganz reine
Essigsäure, sogenanntes Essigsäurehydrat oder
Eisessig, vorgeschrieben.   Diese Säure erhält man
ebenfalls aus den chemischen Fabriken.   Sie ist frei von
Wasser, sehr ätzend, erstarrt in der Kälte, ungefähr bei
+ 8°, zu einer weißen krystallinischen Masse (daher ihr
Name Eisessig), und zeichnet sich durch ihre Eigenschaft
aus, ätherische Oele, ohne daß man Weingeist zusetzt, auf=
zulösen, was die gewöhnliche concentrirte Essigsäure nur
dann vermag, wenn man zugleich Weingeist zusetzt.   Sie
ist aber viel theurer, als die gewöhnliche concentrirte
Essigsäure.

Wir lassen nun einige Vorschriften zur Darstellung von parfümirtem Essig folgen:

## Aromatischer Essig.

(Engl. Aromatic Vinegar; franz. Vinaigre aromatique.)

| | | |
|---|---|---|
| Eisessig . . . . | 250 | Gramme |
| Englisches Lavendelöl | 8 | „ |
| „ Rosmarinöl | 4 | „ |
| Nelkenöl . . . . | 4 | „ |
| Campher . . . . | 30 | „ |

Erst löst man den zerkleinerten Campher in der Essigsäure, fügt dann die wohlriechenden Oele zu, läßt einige Tage unter öfterem Umrühren stehen, filtrirt und füllt zum Verkaufe auf Flaschen.

## Gewürzessig.

Einen sehr beliebten, aromatisirten Essig erhält man auch nach folgender Vorschrift:

| | | |
|---|---|---|
| Getrocknete Blätter von Rosmarin, Raute, Wermuth, Salbei, Münze und Lavendelblüten, von jedem . . | 15 | Gramme. |
| Zerstoßene Muscatnuß, Gewürznelken, Angelikawurzel und Campher, von jedem . . . . . . . . . . | $7^1/_2$ | „ |
| Rectificirter Weingeist . . . . . | 120 | „ |
| Concentrirte Essigsäure . . . . | 500 | „ |

Die Kräuter und Gewürze werden erst einen Tag lang in dem Weingeist aufgeweicht, dann die Essigsäure zugesetzt, das Ganze 8—14 Tage unter öfterem Umrühren hin=

19 *

gestellt, die nun aromatische Essigsäure abgepreßt und
filtrirt. Das Abpressen des Essigs darf natürlich nicht
in einer metallischen Presse geschehen, weil der Essig die
Metalle sehr leicht angreift; es geschieht am besten mit
der Hand oder mittelst zweier hölzerner Platten.

## Rosenessig

### (Vinaigre à la rose)

erhält man durch Auflösen von 2 Grammen Rosenöl in
30 Grammen concentrirter Essigsäure.

Es ist einleuchtend, daß noch viele mit anderen wohlriechenden Stoffen parfümirte Essige in gleicher Weise bereitet werden können, wie die oben erwähnten. Alle diese
aromatischen Essige werden zu denselben Zwecken benutzt,
wie die ammoniakalischen Parfüme, und sind dann jedenfalls den letzteren vorzuziehen, da der Ammoniakgeruch
unter manchen Umständen, z. B. als Träger von An-
steckungsstoffen, nachtheilig wirken kann. Auch von diesen
Essigen bringt man je 15 Gramme in ein zierliches Riechfläschchen, welches vorher mit Schwämmchen oder mit
Krystallen von neutralem schwefelsaurem Kali (ist im
Handel sehr leicht zu bekommen) gefüllt sind; oder man
gießt den Essig auf ein feines Schwämmchen, welches in
einem silbernen Büchschen, einer sogenannten Vinaigrette,
eingeschlossen ist. Früher betrachtete man die aromatischen Essige als Schutzmittel gegen die ansteckenden
Krankheiten, welcher Glaube wahrscheinlich von der Sage
des Bierräuberessigs herrührt.

Während die Pest zu Marseille heftig wüthete, sollen

sich vier Menschen mit Hülfe eines aromatischen Essigs vor der Ansteckung geschützt haben; doch mißbrauchten sie dieses Mittel, indem sie sich unter dem Vorwande, die Kranken zu pflegen, in die Häuser schlichen und sowohl die Todten, als die Kranken ausplünderten. Sie wurden aber entdeckt, gefangen genommen und einer von ihnen konnte sich nur dadurch das Leben retten, daß er die Vor= schrift zur Bereitung des Schutzmittels mittheilte. Er soll dazu folgende Vorschrift gegeben haben, und der nach derselben bereitete Essig wird, so unwahrscheinlich auch die Geschichte ist, Bierräuberessig genannt, und selbst in den Pharmakopöen unter diesem Namen aufgeführt:

## Vinaigre des quatre-voleurs.

Frische Zweige von gemeinem und römi=
    schem Wermuth, Rosmarin, Salbei,
    Münze und Raute, von jedem  .  .   20 Gramme.
Lavendelblüten  .  .  .  .  .  .  .   30    „
Knoblauch, Calmuswurzel, Zimmt, Nel=
    ken und Muscatnuß, von jedem  .  .    4    „
Campher  .  .  .  .  .  .  .   15    „
Weingeist  .  .  .  .  .  .  .   30    „
Starker Essig  .  .  .  .  .  .   2 Liter.

Zuerst werden alle diese Substanzen (Campher und Wein=
geist ausgenommen) in einem gut verschlossenen Gefäße etwa 14 Tage bei niedriger Temperatur mit der ganzen Menge des Essigs digerirt; der Essig hierauf abgepreßt, filtrirt und nun mit der Auflösung des Camphers in dem Weingeist versetzt. Eine ähnliche und in der Wirkung

noch kräftigere Mischung wird erhalten, wenn man die
oben erwähnten Kräuter mit einer Mischung von Wein=
geist und Essigsäure ausszieht.   Diese Präparate gehören
doch mehr in den Bereich des Droguisten, als in den des
Parfümisten.

Dagegen giebt es mehrere Essigsäure=haltige Parfüme,
welche in ziemlicher Menge dazu benutzt werden, um sie
den Waschwässern zuzusetzen, sowie auch, um sie in
die Bäder zu gießen.   Ihre Verkäufer haben sich viel
Mühe gegeben, diese Parfüme eben so beliebt zu machen,
wie die Eau de Cologne, aber bis jetzt mit wenig Erfolg.
Wir wollen nachstehend einige Vorschriften zu ihrer Be=
reitung geben:

### Gesundheitsessig.

(Engl. Hygienic or preventiv Vinegar; franz. Vinaigre
hygiénique ou préservatif.)

| | |
|---|---|
| Branntwein . . . . | $1\frac{1}{2}$ Liter. |
| Nelkenöl . . . . . | 4 Gramme. |
| Lavendelöl . . . . | 4   „ |
| Majoranöl . . . . | 2   „ |
| Benzoëharz . . . . | 25   „ |

Diese Stoffe werden einige Stunden mit einander gelinde
erwärmt, hierauf versetzt mit:

Starkem Essig . . . 1 Liter.

Die Flüssigkeit abgeseiht oder filtrirt und auf Flaschen
gefüllt.

# Toiletteessig.

(Engl. Toilet Vinegar; franz. Vinaigre de toilette.)

### A. Mit Veilchengeruch.

| | |
|---|---|
| Akazienextract . . . . | 1'/₄ Liter. |
| Veilchenwurzelextract . . | 1 8 „ |
| Esprit de Roses triple . . | 1 8 „ |
| Weinessig von weißem Wein | 1 „ |

### B. Mit Rosengeruch.

| | |
|---|---|
| Getrocknete Rosenblätter | 120 Gramme. |
| Esprit de Roses triple . | 1 4 Liter. |
| Weinessig von weißem Wein | 1 „ |

Man macerirt 14 Tage in einem verschlossenen Gefäße, filtrirt und füllt auf Flaschen.

# Kölnischer Essig.

| | |
|---|---|
| Eau de Cologne . . . | 1 2 Liter. |
| Stärkste Essigsäure . . | 14 Gramme. |

Beide Flüssigkeiten werden mit einander vermischt und geschüttelt.

# Schönheitsessig.

(Engl. Cosmetic Vinegar; franz. Vinaigre cosmétique.)

| | |
|---|---|
| Weingeist . . . . . | 1 Liter. |
| Benzoëharz . . . . | 80 Gramme. |
| Aromatischer Essig . . | 30 „ |
| Perubalsam . . . . | 30 „ |
| Neroliöl . . . . . | 4 „ |
| Muscatnußöl . . . . | 2 „ |

Um unnöthige Wiederholungen zu vermeiden, bemer=
ken wir, daß man in ganz analoger Weise, wie man den
Toiletteessig mit Veilchen= oder Rosengeruch bereitet,
auch solchen Essig mit Jasmin= und Orangeblüt=
geruch, überhaupt mit jedem gewünschten Blumengeruch
darstellen kann, indem man nur 14 Gramme des Blüten=
extracts in ½ Liter der Essigsäure auflöst oder damit
mischt. Diese Artikel werden jedoch fast nie verlangt.

Soll ein billiger Toiletteessig hergestellt werden, so
kann man die Essigsäure am besten mit Rosenwasser ver=
dünnen. Soll ferner ein Essig beim Vermischen mit
Wasser eine milchige Trübung hervorbringen, wie dies
mit dem ebenerwähnten Schönheitsessig der Fall ist, so
muß man stets irgend ein Harz oder einen Balsam darin
auflösen. Myrrhe, Benzoë, Storax, Tolubalsam und
Perubalsam eignen sich hierzu gleich gut.

# IX.

## Bouquets.

Vorschlag zu einer passenderen Benennung der ätherischen Oele oder Riechstoffe — Alhambraparfüm — Bosporusbouquet — Bonquet d'Amour — Bouquet des Fleurs du Val d'Andorre — Buckinghampalastparfüm — Bonquet de Caroline, Bouquet des Délices — Hofbouquet — Cyperwasser — Eugénieparfüm — Esterhazybouquet — Eßbouquet — Eau de Cologne — Einfluß der Weingeistsorten auf die Gerüche — Irland's Blumenbouquet — Heuduft — Jagdbouquet — Blumenstrauß — Gardebouquet — Italienisches Blumenbouquet — Gesellschaftsbouquet (englische und französische Vorschrift) — Japanesisches Parfüm — Gartenbouquet — Gestohlene Küsse — Tausendblumenbouquet — Tausendblumen und Lavendel, und Ambra, und Moschus und Maréchale — Marschallbouquet — Mousselinbouquet — Montpellierbouquet — Caprice de la Mode — Maiblumenbouquet — Schaltjahrbouquet — Bouquet aller Nationen — Wightinselbouquet — Königsbouquet — Victoriabouquet — Rondeletia — Blumenstrauß von Piesse — Suave — Frühlingsblumenbouquet — Tulpenblumen — Waldveilchen — Blumenkrone für die Sänger und Turner — Jachtclubbouquet — Struve's Leipziger Duft — Springbrunnenring.

In den vorhergehenden Abschnitten haben wir besonders die Methoden erklärt, nach welchen die reinen Gerüche

von den Pflanzen in einem möglichst unveränderten Zu=
stande abgeschieden werden können. Wir haben gefunden,
daß die meisten dieser Gerüche als ein ätherisches Oel ge=
wonnen werden, während allerdings einige, besonders
subtile, nur in Weingeist oder Fett gelöst zu erlangen sind.
Diese letzteren sind aber gerade die werthvollsten, mit
Ausnahme des Rosenöles, welches wir als den Diamanten
unter den Gerüchen bezeichneten. In der Praxis haben wir
aber keine ätherischen Oele von: Jasmin, Vanille, Akazie,
Tuberose, Flieder, Veilchen und anderen; indem wir alle
diese herrlichen Parfüme nur in ihrer weingeistigen Auf=
lösung bereiten, durch Behandlung der aus den durch
Maceration oder Absorption der Blüten dieser Pflanzen
dargestellten Pomaden oder fetten Oele mit reinem rectifi=
cirtem Weingeist. Der Theorie nach ist zu erwarten und
zum Theil auch bewiesen, daß diese Blüten, wie die andern,
eine geringe Menge eines ätherischen Oeles enthalten,
welchem sie ihren Geruch verdanken.

Die von den Pflanzen isolirten einfachen reinen Riech=
stoffe werden, wie wir schon mehrmals erwähnt haben, als
ätherische Oele, engl. essential oils, franz. huiles
essentielles, bezeichnet. Ihre Lösungen in Weingeist nennt
man in Deutschland gewöhnlich „Extracte" oder „Essenzen",
in England „Essences", in Frankreich „Extraits" oder
„Esprits". Die letzteren Ausdrücke haben sich bei uns
sehr eingebürgert, weil viele Parfümerien aus Frankreich
bezogen oder in Deutschland nachgeahmt und mit Etiquetten
in französischer Sprache versehen werden, ein Mißbrauch,
der nicht scharf genug getadelt werden kann.

Am störendsten ist nun aber für den Laien der Ausdruck „ätherisches Oel"; denn der Laie wird dabei unwill-
kürlich an die fetten Oele erinnert und dadurch zu mancher-
lei Mißverständnissen und Irrthümern veranlaßt. Man
denke nur daran, daß wir gezwungen sind, von einem ätherischen und von einem fetten Mandelöl zu sprechen. Wenn
wir nun bedenken, daß die ätherischen Oele Stoffe sind,
welche in keiner Hinsicht Aehnlichkeit mit den fetten Oelen
haben, so erscheint es um so nothwendiger, daß für
diese Körper eine andere, präcisere Nomenclatur eingeführt
werde. — Piesse hat für die englische Sprache den Ausdruck „Otto" anstatt „essential oil" vorgeschlagen, und
nennt z. B. das ätherische Rosmarinöl Otto of rosemary,
anstatt essential oil of rosemary. Ob diese Bezeichnung
„Otto" (die bis jetzt nur für das Rosenöl gebraucht wurde
und, wie Martius vor einigen Jahren nachgewiesen hat,
nicht einmal richtig ist, indem der richtige Ausdruck „Atar"
heißt) eine glücklich gewählte ist, möchte ich fast bezweifeln,
doch mögen hierüber die Engländer entscheiden. — Reveil schlägt für die französische Sprache das Wort „Essence" für huile essentielle vor, und ich zweifle nicht, daß
sein Vorschlag in Frankreich Beifall finden wird, da in diesem Lande schon früher manche reine ätherische Oele als
„Essence" bezeichnet wurden; nur wird insofern einige
Verwirrung eintreten, als die Franzosen sich dann eines
Ausdrucks für die reinen ätherischen Oele bedienen, welcher
in englischer Sprache und von den Engländern nur für
die Lösungen dieser Oele in Weingeist benutzt wird. Man
ist also dann gezwungen, stets auf den großen Unterschied

zu achten, der zwischen der Essence der Franzosen und
den Essences der Engländer besteht. Was sollen wir aber
in Deutschland in dieser Hinsicht thun? Ich muß bekennen,
daß gerade bei uns eine Aenderung der Nomenclatur am
schwierigsten ist; denn die kurze Nachsilbe „öl" ist nicht
leicht passend durch ein anderes Wort zu ersetzen. Das
von Piesse für England vorgeschlagene Wort „Otto" können wir unmöglich auf unsere Sprache übertragen. Es
würde Niemand Kümmelotto statt Kümmelöl schreiben wollen. Auch der Vorschlag von Reveil, der für Frankreich
ganz passend sein mag, läßt sich nicht auf Deutschland
übertragen, da der Ausdruck „Essenz" bereits verschiedene
andere Bedeutungen hat, und man namentlich die Auflösungen von ätherischen und aromatischen Stoffen in
Weingeist so bezeichnet. Wollte man bei uns die ätherischen Oele Essenzen nennen, so würde dadurch nur eine
größere Verwirrung entstehen. Im Allgemeinen haben wir
häufig für ätherische Oele den Ausdruck „Riechstoffe" benutzt, welcher jedoch für die Benennung der einzelnen Oele
zu unbeholfen ist; denn es wird Niemand sich dazu ver-
stehen wollen, Rosenriechstoff anstatt Rosenöl zu sagen.
Es blieb höchstens die Endsilbe „Geruch" anstatt Oel, also
z. B. Kümmelgeruch, Rosengeruch, Grasgeruch, anstatt
Kümmelöl, Rosenöl, Grasöl; allein auch diese Bezeichnung
paßt durchaus nicht. Ich habe mich daher auch nicht dazu
berufen gefühlt, in diesem Werke eine durchgreifende Aenderung der jetzt gebräuchlichen Nomenclatur vorzunehmen,
obschon die Mängel derselben sehr bemerkbar sind. Es
wird aber schwierig sein, hier etwas wirklich Besseres ein-

zuführen. Das Einfachste wäre die Annahme einer ande=
ren Endsilbe für „öl“, z. B. „ol“, so daß man dann
Kümmelol, Mandelol, Rosenol, Grasol, Fenchelol ꝛc.
schreiben, und „öl“ nur für die fetten Oele beibehalten
würde. Eine solche Aenderung wäre sehr leicht durchführ=
bar und gewiß könnte sich Jeder rasch daran gewöhnen.
Es sollte mich freuen, wenn dieser Vorschlag einigen Bei=
fall finden und die Veranlassung zu Erörterungen über
diese Angelegenheit geben würde.

Wir haben in diesem Abschnitte besonders den Theil·
der Parfümerie zu berücksichtigen, welcher sich mit der Be=
reitung von flüssigen, weingeistigen, zusammengesetzten Par=
fümen für das Taschentuch oder die Kleider und Wäsche
beschäftigt, indem wir die Vorschriften zur Bereitung der
beliebtesten Bouquets und Blumen mittheilen. Diese sind,
wie wir schon früher andeuteten, einfache Mischungen von
verschiedenen Geruchstoffen, welche, in zweckmäßiger Quan=
tität mit einander vermischt, einen angenehmen, charakteri=
stischen Geruch besitzen und auf den Geruchsnerven einen
ähnlichen Eindruck machen, wie die Musik oder eine
Mischung von mit einander harmonirenden Tönen auf
den Gehörnerven.

## Alhambraparfüm.

| | | |
|---|---|---|
| Tuberosenextract | . . | $\frac{1}{2}$ Liter. |
| Rosengeraniumextract | . | $\frac{1}{4}$ „ |
| Akazienextract | . . . | $\frac{1}{8}$ „ |
| Orangenblütenextract | . | $\frac{1}{8}$ „ |
| Zibetessenz | . . . . | $\frac{1}{8}$ „ |

## Bosporusbouquet.

Akazienextract . . . . . . . . . $1\frac{1}{2}$ Liter.

Jasminextract  
Esprit de Roses triple  
Orangeblütextract $\Big\}$ von jedem . $\frac{1}{4}$ „  
Tuberosenextract

Zibethessenz . . . . . . . . . $\frac{1}{8}$ „  
Bittermandelöl . . . . . . . . 10 Tropfen.

## Bouquet d'Amour.

Rosenextract von der Pomade  
Jasminextract „   „   „ $\Big\}$ von jedem $\frac{1}{2}$ Liter.  
Veilchenextract „   „   „  
Akazienextract „   „   „

Moschusessenz $\Big\}$ von jedem . . . . $\frac{1}{4}$ „  
Ambraessenz

    Man mische und filtrire.

## Bouquet des Fleurs du Val d'Andorre.

Jasminextract von der Pomade  
Rosenextract „   „   „ $\Big\}$ von jedem $1\frac{1}{2}$ Liter.  
Veilchenextract „   „   „  
Tuberosenextract „   „   „

Veilchenwurzelextract . . . . . . . $\frac{1}{2}$ „  
Rosengeraniumöl . . . . . . . 2 Gramme.

## Buckinghampalast=Parfüm.

Orangeblütextract von der Pomade $\Big\}$ von jedem $1\frac{1}{2}$ Liter.  
Akazienextract   „   „   „

Jasminextract von der Pomade ⎫
Rosenextract    „    „    „    ⎬ von jedem ½ Liter.

Veilchenwurzelextract ⎫
Ambraessenz           ⎬ von jedem  .  .  ¼  „

Neroliöl  .  .  .  .  .  .  .  .  .  .  2 Gramme.
Lavendelöl  .  .  .  .  .  .  .  .  .  2   „
Rosenöl  .  .  .  .  .  .  .  .  .  .  4   „

### Bouquet de Caroline, Bouquet des Délices.

Rosenextract   von der Pomade ⎫
Veilchenextract  „  „   „      ⎬ von jedem ½ Liter.
Tuberosenextract „  „   „      ⎭

Veilchenwurzelextract ⎫
Ambraessenz           ⎬ von jedem  .  .  ¹₁  „

Bergamottöl  .  .  .  .  .  .  .  .  7 Gramme.
Citronenschalenöl  .  .  .  .  .  .  15   „

### Hofbouquet.

Rosenextract von der Pomade ⎫
Veilchenextract „  „   „     ⎬ von jedem ½ Liter.
Jasminextract „  „   „       ⎭

Esprit de Roses triple  .  .  .  .  .  .  ½  „

Moschusessenz ⎫
Ambraessenz   ⎬ von jedem  .  .  .  .  .  30 Gramme.

Citronenschalenöl ⎫
Bergamottöl       ⎬ von jedem  .  .  .  15   „

Neroliöl  .  .  .  .  .  .  .  .  .  .  4   „

## Eau de Chypre, Cyperwasser.

| | |
|---|---|
| Moschusessenz . . . . . . . . | $1_2$ Liter. |
| Ambraessenz | |
| Vanilleextract | |
| Tonkabohnenextract | von jedem . . $1_2$ „ |
| Veilchenwurzelextract | |
| Esprit de Roses triple . . . . . . . 1 „ |

Dies ist einer der beständigsten Parfüme, die man dar=
stellen kann.

## Parfüm der Kaiserin Eugénie.

| | |
|---|---|
| Moschusessenz | |
| Vanilleextract | |
| Tonkabohnenextract | von jedem . . $1/_8$ Liter. |
| Neroliextract | |
| Rosengeraniumextract | |
| Esprit des Roses triple | von jedem . . $1_4$ „ |
| Santalholzextract | |

## Esterhazybouquet.

| | |
|---|---|
| Orangeblütextract von der Pomade . . | $1_2$ Liter. |
| Esprit de Roses triple . . . . . . | $1_2$ „ |
| Vetiverextract | |
| Vanilleextract | |
| Veilchenwurzelextract | von jedem . . $1/_2$ „ |
| Tonkabohnenextract | |
| Nerolisprit . . . . . . . . . | $1/_2$ „ |
| Ambraessenz . . . . . . . . . | $1_4$ „ |
| Santalholzöl . . . . . . . . . | 2 Gramme. |
| Nelkenöl . . . . . . . . . . | 2 „ |

Dieses Bouquet verdankt vorzüglich dem Vetiverextract einen Theil seines eigenthümlichen Geruchs; dasselbe hat, als es in Mode war, großes Aufsehen erregt.

## Eßbouquet.

| | | |
|---|---|---|
| Esprit de Roses triple . . . . | $^1/_2$ | Liter. |
| Ambraessenz . . . . . . . . | 50 | Gramme. |
| Veilchenwurzelextract . . . . . | 240 | „ |
| Limonöl . . . . . . . . . | 6 | „ |
| Bergamottöl . . . . . . . . | 30 | „ |

Der Ruf und die Beliebtheit dieses allbekannten Par= füms hat zu vielen Nachahmungen desselben Veranlassung gegeben. Bailey and Comp. in der Cockspur=Straße in London haben denselben zuerst dargestellt. Der Name „Ess"-Bouquet, welcher manchen Leuten eigenthümlich erscheint, ist nichts Anderes als eine Abkürzung von „Essence of Bouquet".

## Eau de Cologne. Cölnisches Wasser.

### 1. Vorschriften von Piesse.

#### A. Erste Qualität.

| | | |
|---|---|---|
| Weinspiritus von 85 Procent . . . | 28 | Liter. |
| Nerolipétale=Oel . . . . . . | 100 | Gramme. |
| Nerolibigarade=Oel . . . . . | 30 | „ |
| Rosmarinöl . . . . . . . . | 30 | „ |
| Orangeschalenöl (gepreßtes) . . . | 150 | „ |
| Citronenschalenöl „ . . . | 150 | „ |
| Bergamottöl . . . . . . . . | 60 | „ |

Man mischt unter Umrühren, läßt mehrere Tage ruhig stehen und füllt in Flaschen.

### B. Zweite Qualität.

| | | |
|---|---|---|
| Kornspiritus (gereinigter) . . | 28 | Liter. |
| Petitgrainöl . . . . . . | 100 | Gramme. |
| Nerolipétale-Oel . . . . | 20 | „ |
| Rosmarinöl . . . . . . | 20 | „ |
| Orangeschalenöl | | |
| Limonöl | von jedem 125 | „ |
| Bergamottöl | | |

### 2. Vorschriften von Emil Sachße in Leipzig.

### A. Erste Qualität.

| | | |
|---|---|---|
| Feinster Spiritus von 85 Proc. . | 25 | Liter. |
| Neroliöl . . . . . . . | 30 | Gramme. |
| Petitgrainöl . . . . . . . | 30 | „ |
| Portugalöl . . . . . . . | 75 | „ |
| Citronenöl . . . . . . . | 180 | „ |
| Bergamottöl . . . . . . | 180 | „ |
| Rosmarinöl (engl.) . . . . . | 18 | „ |
| Lavendelöl (engl.) . . . . . | 18 | „ |

### B. Zweite Qualität.

| | | |
|---|---|---|
| Feinster Spiritus von 85 Proc. . | 40 | Liter. |
| Neroliöl . . . . . . . | 20 | Gramme. |
| Petitgrainöl . . . . . . . | 20 | „ |

| | |
|---|---|
| Portugalöl . . . . . . . . | 50 Gramme. |
| Citronenöl . . . . . . . | 120 „ |
| Bergamottöl . . . . . . . | 620 „ |
| Lavendelöl . . . . . . . | 20 „ |
| Feldkümmelöl . . . . . . | 10 „ |
| Rosmarinöl . . . . . . . | 10 „ |

Obgleich das Cölnische Wasser früher dem Publikum als eine Art Lebensessenz oder als ein Universalheilmittel angeboten wurde, nimmt es jetzt keine Stelle mehr unter den Arzneimitteln ein, ist dagegen immer noch einer der beliebtesten zusammengesetzten Parfüme geblieben. Das cölnische Wasser ist im wahren Sinne ein Volksparfüm geworden, der über Alles geschätzt wird, und da es sehr flüchtig ist, so besitzt es die herrliche Eigenschaft, erfrischend und kühlend zu wirken, in hohem Grade. Ob es dieselbe dem Spiritus oder dem Rosmarinöl verdankt, ist schwer zu sagen. Wahrscheinlich tragen beide hierzu bei. Hier dürfen wir zunächst ein Verhältniß nicht unerwähnt lassen, welches von dem größten Einflusse bei der Bereitung des cölnischen Wassers sowol, wie jedes andern Parfüms ist. Das betrifft nämlich die Qualität des Weingeistes oder sogenannten Alkohols, welchen man dazu verwendet. Man gewinnt zwar sowol durch Destillation von Wein, als durch Destillation von gegohrenem Getreide oder gegohrenen Kartoffeln und nach gehöriger Reinigung oder sogenannter Entfuselung ein und dasselbe chemische Product, den Weingeist oder Alkohol, dennoch läßt sich eine geringe Verschiedenheit nicht läugnen, namentlich in Bezug auf den Gebrauch und die Brauchbarkeit in der Par-

20 *

fümerie. Man unterscheidet daher im Handel auch stets
Weinspiritus, Kornbranntwein, Rüben=
branntwein, Kartoffelbranntwein u. s. w.,
je nach der Substanz, aus welcher das Product fabricirt
worden ist. Jedenfalls eignet sich der Kartoffelbrannt=
wein am wenigsten zur Parfümerie, obschon er für viele
andere Zwecke ganz ausgezeichnet ist. Will man sich ein
gutes cölnisches Wasser bereiten, so ist die erste Bedingung,
daß man Weinspiritus dazu verwende; denn mit Korn=,
Rüben= oder Kartoffelspiritus erhält man zwar auch ein
cölnisches Wasser, das aber dem echten durchaus nicht
gleicht. Der Weinspiritus hat einen ganz anderen Geruch,
ein anderes Aroma, welches er einer geringen Menge von
Weinfuselöl, sogenanntem Oenanthäther, verdankt, als der
Kornbranntwein, der auch wieder, selbst wenn er noch so
sorgfältig dargestellt worden, seinen besonderen Geruch
hat, und ebenso der Kartoffelbranntwein. Der Geruch
jeder Sorte Weingeist ist so charakteristisch, daß keine mit
der anderen verwechselt werden kann. Der Geruch des
Weinspiritus ist so mächtig, daß er trotz der Beimischung
von intensiv riechenden ätherischen Oelen den dabei ent=
stehenden Parfümen doch seine charakteristische Einwirkung
mittheilt, und daher die Unmöglichkeit, ein wahres Eau
de Cologne ohne Weinspiritus darzustellen. In Frank=
reich werden die meisten Parfüme mit Weinspiritus, in
England mit Kornspiritus, in Deutschland sehr viele mit
Kartoffel= oder Rübenspiritus gemacht, was schon hin=
reicht, um den verschiedenen Geruch der nach derselben
Vorschrift in diesen drei Ländern bereiteten Parfüme zu

erklären. Auch in dieser Beziehung sind genaue Kennt=
nisse nöthig; denn Moschus, Ambra, Zibeth,
Veilchen, Tuberose und Jasmin behalten
ihr wahres Aroma nur in ihrer Lösung in
Korn= oder Rübenspiritus, während sie in
Weinspiritus gelöst zwar sehr angenehm, aber nicht mehr
so natürlich riechen. Die mit Weinspiritus dargestellte
Veilchenessenz hat ihren charakteristischen Geruch nach
Veilchen vollständig verloren. Dagegen werden alle
Citronengerüche nur im Weinspiritus lieb=
lich. Man kann diese Verschiedenheit schon wesentlich
ausgleichen, wenn man den Korn=, Rüben= oder Kartoffel=
branntwein mit etwas echtem Weinspiritus versetzt. Der
Kartoffelbranntwein kann durch Vermischen mit Korn=
branntwein auch zur Fabrikation von Parfümen geeigneter
gemacht werden.

Ferner erscheint es uns nicht überflüssig, an dieser
Stelle darauf aufmerksam zu machen, daß wenn man ein
wirklich feines Eau de Cologne darzustellen wünscht, man
dazu durchaus reine unverfälschte und un=
verharzte ätherische Oele bester Qualität
anwenden muß. Mit geringen ätherischen Oelen ist es
absolut unmöglich ein wirklich gutes cölnisches Wasser
oder irgend einen anderen wohlriechenden Parfüm zu ge=
winnen.

Obgleich bei Anwendung vorzüglichster Oele und
besten Weingeistes ein sehr feines Eau de Cologne auf
die einfache Weise erhalten wird, daß man die verschie=
denen Ingredienzen in dem oben erwähnten Verhältnisse

nur mit einander vermischt, so erlangt man doch ein viel feineres und lieblicheres Product, wenn man erst nur die Citronenöle alle mit dem Spiritus mischt, die Mischung dann destillirt und dem Destillate nachher das Rosmarinöl und Neroliöl zufügt. Diese Methode befolgen wenigstens wol die meisten berühmten Eau de Cologne-Fabrikanten.

Man hat schon eine große Menge von Vorschriften zur Bereitung des Eau de Cologne veröffentlicht; doch stammen viele derselben von Leuten, die offenbar keine praktischen Kenntnisse von dem, was sie theoretisch zu Papier brachten, besessen haben. Manche haben, um ihre Kunst zu zeigen, alle aromatischen Pflanzen aus botanischen Werken herausgesucht und wollen uns belehren, Wermuth, Ysop (Hyssopus), Anis, Wachholder, Majoran, Fenchel, Römischen Kümmel, Kardamom, Zimmt, Muscatnuß, Angelika, Gewürznelken, Campher, Melisse, Pfeffermünze, Galgant, Thymian ꝛc. ꝛc. zum cölnischen Wasser zu neh= men. Das ist aber Alles überflüssig, und kommt es darauf an, ein billigeres Eau de Cologne herzustellen, so empfehlen wir, die in unseren Vorschriften gegebenen Ver= hältnisse ganz beizubehalten und lieber, um mehr zu erhal= ten, noch mehr Spiritus oder etwas Rosenwasser zuzu= setzen und zu filtriren; dadurch wird das cölnische Wasser allerdings schwächer, aber der Geruch bleibt doch unver= ändert. Die zweite Vorschrift nach Piesse, die wir gaben, beweist, daß man mit Kornspiritus ebenfalls ein sehr schönes Eau de Cologne bereiten kann, obschon das mit Weinspiritus bereitete allerdings stets viel besser ist.

## Irland's Blumenbouquet.

(Engl. Flowers of Erin; franz. Fleurs d'Irlande.)

Essenz von weißen Rosen (f. S. 209)   .   ½ Liter.

Vanilleextract   .   .   .   .   .   .   .   .   30 Gramme.

## Heuduft.

(Engl. New Mown Hay; franz. Foin coupé.)

Man darf sich nicht wundern, wenn manche Leute ein Parfüm verlangen, welches an den Heugeruch erinnert, der mit Recht „unvergleichlich" genannt wird. Wir haben schon bei Besprechung der einfachen Blumengerüche darauf aufmerksam gemacht, daß namentlich das sogenannte Ruch= gras (Anthoxantum odoratum) der Träger dieses Duftes ist, und daß man mit der Tonkabohne (f. S. 226) einen ähnlichen Geruch hervorzubringen vermag. Man befolge nachstehende Vorschrift und wird mit dem Resultat gewiß zufrieden sein.

| Tonkabohnenextract | 1 | Liter. |
|---|---|---|
| Rosengeraniumextract | ½ | „ |
| Orangeblütenextract   . | ½ | „ |
| Rosenblütenextract   . | ½ | „ |
| Esprit de Roses triple | ½ | „ |
| Jasminextract   .   .   . | ½ | „ |

## Jagdbouquet.

(Royal Hunt Bouquet.)

Esprit de Roses triple .   .   .   .   .   .   ½ Liter.

Tonkabohnenessenz .   .   .   .   .   .   .   ¼ „

Neroliextract  
Akazienextract  
Orangeblütextract      } von jedem . . ¹/₈ Liter.  
Moschusessenz  
Veilchenwurzelextract  
Citronenschalenöl (gepreßtes) . . . . 7 Gramme.

## Blumenstrauß.

Rosenextract   von der Pomade  
Tuberosenextract „   „   „   } von jedem ¹/₂ Liter.  
Veilchenextract „   „   „  
Benzoëtinctur . . . . . . . . 45 Gramme.  
Bergamottöl . . . . . . . . 60 „  
Orangeschalenöl    } von jedem . . . 15 „  
Citronenschalenöl

## Garde=Bouquet.

### (Guard's Bouquet.)

Rosenextract . . . . . . . . . 1 Liter.  
Neroliextract  
Vanilleextract      } von jedem . . ¹/₄ „  
Veilchenwurzelextract  
Moschusessenz . . . . . . . . ¹/₈ „  
Nelkenöl . . . . . . . . . . 2 Gramme.

## Italienisches Blumenbouquet.

### (Fleur d'Italie.)

| | |
|---|---|
| Rosenesprit von der Pomade . . . . | 1 Liter. |
| Esprit de Roses triple . . . . . | 1/2 „ |
| Jasminextract von der Pomade ⎱ von jedem 1/2 „ | |
| Veilchenextract „ „ „ ⎰ | |
| Akazienextract von der Pomade . . . | 1/4 „ |
| Moschusessenz ⎱ von jeder . . . . | 50 Gramme. |
| Ambraessenz ⎰ | |

## Gesellschaftsbouquet.

### Jockey-Club: (Englische Vorschrift)

| | |
|---|---|
| Veilchenwurzelextract . . . . . . | 1 Liter. |
| Esprit de Roses triple ⎱ von jedem 1/2 „ | |
| Rosenesprit von der Pomade ⎰ | |
| Akazienextract von der Pomade ⎫ | |
| Tuberosenextract „ „ „ ⎬ von jedem 1/4 „ | |
| Ambraessenz ⎭ | |
| Bergamottöl . . . . . . . . . | 15 Gramme. |

## Gesellschaftsbouquet.

### Jockey-Club: (Französische Vorschrift)

| | |
|---|---|
| Rosenesprit von der Pomade ⎱ von jedem 1/2 Liter. | |
| Tuberosenextract „ „ „ ⎰ | |
| Akazienextract „ „ „ . . . | 1/4 „ |
| Jasminextract „ „ „ . . . | 3/8 „ |
| Zibethessenz . . . . . . . . . | 80 Gramme. |

## Japanesisches Parfüm.

Esprit de Roses triple
Vetiverextract
Patchouliextract } von jedem . . $^1/_4$ Liter.
Cederholzextract
Santalholzextract
Extrait de Verveine (j. S. 238)   . . $^1/_8$ „

## Gartenbouquet.

### (Kew Garden Nosegay.)

Nerolipétalextract . . . . . . . . $^1/_2$ Liter.
Akazienextract   von der Pomade
Tuberosenextract  „   „   „ } von jedem $^1/_4$ „
Jasminextract    „   „   „
Rosengeraniumextract
Moschusessenz } von jedem . . . . . . 50 Gramme.
Ambraessenz

## Gestohlene Küsse.

### (Engl. Stolen Kisses; franz. Baisers dérobés.)

Jonquilleextract } von jedem . . 1 Liter.
Veilchenwurzelextract
Tonkabohnenextract
Esprit de Roses triple { von jedem . . $^1/_2$ „
Akazienextract
Zibethessenz } von jedem . . . . . $^1/_8$ „
Ambraessenz
Citronellaöl . . . . . . . . 4 Gramme.
Grasöl . . . . . . . . . 2 „

# Tausendblumenbouquet.

### (Eau de Mille-fleurs.)

| | |
|---|---|
| Esprit de Roses triple . . . . . | ½ Liter. |
| Rosenextract von der Pomade | |
| Tuberosenextract „ „ „ | |
| Jasminextract „ „ „ | von jedem ¼ „ |
| Orangeblütenextract „ „ | |
| Akazienextract „ „ „ | |
| Veilchenextract „ „ „ | |
| Cederholzextract . . . . . . . ⅛ „ | |
| Vanilleextract | |
| Ambraessenz von jeder . . . . 50 Gramme. | |
| Moschusessenz | |
| Bittermandelöl | |
| Neroliöl von jedem . . . . 10 Tropfen. | |
| Nelkenöl | |
| Bergamottöl . . . . . . . . 30 Gramme. | |

Man mischt, läßt 14 Tage stehen und filtrirt, bevor man auf Flaschen füllt.

## Mille=fleurs und Lavendel.

| | |
|---|---|
| Englische Lavendelessenz . . . . . | ¼ Liter. |
| Eau de mille-fleurs . . . . . | ½ „ |
| Oder: | |
| Weinspiritus . . . . . . . . | ½ Liter. |
| Französisches Lavendelöl . . . | 30 Gramme. |
| Ambraessenz . . . . . . . . | 60 „ |
| Eau de mille-fleurs . . . . . . | ½ Liter. |

Der nach dieser letzten Vorschrift bereitete Parfüm ist der ursprüngliche: „lavender aux mille-fleurs" und verdankt seinen Geruch dem französischen Lavendelöl; er wird von vielen Leuten sehr geliebt, ist aber weit geringer als der nach der ersten Vorschrift mit englischem Lavendelöl dargestellte.

Wir besitzen außerdem noch einige andere Bouquet-Parfüme, deren vorherrschender Geruch der Lavendel-Geruch ist und welche einen ihrer Zusammensetzung entsprechenden Namen erhalten haben, wie Lavendel und Ambra, Lavendel und Moschus, Lavendel und Maréchale ꝛc. Alle werden aus der besten Lavendelessenz bereitet, der man durchschnittlich 15 Procent des anderen Bestandtheiles zusetzt.

## Marschall-Bouquet.
### (Bouquet à la maréchale.)

| | | |
|---|---|---|
| Esprit de Roses triple } Orangeblütenextract | von jedem . | ¹⁄₂ Liter. |
| Vetiverextract Vanilleextract Veilchenwurzelextract Tonkabohnenextract Neroliesprit } | von jedem . | ¹⁄₄ „ |
| Moschusessenz Ambraessenz } | von jedem . . . . | ¹⁄₈ „ |
| Nelkenöl Santalholzöl } | von jedem . . . . | 2 Gramme. |

## Musselin=Bouquet.

### (Eau de mousseline.)

Marschall=Bouquet . . . . . . . . ¹/₂ Liter.

Akazienextract von der Pomade ⎫  
Jasminextract „ „ „ ⎬ von jedem ¹/₄ „  
Tuberosenextract „ „ „ ⎪  
Rosenextract „ „ „ ⎭

Santalholzöl . . . . . . . . . 6 Gramme.


## Montpellier=Bouquet.

### (Bouquet de Montpellier.)

Tuberosenextract von der Pomade ⎫  
Rosenextract „ „ „ ⎬ von jedem ¹/₂ Liter.  
Esprit de Roses triple ⎭

Moschusessenz ⎫  
Ambraessenz ⎬ von jedem . . . . ¹/₈ „

Nelkenöl . . . . . . . . . . 5 Gramme.  
Bergamottöl . . . . . . . . . 15 „


## Caprice de la Mode.

Jasminextract ⎫  
Tuberosenextract ⎬ von jedem . . . ¹/₄ Liter.  
Akazienextract ⎪  
Orangeblütenextract ⎭

Bittermandelöl ⎫ von jedem . . . . 10 Tropfen.  
Muscatnußöl ⎭

Zibethessenz . . . . . . . . . ¹/₈ Liter.

## Maiblumen=Bouquet.

(Engl. May Flowers; franz. Fleurs de mai.)

Rosenextract (von der Pomade)  
Jasminextract  
Orangenblütenextract } von jedem $1\,4$ Liter.  
Akazienextract  
Vanilleextract . . . . . . . . $1/2$ „  
Bittermandelöl . . . . . . . 1 Gramm.

## Schaltjahr=Bouquet.

(Engl. Leap-Year Bouquet; franz. Bouquet de l'année bissextile.)

Tuberosenextract } von jedem . . . $1\,2$ Liter.  
Jasminextract  
Esprit de Roses triple  
Santalholzextract } von jedem . . $1/4$ „  
Vetiverextract  
Patchouliextract  
Extrait de verveine . . . . . . $1\,16$ „

## Bouquet aller Nationen.

Land, in welchem der  
Geruch producirt wird.

| | | |
|---|---|---|
| Türkei . . | Esprit de Roses triple | $1/4$ Liter. |
| Afrika . . . | Jasminextract . . . | $1/4$ „ |
| England . . | Lavendelessenz . . . | $1/8$ „ |
| Frankreich . . | Tuberosenextract . . | $1/4$ „ |
| Südamerika . | Vanilleessenz . . . | $1/8$ „ |
| Timor . . | Santalholzextract . . | $1/8$ „ |

Land, in welchem der
Geruch producirt wird.

| | | |
|---|---|---|
| Italien | Veilchenextract | 1/2 Liter. |
| Hindostan | Patchouliextract | 1/8 „ |
| Ceylon | Citronellaöl | 3 Gramme. |
| Sardinien | Limonöl | 6 „ |
| Tunkin | Moschusessenz | 1/8 Liter. |

Deutschland hat leider die Cultur wohlriechender Blumen so vernachläſſigt, daß es keinen Riechstoff liefert, der werthvoll genug wäre, um in diese herrliche Miſchung aufgenommen werden zu können.

## Wightinsel=Bouquet.

| | |
|---|---|
| Veilchenwurzelextract | 1/4 Liter. |
| Vetiverextract | 1/8 „ |
| Santalholzextract | 1/2 „ |
| Roseneſprit | 1/4 „ |

## Königs=Bouquet.
### (Bouquet du Roi.)

| | | |
|---|---|---|
| Jasminextract von der Pomade | | |
| Veilchenextract „ „ „ | von jedem | 1/2 Liter. |
| Rosenextract „ „ „ | | |
| Vanilleextract | von jedem | 1/8 „ |
| Vetiverextract | | |
| Moschusessenz | von jeder | 25 Gramme. |
| Ambraessenz | | |
| Bergamottöl | | 4 „ |
| Nelkenöl | | 25 „ |

## Victoria=Bouquet.

### (Bouquet de la Reine d'Angleterre.)

Rosenextract von der Pomade ⎫
Veilchenextract „ „ „ ⎭ von jedem $1/2$ Liter.

Tuberosenextract . . . . . . . $1/4$ „
Orangeblütenextract . . . . . $1/8$ „
Bergamottöl . . . . . . . 15 Gramme.

## Rondeletia.

Weingeist von 85 Procent . . . . 4 Liter.
Lavendelöl (englisches) . . . . 50 Gramme.
Nelfenöl . . . . . . . . 25 „
Rosenöl . . . . . . . . . 10 „
Bergamottöl . . . . . . . 30 „
Moschusessenz ⎫
Vanilleextract ⎬ von jeder . . . . $1/8$ Liter.
Ambraessenz ⎭

Man läßt die Mischung wenigstens einen Monat
lang stehen, bevor man sie verkauft. Eine ausgezeichnete
Rondeletia erhält man auch durch Vermischen von
$1/2$ Liter von Lavender aux mille-fleurs mit 2 Grammen
Nelfenöl.

Die Rondeletia ist unbedingt einer der befriedigendsten
und angenehmsten Parfüme, die wir bereiten können.
Seine Erfinder, die Herren Hannay und Dietrichsen,
haben wahrscheinlich den Namen von der Rondeletia,
welche die Chinesen Chyn-len nennen, oder von der in

Westindien heimischen Rondeletia odorata abgeleitet, einer prächtig riechenden Pflanze.

Wir erwähnten schon früher, daß gewisse, wenn auch der Abstammung nach ganz verschiedene Gerüche, doch einen verwandten Eindruck auf unsern Geruchsnerven hervorbringen. So kann z. B. das Bittermandelöl mit dem Veilchenextract in einem solchen Verhältnisse vermischt werden, daß, obgleich der Geruch verstärkt ist, der eigenthümliche Charakter des Veilchens doch unverändert zum Vorschein kommt; dagegen giebt es andere Riechstoffe, die sich nicht wie Bittermandelöl und Veilchen verstärken, sondern die, sobald sie in einem richtigen Verhältnisse mit einander vermischt werden, einen ganz neuen, total eigenthümlichen Geruch erzeugen. Diese Erscheinung läßt sich am besten mit der Wirkung gewisser Farbenmischungen auf den Gesichtsnerven vergleichen; denn wenn wir z. B. Blau und Gelb mit einander vermischen, so erscheint uns die Mischung als Grün; oder wenn wir Roth und Blau mit einander vereinigen, so giebt sich die Mischung als Violet zu erkennen.

Wenn wir Lavendel und Nelkenöl mit einander vermischen, so vereinigen sich ihre Gerüche zu einem neuen Geruch und diesen hat man „Rondeletia" genannt.

Solche Mischungen, welche wirklich einen neuen Geruch zusammen bilden, sind zwar nur selten zu bekommen, da sie sehr schwierig darstellbar sind. Jasmin und Patchouli, sowie viele andere Riechstoffe, bilden auch einen neuen Geruch zusammen. Das Verhältniß und die Stärke, in welcher die Stoffe hierbei mit einander zu mischen sind, kann nur durch mühsame Versuche ermittelt werden und man darf weder von dem einen, noch von dem andern Geruche zu viel zusetzen. Wenn wir z. B. gleiche Gewichte zweier verschiedener ätherischer Oele in der gleichen Menge Weingeist lösen und die Lösungen zusammengießen, so werden wir in der erhaltenen Mischung den intensiveren der beiden Gerüche sogleich herausriechen, während der schwächere Geruch von diesem betäubt oder bedeckt ist. Wir finden durch solche Versuche, daß Patchouli, Lavendel, Neroli und Verbena die stärksten; Veilchen, Tuberose und Jasmin dagegen die zartesten Gerüche des Pflanzenreichs sind.

Viele Leute glauben vielleicht, daß wir zu weit gehen, wenn wir verlangen, daß der Gebildete der Ausbildung des Geruchsnerven eine eben so große Aufmerksamkeit widme, wie den anderen Sinnes-Nerven. Allein wir haben bereits erwähnt, welche großen Genüsse uns der wohlausgebildete Geruchsnerv zu verschaffen vermag, wie sicher er uns warnt vor jeder verderblichen Atmosphäre, die wir einzuathmen im Begriffe stehen. In der Harmonie unserer Sinne ist daher unbedingt eine große Lücke, wenn der Geruchsnerv nicht geübt ist. Wir wollen uns daher nicht den Vorwurf zu Schulden kommen lassen, daß wir zwar Nasen haben, aber nicht riechen.

Schließlich bemerken wir nur noch, daß die Vanille und der Moschus in der Rondeletia den Zweck zu erfüllen haben, den Geruch zu fixiren, so daß derselbe nicht so rasch vom Taschentuch verfliegt.

## Blumenstrauß von Piesse.

| | | |
|---|---|---|
| Rosenextract von der Pomade . . . . | | ¹/₂ Liter. |
| Esprit de Roses triple . . . . . | | ¹/₄ „ |
| Jasminextract von der Pomade ⎫<br>Veilchenextract „ „ „ ⎭ | von jedem | ¹/₄ „ |
| Verbenaextract ⎫<br>Akazienextract ⎭ | von jedem . . . . | 70 Gramme. |
| Limonöl ⎫<br>Bergamottöl ⎭ | von jedem . . . . | 8 „ |
| Moschusessenz ⎫<br>Ambraessenz ⎭ | von jeder . . . . | 20 „ |

## Suave.

| | | |
|---|---|---|
| Tuberosenextract von der Pomade ⎫<br>Jasminextract „ „ „ ⎬<br>Akazienextract „ „ „ ⎪<br>Rosenextract „ „ „ ⎭ | von jedem ¹/₂ Liter. | |
| Vanilleextract . . . . . . . . | 140 Gramme. |
| Moschusessenz ⎫<br>Ambraessenz ⎭ | von jeder . . . . | 50 „ |
| Bergamottöl . . . . . . . . | 10 „ |
| Nelkenöl . . . . . . . . . . | 3 „ |

## Frühlingsblumen=Bouquet.

### (Spring Flowers.)

| | |
|---|---|
| Rosenpomadeextract . . . . . | ¹/₂ Liter. |
| Veilchenpomadeextract . . . . . . | ¹/₂ „ |
| Esprit de Roses triple . . . . . | 70 Gramme. |
| Akazienextract . . . . . . . . | 70 „ |

21 *

Bergamottöl . . . . . . . . 8 Gramme.

Ambraessenz . . . . . . . 30 „

Die große Berühmtheit, welche dieser zusammengesetzte Parfüm mit Recht erlangt hat, macht ihn zu einem der gesuchtesten, welche der Parfümeur zu bereiten vermag. Sein Geruch ist echt blumenartig, doch eigenthümlich in seiner Art, so daß er mit keiner andern Vorschrift in dieser Weise dargestellt werden kann. Keiner der einfachen dazu verwendeten Gerüche, weder Rose, noch Veilchen, noch Akazie, herrschen vor; alle haben sich im echten Frühlings= blumenbouquet zu einem neuen Parfüm mit einander vereinigt, welcher durch die Ambraessenz permanenter ge= macht wird. Dieser Parfüm ist von einem Engländer erfunden worden, doch versucht fast jeder Parfümeur, den= selben nachzunahmen.

### Tulpen=Blume.

Tuberosenpomadeextract ⎫  
Veilchenpomadeextract ⎬ von jedem . . ¹⁄₂ Liter.  
Jasminpomadeextract ⎭

Rosenpomadeextract . . . . . . ¹⁄₄ „

Veilchenwurzelextract . . . . . 90 Gramme.

Bittermandelöl . . . . . . . 3 Tropfen.

Beinahe alle Tulpen=Arten sind, obschon schön für das Auge, doch geruchlos. Nur die Tulpenvarietät, welche man „Duc Van Thol" nennt, zeichnet sich durch ihren schönen Geruch aus, der zwar für die praktische Parfümerie nicht nutzbar gemacht werden kann, aber die

Urſache iſt, daß man den eben erwähnten Parfüm Tulpen=
Blume getauft hat.

## Waldveilchen.

### (Violette des Bois.)

Veilchenextract . . . . . . . . . ¹/₂ Liter.
Veilchenwurzelextract ⎫
Akazienextract ⎬ von jedem . . 90 Gramme.
Rosenpomadeextract ⎭
Bittermandelöl . . . . . . . . 3 Tropfen.

Dieſer koſtbare Parfüm riecht lieblicher als das reine
Veilchenextract (ſiehe S. 235).

## Blumenkrone für die Sänger und Turner.

Weingeiſt . . . . . . . . . . ¹/₂ Liter.
Neroliöl ⎫
Roſenöl ⎪
Lavendelöl ⎬ von jedem . . . . . 8 Gramme.
Bergamottöl ⎭
Nelkenöl . . . . . . . . . . 8 Tropfen.
Veilchenwurzelextract . . . . . . ¹/₂ Liter.
Jasminextract ⎫
Akazienextract ⎬ von jedem . . . . ¹/₈ „
Moſchuseſſenz ⎫
Ambraeſſenz ⎬ von jeder . . . . 4 Gramme.

## Jagdclub=Bouquet.
### (Yacht Club Bouquet.)

Santalholzextract ⎫
Neroliextract ⎬ von jedem . . . . . ¹/₂ Liter.

Jasminextract  
Esprit de Roses triple $\Big\}$ von jedem . . $^1/_4$ Liter.

Vanilleextract . . . . . . . . . $^1/_8$ „

Benzoëblumen . . . . . . . . 10 Gramme.

## West End Bouquet.

Tuberosenextract  
Akazienextract  
Veilchenextract $\Bigg\}$ von jedem . . . . $^1/_2$ Liter.  
Jasminextract

Esprit de Roses triple . . . . . $1^1/_2$ „

Moschusessenz  
Ambraessenz $\Big\}$ von jeder . . . . . $^1/_4$ „

Bergamottöl . . . . . . . . 30 Gramme.

## Struve's Leipziger Duft.

Feinstes Neroliöl . . . . . . . 50 Gramme.

Cedrat (Citronöl) . . . . . . 45 „

Citron au Zeste (Citronenschalenöl) . . 30 „

Bergamottöl . . . . . . . . 170 „

Rosmarinöl . . . . . . . . 10 „

Diese Oele werden erst in $^1/_2$ Liter absolutem Alkohol gelöst und die Lösung mit 15 Liter Weinspiritus und $1^1/_2$ Liter Orangeblütwasser versetzt. Durch den Zusatz der letzteren gewinnt der Parfüm sehr bedeutend an Lieblichkeit und Milde.

Wir schließen nun diesen Abschnitt, in welchem wir besonders die Bereitung der Bouquets mitgetheilt haben, welche sich durch einen besonders charakteristischen Geruch

auszeichnen oder sehr populär sind. Die niedergelegten
Vorschriften sind aus mehr als 1000 verschiedenen Vor=
schriften zusammengesucht und alle praktisch geprüft worden.

Sollte der Leser über die zur Bereitung dieser Bouquets
nöthigen einfachen Gerüche Aufschluß wünschen, so findet
er diesen in den vorigen Abschnitten, und das alphabetische
Register am Schlusse des Werkes wird das Nachschlagen
ganz leicht machen.

Noch wollen wir darauf aufmerksam machen, daß
man gegenwärtig verschiedene Vorrichtungen und Flacons
hat, um den Parfüm im fein vertheilten Zustande aus=
strömen zu lassen, so daß er sich wie ein feiner Staub
vertheilt. Seine Wirkung in dieser Form ist natürlich
eine überaus angenehme und kräftige. Solche Flacons
erhält man in jeder Handlung von Parfümerien und
Luxusartikeln.

Weniger bekannt ist dagegen bei uns der Spring=
brunnen=Ring (s. Fig. 63), eine Spielerei, die in

Fig. 63. Springbrunnen=Ring.

England großen Beifall gefunden hat und dort viel Anlaß zu Scherz geben soll. Es ist nämlich ein Fingerring von zierlicher Form, oben mit einem elastischen Behälter versehen. Will man diesen Behälter mit einem Parfüm füllen, so drückt man denselben auf die darunter angebrachte Platte möglichst flach nieder und legt ihn nun in den Parfüm, den man in ein Täßchen gegossen hat. Vermöge seiner Elasticität baucht sich der niedergedrückte Behälter wieder auf und saugt den Parfüm in die dadurch entstandene Höhlung ein. Steckt man nun den so gefüllten Ring an den Finger, so genügt der leiseste Druck auf den Behälter, um das Ausspritzen von Parfüm zu bewirken.

# X.

## Trockene Parfüme.

Riechpulver: Akazienriechpulver — Cypperriechpulver — Frangipaniriechpulver — Heliotropriechpulver — Lavendelriechpulver — Marschallriechpulver — Musselinriechpulver — Tausendblumenriechpulver — Portugalriechpulver — Patchouliriechpulver — Pot-Pourri — Olla Potrida — Rosenriechpulver — Santalholzriechpulver — Riechpulver ohne Namen — Vetiverriechpulver — Veilchenriechpulver — Spanische Haut — parfümirtes Briefpapier — parfümirte Baumwolle — parfümirte Buchzeichen — parfümirte Edelsteine — Parfümbüchschen, Cassolettes — parfümirte Muscheln — Räucherkerzchen: Räucherpfäunchen — Indische Räucherkerzchen — Josticks — Pastilles du sérail — Räucherkerzchen der Parfümisten — Räucherkerzchen von Piesse — Weihrauchpulver, welches verglimmt — Parfümlampe: Eau à brûler — Eau pour brûler — Räucherpapier: 1) zum Erwärmen — 2) zum Verglimmen — parfümirte Fidibusse — Räucherband und Räucherurne dazu — Räuchermittel, die nur erwärmt werden — Ofenlack oder Räucherharz — Kaiserrauch — Königsräucherpulver — Räucheressenz — Räucheressig.

In den vorigen Abschnitten haben wir ausschließlich nur von den flüssigen Parfümen gesprochen, vorzüglich von denen, die in das Taschentuch oder in die weiße

Wäsche gegossen werden können, ohne Flecke zu hinter=
lassen. In dem gegenwärtigen Abschnitte wollen wir
dagegen den trockenen oder festen Parfümen unsere Be=
achtung schenken und zwar sowol denen, die schon bei ge=
wöhnlicher Temperatur einen Wohlgeruch verbreiten, als
auch denen, die erst beim Erhitzen oder theilweisen Ver=
brennen wohlriechende Dämpfe ausstoßen. So viel wir
wissen, waren alle Parfüme, deren sich die Egypter und
Perser im Alterthum bedienten, trockene Parfüme, deren
Hauptbestandtheile vorzüglich Spikanarde (Narde), Myrrhe,
Weihrauch und andere Gummi=Harze waren, die größten=
theils jetzt noch in der Parfümerie angewendet werden.
Unter den Merkwürdigkeiten, welche auf dem Schlosse
Alnwick gezeigt werden, befindet sich auch eine Urne aus
einer egyptischen Katakombe (unterirdischen Grabstätte);
diese ist mit einer Mischung verschiedener Gummiharze
erfüllt, die jetzt noch einen sehr lieblichen Geruch verbrei=
ten, obschon das Alter der Urne auf ungefähr 3000 Jahre
geschätzt werden muß. Jedenfalls war diese Urne in
gleicher Weise zum Parfümiren der Räume bestimmt, wie
jetzt unsere Pot=Pourri's.

## Riechpulver.

(Engl. Sachet powders; franz. Poudres pour sachets.)

Die Parfümerien=Fabrikanten verfertigen eine sehr
große Menge solcher Riechpulver, welche, nachdem sie in
feine seidene Säckchen, Kißchen oder verzierte Couverts
gefüllt sind, in großer Menge verkauft werden, da sie
sowol gut riechen, als auch zu den billigsten und dauer=

haftesten Parfümen gehören und, in die Wäscheschränke, Kleiderschränke, Handschuh=Kästchen ꝛc. gelegt, allen darin befindlichen Gegenständen einen lieblichen Geruch mit=theilen. Die nachstehenden Vorschriften werden über ihre Bereitung genügenden Aufschluß geben, und wir erwähnen hier nur, daß jedes trockene Material, welches man dazu nimmt, entweder in einer Mühle fein gemahlen oder in einem Mörser gepulvert und dann gesiebt werden muß. Sehr gut kann man hierzu den in Fig. 76 abgebildeten Pulverisirapparat benutzen.

### Akazien-Riechpulver.

| | |
|---|---:|
| Akazien=Blütenköpfchen . . . . . . . | 1 Kilogr. |
| Veilchenwurzelpulver . . . . . . . | 1  „ |

Dies ist ein sehr angenehmes, ähnlich wie feiner Thee riechendes Pulver.

Natürlich kann man zur Bereitung der Riechpulver nur diejenigen Materialien benutzen, welche auch im ge=trockneten Zustande noch wohlriechend sind und einen Ge=ruch verbreiten. Dahin gehören besonders die riechenden Kräuter, wie Thymian, Münze u. a. m., auch einige Pflanzenblätter, z. B. die Orangebaum=Blätter und Citronenbaum=Blätter; dagegen verhältnißmäßig wenige Blüten, nämlich nur Lavendel=, Rosen= und Akazienblüten. Die Blüten von Jasmin, der Tuberose, der Veilchen und der Reseda sind dagegen im getrockneten Zustande ganz geruchlos, indem ihr herrlicher Wohlgeruch nur während ihres Lebens in ihnen entwickelt und nicht in besonderen

Zellen, wie bei manchen anderen Pflanzen, zurückbehalten wird, sondern sofort verfliegt.

Die untenstehende Abbildung (Fig. 64) zeigt das Luftbad und den geheizten Raum, in welchem die Kräuter

Fig. 64. Trockenhaus mit dem Trockenschrank.

vollständig getrocknet werden. Von den an der Decke des Trockenhauses oder Dörrraumes angebrachten

Latten hängen die zu trocknenden Kräuter in Büschel zusammengebunden herab. Das Trocknen der Rosenblätter und anderer Blumenblätter oder Blüten geschieht dagegen in dem durch warme Luft geheizten Trockenschranke oder Luftbad. Die Blumenblätter oder Blüten werden nämlich auf Segeltuch oder Benteltuch gelegt, welches in Rahmen eingespannt ist und diese Rahmen passen gerade so in den Trockenschrank, daß sie auf an den Seiten desselben befindlichen Latten eingeschoben, doch auch leicht wieder herausgezogen werden können, wenn das darauf liegende Material trocken geworden ist.

### Cypper-Riechpulver.

| | | |
|---|---|---|
| Gepulvertes Rosenholz . . . . . . | 1 | Kilogr. |
| „ Cederholz . . . . . . | 1 | „ |
| „ Santalholz . . . . . | 1 | „ |
| Rosenholzöl oder Rosenöl . . . . . | 23 | Gramme. |

Man mischt und füllt zum Verkaufe in Fläschchen oder Couverts.

### Frangipani-Riechpulver.

| | | |
|---|---|---|
| Veilchenwurzelpulver . . . . . . . | 3 | Kilogr. |
| Vetiverpulver . . . . . . . . . | 1/4 | „ |
| Santalholzpulver . . . . . . . | 1/4 | „ |
| Neroliöl ⎫ | | |
| Rosenöl ⎬ von jedem . . . . . | 8 | Gramme. |
| Santalholzöl ⎭ | | |
| Gepulverter Moschusbeutel . . . . | 10 | „ |
| „ Zibeth . . . . . . | 10 | „ |

### Heliotrop-Riechpulver.

| | |
|---|---|
| Veilchenwurzelpulver . . . . . . | 2 Kilogr. |
| Zerriebene Rosenblätter . . . . . | 1 „ |
|   „      Tonkabohnen . . . . . | $1/2$ „ |
|   „      Vanille . . . . . . . . | $1/4$ „ |
| Granulirter Moschus . . . . . . | 5 Gramme. |
| Bittermandelöl . . . . . . . . | 10 Tropfen. |

Man mischt sehr innig, siebt durch ein grobes Sieb
und füllt in die Täschchen oder stopft die Kißchen damit.
Dieses Riechpulver ist eines der vorzüglichsten und hat in
seinem Geruche die größte Aehnlichkeit mit dem Geruche
der Blüten, nach denen es benannt wird, so daß selbst der
Kenner glauben wird, die wirklichen Heliotropblüten zu
riechen.

### Lavendel-Riechpulver.

| | |
|---|---|
| Lavendelblütenpulver . . . . . . | 1 Kilogr. |
| Gepulvertes Benzoëharz . . . . . | $1/4$ „ |
| Lavendelöl . . . . . . . . . . | 15 Gramme. |

### Marschall-Riechpulver.

| | |
|---|---|
| Gepulvertes Santalholz . . . . . | $1/2$ Kilogr. |
|   „      Veilchenwurzel . . . . | $1/2$ „ |
|   „      Rosenblätter . . . . . | $1/4$ „ |
|   „      Gewürznelken . . . . | $1/4$ „ |
|   „      Zimmtcassie . . . . . | $1/4$ „ |
| Granulirter Moschus . . . . . . | 1 Gramm. |

## Musselin-Riechpulver.

| | | | |
|---|---|---|---|
| Gepulverte Vetiver | . . . . . | 1 | Kilogr. |
| „ Santalholz | . . . . . . | ½ | „ |
| „ Veilchenwurzel | . . . | ½ | „ |
| „ schwarze Johannisbeerblätter | | ½ | „ |
| „ Benzoë | . . . . . . . | ¼ | „ |
| Thymianöl | . . . . . . . . . | 10 | Tropfen. |
| Rosenöl | . . . . . . . . . . | 4 | Gramme. |

## Tausendblumen-Riechpulver.

| | | | |
|---|---|---|---|
| Gepulverte Lavendelblüten | | | |
| „ Veilchenwurzel | von jedem | . | 1 Kilogr. |
| „ Rosenblätter | | | |
| „ Benzoë | | | |
| „ Tonkabohnen | | | |
| „ Vanille | von jedem | . | 1¼ „ |
| „ Santalholz | | | |
| Moschus und Zibeth, von jedem | . . . | 2 Gramme. | |
| Gepulverte Gewürznelken | . . . . | ¼ Kilogr. | |
| „ Zimmt | von jedem | . . . 100 Gramme. | |
| „ Piment | | | |

## Portugal-Riechpulver.

| | | | |
|---|---|---|---|
| Gepulverte getrocknete Orangeschalen | . | 1 | Kilogr. |
| „ „ Limonschalen | . . | ½ | „ |
| „ Veilchenwurzel | . . . | ½ | „ |
| Orangeschalenöl | . . . . . . . | 60 | Gramme. |
| Neroliöl | . . . . . . . . . | 2 | „ |
| Grasöl | . . . . . . . . . . | 2 | „ |

## Patchouli-Riechpulver.

| | |
|---|---|
| Gepulverte Patchouliblätter . . . . | 1 Kilogr. |
| Patchouliöl . . . . . . . . . | 1 Gramm. |

Man bekommt nämlich das Patchoulikraut, wie es nach Europa eingeführt wird, in Bündel von je 1/4 Kilogr. zusammengebunden.

## Pot-Pourri-Riechpulver.

| | |
|---|---|
| Getrocknete Lavendelblüten . . . . . | 1 Kilogr. |
| Ganze Rosenblätter (trockene) . . . | 1 „ |
| Grobes Veilchenwurzelpulver . . . . | 1,2 „ |
| Zerbrochene Gewürznelken ⎫ | |
| „ Zimmtrinde ⎬ von jedem . 120 Gramme. | |
| „ Piment ⎭ | |
| Gepulvertes neutrales schwefelsaures Kali | 1 Kilogr. |

Wir brauchen wol kaum zu bemerken, daß das schwefelsaure Kali nur den Zweck hat, das Gewicht zu vergrößern, damit die Mischung billiger verkauft werden kann. Früher hat man zu demselben Zwecke Kochsalz empfohlen; da jedoch das Kochsalz, besonders das gewöhnliche Küchensalz, leicht Feuchtigkeit anzieht, so verdirbt das Riechpulver beim Lagern in einem feuchten Raum und es ist daher das Kochsalz für diese Verwendung nicht zu empfehlen.

### Olla Potrida.

Zur Bereitung dieses dem Pot-Pourri ähnlichen Riech-pulvers läßt sich keine ganz genaue Vorschrift geben, da es im Allgemeinen nur aus Ueberbleibseln oder Abfällen verschiedener zu andern Zwecken angewandter Materialien zusammengemischt wird. So nimmt man z. B. die durch Weingeist erschöpfte Vanille, den extrahirten Moschus, die ausgezogenen Tonkabohnen ꝛc. dazu und mischt diese beliebig mit Rosenblättern, Lavendelblüten oder andern wohlriechenden Kräutern.

### Rosen-Riechpulver.

| | |
|---|---|
| Rosenblätter . . . . . . . . . | 1 Kilogr. |
| Gepulvertes Santalholz . . . . . | $1\frac{1}{2}$ " |
| Rosenöl . . . . . . . . . . | 30 Gramme. |

### Santalholz-Riechpulver

ist ein sehr dauerhaftes Riechpulver, welches nur aus gepulvertem Santalholz besteht.

### Riechpulver ohne bestimmten Namen.

| | | |
|---|---|---|
| Getrockneter Thymian | | |
| = Feldkümmel | von jedem . | $1\frac{1}{4}$ Kilogr. |
| = Münze | | |
| = Majoran | | |
| = Lavendel . . . . . | | $1\frac{1}{2}$ " |
| Rosenblätter . . . . . . . | | 1 " |
| Gepulverte Gewürznelken . . . . | | 120 Gramme. |
| Calmuswurzelpulver . . . . . . | | 1 Kilogr. |
| Moschus, granulirter . . . . . . | | 2 Gramme. |

### Verbena-Riechpulver.

| | |
|---|---|
| Getrocknete und gepulverte Limonschalen . | 1 Kilogr. |
| Feldkümmel . . . . . . . . . | $1\frac{1}{4}$ " |

Grasöl . . . . . . . . . .          8 Gramme.

Limonschalenöl . . . . . . . .     15    „

Bergamottöl . . . . . . . . .      30    „

### Vetiver-Riechpulver.

Die im Handel in Büschel zusammengebundenen Vetiverwurzeln (siehe S. 240), welche aus Indien eingeführt werden, geben, nachdem sie gepulvert sind, dieses Riech=pulver, welches jedoch, wenn nicht andere wohlriechende Substanzen beigemischt werden, weniger zum Parfümiren, als zum Abhalten der Motten von den Kleidern und gepolsterten Möbeln dient.

### Veilchen-Riechpulver.

Schwarze Johannisstrauch=Blätter  . .     1 Kilogr.

Akazienblüten=Köpfchen . . . . .          1    „

Rosenblätter . . . . . . . .              1    „

Veilchenwurzelpulver . . . . .            2    „

Bittermandelöl . . . . . . .              2 Gramme.

Moschus, granulirter . . . . .            1    „

Gepulverte Benzoë . . . . . . .          $\frac{1}{2}$ Kilogr.

Man mischt gut und bewahrt die Mischung erst in einem verschlossenen Glase etwa 8—14 Tage lang, bevor man die Kißchen oder Converts damit füllt.

Es werden natürlich noch viele andere Riechpulver fabrizirt, aber noch mehr Vorschriften zu geben, würde überflüssig sein, da die hier mitgetheilten gewiß ausreichen und auch sehr werthvolle Präparate liefern. Außerdem wird es dem praktischen Parfümeur leicht sein, sich selbst Vorschriften zu erdenken, da hier kein so ängstliches

Abmessen der Gerüche nothwendig ist, wie bei der Berei=
tung der Bouquets.

## Spanische Haut.
### (Peau d'Espagne.)

Die spanische Haut oder das spanische Leder ist
nichts Anderes als sehr stark parfümirtes Leder und kann
auf folgende Weise bereitet werden: Gute fehlerfreie
Stücke von sämisch gegerbten Ziegen = oder Schaffellen,
sogenanntem Waschleder, werden mit einer Mischung von
ätherischen Oelen getränkt, in welchen man einige balsamische
Harze aufgelöst hat. Man nimmt am besten: 15 Gramme
Neroliöl, 15 Gramme Rosenöl, 15 Gramme Santalholzöl,
8 Gramme Lavendelöl, 8 Gramme Grasöl, 8 Gramme
Bergamottöl, 4 Gramme Zimmtöl und 4 Gramme Nelkenöl,
löst 120 Gramme Benzoëharz in $1/4$ Liter rectificirtem
Weingeist auf, setzt diese Lösung zu der Mischung der
genannten Oele, taucht nun das Leder einen Tag lang
oder länger in die erhaltene Flüssigkeit ein, indem man
es von Zeit zu Zeit in derselben herumbewegt und mit der
Hand zusammenquetscht, zieht es endlich heraus, läßt die
Flüssigkeit davon abfließen und hängt es zum Trocknen an
die Luft. Hierauf bereitet man sich eine Art Pflaster,
indem man 5 Gramme Zibeth und 1 Gramm Moschus
mit so viel Gummiwasser oder Tragantgummischleim
zerreibt, daß eine Masse entsteht, die sich gut aufstreichen
läßt, was dadurch noch bedeutend erleichtert werden kann,
daß man den Zibeth vorher mit etwas von der Flüssigkeit,
in welche man das Leder getaucht hatte, zusammenmischt

und vertheilt. Das Leder wird nun in viereckige, ungefähr
100 Millimeter im Quadrat große Stücke zerschnitten,
jedes Stück auf einer Seite mittelst eines Pflasterspatels
gleichmäßig mit der ebenerwähnten Pflastermasse überstrichen
und je zwei solche Stücke mit ihrer bestrichenen Seite übereinander gelegt, so daß also die Pflastermasse in der Mitte
ist, die unbestrichenen Seiten beider Stücke dagegen außen
sind. Die so bereiteten Doppelstücke legt man nun zwischen
Papierbogen, beschwert oder preßt sie und läßt sie so eine
Woche lang liegen. Schließlich wird jedes Doppelstück,
welches nun spanische Haut ist, einzeln mit einem schönen
seidenen oder andern gut aussehenden Stoffe überzogen,
um ihm ein zum Verkaufe geeignetes Aussehen zu geben.

Die so bereitete spanische Haut verbreitet einen herrlichen Wohlgeruch, der viele Jahre lang anhält, so daß
man sie deshalb mit Recht als einen unerschöpflichen Parfüm
betrachtet. Da sie flach ist, wird sie gewöhnlich in das
Schreibpult gelegt und theilt dem darin befindlichen Papier,
den Converts ꝛc. ihren lieblichen Geruch mit, so daß schon
nach kurzer Zeit das ganze Pult parfümirt ist. Ein Stückchen spanische Haut sollte daher in keinem Damen-Boudoir
fehlen. Uebrigens kann man den Geruch der spanischen
Haut natürlich auch modificiren, wenn man andere als
die in unserer Vorschrift erwähnten Oele nimmt, um das
Leder darin einzutauchen. Das Leder zeichnet sich durch
seine Eigenschaft, die ätherischen Oele aufzusaugen und
festzuhalten, vortheilhaft aus; doch besitzt es eine besonders
große Anziehung zum Santalholzöl und Grasöl. — In
Ermangelung des spanischen Leders oder um einen billigern

flachen Riechstoff herzustellen, kann man auch nur ein Kartenblatt mit einer Art Pflaster, das durch Zerreiben von Moschus und Zibeth mit Gummiwasser bereitet wurde, überstreichen und nachdem das Blatt getrocknet worden, dasselbe in feines Glanzpapier einwickeln. Das russische Leder, welches als Juften= oder Juchten=Leder allbekannt ist, besitzt einen sehr starken Geruch, den viele Leute lieben; dennoch ist derselbe nicht gesucht und kann nicht wohl als ein Parfüm betrachtet werden. Das Juften=Leder verdankt seinen Geruch dem brenzlichen Oele der Birkenrinde, mit welchem es getränkt wird. Man kann jedes Leder, durch Eintauchen in ätherische Oele, parfümiren.

## Parfümirtes Briefpapier.

Das beste Mittel, um parfümirtes Briefpapier zu erhalten, ist, das Papier zugleich mit der eben erwähnten spanischen Haut in einem Pulte aufzubewahren; denn es ist begreiflich, daß man das Papier selbst nicht mit den Lösungen der ätherischen Oele tränken darf, da es sonst die Tinte nicht mehr annehmen würde.

Anstatt spanischer Haut kann man auch die erwähnten Kartenblätter und Riechkißchen oder Riechsäckchen mit dem Papier zugleich aufbewahren, um dasselbe zu parfümiren. Ein anderer trockener Parfüm, der den Damen sehr werthvoll ist, ist die parfümirte Baumwolle, die man ganz einfach auf die Weise bereitet, daß man reine Baumwolle in irgend eine wohlriechende Essenz eintaucht, damit

tränkt oder selbst nur damit übergießt.   Solche Baumwolle
eignet sich besonders gut in Juwelen=Kästchen :c.

## Parfümirte Buchzeichen.

Feines weißes Kartenblattpapier wird mit einer wohl=
riechenden Mischung in ähnlicher Weise überzogen, wie
die spanische Haut, und dann wird die bestrichene Seite
des länglich geschnittenen Papierstreifens mit Verzierungen
verschiedener Art überdeckt.

## Wohlriechende Edelsteine.

In der neueren Zeit hat man die Edelsteine dadurch
wohlriechend zu machen gesucht, daß man zwischen den
Edelstein und die Fassung desselben eine Mischung von
Moschus, Zibeth und Rosenöl, die mit etwas Tragantschleim
angerieben worden, mittelst einer Bürste aufreibt.

## Parfümbüchsen.
### (Cassolettes.)

Die Parfümbüchsen sind kleine, sehr verschieden ge=
formte, durchbrochen gearbeitete Büchschen von Elfenbein,
welche mit einer zähen, wohlriechenden Masse gefüllt
werden, und da sie den Wohlgeruch durch die durchbrochenen
Stellen entweichen lassen, dienen sie vorzüglich zum Par=
fümiren der Nähtischchen, sowie der Arbeitskörbchen und
Kästchen, welche die Damen in die Gesellschaften mit sich
nehmen: sie dienen also zu einem ähnlichen Zwecke, wie
die schon auf Seite 292 erwähnten Vinaigrettes.   Die
Masse, mit der man sie anfüllt, wird bereitet, indem man

gleiche Gewichte von Moschus, Ambra, Samen aus der Vanille, Veilchenwurzelpulver und Rosenöl mit einer hin= reichenden Menge von arabischem in wenig Wasser gelöstem Gummi oder Tragantschleim zusammenreibt und knetet, um eine steife Masse (Paste) zu erhalten.

## Parfümirte Muscheln.

(Engl. Scented Shells; franz. Coquilles parfumées.)

An den Ufern des adriatischen Meeres findet man sehr schöne Muscheln in großer Menge. Diese werden besonders in Venedig auf folgende Weise parfümirt. Zunächst reinigt man die Muscheln mittelst verdünnter Salzsäure, wodurch sie ihren schönen Perlmutterglanz erhalten; dann bereitet man sich eine wohlriechende Mischung, z. B. von $\frac{1}{2}$ Kilogr. Bergamottöl, $\frac{1}{4}$ Kilogr. Santalholzöl, 120 Grammen Lavendelöl und 120 Grammen Rosenholzöl, mit welcher man zugleich 8 Gramme Zibeth und 2 Gramme Moschus verreibt. In diese Masse legt man sodann die Muscheln hinein, nimmt sie nach einiger Zeit wieder heraus, läßt den in die spiralig gewundene Höhlung der Muscheln eingedrungenen Parfüm trocknen und kann nun solche wohlriechende Muscheln zum Parfümiren der Schmuck= kästchen, Necessaires ꝛc. gebrauchen.

## Räucherkerzchen.

(Engl. Pastils; franz. Pastilles aromatiques ou fumigatoires, Pastilles à brûler.)

Der Gebrauch der Räucherkerzchen ist jedenfalls dem Gebrauche der Räucherungen in den Kirchen, bei frommen

Handlungen, verschiedenen Ceremonien ꝛc., wie dieselben
schon im Alterthum allgemein üblich waren, entnommen.
Der Gebrauch des Räucherns während des Gottes=
dienstes hat sich bekanntlich in der katholischen Kirche bis
auf den heutigen Tag erhalten.   Die zu verbrennenden
Harze werden hier nicht erst in Kerzchen geformt, sondern
in besonderen Räucherpfännchen (s. Fig. 65) so
stark erhitzt, daß sie wohlriechende Dämpfe ausstoßen.  Das

Fig. 65. Räucherpfännchen.

Räucherpfännchen, welches von Messing, Neusilber, Silber
oder Gold ist, wird nämlich mit glühenden Kohlen gefüllt,
auf diese wirft man die Harze, bedeckt das Pfännchen mit

einem durchbrochenen Deckel und schwingt es hin und her, damit die Kohlen fortglimmen. Die Dämpfe der Harze entweichen dann durch die Oeffnungen des Deckels und verbreiten sich in der Luft der Kirche. Man verwendet zum Räuchern vorzüglich Weihrauch, Myrrhe, Benzoë und ähnliche balsamische Producte.

Die Räucherkerzchen, welche fast überall nach denselben Vorschriften bereitet werden, eignen sich besonders gut als Parfüm in die Kinderstuben, um den Kleinkindergeruch einiger Maßen zu verdecken; obschon in einer reinlichen Haushaltung dieser Geruch nach nassen Windeln ꝛc. nicht sehr bemerkbar sein wird und auch das wohlthätige häufige Auslüften der Kinderstuben eine zu große Ansammlung übler Gerüche genügend verhindert.

Unsere jetzigen Räucherkerzchen bestehen in der Haupt= sache aus denselben Ingredienzien, wie die Räuchermittel der Alten. Vor vielen Jahren nannte man sie Osselets de Chypre und in den alten pharmaceutischen Werken wird eine Mischung der damals bekannten Gummiharze Suffitus genannt.

### Indische oder gelbe Räucherkerzchen.

| | |
|---|---|
| Gepulvertes Santalholz . . . . . | 1 Kilogr. |
| Gepulvertes Benzoëharz . . . . . | 1½  „ |
| Tolubalsam . . . . . . . . . | ¼  „ |
| Santalholzöl ⎱ | |
| Zimmtcassieöl ⎰ von jedem . . . . | 24 Gramme. |
| Nelkenöl | |
| Salpetersaures Kali (Salpeter) . . . | 100  „ |

Diese Substanzen werden mit einer genügenden Menge von Tragantgummischleim zu einer steifen Masse geknetet. Am besten ist es, zuerst die fein gepulverten Körper: Santalholz, Benzoëharz und Tolubalsam (in der Kälte gepulvert) so mit einander zu mischen, daß man sie gemein= schaftlich durchsiebt, dieser Mischung hierauf die ätherischen Oele zuzusetzen, den Salpeter aber in dem Tragantschleime aufzulösen, den man zum Kneten der Masse gebraucht. Das Kneten geschieht sehr gut durch Schlagen in einem Mörser, und dann werden die spitzig zulaufenden, kegel= förmigen Kerzchen oder Pastillen entweder mit der Hand oder mittelst einer Form aus der Masse gebildet und langsam getrocknet.

Die sogenannten chinesischen „Josticks" besitzen eine ähnliche Zusammensetzung, nur enthalten sie keinen Tolu= balsam. Die Josticks werden anstatt Weihrauch in den Tempeln der Buddhaisten des himmlischen Reiches in solcher Masse verbrannt, daß aus diesem Grunde das Santalholz so theuer geworden ist.

## Pastilles du sérail.

### (Clous fumants du sérail; ital. Trochisques odorants.)

Sie bestehen, wie die Räucherkerzchen überhaupt, aus einer Mischung von wohlriechenden gepulverten Stoffen, Harzen oder Balsamen, Holzkohle und Salpeter. Diese Mischung wird mit dickem Tragantgummischleim zur knet= baren Masse oder Paste verarbeitet und aus der Paste formt man gewöhnlich kleine kegelförmige Pastillen, sogenannte Kerzchen, welche ungefähr 20 bis 25 Millimeter hoch

sind und an der Basis einen Durchmesser von 12 Milli=
meter haben. Man trocknet sie in gelinder Wärme und
entzündet sie beim Gebrauche, indem man sie auf ein
besonderes Räucherpfännchen oder überhaupt eine unver=
brennliche Unterlage stellt, an der Spitze. Sie glimmen
von selbst langsam weiter, bis an die Basis. Eine
empfehlenswerthe Vorschrift zu den Pastilles du sérail
ist besonders folgende:

Pappelholzkohle . . . . . . . . 1½ Kilogr.
Benzoë . . . . . . . . . . 1.2   „
Santalholz . . . . . . . . . 120 Gramme.
Tolubalsam . . . . . . . . . 60   „
Opiumtinctur . . . . . . . . 30   „
Salpeter . . . . . . . . . . 60   „
Tragantgummischleim, so viel als nöthig ist.


## Räucherkerzchen der Parfümisten.

Bäckerkohle . . . . . . . . . 1 Kilogr.
Benzoë . . . . . . . . . . 3/4   „
Tolubalsam ⎫
Vanille     ⎬ von jedem . . . . 1/4   „
Gewürznelken ⎭
Santalholzöl ⎫
Neroliöl     ⎬ von jedem . . . . 15 Gramme.
Salpeter . . . . . . . . . . 100   „
Tragantgummi, so viel als nöthig ist.

## Räucherkerzchen von Piesse.

| | |
|---|---|
| Weidenholzkohle . . . . . . . . | 1½ Kilogr. |
| Benzoësäure (sublimirte) . . . . . . | 360 Gramme. |
| Kümmelöl . . . . . . . . . . | 4  „ |
| Thymianöl . . . . . . . . . . | 4  „ |
| Rosenöl . . . . . . . . . . | 4  „ |
| Lavendelöl . . . . . . . . . . | 4  „ |
| Nelkenöl . . . . . . . . . . | 4  „ |
| Santalholzöl . . . . . . . . . | 4  „ |
| Granulirter Moschus . . . . . . . | 2  „ |
| Reiner Zibeth . . . . . . . . . | 2  „ |

Bevor man mischt, löst man 45 Gramme Salpeter
in ¼ Liter destillirtem oder gewöhnlichem Rosenwasser
auf, gießt diese Lösung auf die Kohle, welche man damit
gleichmäßig befeuchtet und hierauf an einem warmen Orte
wieder trocknet. Ist die auf diese Weise mit Salpeter
vermischte Kohle ganz trocken geworden, so gießt man die
ätherischen Oele darüber und stößt sie mit den Benzoëblumen zusammen. Hat man gut gemischt, indem man
alles zusammen durchsiebte, so schlägt man die Masse mit
einer hinreichenden Menge von Gummitragantschleim zu
einer zusammenhängenden Paste in einem Mörser. Je
weniger Tragant man gebraucht, desto besser.

### Weihrauchpulver.

(Engl. Incens powder; franz. Poudre d'encens.)

| | |
|---|---|
| Santalholz, gepulvertes . . . . . | 1 Kilogr. |
| Cascarillarinde, gepulverte  . . . . | ½  „ |
| Benzoë, gepulvertes . . . . . . | ½  „ |

Vetiver, gepulvertes . . . . . . 120 Gramme.

Salpeter . . . . . . . . . 120 „

Granulirter Moschus . . . . . . 1 „

Diese Stoffe werden zunächst gut untereinander gemischt und um eine recht innige Mischung zu erzielen mehrmals durch ein ziemlich feines. Sieb gesiebt. Dieses Pulver läßt man ebenfalls verglimmen.

Außer den hier mitgetheilten Vorschriften zu Räucher=kerzchen existiren noch eine große Zahl anderer Vorschriften, allein $9/10$ derselben enthalten irgend ein Holz oder eine Rinde oder aromatische Samen. Die Chemie lehrt uns aber, daß sich bei der unvollkommenen Verbrennung solcher Substanzen (die alle Pflanzenfaser oder Cellulose enthalten) stets sehr unangenehm riechende brenzliche oder empyreuma=tische Stoffe entwickeln, welche oft sogar sehr über den Wohlgeruch vorherrschen oder doch letzteren beeinträchtigen, daher können wir im Allgemeinen nur die Vorschriften gutheißen, welche Holzkohle anstatt Hölzer, Rinden oder anderer Substanzen anempfehlen. Die Anwendung der Kohle hat nur den Zweck, die Verbrennung des Räucher=kerzchens zu unterhalten und so viel Wärme während der Verbrennung zu entwickeln, daß die die Kohle umgebenden flüchtigen wohlriechenden Stoffe möglichst vollständig in Dampf verwandelt werden. Die Kohle selbst verbrennt zu der vollkommen geruchlosen Kohlensäure, welche daher nicht im Mindesten störend auf den sich verbreitenden Wohlgeruch einwirkt, wie dies bei Hölzern (am wenigsten beim Santalholz) und den Rinden der Fall ist.

Es giebt allerdings einige Processe, wo Rauch gebildet wird, um in den Bestandtheilen dieses Rauches das gewünschte Aroma zu haben. So verkohlen z. B. manche Leute Zuckerpapier, Aepfelschalen, Wachholderbeeren ⁊c., um Räume mit schlecht riechender Luft durch die sich hierbei entwickelnden Producte der unvollkommenen Verbrennung etwas zu parfümiren. Es ist bekannt, daß wenn wir den Tabak mit Flamme verbrennen lassen, kein Geruch entwickelt wird, indem sich nur dann das von Vielen so sehr geschätzte Aroma verbreitet, wenn man den Tabak nur glimmen läßt, und es ist nicht zu läugnen, daß das Aroma des Tabakrauches wenigstens zum größten Theil erst durch die unvollkommene Verbrennung der Tabakblätter entstanden ist.

Dies sind jedoch einzelne Fälle, welche auf die Fabrikation der Räucherkerzchen keinen Bezug haben; denn in einem guten Räucherkerzchen dürfen unbedingt während des Verglimmens desselben keine neuen Gerüche (durch die Hitze gebildet) entstehen, sondern es sollen sich während der Verbrennung des Kerzchens nur die wohlriechenden Stoffe und Oele verflüchtigen und verbreiten, welche man der Masse bei der Fabrikation der Kerzchen zugesetzt hatte.

## Die Parfümlampe.

(Engl. Perfume Lamp; franz. Lampe à parfum.)

Kurz nachdem die Entdeckung gemacht worden war, daß fein vertheiltes Platinmetall, sogenannter Platinschwamm oder Platinmohr, in dem Dampfe von Weingeist glühend bleibt, wurde diese Entdeckung auch in der Parfümerie zur Construction der Parfümlampen benutzt. Zu diesem Zwecke nimmt man eine kleine gewöhnliche oder elegante Spirituslampe mit einem gewöhnlichen Dochte. Unmittelbar über der Mitte des Dochtes befestigt man in einer Entfernung von ungefähr 3 Millimeter von dem Ende desselben eine kleine Kugel von Platinschwamm so, daß man die Kugel auf ein Platindrähtchen oder ein dünnes Glasstäbchen und letzteres mitten in den Docht hinein steckt (s. Fig. 66). Dadurch wird das Kügelchen in seiner Lage erhalten. Wird nun die Lampe mit Eau de Cologne, Ungarwasser, Por-

tugalwasser oder einem ähnlichen Parfüm gefüllt und der wenig vorstehende Docht entzündet, so geräth durch die Hitze der Flamme die Platinschwammkugel ins Glühen. Sobald sie lebhaft glüht, bläst man die Flamme aus; nichtsdestoweniger bleibt nun die Platinkugel glühend und

Fig. 66. Parfümlampe.

zwar so lange, bis die ganze Menge des in der Lampe befindlichen Parfüms verbraucht und die Lampe leer ist. Der Docht zieht nämlich fortwährend Parfüm in die Höhe; dieser verdunstet an der Spitze des Dochtes unter Mitwirkung der glühenden Platinkugel, welche die aufsteigenden Weingeistdämpfe des Parfüms unvollständig oxydirt, wobei eine genügende Menge von Wärme entwickelt wird, um die Platinkugel dauernd glühend zu erhalten. Zugleich

mit dem unvollkommenen Oxydationsproduct des Wein=
geistes, welches man Aldehyd, auch acetylige Säure (Lam=
pensäure) nennt, verbreiten sich die im Parfüm im Weingeist
gelöst gewesenen ätherischen Oele in dem Zimmer, so daß
dieses durch eine solche sogenannte „Lampe ohne
Flamme" sehr lange parfümirt werden kann. Man
hat zur Füllung der Parfümlampen auch einige besondere
Parfüme empfohlen, nämlich:

### Eau à brûler.

| | | |
|---|---|---|
| Ungarwasser oder Eau de Cologne . . | $1\frac{1}{2}$ Liter. | |
| Benzoëtinctur . . . . . . . . | 60 Gramme. | |
| Vanilleessenz . . . . . . . . | 30 | „ |
| Thymianöl | | |
| Münzöl } von jedem . . . . | 2 | „ |
| Muscatnußöl | | |

### Eau pour brûler.

| | | |
|---|---|---|
| Rectificirter Weingeist . . . . . . | $1\frac{1}{2}$ Liter. | |
| Benzoësäure . . . . . . . . | 15 Gramme. | |
| Thymianöl | | |
| Kümmelöl } von jedem . . . . . | 4 | „ |
| Bergamottöl . . . . . . . . | 60 | „ |

Leute, welche öfters eine solche Parfümlampe gebrauchen,
werden indessen stets bemerken, daß, so fein auch der
Parfüm war, mit welchem sie die Lampe füllten, doch
immer zugleich ein unangenehm stechender und kratzender,
sogar Kopfschmerz erregender Dampf mit dem Wohlgeruch
entwickelt wird und sich mit diesem in dem Zimmer ver=

breitet. Dieser stechend riechende Körper ist das Aldehyd
oder die acetylige Säure, welche sich bei der Einwirkung
des glühenden Platinschwamms auf die vom Dochtende
aufsteigenden Weingeistdämpfe unter gleichzeitiger Sauer=
stoffabsorption bildet. Er läßt sich daher nicht vermeiden,
und dies ist ein Uebelstand, der die Parfümlampen, so
zierlich und hübsch sie auch sind, ziemlich unbrauchbar
macht; ja die Rücksichten für unsere Gesundheit müssen
uns sogar dazu bestimmen, daß wir nie eine solche Lampe
in Gebrauch nehmen.

## Räucherpapier.

(Engl. Fumigating Paper; franz. Papier à fumigation.)

Um das sogenannte Räucherpapier zu bereiten, bedient
man sich zweier verschiedener Methoden:

1. Räucherpapier, welches man nicht ver=
brennen darf: Kleinere Stücke oder Bogen von steifem
Papier, ungefähr von der Stärke der Kartenblätter, werden
zunächst in eine Auflösung von 30 Grammen Alaun in
½ Liter Wasser eingetaucht und dann wieder gut getrocknet.
Die so vorbereiteten Papiere werden nun auf einer Seite
mit einer dünnen Lage von einer Mischung gleicher Theile
von Benzoëharz, Weihrauch und Tolu= oder Perubalsam,
die man erst in einem irdenen Gefäß zum Schmelzen
erhitzt hat, bestrichen, so ist das Räucherpapier fertig.
Anstatt einer solchen Mischung kann man auch nur Tolu=
oder Perubalsam oder geschmolzenes Benzoëharz allein
aufstreichen. Besonders, wenn man die beste Benzoësorte,
die Siambenzoë, anwendet, erhält man ein vorzüglich

schönes Papier. — Will man nun solches Papier zum
Parfümiren benutzen, so hält man es nur einige Augen=
blicke über eine brennende Spirituslampe oder über ein
Licht oder legt es auf einen warmen Ofen und in kurzer
Zeit ist das Zimmer mit dem lieblichsten Dufte erfüllt.
Man darf jedoch das Papier nicht entzünden, und eben
deshalb wird es, um es schwieriger entzündlich zu machen,
vorher mit Alaun getränkt.   Mit ein und demselben
Streifen kann man oftmals räuchern, wenn man sparsam
damit umgeht.

2. Räucherpapier zum Verbrennen: Bogen
von gutem dünnen Papier werden mit einer Auflösung von
60 Grammen Salpeter in $\frac{1}{2}$ Liter Wasser getränkt und
nachher gut getrocknet.   Sind sie trocken geworden, so
bestreicht man sie auf beiden Seiten mit einer gesättigten
Auflösung von Myrrhe, Weihrauch, Benzoë oder einem
andern balsamischen Harze in rectificirtem Weingeist mit
Hülfe eines Pinsels; oder man gießt die Lösung in ein
flaches tellerartiges Gefäß, zieht die Papierbogen, indem
man sie ganz einsenkt, durch dieselbe hindurch und trocknet
sie rasch, indem man sie aufhängt.   Will man dieses
Papier zum Räuchern benutzen, so zerschneidet man es in
Streifen, rollt diese Streifen, indem man sie zwischen dem
Daumen und Zeigefinger durchzieht, spiralförmig zu=
sammen, zündet den Streif an einem Ende an, bläst aber
die Flamme sofort wieder aus und läßt ihn nun nur
verglimmen, was geschieht, weil das Papier mit Salpeter
getränkt worden ist.   Bei Vergleichung beider Arten von
Räucherpapier wird man dem nach der ersten Methode,

besonders mit reiner Siambenzoë bereiteten, den Vorzug geben.

Wenn zwei solche Papierbogen aneinandergepreßt werden, nachdem sie frisch gestrichen, also noch feucht sind, so kleben sie zusammen, und wenn man sie nach dem Trock=nen in Streifen schneidet, so erhält man die sogenannten **parfümirten Fibibusse und Lichtanzünder**, Odoriferous Ligthers, Allumettes odoriférantes.

## Räucherband.

(Engl. Ribbon of Bruges; franz. Ruban de Bruges.)

Man bereite sich zunächst zwei Auflösungen in zwei besonderen Flaschen, nämlich

| | | |
|---|---|---|
| in Flasche Nr. 1: Veilchenwurzeltinctur | 1½ | Liter. |
| Benzoë . . . . | ¼ | Kilogr. |
| Myrrhe . . . . | 45 | Gramme. |
| in Flasche Nr. 2: Weingeist . . . . | ½ | Liter. |
| Moschusbeutel . . | 10 | Gramme. |
| Rosenöl . . . . | 8 | „ |

Beide Flaschen lasse man einen Monat lang wohl verschlossen stehen, nehme dann ein Stück von nicht appretirtem Baumwollenband von ungefähr 200 Ellen Länge, tränke dieses mit einer Lösung von 30 Grammen Salpeter in ½ Liter heißem Rosenwasser und trockne es. Dann filtrire man die beiden Lösungen, mische sie mit einander, tränke das Band mit dieser Essenz, trockne es wieder, rolle es auf und lege es in die Fig. 67 im Durch=

schnitt und im Ganzen abgebildete Räucherurne, so
daß das Ende des Bandes durch die enge Spalte des

Fig. 67. Räucherurne.

Urnendeckels gezogen wird. Man ziehe nun das Band=
ende ungefähr 25 Millimeter hoch aus der Urne hervor,
zünde es an, blase aber die Flamme sogleich wieder aus,
so glimmt es fort, unter Verbreitung eines lieblichen
Wohlgeruchs. Es glimmt fort bis zu der Spalte; dann
löscht es von selbst aus, wenn man es nicht von Neuem
etwas herauszieht. Diese Urnen sind eine Zierde für
Salons, elegante Magazine ꝛc.; da das Band sehr
sparsam verglimmt, so ist das Räuchern damit außerdem
sehr billig.

## Ofenlack oder Räucherharz.

| | |
|---|---|
| Flüssiger Storax . . . | 15 Gramme. |
| Schellack . . . . . . | 22 „ |
| Beinschwarz (Ebur ustum) | 38 „ |
| Siam=Benzoë . . . . | 100 „ |
| Weihrauch (Olibanum) . . | 30 „ |
| Perubalsam . . . . . | 8 „ |
| Bergamottöl . . . . | 8 „ |
| Rosenöl . . . . . . | 24 Tropfen. |

Storax, Schellack, Benzoë und Weihrauch werden erst geschmolzen, das Beinschwarz darunter gerührt, die Masse vom Feuer genommen, fortwährend gerührt und erst wenn sie ziemlich im Erstarren ist, werden der Perubalsam und die Oele zugemischt. (Struve.)

Oder:

| | |
|---|---|
| Storax . . . . . . | 60 Gramme |
| Benzoë von Siam . . . | 60 „ |
| Perubalsam . . . . . | 8 Gramme |

schmelze man in einem kupfernen Pfännchen unter beständigem Umrühren zusammen, mische dann ätherische Oele (Nelken=, Bergamott=, Ceder=, Lavendelöl ꝛc.) zu, knete die Masse mit gut gereinigtem ausgeglühtem Kienruß zu einem Teige zusammen, forme aus diesem, so lange er noch weich und heiß ist, 75 — 150 Millimeter lange, bleistiftdicke Stängelchen, und mache diese auf einer erwärmten, etwas beölten Metallplatte glatt und glänzend. Fährt man mit solchem Ofenlack über die heiße Platte des

Ofens, so verbreitet sich ein sehr angenehmer Geruch im Zimmer.

Von andern Präparaten, welche ebenfalls in der Weise zum Räuchern dienen, daß man sie nur erwärmt, nicht wie die oben besprochenen Räuchermittel verglimmen läßt, erwähnen wir noch folgende billige Mischungen für Wohn= und Kinderstuben.

### Kaiserrauch.

Dieses in Deutschland beliebte Räucherpulver wird auf den warmen Ofen oder auf eine warme Platte aus= gestreut und verbreitet einen sehr angenehmen Geruch. Man bereitet es durch Zusammenmischen folgender Sub= stanzen, von denen die trockenen im gepulverten Zustande angewendet werden:

| | | |
|---|---|---|
| Benzoë . . . | 60 | Gramme. |
| Mastixharz . . | 60 | „ |
| Weihrauch . . | 60 | „ |
| Veilchenwurzel . | 30 | „ |
| Cascarillarinde . | 30 | „ |
| Rosenblätter . | 15 | „ |
| Lavendelblüten . | 15 | „ |
| Zimmt . . . | 8 | „ |
| Ringelblumen . | 8 | „ |
| Citronenschalenöl | 10 | Tropfen. |
| Nelkenöl . . . | 10 | „ |
| Eau de Cologne | 15 | Gramme. |

## Königsräucherpulver.

Wird auf dieselbe Weise wie das vorige bereitet:

Gewürznelken . 2¹/₂ Kilogr.

Zimmtcassie . . 2¹/₂ „

Veilchenwurzel . 3¹/₂ „

Borax . . . . 3¹/₂ „

Rosenblätter . 5 „

Lavendelblüten . 5 „

Nelkenöl . . . 100 Gramme.

Lavendelöl . . 100 „

Cederöl . . . 100 „

Bergamottöl . 100 „

Neroliöl . . . 30 „

Die trockenen Substanzen werden zuerst unter einander gemischt; die ätherischen Oele löst man in ihrem dreifachen Gewichte starkem Weingeist, besprengt mit der Lösung das trockene Gemisch und arbeitet das Ganze mit den Händen sorgfältig durcheinander.

## Räucheressenz, Räucherwasser.

So nennt man eine Auflösung von aromatischen Stoffen in Weingeist, welche, auf den Ofen getröpfelt, indem sie verdunstet, einen angenehmen Geruch verbreitet.

Weingeist, concentrirtester ¹/₂ Kilogr.

Veilchenwurzelpulver . . 60 Gramme.

Zimmt . . . . . . 30 „

Benzoë . . . . . . 30 „

Cascarillarinde . . . 15 „

| Weihrauch | . | . | . | . | . | 15 Gramme. |
| Cardamomen | . | . | . | . | | 15 „ |
| Muscatnuß | . | . | . | . | | 8 „ |
| Perubalsam | . | . | . | . | | 8 „ |
| Storax | . | . | . | . | . | 22 „ |
| Moschus | . | . | . | . | . | 1 „ |
| Bergamottöl | . | . | . | . | | 4 „ |
| Citronenschalenöl | . | . | . | | | 2 „ |
| Lavendelöl | . | . | . | . | . | 2 „ |
| Rosenöl | . | . | . | . | . | 10 Tropfen. |
| Fenchelöl | . | . | . | . | . | 10 „ |

Zunächst läßt man die festen Stoffe und balsamischen Producte mit dem Weingeist 2 bis 3 Wochen an einem warmen Orte stehen, setzt dann die ätherischen Oele zu und filtrirt die sehr stark riechende Flüssigkeit, von welcher schon ein bis zwei Tropfen zum Parfümiren eines Zimmers genügen. Durch Versetzen der Räucheressenz mit 30 bis 60 Grammen concentrirter Essigsäure erhält man den Räucheressig, doch kann man auch den aromatischen, überhaupt jeden parfümirten Essig (siehe Vorschriften hierzu oben S. 291 ff.) zum Räuchern benutzen, indem man wenige Tropfen davon auf einen warmen Ofen oder Stein gießt.

# XI.

## Parfümirte Seifen.

(Engl. Perfumed soaps; franz. Savons parfumés.)

Verseifungsproceß — Seifenleim — Lauge zur Verseifung — Senkwage — Tabelle über das specifische Gewicht und den Gehalt der Lauge — Glycerin — Kernseife — Aussalzen — Sodaseifen — Geschliffene Seife — Gefüllte Seife — Verseifungsmethode von Mège-Mouriès — Natronseifen — Kaliseifen — Kerntalgseife — Oelseife — Castilianische Seife — Cocosnußölseife und deren Fabrikation — Gelbe Seife — Palmölseife — Eschweger Seife — Bleichen des Palmöls — Weiche Seife — Thranseife — Umschmelzen der Seife — Marmoriren der Seife — Schneiden der Seife — Pressen der Seife — Presse — Preßform — Seifenkugeln — Seifenpulver — Pulverisirapparat — Kalte Parfümirung der Seife — Seifenhobel — Seifenmühle — Pilirmaschine — Pelotense — Fabrikation der Grundseife für die Parfümerie — Fette zur Seifenbereitung — Methode der heißen Verseifung, Seifensiederei — Methode der kalten Verseifung — Seifenkasten — Seifenschneidetisch — Seifenschneider — Directe Parfümirung der Seife — Vorzüge und Mängel der durch die kalte Verseifung erzeugten Fabrikate — Mialhe's Methode um das in den durch kalte Verseifung erzeugten Seifen enthaltene freie Alkali unschädlich zu machen — Mittel zur Hebung der deutschen Parfümerie — Färben der Seifen — Prüfung und Werthbestimmung der Seifen — Bestimmung des Wassergehaltes der Seifen — Bestimmung des überschüssigen Alkali's der Seifen — Darstellung von parfümirten Seifen — Mandelseife — Campher-

seife — Honigseife — Windsorseife, weiße und braune — Sandseife
— Bimssteinseife — Rosenseife — Moschusseife — Orangen-
blütseife — Santalholzseife — Wallrathseife — Citronenseife —
Frangipaniseife — Patchouliseife — Mandelseifencrême — Barbierseife — Seifenpulver, parfümirte — Hypophagon-Seife —
Duftende Bartseife — Neapel-Bartseife — Transparentseife,
weiche — Flüssige Glycerinseife — Mischung um hartes Wasser
weich zu machen — Transparentseife, harte — Payne's transparente Glycerinseife — Wachholdertheerseife — Struve's Glycerinseife — Medicinische Seifen.

Das Wort Seife (Sapo) finden wir zuerst in den
Werken von Plinius und Galen. Plinius theilt mit,
daß die Gallier zuerst Seife bereiteten und zwar aus Talg
und Asche, und daß die deutsche Seife als die beste bekannt
war. — Bei den Nachgrabungen von Pompeji hat man
das Verkaufsgewölbe eines Seifensieders und in diesem
noch Seife gefunden, ein Beweis von dem frühen Ursprung
der Seifensiederei.

In England bereiten sich die Parfümisten mit wenigen
Ausnahmen die Seife nicht selbst, sondern beziehen die
rohen Seifen von den Seifensiedern und suchen ihre
Hauptaufgabe darin, dieselben zu reinigen und zu parfümiren. In England ist den Parfümisten die Fabrikation
der Seife im Großen sogar gesetzlich verboten. — In
Deutschland sind die Verhältnisse anders; die Seifensiederei wird zwar ebenfalls als ein besonderes Gewerbe
betrachtet, allein nichtsdestoweniger hat der deutsche Parfümist die Berechtigung, Seife in beliebiger Quantität
unmittelbar aus den Rohstoffen darzustellen. Derselbe
bereitet sich meistens seine Rohstoffe, den sogenannten

„Seifenkörper", selbst, und es besteht daher in dieser
Hinsicht zwischen Deutschland und England ein bedeutender
Unterschied. Wir werden unten ausführlicher auf die
Bereitung der reinen Seifen eingehen und auf die für
den Parfümisten hierbei wichtigen Vorsichtsmaßregeln
besonders aufmerksam machen. Hier wollen wir zunächst
nur kurz mittheilen, was man sich unter dem sogenannten
„Verseifungsprocesse" zu denken hat.

Der Verseifungsproceß oder die Verseifung ist ein
einfacher chemischer Zersetzungsproceß, der vor sich geht,
wenn man irgend ein thierisches oder pflanzliches Fett mit
einem ätzenden, sogenannten kaustischen, in Wasser gelösten
Alkali, mit der sogenannten Seifensiederlange, in
der Kälte in Berührung bringt oder, wie es in den
Seifensiedereien geschieht, damit so lange kocht, bis sich
das Fett in der Lauge vollständig zu einer klaren, schleimigen,
fadenziehenden Flüssigkeit, dem sogenannten Seifenleim,
aufgelöst hat. Das zur Verseifung taugliche Alkali ist
entweder Kali oder Natron; das erste erhält man durch
Behandlung von je 100 Gewichtstheilen Potasche mit 60
bis 80 Gewichtstheilen gut gebranntem Kalk und einer
genügenden Menge von Wasser, oder durch Behandlung
von je 100 Gewichtstheilen Holzasche mit 8 bis 10 Ge=
wichtstheilen Kalk und genügendem Wasser; das zweite,
nämlich das Aetznatron, erhält man durch Behandlung
von je 100 Theilen krystallisirter Soda mit 50 bis 60
Gewichtstheilen gebranntem Kalk und Wasser. — Die
Potasche ist eine Verbindung von Kali mit Kohlensäure,
und die Einwirkung des Kalks beruht darauf, daß letzterer

der erstern die Kohlensäure entzieht, damit kohlensaure
Kalkerde (sogenannte Kreide) bildet, welche, da sie unlöslich
ist, als weißes Pulver niederfällt und bei ruhigem Stehen
einen Bodensatz bildet, während das Kali nun rein in dem
vorhandenen Wasser zur Kalilauge oder Aetzkali=
lauge gelöst bleibt.    Ganz analog ist die Einwirkung
des Kalks auf die Soda, eine Verbindung von Natron
mit Kohlensäure; auch hierbei scheidet sich kohlensaurer
Kalk ab, und es bleibt eine klare Flüssigkeit, die Natron=
lauge, übrig.    Die Bereitung einer solchen ätzenden
Lauge geht daher stets der wirklichen Seifenbereitung
voraus, und jenachdem eine solche Lauge unter Zusatz
von weniger oder mehr Wasser bereitet
worden, ist sie stärker oder schwächer. Für
die Seifensiederei ist es aber von großer
Wichtigkeit, die Stärke der Lauge zu kennen,
da man von einer stärkeren natürlich weniger
gebraucht, als von einer schwächeren. In
der Praxis bedient man sich hierzu stets
der Senkwagen oder Aräometer
für Flüssigkeiten, die schwerer als Wasser
sind, von Baumé (s. Fig. 68). Diese
zeigen, indem sie in eine stärkere Lauge
weniger tief einsinken, als in eine schwä=
chere, das Stärkemaß in Graden an, und

Fig. 68. Senkwage.

durch nachstehende Tabelle kann man leicht
erfahren, wie viel Kali oder Natron in je
100 Theilen der Lauge im Wasser aufgelöst enthalten sind.

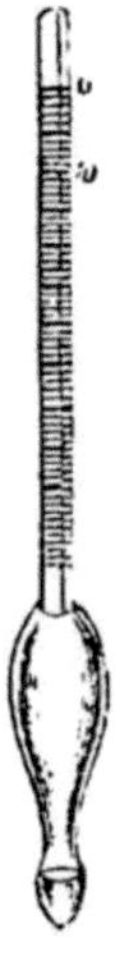

| Grade vom Baumé'schen Aräometer. | Specifisches Gewicht der Flüssigkeit. | Gehalt an Aetzkali in Procenten. | Gehalt an Aetznatron in Procenten. |
|---|---|---|---|
| 0⁰ | 1,0 | — | — |
| 2⁰ | 1,014 | 1,697 | 1,209 |
| 4⁰ | 1,028 | 2,829 | 2,418 |
| 6⁰ | 1,041 | 5,002 | 3,022 |
| 8⁰ | 1,057 | 6,224 | 4,231 |
| 10⁰ | 1,072 | 7,355 | 5,540 |
| 12⁰ | 1,088 | 8,487 | 6,944 |
| 14⁰ | 1,104 | 10,750 | 7,253 |
| 16⁰ | 1,121 | 11,882 | 8,462 |
| 18⁰ | 1,138 | 13,013 | 9,066 |
| 20⁰ | 1,157 | 15,277 | 10,275 |
| 25⁰ | 1,205 | 18,671 | 13,297 |
| 30⁰ | 1,256 | 23,764 | 16,923 |
| 35⁰ | 1,312 | 27,158 | 21,894 |
| 40⁰ | 1,375 | — | 26,594 |
| 44⁰ | 1,428 | — | 30,220 |

Die schwächsten Seifensiederlangen, die man in der Seifensiederei verwendet, zeigen nur 4—5⁰ Baumé und enthalten dann nur 2—3 Proc. Alkali. Die mittleren Langen zeigen 10—15⁰ Baumé, die stärksten bis 24⁰ B. — Die Parfümisten verseifen ihre Fette dagegen gewöhnlich mit viel stärkeren Langen, bis zu 40⁰ B., wenn sie sich, wie dies gewöhnlich geschieht, der Methode der kalten Verseifung (siehe unten), nicht des Seifensiedens bedienen. — Hier wollen wir zugleich mit bemerken, daß man mit der Kalilange, die man aus 100 Kilogr. reiner Pot-

afche abgefchieden hat, 360 Kilogr. Talg, mit der aus
100 Kilogr. reinem kohlenſaurem Natron abgeſchiedenen
Natronlauge dagegen 470 Kilogr. Talg oder andere Fette
zu verſeifen vermag.

Schon oben wurde erwähnt, daß man, um Seife zu
erhalten, beim Seifenſieden das Fett ſo lange mit der
alkaliſchen Lauge erhitze oder in Berührung laſſe (verſteht
ſich unter fleißigem Umrühren), bis eine gleichartige durch-
ſichtige Flüſſigkeit, der Seifenleim, entſtanden iſt. Wir
wollen nun zuerſt Rechenſchaft über den hierbei ſtattfin-
denden Vorgang geben. Alle Fette und fetten Oele ſind
ihrer Zuſammenſetzung nach Glyceride d. h. Glycerin-
verbindungen, in welchen 3 Atome Waſſerſtoff des
Glycerins, welches nach der allgemeinen chemiſchen Formel
$= C_3 H_8 O_3$ zuſammengeſetzt iſt, durch 3 Atome fetter
Säuren vertreten ſind. Das Glycerin wird nämlich
betrachtet als ein dreiſäuriger Alkohol $= C_3 \left. \begin{array}{c} H_5 \\ H_3 \end{array} \right\} O_3$,
in welchem die drei beſonders geſchriebenen Waſſerſtoffatome
($H_3$) in den Fetten vertreten ſind, durch drei Atome einer
fetten Säure und zwar namentlich der Palmitinſäure,
der Stearinſäure oder der Oleïnſäure. Man findet daher
in den Fetten beſonders Palmitin oder Tripal-
mitin $= C_3 \left. \begin{array}{c} H_5 \\ (C_{16}H_{31}O)_3 \end{array} \right\} O_3$; Stearin oder

Tristearin $= C_3 \left. \begin{array}{c} H_5 \\ (C_{18}H_{35}O)_3 \end{array} \right\} O_3$ oder

Oleïn, Trioleïn $= C_3 \left. \begin{array}{c} H_5 \\ (C_{18}H_{33}O)_3 \end{array} \right\} O_3$.

Bemerkenswerth ist, daß sich diese drei Glyceride oft noch
mit anderen zugleich, meistens gemeinschaftlich in den
Fetten finden, jedoch in wechselnden Verhältnissen, so
daß die festen Fette, wie z. B. Talg, vorherrschend Stearin
enthalten; die weicheren Fette, wie z. B. Butter, Gänsefett,
Palmöl, Cocosöl vorherrschend Palmitin, und die flüssigen
Fette oder fetten Oele vorherrschend Olern. Läßt man
auf die Fette ätzende Alkalien (Kali, Natron) wirken, so
werden sie in der Weise zersetzt, daß die in denselben ent=
haltenen fetten Säuren sich lostrennen und mit den Alkalien
vereinigen, während an die Stelle, die sie im Fette ein=
genommen hatten, wieder Wasserstoff tritt und sich Gly=
cerin bildet, die hierbei entstehenden Verbindungen der
fetten Säuren mit den Alkalien nennt man Seifen
und den ganzen Zersetzungsproceß, der auf dem Zerfallen
des Fettes zu fetten Säuren und zu Glycerin beruht,
Verseifung. Nahm man zur Verseifung nicht mehr
Lauge als nothwendig war, um diese chemische Zersetzung
zu bewirken, so erhält man den schönsten Seifenleim, und
dieser enthält zunächst das Wasser der Lauge, ferner das
Glycerin im Wasser gelöst und ebenfalls im gelösten Zu=
stande die Verbindungen der fetten Säuren mit dem
Alkali, die eben das sind, was man „Seife" nennt.
Um nun diese letztgenannten Verbindungen, d. h. also die
Seife, in einen festen Zustand überzuführen, kann man
auf verschiedene Weise verfahren. Bereiten die Seifen=
sieder die Kernseife, so werfen sie zu dem kochenden
Seifenleim nach und nach etwas Kochsalz. Dieses löst
sich in dem vorhandenen Wasser auf; sobald aber Kochsalz

in Lösung gegangen, so kann sich die Seife (die nur in reinem Wasser leicht, in Salz=haltigem Wasser dagegen nicht löslich ist) nicht mehr in der Lösung erhalten und scheidet sich in einem sehr wasserarmen Zustande auf der Oberfläche aus, so daß sie abgenommen werden kann. Man nennt diese Operation das Aussalzen, die aus= geschiedene Seife Kernseife, und die unter der Seife befindliche salzige Flüssigkeit, welche das bei der Verseifung entstandene Glycerin mit aufgelöst enthält, die Unter= lauge. Aus der Unterlange kann das reine Glycerin oder Oelsüß als farblose, geruchlose, stark süßschmeckende, syrupdicke Flüssigkeit bereitet werden; da jedoch das Gly= cerin in neuester Zeit eine außerordentlich vielseitige Verwendung findet, so fabricirt man dasselbe vorzugsweise durch Destillation von Fetten oder Oelen mit überhitztem Wasserdampf. Das Glycerin löst sich in Wasser und Weingeist leicht auf und hat in der Parfümerie, wegen seiner wohlthätigen Wirkung auf die Haut, eine wichtige Anwendung gefunden. Die Kernseifen sind vorherrschend Natronseifen, d. h. Verbindungen der fetten Säuren mit Natron; denn wenn man auch zur Verseifung Kali= lauge angewandt, und im Seifenleim also Kaliseife gelöst hat, so wird diese wenigstens zum Theil während des Aussalzens durch Kochsalz (Chlornatrium) in Natronseife übergeführt, nur muß man dann verhältnißmäßig viel Salz, nämlich zu je 100 Pfund Fett 12—15 Pfund Salz, anwenden. Man erhält hierbei aus 100 Pfund Fett im Durchschnitt 150 Pfund reiner Kernseife, welche 10 bis 14 Proc. Wasser enthält. A. C. Oudeman's jun.

hat sich bemüht, durch Versuche zu ermitteln, wie viel
Kali bei der angedeuteten Fabrikationsmethode durch
Natron ersetzt werde; er untersuchte zu diesem Behufe eine
von Bousquet & Comp. in Delft durch zweimaliges
Aussalzen fabrizirte vorzügliche, besonders durch ihre
Geschmeidigkeit ausgezeichnete Kernseife auf ihren Kali=
und Natrongehalt, wobei sich die interessante Thatsache
ergab, daß, trotzdem zum Aussalzen bedeutend mehr Koch=
salz verwendet worden, als zur vollständigen Ueberführung
der Kaliseife in Natronseife, also zur Ersetzung alles Kali
durch Natron nothwendig war, dennoch nur ungefähr die
Hälfte des Alkaligehaltes dieser Seife Natron, die andere
Hälfte dagegen Kali war. — In neuerer Zeit nimmt
man häufig zum Verseifen Natronlauge, die unmittelbar
aus Soda bereitet worden ist, und braucht dann zur
Abscheidung der Seife aus dem Seifenleim viel weniger
Kochsalz; die so gewonnene Seife wird Soda=Kern=
seife oder auch nur Sodaseife genannt. Eine ganz
reine Natronseife ist aber stets viel härter, als eine etwas
Kali=haltige Natronseife, die milder und viel weicher und
geschmeidiger erscheint. — Zuweilen wird die Kernseife
nochmals in einem Kessel mit Wasser oder sehr schwacher
Lauge zum Sieden erhitzt, wodurch sie etwas wasserreicher
und dann geschliffene oder glatte Seife genannt
wird. — Die Ausbeute an geschliffener Seife ist daher
für den Fabrikanten etwas größer, immerhin sind die
geschliffenen Seifen sehr gut und werthvoll. Sehr häufig
wird aber die Seife aus dem Seifenleim nicht durch den
eben erwähnten Proceß des Aussalzens abgeschieden,

sondern man dampft ganz einfach den Seifenleim, wenn
er dünn ist, ein, bis er so consistent geworden, daß er
beim Erkalten fest wird; oder man nimmt zur Verseifung
concentrirtere Langen (von 36 bis 40° B.), um sogleich
einen beim Erkalten fest werdenden Seifenleim zu erhalten
(vergl. unten kalte Verseifung). Die durch einfache Erstarrung des Seifenleims entstandenen Seifen werden zum
Unterschiede von den Kernseifen gefüllte Seifen
genannt; dieselben enthalten viel mehr, bis zu 75 Proc.,
im Durchschnitt 35 bis 50 Proc. Wasser und natürlich
auch das bei der Verseifung entstandene Glycerin, sowie
die überschüssige Lange, wenn diese, was häufig der Fall
ist, im Ueberschusse genommen worden ist. Es ist daher
hier sehr wichtig, wenigstens wenn man eine neutrale
Seife bereiten will, nur gerade die zur Verseifung nöthige
Menge Lange (nicht mehr, aber auch nicht weniger) anzuwenden. Aus 100 Pfund Fett kann man 200 Pfund
gefüllte Seife, doch auch viel mehr bereiten, wobei oft das
Publikum sehr zu Schaden kommt, indem die gefüllten
Seifen, trotzdem sie viel mehr Wasser enthalten, ebenso
hart erscheinen, wie die Kernseifen. Sie unterscheiden
sich nur dadurch von den Kernseifen, daß sie beim Aufbewahren mehr oder weniger einschrumpfen und sich, wenn
sie überschüssiges Alkali enthielten, mit einem förmlichen
Pelze von weißen Krystallnadeln überziehen, während die
Kernseifen durch das Liegen nur härter werden, aber kaum
bemerkbar schwinden.

Eine neue Methode zur Seifenbereitung ist
von Mège-Mouriès empfohlen worden. Hiernach wird

das zu verseifende Fett zunächst bei einer Temperatur von 45° C. geschmolzen und dann mit Wasser von derselben Temperatur, welches 5—10 Proc. Seife in der Lösung hält, innig gemischt, wobei sich das Fett in kurzer Zeit zu feinen Kügelchen vertheilt, welche in der Flüssigkeit herumschwimmen und derselben ein milchartiges Ansehen geben. Diese Mischung wird nun auf 60° C. erwärmt und mit der ganzen zur Verseifung erforderlichen Aetznatronlauge vermischt. (Auf 100 Kilogr. Fett gebraucht man 14 Kilogr. festes Aetznatron, welches vorher in Wasser gelöst wird.) In dem kugelförmigen Zustande nimmt das Fett die Lauge begierig, schon bei 60° C., auf und verseift sich damit in Zeit von nur 2—3 Stunden, so daß sich beim Umrühren die geschmolzene Seife als obere Schicht abscheidet, während in der unteren, salzigen Flüssigkeit das Glycerin bleibt. Dieses neue Verfahren hat viel Aufsehen erregt, aber auch viel Widerspruch gefunden, indem von namhaften Forschern behauptet wird, daß dabei Fetttheile unverseift bleiben, man also gar keine richtige Seife erhalte. Es muß jedoch anerkannt werden, daß mittelst der von Mège-Mouriès vorgeschlagenen äußerst feinen Vertheilung der Fette, die Verseifung derselben durch Laugen außerordentlich erleichtert wird und daß emulsirte Fette sich in der Kälte weit rascher verseifen, als nicht emulsirte. Die durch die Erwärmung aus den emulsirten Fetten mit der Lauge gewonnene Seife erstarrt beim Erkalten zu einem Kuchen, der sich an der Oberfläche der Flüssigkeit abscheidet und nach Versuchen, die im Laboratorium für technische Chemie in Braunschweig angestellt

wurden, aus wirklicher Seife besteht und keine unverbun=
denen Fetttheile enthält.    Zur Darstellung guter Toi=
lettenseifen eignet sich hiernach die Methode von Mège=
Mouriès ganz besonders gut, da sie eine sehr neutrale
Seife liefert. (Vergl. unten: Kalte Verseifung.)

Im Handel unterscheidet man h a r t e oder N a t r o n =
s e i f e n, welche Natron als Basis entweder allein oder
mit etwas Kali enthalten, und w e i c h e oder K a l i =
s e i f e n, auch S c h m i e r s e i f e n genannt, in welchen
nur Kali als Basis vorkömmt.    Die mit Kali bereiteten
Seifen sind stets weicher, als die aus demselben Fette mit
Natron bereiteten; und außerdem sind diejenigen, welche
mehr Oleinsäure enthalten, weicher als diejenigen mit
vorherrschendem Stearinsäuregehalt.    Die Kaliseifen sind
stets gefüllte Seifen, da sie durch das Aussalzen mit
Kochsalz in Natronseifen verwandelt würden.

In England, wo die Parfümisten sich, wie schon er=
wähnt, ihre Seife nicht selbst bereiten, sind folgende Roh=
seifen für dieselben von Wichtigkeit; es sind dieselben
Seifen, welche auch die deutschen Parfümisten, die sich
ihre Seifen nicht selbst darstellen können, benutzen müssen:

Die reine K e r n = T a l g s e i f e oder S o d a s e i f e
(Curd soap; le blanc de suif), aus reinem Rindstalg
und Natronlauge bereitet. Sie ist entweder, jedoch selten,
wirkliche Kernseife, gewöhnlicher geschliffene Seife.    Sie
muß möglichst neutral sein und bildet die Grundlage für
alle fein parfümirten Seifen überhaupt.

Die O e l s e i f e, auch v e n e t i a n i s c h e oder m a r =
s e i l l e a n e r S e i f e (Oil soap; le savon à l'huile) ge=

nannt, wird aus Olivenöl und Natronlauge dargestellt, und zwar besonders schön im südlichen Frankreich. Sie ist hart, weiß, feinkörnig, ganz geruchlos, sehr neutral, enthält wenig (bis zu 30 Proc.) Wasser und ist eine Kern= seife. In neuerer Zeit erhält man jedoch als Oelseife häufig eine weniger gehaltvolle geschliffene Seife.

Die castilianische Seife (Castile soap; le savon de Castille) von Alicante in Spanien wird wie die Oelseife bereitet, zeichnet sich jedoch durch ihre schwarz= grüne Marmorirung aus, die dadurch hervorgebracht wird, daß man dem Seifenleim etwas schwefelsaures Eisenoxydul (Eisenvitriol) zusetzt, aus welchem durch das Alkali Eisen= oxydul abgeschieden wird, welches an der Luft die schwarz= grüne Färbung annimmt. Bleiben die Stücke dieser Seife längere Zeit mit der Luft in Berührung, so oxydirt sich das Oxydul des Eisens vollständig zu Eisenoxyd, und solche Seife erscheint auf der Oberfläche roth marmorirt, ist aber inwendig noch schwarz marmorirt.

Die Kokosnußöl=Sodaseife oder Kokos= nußölseife (Marine soap; savon marin) ist eine ge= füllte Seife, die man nur selten aus reinem Kokosnußöl, sondern meistens aus Mischungen des Kokosöles mit anderen Fetten mittelst Natronlauge bereitet. Diese Seife enthält zuweilen bis zu 75 Proc. Wasser, wird oft auch nur Sodaseife genannt, ist wegen ihres unange= nehmen Geruches, der den Händen, überhaupt der Haut, sehr lange anhaftet (siehe unten), vielen Menschen sehr zuwider, wird aber dennoch äußerst häufig zur Fabrikation parfümirter Seifen mit verwendet. Sie ist im Wasser

leicht löslich, selbst im Meerwasser, daher ihr Name
Marine soap. Die Seifensieder bereiten sie stets so, daß
sie einen großen Ueberschuß von Natron, sowie auch koh=
lensaures Natron und manchmal Kochsalz enthält, daher
ihre beißenden und ätzenden Eigenschaften.

Die Fabrikation der Kokosnußöl= oder Cocosnuß=
ölseife bietet wenig Schwierigkeit; man hat nur darauf
zu achten, daß das richtige Verhältniß von Lauge zur
Anwendung kömmt. Das Kokosnußfett verhält sich beim
Verseifen ganz anders, als Talg und Baumöl. Während
die letzteren beim Erwärmen mit schwachen Laugen mit
diesen eine milchartige Mischung bilden, giebt das Kokos=
nußfett keine solche Emulsion, sondern schwimmt obenauf
und wird kaum angegriffen. Mit stärkerer Lauge beginnt
nach einiger Zeit die Verseifung plötzlich und schreitet so
rasch durch die ganze Masse fort, daß der Spatel, welcher
vor einigen Minuten noch die Flüssigkeiten leicht bewegte,
kaum mehr die erstarrende Seife zu durchschneiden ver=
mag. Da sich die Kokosnußölseife in Salzlauge ziemlich
leicht auflöst und sich nur auf Zusatz einer unverhältniß=
mäßig großen Menge von Kochsalz als sehr harte mit dem
Spatel nicht schneidbare Masse abscheidet, so unterläßt
man bei ihrer Fabrikation das Aussalzen. Eben deshalb
enthält sie alle Bestandtheile der Unterlauge, als: Ueber=
schüssiges Natron, kohlensaures Natron ɾc. und Glycerin.
Man gewinnt nur dann eine gute Kokosnußölseife, wenn
man auf einmal die richtige Menge von Lauge mit dem
Kokosnußfett vermischt. Bei zu wenig Lauge würde
unzersetztes Fett in der Seife bleiben, was durch Zusatz

von mehr Lauge zur bereits erstarrten Seife nicht mehr
entfernt werden könnte und bei zu viel Lauge wird die
Seife zu scharf. Von gleicher Wichtigkeit ist die An=
wendung einer Lauge von richtiger Concentration. Bei
zu schwacher Lauge müßte man längere Zeit kochen, um
eine Verseifung herbeizuführen; bei zu concentrirter Lauge
dagegen erfolgt die Verseifung zu rasch, so daß vor der
Erstarrung zu wenig Zeit bleibt zur vollständigen Ver=
einigung und Vermischung zwischen sämmtlichen Theilen
des Fettes und der Lauge. Die dabei entstehenden harten
Klumpen enthalten theils Lauge, theils unverändertes
Fett neben der Seife. Nach R. Böttger eignet sich
am besten eine Natronlauge, welche kalt 27° Baumé zeigt
und 14,4 Proc. wasserfreies Natron enthält. Von solcher
Natronlauge braucht man zur vollständigen Verseifung
von 100 Kilogr. Kokosnußfett das gleiche Gewicht, also
ebenfalls 100 Kilogr. (Vergl. auch unten: Kalte Ver=
seifung.)

Die gelbe Seife oder Harzseife (Yellow soap;
savon jaune) bereitet man, indem man gleiche Theile von
Colophonium oder Terpentinharz und Talg oder Schweine=
fett erst zusammenschmilzt und dann mit Natronlauge
verseift.

Die Palmöl=Seife (Palm soap; savon de palme)
wird entweder aus reinem Palmöl und Natronlauge (nur
in England) oder aus Mischungen von Palmöl mit Rinds=
talg oder Palmöl, Rindstalg und Colophonium dar=
gestellt, besitzt die Farbe und den eigenthümlichen Geruch
des Palmöles. Die bekannte Eschweger Seife ist

ebenfalls eine Palmölseife und wird nach Unger darge=
stellt, indem man einerseits 200 Theile Palmöl mit Aetz=
natronlauge von 35⁰ B. (21 Thle. wasserfreies Natron
enthaltend) und zwar mit dem gleichen Gewichte dieser
Lauge verseift und aus dem hierbei gewonnenen Seifen=
leim durch Aussalzen mit Kochsalz Palmöl=Kern=
seife abscheidet. Andererseits verseift man 100 Thle.
Kokosnußfett mit 100 Thln. Aetznatronlauge von 27⁰ B.
(s. oben), welche jedoch außer 14,4 Thln. wasserfreiem
Natron zugleich 12,82 Thle. wasserfreies kohlensaures
Natron enthalten muß, setzt sodann zu dem aus Kokosfett
gewonnenen Seifenleim die vorher ausgeschiedene Palmöl=
Kernseife und kocht, bis eine innige Vermischung einge=
treten ist. Aus 200 Theilen Palmöl und 100 Theilen
Kokosnußfett erhält man auf diese Weise gewöhnlich
615 Theile Eschweger Seife, die hiernach eine Halb=
kernseife ist. Nach Unger kann man aus Kokos=
nußfett keine gut erstarrende Seife gewinnen, wenn man
nicht eine Lauge verwendet, die außer Aetznatron zugleich
kohlensaures Natron enthält. — In neuerer Zeit wird
übrigens das Palmöl sehr häufig gebleicht. Am besten
gelingt nach Engelhardt das Bleichen des Palmöls,
indem man z. B. je 100 Kilogr. desselben in einem Kessel
auf 62 — 65⁰ C. erwärmt, hierauf über Nacht der Ruhe
überläßt, so daß es sich auf 40⁰ C. abkühlt, klar in ein
Faß abzieht und. in diesem mit einer Auflösung von
1½ Kilogr. doppelt chromsaurem Kali (rothem Chromsalz)
in 4½ Thln. siedendem Wasser, zu der man 6 Kilogr.
rohe Salzsäure gemischt hat, allmälig und unter bestän=

tigem Umrühren versetzt. Man setzt das Umrühren noch 5 — 10 Minuten lang fort, in welcher Zeit die Bleichung vollendet ist. Hierauf wird das Palmöl durch wieder= holtes Waschen mit heißem Wasser von allen anhaftenden Salz= und Säuretheilen befreit und erscheint dann ganz weiß, liefert nun auch bei der Verseifung sehr schöne weiße Seifen, die wesentlich werthvoller sind als die unschön gelb gefärbte Seife, die man aus ungebleichtem Palmöl gewinnt.

Die weiche Seife (Soft soap; savon mou) wird `durch Verseifung von Olivenöl oder geringeren fetten Oelen mit Kalilauge dargestellt. Sie ist eine gefüllte Seife mit ziemlich viel (bis 50 Proc.) Wasser. Die bei uns gewöhnlich in den Handel kommende Schmierseife wird aus verschiedenen trocknenden Oelen, namentlich Hanföl und Kalilauge, bereitet. Sie ist im Wasser sehr leicht löslich, klar, zähe (nicht fest) und besitzt eine grüne Farbe, weshalb man sie häufig auch grüne Seife, Green soap, savon vert, nennt. Ein ähnliches Product, nur durch Blauholz und Eisenvitriol gefärbt, ist die schwarze Seife.

Die Thranseife (Naples soft soap; savon mou de Naples), aus Kalilauge und Fischfetten (Fischthran) dargestellt, ist weich, aber von widerlich thranigem Ge= ruche, so daß man sie nur zuweilen zur Bereitung von Bartseifen benutzt. In Neapel wird sie aus Fischöl und Luccaöl bereitet.

Ueberhaupt sind die harten Seifen fast allein in Anwendung zur Ueberführung in parfümirte Seifen, während man die weichen Seifen nur zu Bartseifen benutzt.

Das Publikum verlangt eine Seife, welche nicht zusammenschrumpft, ihre Form überhaupt nicht verändert; die Seife soll beim Gebrauche einen starken Schaum geben und die Haut geschmeidig und rein machen; sie soll entweder ganz geruchlos, oder wohlriechend sein. Keine Rohseife besitzt alle diese Eigenschaften zugleich, und es ist daher die Aufgabe des Parfümisten, der sich seine Seifen nicht selbst bereitet, diese Rohseifen in den gewünschten guten Zustand überzuführen, was, wie wir sehen werden, auf verschiedene Weise geschehen kann. Die oben genannten Rohseifen bilden die Grundsubstanz zur Darstellung aller der verschiedenen fein parfümirten Toiletteseifen, in welche sie durch zweckmäßiges Zusammenmischen, Umschmelzen und Parfümiren übergeführt werden, wie wir nun näher erörtern wollen.

## Umschmelzen der Seife.

Dieses Verfahren kann nur in Anwendung kommen, wenn man keine hochparfümirte Seife zu bereiten hat, und wird auf folgende Weise bewerkstelligt: Die Seifenbarren oder Seifenstangen werden zunächst in ganz dünne Späne zerschnitten; denn da die Seife ein sehr schlechter Wärmeleiter ist, so läßt sich ein größeres Stück derselben nicht schmelzen. Das Zerkleinern der Seife geschieht am besten auf die Weise, daß man die Seife gegen einen Draht oder gegen eine Claviersaite andrückt, wozu man sich folgender Vorrichtung bedient. Man spannt nämlich die Saite mit

Hülfe zweier Schrauben auf den Arbeitstisch fest, so daß sich zwischen ihr und der Tischplatte nur ein kleiner Raum befindet. Drückt man nun die Seifenstangen gegen diese Saite hin und her, so erhält man beliebig dünne Späne, jenachdem der Zwischenraum zwischen der Saite und dem Tische größer oder kleiner ist, was sich mit Hülfe der Schrauben reguliren läßt. Hierauf folgt das eigentliche Schmelzen der Seife. Die zerschnittene Seife wird in einen eisernen Kessel gethan, der je nach Umständen 15 bis 150 Kilogr. zu fassen vermag, und durch heiße Dämpfe oder ein Wasserbad erhitzt wird. Das Eintragen der Seife geschieht portionsweise und so, daß man die Seifenspäne an die Wände des Kessels rund herum anzu= legen sucht: zugleich setzt man etwas Wasser zu, doch nur wenige Gramme, nicht um die Seife wirklich aufzulösen, sondern nur um das Umschmelzen derselben zu erleichtern. Der Kessel wird dann bedeckt und in ungefähr einer halben Stunde ist die Seife zusammengeflossen. Man setzt eine neue Portion zu, bis die ganze Masse eingetragen ist. Je mehr Wasser eine Seife enthält, desto leichter schmilzt die= selbe. Eine Kokosnußöl=Seife oder eine frische gelbe Seife braucht daher nicht halb so viel Zeit, als dieselbe Portion alte Talgseife.

Sollen verschiedene Seifen zu einer Masse zusammen= geschmolzen werden, so trägt man die verschiedenen Sorten in abwechselnden Portionen in den Kessel ein, doch so, daß auf einmal nur eine Seifensorte hineingethan wird, damit man sicher ist, daß alle Theile derselben gleich leicht schmelzen. Während die Seife schmilzt, muß sie, theils

um eine gleichmäßige Mischung zu bewirken, theils um
die Bildung von Klumpen zu verhindern, von Zeit zu
Zeit mit einer sogenannten Krücke in Bewegung gesetzt
werden. Die Krücke ist ein Instrument, welches aus einer
langen Handhabe mit einem kurzen verkehrten Kreuze be=
steht und einem umgekehrten Anker gleicht, dessen Krüm=
mung derjenigen des Kessels entspricht. Ist die Seife
vollständig geschmolzen, so wird, wenn sie gefärbt werden
soll, erst der Farbstoff und dann der Parfüm zugesetzt und
das Ganze mit der Krücke gut durchgearbeitet.

Zum Färben benutzt man besonders Schmalte, Ultra=
marin, Zinnober, Umbra, in der neueren Zeit häufig
auch Anilinfarben und andere mehr. Will man der Seife
ein marmorirtes Ansehen geben, so werden die ver=
schiedenen Erdfarben erst in etwas Wasser aufgerührt und
unter leichtem Umrühren in die Seife eingetragen, so daß
sie sich nur theilweise mit der Seife vermischen.

Die geschmolzene Seife wird nun in die Form ge=
bracht. Zuerst gießt man sie in den Tafelformkasten
(s. Fig. 69, sowie auch Figur 81 auf S. 400), der aus

Fig. 69. Tafelformkasten.

verschiedenen, genau aufeinander passenden viereckigen
Rahmen besteht. Nach 2—3 Tagen hat sie sich so stark
abgekühlt, daß man einen Rahmen nach dem andern
abheben kann, wobei man die jedesmal hervorstehende
Tafel, wie die Figur 69 zeigt, mit dem Drahte abschneidet.
Die abgeschnittenen Tafeln läßt man einige Tage auf der
schmalen Fläche stehen, damit sie sich ganz abkühlen, und
bringt sie sodann in den Stangenformkasten (siehe
Fig. 70), der aber so hoch ist, als die Tafel breit, und
ebenso breit, als die Tafel dick. Die in diesem hergestellten
Stangen werden ferner in den Würfelformkasten
(s. Fig. 71) geschoben und in diesem in gleichmäßige
Würfel zerschnitten. In den großen Fabriken zu Marseille

Fig. 70. Stangenformkasten.     Fig. 71. Würfelformkasten.

und Paris, sowie auch in Deutschland hat man zum Zer=
schneiden der Seife zweckmäßigere mechanische Vorrichtun=
gen, wodurch viel Zeit erspart wird (s. unten die Fig. 82
auf S. 401 und Fig. 83 auf S. 404).

Um den Seifenstücken die verschiedenen, oft ungemein
zierlichen Formen, z. B. von Früchten, Figuren ꝛc., zu
geben, in welchen sie in den Handel kommen, bedient man
sich verschiedener Pressen, welche in ihrer Construction

mit den gewöhnlichen Stempelpressen übereinstimmen,
jedoch sehr solid und von kräftiger Wirkung sein müssen.
Für kleinere Fabriken eignet sich die in Fig. 72 abgebil=

Fig. 72. Kleinere Seifenpresse.

dete Seifenpresse sehr gut.   Für größere Fabriken ist die
in Fig. 74 zur Anschauung gebrachte große Presse von
Brunot in Paris zu empfehlen.   Zu der Presse
hat man nun verschiedene passende metallische Formen
(s. Fig. 73).   Diese bestehen aus zwei gut auf einander

Fig. 73. Seifenform.

passenden Theilen, auf deren innerer Wand die Zeichen, Buchstaben ꝛc., mit welchen man die Seife beim Pressen zugleich mit versehen will, eingravirt sind. Mit dem beweglichen Theile der Presse wird die obere Hälfte der Form fest verbunden; die untere Hälfte der Form wird in den Tisch der Presse eingesetzt, so daß beim Nieder=

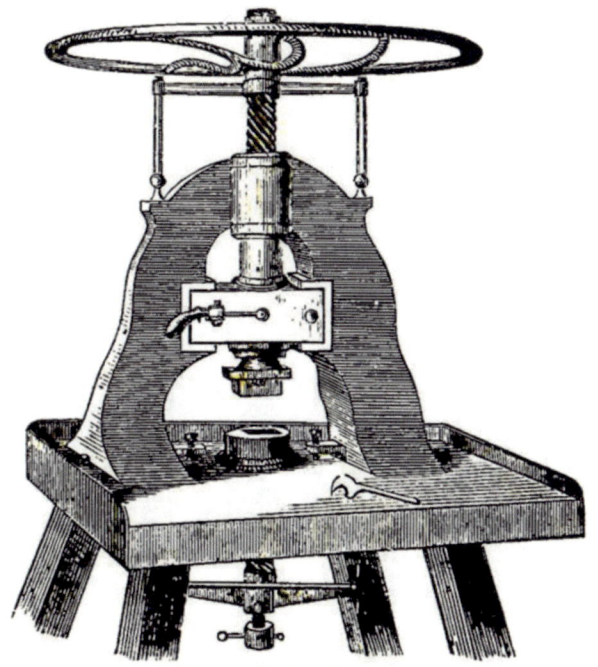

Fig. 74. Große Seifenpresse.

drücken der Presse die Ränder beider Hälften der Form genau auf einander zu liegen kommen. Man setzt die

Presse mittelst der an derselben angebrachten Kurbel oder
des Schwungrades in Bewegung, wobei an der in Fig. 74
abgebildeten großen Presse eine Vorrichtung angebracht
ist, wodurch die Presse beständig auf= und niedergeht, so
daß man gerade nur so viel Zeit übrig behält, um das
gepreßte Stück herauszunehmen und dafür das zu pressende
in den unteren Theil der Form hineinzulegen.   Zur
Hervorbringung künstlicherer Formen ist oftmals ein zwei=
maliges Pressen nöthig; man giebt dann dem Seifenstück
in der ersten Form nur die rohere Gestalt und vollendet
es erst in der zweiten Form.   Die zu Früchten gepreßten
Seifen werden dann gewöhnlich in geschmolzenes Wachs
eingetaucht und dann noch bemalt.

Die Seifenkugeln werden meist aus freier Hand
geschnitten, mit Hülfe eines ringförmig schneidenden

Fig. 75.  Seifenlöffel.

Instrumentes von Messing oder Horn, welches Seifen=
schaufel oder Seifenlöffel genannt wird (s. Fig. 75).

## Die Seifenpulver

werden dargestellt, indem man die Seife erst hobelt, die Späne an einem warmen Orte vollständig trocknen läßt und dann mahlt oder zerstößt und mit irgend einem Wohlgeruche parfümirt. Ein sehr wirksamer Pulveri= sirapparat (von Brunot in Paris) ist der in Fig. 76 dargestellte. Derselbe besteht aus einem Mörser, in

Fig. 76. Pulverisirapparat.

welchem drei Keulen, die sich in rotirender Bewegung be=
finden, abwechselnd auf die zu pulvernde Substanz nie=
derfallen und diese in das feinste Pulver verwandeln.
Um das Verstäuben des Pulvers zu verhindern, bedeckt
man den Mörser gewöhnlich mit einer ledernen Kappe.
Selbstverständlich kann dieser Apparat nicht allein zum
Pulvern der Seife, sondern auch zum Pulvern anderer
Stoffe, wie z. B. der zu den Riechpulvern, Zahnpulvern ꝛc.
dienenden, benutzt werden.

## Kalte Parfümirung der Seife.

Diese Methode dient zur Darstellung der feinsten
Seifen.   Sollen nämlich hoch oder sehr fein parfümirte
Seifen bereitet werden, so darf man die Rohseife nicht
schmelzen oder wenigstens die Parfüme nicht zur geschmol=
zenen Seife hinzusetzen, da sonst zu viel von den Parfümen,
und zwar gerade von den schönsten, flüchtigsten, durch die
Wärme verloren ginge, und man benutzt in diesem Falle
die sogenannte kalte Parfümirung.  Diese ist sehr einfach,
erfordert aber eine große mechanische Arbeit und ist daher
umständlich.

Die dazu nöthigen Werkzeuge sind: ein guter Zimmer=
mannshobel, ein guter Marmor= oder Serpentinmörser
und eine solide Mörserkeule von Guajak, Buchsbaum oder
einer anderen harten Holzart.  Das Holzwerk des Hobels
muß an der oberen Seite des Hobels so ausgeschnitten
sein, daß, wenn man den Hobel verkehrt (die Schärfe des
vorstehenden Hobeleisens nach oben gerichtet), quer über
den Mörser legt, derselbe fest auf diesem sitzt und sich nicht

abschieben kann, wenn man die Seife darüber hin und
her führt (s. Fig. 77).

Man beginnt nun zunächst mit dem Hobeln der Seife,
welche parfümirt werden soll, indem man je 3½, 7 oder
10½ Kilogr. der rohen Seifenstangen nacheinander gegen
den verkehrt und quer über dem Mörser ruhenden Hobel

Fig. 77. Seifenhobel.

stößt, wobei die feinen Späne sogleich in den Mörser fallen.
Gerade wie man an manchen Orten das Holz nicht wirk=
lich sägt, sondern über die Säge führt, so wird auch hier
die Seife nicht wirklich gehobelt, sondern über den Hobel
geführt. War die Seife frisch vom Seifensieder bezogen,
so besitzt sie gerade den richtigen Feuchtigkeitsgehalt, um
parfümirt werden zu können, war sie aber schon längere
Zeit aufbewahrt, so ist sie zu trocken, und wird nun
zunächst, nachdem sie gehobelt ist, mit so viel destillirtem
Wasser besprengt, daß auf je ein Kilogramm der ersten
40—100 Gramme des letzteren kommen. Nach 24stün=
digem Stehen ist alles Wasser von der Seife aufgesaugt

worden. Zu der gehobelten Seife mischt man nun, so
gut es geht, das Gemenge der Parfüme und arbeitet hier=
auf Alles mit der Keule mehrere Stunden lang so durch,
daß man eine gleichförmige Masse erhält, in welcher sich
keine Klümpchen mehr befinden, eine sehr heiße Arbeit!

Ist Alles gleichmäßig gemischt, so wägt man sich die
zu den einzelnen Stücken nothwendigen Portionen ab,
formt dieselben mit der Hand zu eiförmigen Kuchen, welche
man reihenweise auf Bogen von weißem Papier legt,
einen Tag zum Trocknen darauf liegen läßt und dann
mit Hülfe der oben beschriebenen Presse formt. Bevor
man die Stücke in die Formen legt, bepudert man sie mit
etwas Stärkepulver oder bestreicht die Formen mit etwas
Oel, damit keine Theile der Seife in der Form hängen
bleiben.

Es ist einleuchtend, daß diese Methode viel zu müh=
sam ist, um große Quantitäten von Seife auf kaltem
Wege zu parfümiren. Man hat daher angefangen, die
Handarbeit durch Maschinen zu ersetzen, welche ähnlich
wie die Cacaomühlen construirt sind, und dabei die Seifen=
masse rasch und vollständig zusammenarbeiten. Solche
Maschinen sind zur Zeit in allen größeren deutschen und
französischen Parfümeriefabriken im Gebrauch. Eine der
besten Maschinen dieser Art ist die S e i f e n m ü h l e oder
P i l i r m a s c h i n e, Machine broyeuse (s. Fig. 78).
Dieselbe besteht aus drei glatten Granitwalzen, welche
man beliebig stellen kann, so daß sie einen engeren oder
weiteren Zwischenraum zwischen sich lassen. Auf der
rechten Seite der Abbildung sieht man eine hölzerne Rinne,

deren oberes Ende höher ist, als das Schwungrad; in
diese Rinne legt man die zu zermalmenden Seifenstangen,

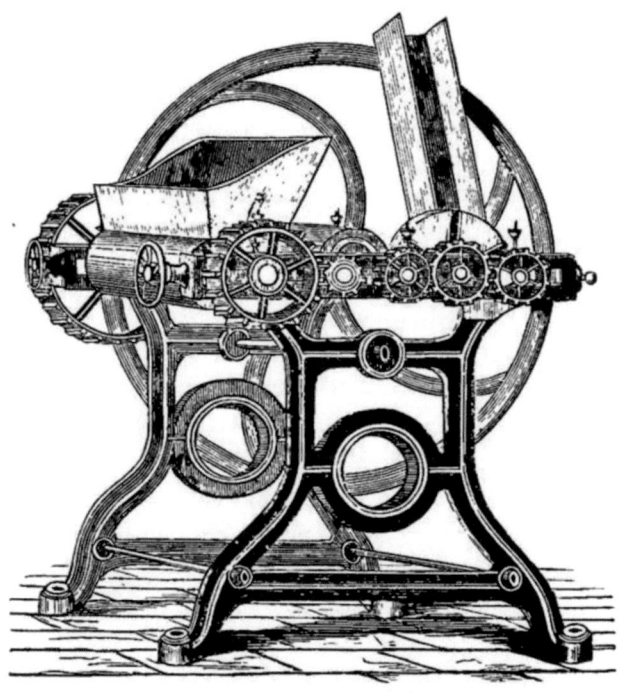

Fig. 78. Kleinere Seifenmühle.

die man vorher geschnitten hat, ein und setzt nun die
Maschine in Bewegung.  Dabei gleiten die Stangen auf
einen Kreishobel nieder, welcher die Seife mit großer
Schnelligkeit in feine Späne schneidet, die man in einer
untergestellten Kiste auffängt.  Dieser Kreishobel besteht

aus einem kurzen, nur an einem Ende geschlossenen
Cylinder; das andere Ende desselben ist offen, damit die
in das Innere des Cylinders fallenden Späne heraus=
fallen können. Auf der äußeren cylindrischen Fläche sind
in gleicher Entfernung von einander drei Hobeleisen oder
Messer angebracht, deren scharfe Seite etwas schräg über
die Fläche hervorsteht. Sowie sich dieser Hobel dreht,
kommen die Messer desselben mit dem auf dieselben nieder=
gefallenen Seifenstück in Berührung und schneiden fort=
während Späne davon ab, bis das ganze Stück fein ge=
hobelt ist und man ein neues auflegt, um den Proceß
fortzusetzen. Die so geschnittene Seife wird nun mit der
Mischung der Parfüme übergossen, mit welcher man sie
parfümiren will, auch mit den Farben bestreut, wenn sie
gefärbt werden soll, und nun in den Kasten geworfen,
welcher über den beiden ersten Cylindern (auf der linken
Seite unserer Abbildung) angebracht ist. Diese beiden
Cylinder ziehen die darauf fallende Seife in sich hinein,
zermalmen dieselbe und verwandeln sie in ein zusammen=
hängendes dünnes Seifenblatt, welches von der zweiten
Walze fortgezogen und zwischen die zweite und dritte
Walze geführt wird, um hier nochmals zerquetscht zu
werden. Dabei ist der Mechanismus so angeordnet, daß
sich die drei Walzen verschieden schnell bewegen, wodurch
die Wirkung des Zerquetschens und Zermalmens der
Seifenspäne noch bedeutend vervollkommnet wird. In
der ganzen Länge des dritten Cylinders ist eine Messer=
klinge so angebracht, daß ihre scharfe Seite nach der Walze
gerichtet ist. Durch diese Klinge wird das dünne Seifen=

blatt, welches zwischen der zweiten und dritten Walze
durchgegangen ist und fest an der glatten Fläche der letz=
teren haftet, abgelöst und in einer untergestellten Kiste
aufgefangen.   Die hier beschriebene Maschine ist eine
kleinere und kann durch Menschenkraft bewegt werden,
wenn die Dampfkraft fehlt, die natürlich besser ist.   In
Fig. 79 haben wir noch eine größere Maschine dieser

Fig. 79. Größere Seifenmühle.

Art abgebildet, welche nur mittelst Dampfkraft bewegt
werden kann, und sich von der vorigen dadurch unterschei=
det, daß sie keinen Seifenhobel hat, der die Seife vorher

kleinschneidet, indem man zu diesem Behufe eine beson=
dere Hobelmaschine benutzt und die auf dieser gehobelte
Seife in den Kasten der Maschine wirft. Im Uebrigen
ist die Maschine der vorigen gleich construirt.

Um nun die auf der Seifenmühle gewonnenen zarten
Blätter der Seifenmasse in eine compacte Form zu bringen
und daraus Stücke zu bilden, die zum Einlegen unter die
Presse passen, bedient man sich der sogenannten Pelo=
teuse, Machine peloteuse, welche in ihrer Wirkung den
Nudelmaschinen gleicht. Diese Maschine, welche in Fig. 80
dargestellt ist, besteht in der Hauptsache aus einem sehr
festen viereckigen Kasten mit einem Deckel, der sich beliebig
auflegen oder abnehmen läßt. In diesem Kasten bewegt
sich eine Scheidewand, die die Stelle eines Kolbens ver=
tritt und genau in den Kasten hineinpaßt, hin und her,
welche Bewegung durch eine Stange mit Schraube ohne
Ende, die mit dem Mechanismus in Verbindung steht,
vermittelt wird. Will man die Maschine in Thätigkeit
setzen, so bewegt man die Scheidewand oder den Kolben
zurück bis an die hintere, auf der Zeichnung nach links
liegende Wand des Kastens, füllt nun den Kasten mit der
von der Seifenmühle gelieferten Seife so voll als möglich
an, deckt den Deckel, den man beim Füllen abgenommen
hatte, wieder fest auf und läßt nun, indem man die
Maschine in Bewegung setzt, die Scheidewand oder den
Kolben nach rechts hin vorrücken. Hierdurch wird die in
den Kasten gefüllte Seife mit großer Schnelligkeit nach der
nach Rechts liegenden Wand des Kastens hingedrängt und
fest zusammengedrückt. In dieser Wand befindet sich aber

Fig. 80. Pelotenfe.

eine Oeffnung (bei größeren Maschinen mehrere), welche
nach Belieben größer oder kleiner, von kreisrundem oder
ovalem Durchschnitt ist (man hat zu diesem Behufe ver=
schiedene Einsätze). In Folge des großen Druckes,
welchem die Seife im Kasten ausgesetzt ist, drückt sich diese
nun als zusammenhängende wurstförmige Masse zu diesen
Oeffnungen heraus, wird von einem feinen Tuch ohne
Ende, welches langsam über zwei Rollen läuft, auf=
gefangen und nach rechts hin weiter geführt. Die so
gewonnene wurstförmige dichte Seifenmasse wird endlich
durch einen einfachen Mechanismus quer durchschnitten,
und zwar in beliebig lange Stücke, die aber alle einander
gleich und sogar von ziemlich gleichem Gewichte sind, wenn
dies überhaupt gewünscht wird. Ist auf die beschriebene
Weise alle Seife aus dem Kasten herausgedrückt und der
Kolben bis an die nach Rechts liegende Wand des Kastens
vorgerückt, so bringt man die Maschine zur Ruhe, öffnet
den Deckel, schiebt den Kolben wieder an die Wand nach
Links zurück, füllt den Kasten von Neuem und beginnt die
Arbeit wieder in der beschriebenen Weise. Diese Maschine
liefert nun die Seife in Stücken von der Größe, wie
dieselben zum Pressen gebraucht werden, und man ver=
fährt nun beim Pressen, wie wir bereits (s. S. 383) mit=
getheilt haben. Man kann diese Maschine wie die vorige
kleiner für den Handbetrieb und größer für die Bewegung
mittelst Dampfkraft erhalten.

# Fabrikation der zum Parfümiren geeigneten Grundseife.

Wir haben oben bemerkt (s. S. 362), daß die Par=
fümisten in Deutschland und Frankreich die zu ihrer
Fabrikation erforderliche Seife gewöhnlich selbst fabriciren.
Es bedarf wohl kaum der Erwähnung, daß eine gute
Grundseife, d. h. eine zur Parfümirung vorbereitete
Seife, ein Haupterforderniß zur Erzielung feiner Toi=
letteseifen ist. Mit einem schlecht gereinigten Weingeist
können wir kein feines Bouquet bereiten, selbst wenn wir
die kostbarsten Parfüme anwenden. Derselbe Fall tritt
hier ebenfalls ein. Ist die Grundseife, die wir parfümiren
wollen, von ungenügender Beschaffenheit, so werden wir
auch mit den besten Parfümen kein Product erster Qualität
erzielen. Die Grundseife muß geschmeidig und fein sein,
eine schöne weiße Farbe besitzen; sie darf nicht zu viel
Wasser enthalten und muß neutral, d. h. frei von über=
schüssigem Natron und salzigen Beimischungen sein.

Zur Fabrikation einer guten Grundseife muß man vor
Allem ein gutes reines Fett auswählen. Die zur
Fabrikation der Toilettefeifen dienenden
Fette sind besonders folgende: Rinder= oder Hammel=
talg bester Beschaffenheit, in einzelnen Fällen auch Nieren=
talg; ferner frisches Schweinefett, Olivenöl, Kokosnußöl
und für einzelne Zwecke auch Palmöl, Sesamöl, Erd=
mandelöl und verschiedene andere Fette. Rinds=,
Hammel= und Schweinefett werden am besten
frisch vom Fleischer gekauft und sorgfältig ausgeschmolzen
(vergl. auch den Abschnitt über die Pomaden), oder dann

wenigstens die ausgeschmolzenen Fette, wie sie in den
Handel kommen, von einem soliden Hause bezogen. Das
Kokosnußöl, auch Kokosbutter genannt, ist das
Fett der Kerne der reifen Kokosnüsse. Man erhält es
besonders über England in den Handel und sollte nur die
beste Sorte, das sogenannte Cochin-Kokosöl von
reiner weißer Farbe und angenehmem, nicht ranzigem
Geruch, anwenden, weil die Seife von ranzigem, geringem
Kokosnußöl einen sehr starken, widerwärtigen, lange an
der Haut haftenden Geruch besitzt. Wahrscheinlich werden
die meisten unserer Leser diesen Geruch kennen, da schlechte
sogenannte Kokosnußöl-Sodaseife im Handel häufig vorkommt. Die Seife von gutem Kokosnußöl ist dagegen
geruchlos, sehr schön weiß, glatt, fest und schäumend; auch
verseift sich das Kokosnußöl von allen Fetten am leichtesten
und ist daher sehr geschätzt. Immerhin darf man zu den
feinen Seifen nicht zu viel Kokosnußöl verwenden, weil
die daraus bereiteten Seifen stets wasserhaltiger sind,
beim Aufbewahren zusammenschwinden und unansehnlich
werden.

Die Fabrikation der für die Parfümerie erforderlichen
Grundseife kann nun nach zwei verschiedenen Methoden erfolgen, nämlich entweder nach der Methode der
heißen Verseifung oder nach der der sogenannten kalten
Verseifung.

Die Methode der heißen Verseifung ist die
eigentliche Seifensiederei. Ueber die Ausführung
derselben haben wir schon oben (s. S. 363 bis S. 372)
bei der Erörterung des Verseifungsprocesses gesprochen und

fügen dem an citirter Stelle Gesagten nur noch bei, daß
der Parfümist hierbei denselben Weg einschlägt, wie der
Seifensieder zur Darstellung von Kernseife einschlagen
muß, daß aber der Parfümist die bestgereinigten Fette und
klare, reine Aetzlauge anwendet, überhaupt den ganzen
Proceß mit größter Genauigkeit ausführt, während der
Seifensieder zur Fabrikation billiger Seifen geringere
Rohmaterialien verwenden und den Proceß sorgloser
ausführen kann.

Die Methode der kalten Verseifung, welche
sehr häufig in Anwendung kommt, ist für den Parfümisten
sehr bequem und viel leichter auszuführen, als das Seifen=
sieden. Man verfährt hierbei im Allgemeinen nach den
bereits oben (s. S. 370 u. 374) erörterten Erfahrungen.
Zur speciellen Vornahme dieser Art der Verseifung sind die
nachstehenden Angaben von F. Struve in Leipzig dienlich:
Die gut gereinigten Fette, die man gemeinschaftlich zur
Bereitung eines Quantums Seife benutzen will, z. B.
Rindstalg mit Kokosnußöl, werden in einen völlig blanken
eisernen Kessel gethan und in diesem über freiem Feuer
oder durch eine Dampfschlange vorsichtig bis zum Schmelzen
erwärmt. Gewöhnlich wirft man zuerst das schwerer
schmelzbare Fett in den Kessel und läßt dann das Oel
oder leichter schmelzbare Fett, ohne stärker zu erhitzen, zu,
sobald ersteres ganz geschmolzen ist, indem es gut ist,
wenn die Temperatur der Masse höchstens bis 40° steigt.
Ist alles Fett geschmolzen, so colirt man es durch Mousselin
in einen anderen Kessel, und setzt nun zu dem colirten,
höchstens 35° warmen Fettgemisch unter beständigem Um=

rühren die zur Verseifung erforderliche Natronlauge ganz
allmälig zu.     Zu je 100 Kilogr. von geschmolzenem Fett
braucht man 50 Kilogr. Aetzlauge von 35° Baumé, und
man ersieht hieraus, daß bei dieser Methode eine viel
concentrirtere Natronlauge angewandt wird, als beim
Seifensieden. Eine dünnere Lauge würde bei so niedriger
Temperatur nicht oder nur sehr langsam wirken. (Wie
wir oben S. 375 gesehen haben, wird von anderer Seite
eine verdünntere Lauge von nur 27° B. empfohlen, doch
haben wir uns selbst überzeugt, daß man bei genauer
Befolgung der Struve'schen Angaben mit der starken
Lauge von 36° Baumé sehr gute Seife gewinnt.)   Die
Lauge, die man zusetzt, muß ganz klar und farblos sein
und braucht vorher nicht erwärmt zu werden, wenn man
sie in einem geheizten Raume aufbewahrt.   Sehr zweck=
mäßig ist es, der Natronlauge ungefähr $^1/_{10}$ ihres Gewichtes
Kalilauge zuzusetzen.   Zum Umrühren benutzt man am
besten einen Spatel von Buchsbaumholz, welcher unten
scharfrandig und ziemlich breit, oben, damit er sich bequem
umfassen läßt, rund ist. Der Spatel wird mit der breiten
Seite fortwährend im Kessel hin und her bewegt. Sowie
man die ersten Portionen der Lauge zugegossen hat, wird
das Fett trübe, und nachdem alle Lauge zugegossen ist
und man unaufhörlich mit dem Spatel rührt, fängt die
Masse an, dicker und schleimiger zu werden, so daß sie
dem Spatel folgt. Endlich, je nach der Zusammensetzung
des Fettkörpers, nach 1—5 Stunden (bei 100 Kilogr.)
wird sie so dick, daß man den Spatel nicht mehr gut
durchführen kann und derselbe stecken bleibt, wenn man

ihn in die Masse steckt. Wenn die Masse in den dickeren,
breiigen Zustand überzugehen anfängt, ist dieses das An=
zeichen, daß nun die Bildung der Seife beginnt. Diesen
Moment, wobei die Masse fast kalt geworden, benutzt
man, um, wenn man gefärbte Seife haben will, die
Farbstoffe, sowie, wenn man parfümirte Seife
haben will, die wohlriechenden Oele zu der Masse
zuzusetzen und unter sorgfältigstem Umrühren damit zu
vermischen, was besonders bei manchen Oelen, wie z. B.
beim Rosenöl, nicht leicht ist, da sich diese Oele nur schwer
ganz gleichmäßig mit der dicken Masse verrühren lassen.
Sind Farbstoffe und wohlriechende Oele gleichmäßig in
der Masse vertheilt und die Masse so dick, daß sie nicht
mehr von dem Spatel abtropft, so schöpft man sie mit
Hülfe eines großen langstieligen Löffels in den sogenannten
Seifenkasten, auf dessen Boden man Tücher so ausgebreitet
hat, daß sie auch in den Ecken des Kastens keine Falten
bilden und über den Rand des Kastens hinausreichen.
Der Seifenkasten wird so eingerichtet, daß er genau von
der Masse erfüllt wird; dann werden die Enden der weit
vorstehenden Tücher über der Oberfläche der Masse glatt
zusammengelegt, so daß die ganze Oberfläche ebenfalls von
den Tüchern bedeckt ist, endlich wird der Deckel des Kastens
darüber gelegt und nun das Ganze sich selbst 12—24
Stunden lang überlassen. Während dieser Zeit geht nun
der Seifenbildungsproceß ganz allmälig seiner Vollendung
entgegen. Wenn man nämlich die dicke Masse aus dem
Kessel in den Kasten füllt, hat man noch keine fertige
Seife; denn diese Masse ist noch sehr ätzend; nachdem

aber die Masse mehrere Stunden lang in dem bedeckten
Kasten gelegen hat, beobachtet man, daß plötzlich eine so
große Menge von Wärme entwickelt wird, daß das Holz
des Kastens auch äußerlich ganz heiß wird und die Masse
im Kasten wieder in einen fast flüssigen Zustand übergeht,
auch viel durchsichtiger wird.    Diese Wärme-Entwicklung
ist der Beweis, daß nun erst der chemische Zersetzungs=
proceß, den wir Verseifung nennen, vor sich gegangen ist,

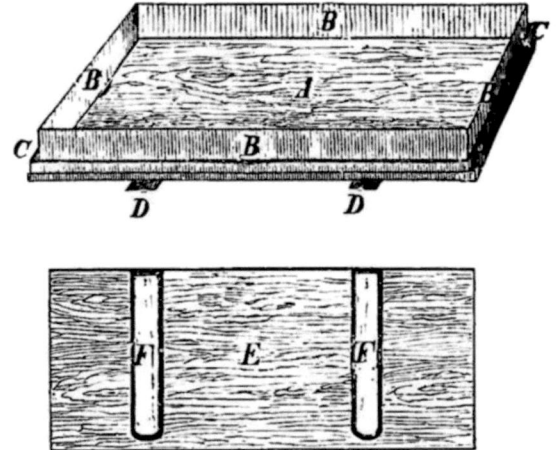

Fig. 81. Seifenkasten.

und beginnt die Masse oder nun entstandene Seife wieder
kühler zu werden, so schmeckt sie nicht mehr ätzend, sondern
so mild, wie überhaupt eine neutrale Seife schmecken muß.
Man läßt am besten die Seife so lange im Kasten, bis
sie ganz oder fast ganz erkaltet ist.    Vorstehende Abbil=
dung (Fig. 81) zeigt einen solchen Seifenkasten.

A ist der Boden desselben, aus einem soliden Brette be=
stehend, auf dessen unterer Fläche sich die beiden Ein=
schiebleisten D anbringen lassen, so daß das Brett nicht
unmittelbar auf den Dielen aufliegt und die Form besser
zu heben ist. B sind die vier Seitenwände des Kastens,
die aber nicht fest mit dem Boden A verbunden sind,
sondern als zusammenhängender Rahmen leicht in die am
Boden angebrachte Einfassung C gestellt und aus derselben
wieder gehoben werden können. E ist der genau auf den
Kasten passende Deckel, der auf seiner oberen Fläche die
beiden Leisten F hat, um leichter angefaßt werden zu
können. Flache Seifenkasten sind in vieler Hinsicht zweck=
mäßiger, als die früher gebräuchlichen hohen; besonders
wenn man gefärbte Seifen bereitet, behalten diese den
Farbstoff viel gleichmäßiger. Die Einrichtung, daß der
Rahmen der Seitenwände von dem Boden abzuheben ist,
ist deshalb sehr bequem, weil man, wenn die Seife fertig
ist, den Kasten nur auf seine Kante zu stellen und die die
Seifenplatte umfassenden Seitenwände vom Boden abzu=
ziehen braucht, so hat man die bereitete Seife in die Tücher
eingehüllt in dem Rahmen der Seitenwände, man zieht
nun die Tücher von den Oberflächen der Seifenplatte ab,
zieht damit zugleich die Seifenplatte aus dem Rahmen
heraus und kann dieselbe sogleich auf die Tischplatte des
Seifenschneidetisches legen, nachdem man mit einer Art
Hobeleisen oder einer Ziehklinge die von den Tüchern
netzartig gewordene Oberfläche der Platte glatt gestrichen
hat. — Auf dem Seifentisch zerschneidet man die Seifen=
platte in beliebig dicke Seifenstangen und in beliebig

große Seifenstücke. Der Seifenschneidetisch, dessen
sich Herr F. Struve bedient, ist sehr einfach und zweck=
mäßig eingerichtet (s. Fig. 82), wie die beistehende Figur
zeigt.    A ist die flache Tischplatte, die von drei Seiten

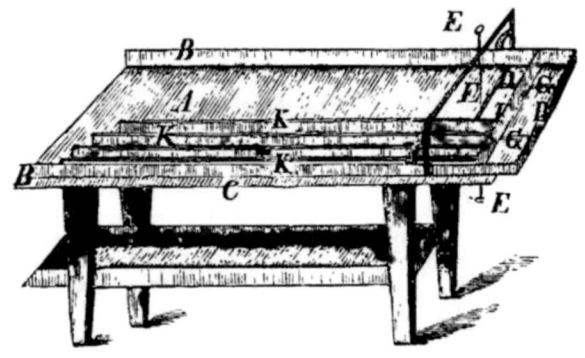

Fig. 82. Seifenschneidetisch.

mit den Randstücken B umgeben ist und an den Seiten
mit dem Rande C noch etwas vorsteht.    Quer durch die
ganze Tischplatte geht ein mit Messingblech sorgfältig beschla=
gener Einschnitt oder Durchschnitt D und hinter diesem
Durchschnitt befindet sich eine quer über den Tisch laufende
Stellleiste F, welche in den bis zum Durchschnitt D lau=
fenden Einschnitten G beliebig verschoben und unter dem
Tische durch Schraubenmuttern, die an den aus der Leiste
hervorragenden Schrauben angezogen werden können, in
jede beliebige Entfernung von dem Durchschnitt D gestellt
werden kann.    Will man auf diesem Tische die Seife
zerschneiden, so schiebt man die Seifenplatte oder die schon
geschnittenen Seifenstangen, die in unserer Abbildung

mit K bezeichnet sind, von vorn auf den Tisch und zwar
alle mit ihrem einen Ende genau an die gestellte Leiste F,
und zieht nun den festen Draht E, indem man ihn mit
jeder Hand an den an seinen Enden befindlichen Porzellan=
Ringelchen straff hält (wobei die eine Hand das Drahtende
über, die andere Hand das Drahtende unter dem Tisch
festhält) durch den Durchschnitt D des Tisches quer durch,
wobei, wie leicht aus unserer Figur zu ersehen ist, die
auf dem Durchschnitt liegende Seifenplatte in Seifen=
stangen, oder die auf dem Tische neben einander liegenden
Seifenstangen in Seifenstücke zerschnitten werden, und
zwar kann man beliebig dünnere oder dickere Seifenstangen
schneiden, indem man entweder die Stellleiste näher an
den Durchschnitt oder weiter von demselben entfernt, ver=
schiebt und befestigt. Hat man den Draht durchgezogen,
so nimmt man die abgeschnittene Stange oder die abge=
schnittenen Stücke von dem Tische weg, schiebt die Seifen=
platte oder die Seifenstangen wieder über den Durchschnitt
weg, bis sie genau an der Stellleiste F anliegen, zieht den
Draht von Neuem durch und fährt fort, bis die Seife in
der gewünschten Weise zerschnitten ist, was bei einiger
Uebung außerordentlich schnell geht, wobei man zugleich
den Vortheil hat, daß man die Stücke beliebig groß und
alle unter einander ganz gleich groß und scharf schneiden
kann. Noch ist zu bemerken, daß das kleine über dem
Durchschnitt des Tisches angebrachte Leistengestell I dazu
dient, den Draht beim Durchziehen daran zu halten, damit
man ihn nicht etwa umbiegt; es ist also I ein kleines
Hülfsgestell. H ist endlich ein unter dem Tisch verschieb=

barer Kasten, der sich bei M hervorziehen läßt und in welchen man die beim Schneiden abfallenden Späne wirft. Die geschnittenen Seifenstücke dagegen werden sogleich in Körbe geworfen.

Will man die Seifenplatte selbst nicht auf dem Tische in Stangen zerschneiden, sondern den Tisch nur zum Zerschneiden der Stangen in kleinere Stücke oder Würfel benutzen, so kann man sich zum Stangenschneiden eines einfachen, sehr bequemen Instrumentes, nämlich des Seifenschneiders (s. Fig. 83), bedienen. Der

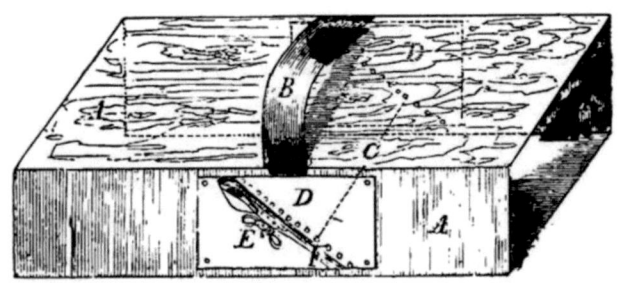

Fig. 83. Seifenschneider.

Seifenschneider besteht aus den drei Brettchen A, von welchen die zwei äußeren senkrecht an den Enden des mittleren horizontalen Brettchens befestigt sind. Quer über das mittlere Brettchen geht ein Lederriemen B, der an den Enden befestigt ist und in der Mitte soweit von dem Brettchen absteht, daß man die Hand zwischen den Riemen und das Brettchen schieben und so das Instrument sicher führen kann. In die Mitte der beiden Brettchen, welche gleichsam die Seitenwände bilden, sind die eisernen

Platten D eingesetzt. Jede, in je einem Seitenbrettchen eingesetzte Platte ist mit einer Reihe von Löchern versehen, so daß diese Löcher der beiden gegenüber liegenden Platten genau mit einander correspondiren. Außen auf jeder eisernen Platte ist unmittelbar unter der Löcherreihe eine halbrunde Leiste F befestigt, und neben dieser noch eine Schraube E mit Schraubenmutter. Will man dieses Instrument zum Schneiden benutzen, so zieht man, je= nachdem man dünnere oder dickere Seifenstangen haben will, den festen Draht C durch die höher oder tiefer liegenden mit einander correspondirenden Löcher der eisernen, in den gegenüberstehenden Brettchen befestigten Platten D, schlingt das auf der Außenseite jeder Platte hervorstehende Drahtende straff um die Leiste F und schraubt das Ende außerdem noch mit der Schrauben= mutter E fest auf die Platte, so daß der Draht, welcher unter dem horizontalen mittleren Brettchen quer von dem Loche der einen zu dem Loche der anderen Platte läuft, möglichst fest angespannt ist. Man setzt nun den Schneider auf die schmale Fläche der Seifentafel so auf, daß die innere Fläche des Mittelbrettchens auf der Seife anliegt, und führt ihn über die Tafel weg, wobei natürlich der Draht eine entsprechende Tafel abschneidet, deren Dicke der Entfernung des Drahtes von der inneren Seite des Mittelbrettchens entspricht.

Ist die Seife zerschnitten, so läßt man sie, wenn es nöthig erscheint, erst etwas abtrocknen, legt jedes Stück in die Form der Presse (s. oben Fig. 72, 73 und 74 auf S. 382 und 383) und preßt dasselbe. Bei feineren

Formen, besonders solchen, welche Stücke mit abgerundeten Kanten liefern, ist es empfehlenswerth, die scharfen Kanten der Stücke erst mit einem Messer wegzuschneiden, bevor man die Stücke in die Presse bringt.

Es ist einleuchtend, daß diese Methode ganz außerordentlich einfach und leicht ausführbar ist, im Vergleich zur eigentlichen Seifensiederei; die Seifen, welche man auf diese Weise erhält, sind auch geschmeidig und von schönem Ansehn, und ein ganz besonderer Vorzug liegt noch darin, daß man die Parfümirung mit der Seifenbereitung verbinden, also direct parfümirte Seifen bereiten kann, wobei jedenfalls nicht so viel von den Riechstoffen verloren geht, wie bei der oben (s. S. 378) beschriebenen Methode des Umschmelzens der Seife. Zur Darstellung der feinsten Seifen kann man jedoch auch nur eine Grundseife ohne Geruch verwenden und diese dann auf die oben (s. S. 386 bis S. 394) erörterte Weise auf kaltem Wege parfümiren.

So schön nun aber auch die Fabrikate sind, welche man durch diese Methode der Verseifung auf kaltem Wege herzustellen vermag, so müssen wir doch gestehen, daß dieselben auch einige sehr fatale Mängel haben. Die Verseifung auf kaltem Wege ist nämlich nie eine ganz vollständige; es entziehen sich immer einige Fetttheilchen der verseifenden Wirkung des Alkalis und bleiben unverseift in der entstandenen Seife zurück, während anderntheils trotzdem stets freies Alkali in diesen Seifen vorhanden ist. Man sagt in der Praxis, diese Seife sei nicht vollständig.

„gar". Außerdem bleiben die stets in der Lauge enthaltenen
salzigen Beimischungen (unzersetztes kohlensaures Natron,
etwas Kochsalz und schwefelsaures Natron) mit in der
Seife, welcher Uebelstand natürlich um so weniger fühlbar
wird, je reiner die angewandte Lauge war. Man ersieht
aber, wie nöthig es ist, eine möglichst reine Aetzlauge
anzuwenden. Auch das Glycerin, welches bei jedem
Verseifungsprocesse entsteht, bleibt mit in der Seife,
während es beim Sieden von Kernseife, wie wir oben
(S. 367) gesehen haben, nebst den salzigen Stoffen abge=
schieden wird. Dieser Glyceringehalt ist im Allgemeinen
von keinem besonderen Nachtheil, da man manche Seifen
sogar absichtlich mit Glycerin versetzt. Man will aber
doch nicht in allen, namentlich nicht in den ganz feinen
Toiletteseifen Glycerin haben, und es läßt sich nicht
läugnen, daß alle diese Beimischungen die Seifen verun=
reinigen und ihren Werth verringern. Besonders mißlich
ist aber die Thatsache, daß sich die auf kaltem Wege berei=
teten Seifen nicht gut halten, sondern beim Lagern be=
deutend schlechter, etwas ranzig werden, was namentlich
dann erfolgt, wenn sie mit der Luft in Berührung kommen,
und daher dadurch einigermaßen verhindert werden kann,
daß man jedes Stück einzeln in Stanniol wickelt, um die
Luft abzuhalten. Man wird dies um so lieber thun, als
diese Umhüllung zugleich die Verdunstung der Riech=
stoffe verhindert. Die Hauptursache dieser Verschlechterung
solcher Fabrikate bei längerem Liegen ist jedenfalls auf
ihren Gehalt an etwas unverseiftem Fett zurückzuführen.

Wie schon angedeutet sind die auf kaltem Wege be=

reiteten Toiletteseifen stets alkalisch.   Mag man noch so
große Sorgfalt bei ihrer Darstellung aufwenden, so wird
es doch nicht gelingen, sie so neutral zu erhalten, wie die
mit Lauge gekochten und durch Salz abgeschiedenen.   Man
bemerkt zwar diese kaustische Beschaffenheit der auf kaltem
Wege erzeugten Seifen nicht in dem Grade, wie man
erwarten könnte, weil das in diesen Seifen mit enthaltene
Glycerin dieselben sehr geschmeidig macht und das freie
Alkali verdeckt, ohne es jedoch zu neutralisiren.   Der oft
bedeutende Gehalt an überschüssigem Alkali macht die kalt
bereiteten Seifen als Toiletteseifen wenig empfehlenswerth,
indem diese Seifen die Haut angreifen und ihr statt der
gewünschten Glätte und Feinheit eine rauhe Beschaffenheit
ertheilen.   Man sollte daher die kalt bereiteten
Seifen von dem darin vorkommenden über =
schüssigen Alkali befreien, bevor man sie zu
Toiletteseifen verarbeitet, und dies gelingt nach Mialhé
leicht auf folgende Weise: die betreffende Seife wird in
dünne Späne zerschnitten, die Späne werden auf Hürden
ausgebreitet und in einer geeigneten Kammer der Wirkung
von Kohlensäure ausgesetzt, die man am einfachsten durch
Verbrennen von in einem kleinen Oefchen befindlichen
Holzkohlen erzeugen kann.   Die alkalische Seife absorbirt
die Kohlensäure und das freie Alkali verwandelt sich in
doppelt kohlensaures Natron, welches keinerlei nachtheilige
Wirkung auf die Haut ausübt, während das Glycerin
unverändert in der Seife verbleibt.   Eine so behandelte
Seife ist vollständig neutral. Diese Methode ist zwar sehr
einfach und von unfehlbarer Wirkung, erfordert aber

immerhin einige Vorrichtungen, welche manchen Parfü=
meuren unbequem sein werden.

Jedenfalls verdienen die Toilettseifen, welche aus
eigentlicher, sorgfältig dargestellter reiner Kernseife dar=
gestellt worden sind, unbedingt den Vorzug vor den durch
die kalte Verseifung hergestellten Producten, obschon die
letzteren durchaus nicht verwerflich sind und, da sie billiger
geliefert werden können, wenigstens in Deutschland großen
Beifall gefunden haben.

Es ist leider nur zu wahr, daß die deutschen Fabri=
kanten durch ihre eigenen Kunden oft dazu gezwungen
werden, schlechtere Fabrikate zu liefern; denn billig und
zugleich ausgezeichnet und in jeder Hinsicht tadellos, läßt
sich nicht immer ermöglichen, wenigstens nicht über eine
gewisse Grenze hinaus. Wenn das Publikum in den
Verkaufsladen eines deutschen Parfümisten tritt, so will
es ein Stück Seife kaum mit $2\frac{1}{2}$, höchstens mit 5 Sgr.
bezahlen. Der Fabrikant kann daher keine Waare bereiten,
die mehr kosten würde. Kommt nun Jemand, der ein
besonderer Kenner und Freund des Vorzüglichsten ist, so
findet er das, was er sucht, gewöhnlich beim deutschen
Parfümisten nicht; er kauft daher englische oder französische
Parfümerien, die er freilich doppelt und dreifach so theuer
bezahlt. Die deutschen Parfümisten könnten jedoch dasselbe
leisten, wenn sie eine sichere Kundschaft finden würden,
die den Preis bezahlt, der für die allerdings ganz vor=
züglichen französischen und englischen Fabrikate bezahlt
wird. Es würde hierdurch die Parfümerie in unserem
Deutschland bedeutend gehoben werden, und es wäre

erfreulich, wenn bald ein Fortschritt in diesem Sinne gemacht würde.

Zum Färben der Seifen kann man verschiedene Farbstoffe benutzen, die man gewöhnlich, bevor man sie zusetzt, mit etwas Weingeist anreibt und dann gleichmäßig mit der geschmolzenen, aber nicht mehr sehr warmen Seife mischt oder der Grundseife bei der Bearbeitung auf der Seifenmühle zusetzt. Ein zartes dauerhaftes Rosa erhält man z. B. mit Zinnober; ein schönes Grün mit echtem Chromgrün, welches in neuester Zeit sehr schön dargestellt wird und durchaus nicht giftig wirkt (damit ist nicht zu verwechseln das gewöhnliche Chromgrün oder sogenannte Zinnobergrün des Handels, eine Mischung von Chromgelb und Berlinerblau). Zu Blau nimmt man gewöhnlich Schmalte, könnte aber auch Ultramarin anwenden. Zu Braun nimmt man Caramel oder entfetteten fein gemahlenen Cacao. Violett erzeugt man mit Anilinviolett. Ein blasses Gelb erzeugen schon manche Riechstoffe in der Seife.

## Prüfung und Werthbestimmung der Seifen.

Im Allgemeinen wird der Kenner immer im Stande sein, den Werth einer Seife wenigstens annähernd nach ihrer Beschaffenheit zu beurtheilen. Es giebt jedoch auch einige einfache Methoden, welche uns vor jeder Täuschung sicher stellen und uns genaueren Aufschluß über den Gehalt und den Werth einer Seife geben. Man hat bei der Prüfung der Seifen hauptsächlich auf den Wassergehalt, auf das Verhältniß der fetten Säuren zum Alkali und auf

das Vorhandensein fremder Beimischungen Rücksicht zu
nehmen.

Eine der einfachsten Methoden, um den Werth einer
Seife annähernd zu bestimmen, ist die folgende von
Schmitt: Man nehme von der zu prüfenden Seife ein
genau gewogenes beliebiges Stück, etwa $\frac{1}{8}$ oder $\frac{1}{4}$ Kilogr.,
schneide dasselbe in kleine Stückchen und lasse es in $\frac{1}{4}$ bis
$\frac{1}{2}$ Liter Wasser in der Wärme zergehen, setze zu dem
Seifenwasser eine Handvoll Kochsalz zu und erhitze bis
zum Sieden, wobei man sich hüten muß, daß die Masse
nicht übersteigt. Scheidet sich die Seife nicht auf der
Oberfläche des entstandenen Salzwassers ab, so setze man
noch etwas mehr Salz zu, und wenn die Abscheidung der
Seife erfolgt ist, so lasse man erkalten. Nach dem Erkalten
hebt man die abgeschiedene Seife von der darunter befind=
lichen Salzlauge ab, trocknet sie äußerlich vorsichtig und
wägt sie. Was nun an dem ursprünglichen Gewichte fehlt,
ist als Wasser oder sonstige Verunreinigung zu betrachten,
welche die Seife mehr enthielt, als eine Kerntalgseife
enthalten darf. — Genauer ist die Methode von Heeren:
Man bringe 5 Gramme der zu prüfenden geschabten Seife
in eine Porzellanschale, übergieße sie in dieser mit vier
Eßlöffeln voll Regen= oder besser destillirtem Wasser, stelle
die Schale auf einen warmen Ofen, damit sich die Seife
vollständig löst, und gieße sodann zur Lösung ungefähr
20 Tropfen Salzsäure, lasse die Schale in der Wärme
stehen, bis sich auf der Oberfläche der Flüssigkeit eine klare
gelbe Oelschicht angesammelt hat. Durch die Salzsäure
wird nämlich die Seife zersetzt, und es scheiden sich die in

derselben enthaltenen fetten Säuren in der Wärme als
Oel ab. Nun füge man 5 Gramme reines weißes
Wachs zu, welches in der heißen Flüssigkeit schmilzt und
sich mit den fetten Säuren mischt. Ist dies geschehen,
so läßt man erkalten, hebt jetzt die erstarrte Decke, welche
aus den fetten Säuren und dem zugesetzten Wachs (das
die Ursache des Erstarrens ist) besteht, sorgfältig von der
darunter befindlichen wässerigen Flüssigkeit ab, drückt sie
vorsichtig zwischen weißem Filtrirpapier aus, um das
anhaftende Wasser zu entfernen, und wägt sie. Nach
Abzug der 5 Gramme, welche dem zugesetzten Wachs
entsprechen, erfährt man das Gewicht der fetten Säuren,
die sich aus der Seife abgeschieden haben, und addirt man
hierzu $1/_{19}$ des gefundenen Gewichtes, so entspricht die
Summe der Menge des ursprünglich zur Bereitung der
geprüften Seife genommenen Fettes. Gute frische Kern=
seifen müssen hierbei mindestens 61 bis 63 Proc. Fettmasse
ergeben. Etwas abgetrocknete gute gefüllte Seife giebt
54 Proc. Fettmasse. Ueberdies kann man in der wässerigen
Flüssigkeit, von welcher man die mit Wachs versetzten
fetten Säuren abgehoben hat, durch chemische Reagentien
leicht nachweisen, ob noch andere Stoffe zugegen sind.

Will man den Wassergehalt einer Seife direct
bestimmen, so wird die Seife feingeschabt und 50 Gramme
derselben in einem Trockenschrank oder sonst an einem
warmen (nicht zu heißen) Orte getrocknet, was mehrere
Tage lang dauert. Nach dem Trocknen wägt man die
Seife wieder und erfährt aus dem Gewicht, um welches

sie leichter geworden ist, wie viel Wasser sie durch das Trocknen verloren hat und demnach enthielt.

Genauer und rascher läßt sich nach Jean der Wasser= gehalt einer Seife bestimmen, wenn man 1 oder 2 Gramme der in feine Spänchen zerschnittenen Seife in einer tarirten kleinen Porzellanschale in der möglichst kleinsten Menge starken Alkohols auflöst, hierauf eine genau gewogene Menge von feinem, gut getrocknetem Quarzsand, welche hinreicht, um sämmtliche Flüssigkeit zu absorbiren, zumischt und das Ganze im Luftbade bei einer Temperatur von 110 ⁰ C. trocknet. Nach Abzug des Gewichtes des zuge= setzten Quarzsandes erfährt man das Gewicht der trockenen Seife und ersieht daraus, wie viel dieselbe durch das Trocknen an Gewicht, resp. Wasser, verloren hat.

Eine Kernseife der besten Sorte enthält ungefähr 72 bis 73 Proc. Fettsubstanz, 9—10 Proc. Natron und 14—15 Proc. Wasser; doch kann selbst in guten Seifen der Fettgehalt bis auf 60 Proc. sinken und dafür der Wassergehalt auf 25 Proc. steigen. In den gefüllten Seifen, d. h. denjenigen, welche nicht durch das Aus= salzen abgeschieden worden sind, sondern das Glycerin noch mit enthalten, findet man 42—50 Proc. Fettsubstanz, 8—9 Proc. Alkali und 35—40, ja selbst bis 50 Proc. Wasser. Man kann die Güte einer Seife auch dadurch erkennen, daß man die Seife fein schabt, vollständig trocknet und dann mit absolutem Alkohol übergießt und gelinde erwärmt; war die Seife rein, so löst sie sich vollständig, und je reiner sie war, desto klarer erscheint die Auflösung. Enthielt die Seife Soda oder andere

Salze und fremde Beimischungen, wie z. B. Stärkemehl, Thonerde, Gyps, Schwerspath, Kalk u. dgl., so bleiben diese ungelöst, trüben erst die Lösung und setzen sich dann allmälig zu Boden.

Enthält eine Seife freies Alkali, also z. B. Aetznatron, so löst sich dieses bei der Behandlung mit Alkohol zugleich mit der Seife in dem Alkohol auf, kann aber nach Jean leicht abgeschieden und seiner Menge nach bestimmt werden, wenn man in die von den ungelöst gebliebenen Bestandtheilen abfiltrirte oder klar abgegossene alkoholische Seifenlösung einen Strom von reinem Kohlensäuregas hineinleitet, wodurch das freie Alkali in kohlensaures Alkali umgewandelt wird, das sich, da die kohlensauren Alkalien in Alkohol unlöslich sind, abscheidet, hierauf gesammelt, vorsichtig getrocknet und dann seiner Menge nach bestimmt wird.

Wir lassen nun einige Vorschriften zur Darstellung verschiedener parfümirter Seifen folgen:

1. Seifen durch die Methode der Umschmel=
zung darzustellen.

### Bittermandelseife, Mandelseife.

Feinste weiße Kerntalgseife  . 100 Kilogr.

|   |   |   |   |   |
|---|---|---|---|---|
| „ | Oelseife . . . . | 14 | „ |
| „ | Kokosnußölsodaseife . | 14 | „ |
| „ | Bittermandelöl . . | 1½ | „ |
| „ | Nelkenöl . . . . | ¼ | „ |
| „ | Kümmelöl . . . | ½ | „ |

Reveil empfiehlt anstatt des Kümmelöls 30 Gramme Rosenöl zu nehmen.

Diese Seife ist also, wie die Vorschrift beweist, nicht, wie noch viele Leute glauben, eine Seife, die man durch Verseifung des fetten Mandelöls mit einem Alkali dargestellt hat, sondern sie verdankt ihren Namen nur dem darin enthaltenen Bittermandelöl. Nachdem man die Hälfte der Kerntalgseife geschmolzen hat, setzt man die Oelseife, dann die Kokosseife und schließlich die andere Hälfte der Kerntalgseife zu. Und wenn Alles gut geschmolzen, also völlig flüssig ist, mischt man mit Hülfe der Seifenkrücke, gerade bevor man die schon wieder etwas kühler gewordene Seife in die Form gießen will, die ätherischen Oele dazu. Einige Parfümisten nehmen anstatt des echten Bittermandelöles das künstliche oder die Mirbanessenz (s. S. 124), allein die sogenannte Mirbanseife ist viel geringer, allerdings auch billiger. Die Mirbanseife kann nur als eine ordinäre Seife betrachtet werden.

## Campherseife.

Weiße Kerntalgseife    28 Kilogr.
Rosmarinöl   .   .   $1\frac{1}{4}$ „
Campher   .   .   .   $1\frac{1}{4}$ „

Der Campher wird erst in einem Mörser unter Zusatz von 30 — 60 Grammen fettem Mandelöl zu Pulver zerrieben, gesiebt und der geschmolzenen Seife, bevor man diese ausgießt, nebst dem Rosmarinöl beigemischt.

## Honigseife, Honey soap.

Beste gelbe Seife　.　100 Kilogr.

Feine weiche Seife　.　14　„

Citronellaöl　.　.　.　$1\frac{1}{2}$　„

## Weiße Windsorseife.

Kerntalgseife　.　.　.　.　.　.　100 Kilogr.

Kokosnußölsodaseife　.　.　.　.　21　„

Oelseife　.　.　.　.　.　.　.　14　„

Kümmelöl

Thymianöl ⎰ von jedem　.　.　.　.　$1\frac{1}{2}$　„

Rosmarinöl

Zimmtcassienöl ⎱ von jedem　.　.　.　$\frac{1}{4}$　„

Nelkenöl

## Braune Windsorseife.

Weiße Kerntalgseife　.　.　.　.　.　75 Kilogr.

Kokosnußölsodaseife　.　.　.　.　25　„

Gelbe Seife　.　.　.　.　.　.　25　„

Oelseife　.　.　.　.　.　.　25　„

Braune Farbe (Caramel)　.　.　.　.　$\frac{1}{2}$ Liter.

Kümmelöl

Nelkenöl

Thymianöl

Zimmtcassienöl ⎰ von jedem　.　.　60 Gramme.

Petitgrainöl

Franz. Lavendelöl

　　Anstatt des Caramels kann man $\frac{1}{2}$—1 Kilogr. fein
gemahlenen entfetteten Cacao zusetzen.

## Sandseife.

| | | |
|---|---|---|
| Weiße Kerntalgseife . . . . . . | 7 | Kilogr. |
| Kokosnußölsodaseife . . . . . . | 7 | „ |
| Gesiebter feinster Quarzsand oder Infusorienerde . . . . . . . | 28 | „ |
| Thymianöl<br>Zimmtcassienöl<br>Kümmelöl<br>Franz. Lavendelöl } von jedem . . | 120 | Gramme. |

## Pimssteinseife.

| | | |
|---|---|---|
| Weiße Kerntalgseife . . . . . . | 10½ | Kilogr. |
| Kokosnußölsodaseife . . . . . . | 3½ | „ |
| Gesiebter gemahlener Bimsstein . . . | 14 | „ |
| Franz. Lavendelöl . . . . . . | 120 | Gramme. |
| Origanumöl . . . . . . . . | 60 | „ |

Will man diese Seifen billiger herstellen, so nimmt man anstatt der Kerntalgseife gemeinere billigere Seife zum Parfümiren, läßt dagegen die vorgeschriebenen Oele unverändert oder nimmt sie in schlechtester Qualität; doch dann ist natürlich kein schönes Product zu erlangen.

2. Seifen durch die Methode der kalten Parfümirung darzustellen.

## Rosenseife.

| | | |
|---|---|---|
| Rosenroth gefärbte Kerntalgseife . . | 4½ | Kilogr. |
| Rosenöl . . . . . . . . | 60 | Gramme. |
| Moschusessenz . . . . . . . | 100 | „ |
| Santalholzöl<br>Geraninmöl } von jedem . . . . | 16 | „ |

## Moschusseife.

Blaßbraun gefärbte Kerntalgseife      5 Kilogr.

Moschus, granulirter    . . .    10 Gramme.

Bergamottöl . . . . . .  60     „

Der Moschus wird erst mit dem Bergamottöl zerrieben und dann die Mischung zu der Seife geschlagen.

## Orangeblütseife.

Weiße Kerntalgseife . . . .     7 Kilogr.

Neroliöl . . . . . . .  200 Gramme.

## Santalholzseife.

Weiße Kerntalgseife . . . .     7 Kilogr.

Santalholzöl . . . . .  420 Gramme.

Bergamottöl . . . . . .  120     „

## Spermacetiseife, Wallrathseife.

Weiße Kerntalgseife . . . .    14 Kilogr.

Bergamottöl . . . . .  2¹/₂     „

Limonöl . . . . . .  ¹/₂     „

## Citronenseife.

Weiße Kerntalgseife . . . .     6 Kilogr.

Citronenschalenöl (gepreßtes)  . 750 Gramme.

Grasöl . . . . . . .  30     „

Bergamottöl . . . . .  250     „

Limonöl . . . . . .  120     „

Ist eine der feinsten Seifen, die man darstellen kann.

## Frangipaniseife.

| | |
|---|---|
| Roth gefärbte Kerntalgseife . . | 7 Kilogr. |
| Zibeth . . . . . . . . | 15 Gramme. |
| Neroliöl . . . . . . . | 30 „ |
| Santalholzöl . . . . . . | 100 „ |
| Rosenöl . . . . . . . | 15 „ |
| Vetiveröl . . . . . . . | 30 „ |

Der Zibeth wird erst mit den Oelen verrieben, das Ganze zur Seife gemischt und verarbeitet.

## Patchouliseife.

| | |
|---|---|
| Kerntalgseife . . . . . . | 4½ Kilogr. |
| Patchouliöl . . . . . . | 40 Gramme. |
| Santalholzöl } von jedem . . | 15 „ |
| Vetiveröl } | |

## Mandelseifen-Crême.

Die sogenannte Mandelseifen-Crême ist ein sehr schönes, perlmutterartig glänzendes Präparat, dessen Hauptbestandtheil mit Kalilauge verseiftes Schweinefett ist. Sie wird in großer Menge als Barbierseife, sowie auch zur Fabrikation der Emulsionen benutzt und daher in beträchtlichen Quantitäten fabricirt, wozu wir folgende Vorschrift empfehlen:

| | |
|---|---|
| Gereinigtes Schweinefett . . . . . | 7 Kilogr. |
| Kalilauge (26 Proc. Aetzkali enthaltend) | 3¾ „ |
| Rectificirter Weingeist . . . . . . | 200 Gramme. |
| Bittermandelöl . . . . . . . . | 15 „ |

27 *

Das Fett wird in einer großen Porzellanschale erst mittelst eines Salzwasserbades oder gespannter Wasserdämpfe geschmolzen; dann gießt man unter beständigem Umrühren und sehr langsam die Kalilange zu. Ist ungefähr die Hälfte der Lauge dabei, so fängt die Mischung an dicker zu werden und wird nach und nach so fest, daß man sie nicht mehr umrühren kann, nachdem alle Lauge zugesetzt worden ist. Dann ist die Crême fertig, nur fehlt ihr noch das Perlmutterartige, was man dadurch erlangt, daß man nun die Seife in einen Mörser bringt, den vorgeschriebenen Weingeist und das Bittermandelöl allmälig zusetzt (das Bittermandelöl wird vorher im Weingeist aufgelöst) und nun sehr anhaltend reibt und stößt.

## Seifenpulver.

Das Pulvern der Seifen haben wir bereits oben (s. S. 385) beschrieben und hier nur zu erwähnen, daß man zum Parfümiren des bereiteten Pulvers jedes beliebige ätherische Oel oder zusammengesetzte Parfüm benutzen kann. Der Verkauf des Seifenpulvers sollte von der Wohlfahrtsbehörde überwacht werden, da diese Pulver oft mit bedeutenden Mengen von mineralischen unlöslichen Stoffen, z. B. mit Talkpulver, Gyps u. dergl., versetzt sind.

## Hypophagon=Seife.

Gleiche Gewichtsmengen von gelber Seife und feiner weicher Seife werden zusammengeschmolzen und mit Anisöl und Citronella parfümirt.

## Duftende Bartseife.

(Engl. Ambrosial Cream; franz. Crême d'ambrosie.)

Zur Darstellung dieser Seife benutzt man reines Schweinefett, färbt dieses zunächst sehr intensiv mit Alkannin, verseift es ganz so, wie zur Bereitung von Mandelseifen=Crême (s. S. 419) und parfümirt es mit Pfeffermünzöl. Diese Seife zeichnet sich durch eine eigenthümlich violette Färbung aus. Schöner violett wird das Product, wenn man Mandelseifen=Crême mit Anilin=Violett färbt.

## Neapel=Bartseife.

(Engl. Naples shaving soap; franz. Savon de Naples pour la barbe.)

Diese Seife ist sehr beliebt; doch ist die Methode ihrer Darstellung nicht genau bekannt. Piesse glaubt, sie werde aus Fischthran und Aetzkali bereitet und stark mit Thymian=, Lavendel=, Pfeffermünz= oder Rosenöl parfümirt. Nach M. Faißt dagegen soll sie durch Verseifen von Hammeltalg mit Aetzkali, Zersetzen der Seife mit Salzsäure und Auflösen der abgeschiedenen Fettsäuren in Kalilauge bereitet werden.

## Transparent=Seife, weiche.

Diese bereitet man durch Behandeln von 1 Kilogr. Olivenöl mit 6 Kilogr. Kalilauge (welche 7 Proc. festes Aetzkali enthält). Zuerst wird die Kalilauge auf die Hälfte ihres Volums eingedampft, dann mit dem Oel gekocht und nachdem sich die Seife gebildet hat, der Parfüm, ten man sich beliebig wählt, zugesetzt, überhaupt wie bei der Bereitung der Mandelseifen=Crême verfahren. Nach mehrtägigem Stehen wird dann die überschüssige Flüssig= keit abgegossen und man hat die gewünschte Seife.

## Flüssige Glycerinseife.

Seit einigen Jahren kommen, namentlich von Wien aus, flüssige Glycerinseifen in den Handel, welche als ganz vorzügliche Toiletteseife bedeutende Anwendung ge= funden haben. Heeren empfiehlt zu ihrer Darstellung folgendes Verfahren: 100 Gewichtstheile Oleïn werden in einem entsprechenden Gefäße auf dem Wasserbade mit 314 Gewichtstheilen Glycerin von 1,12 spec. Gewicht vermischt, die Mischung auf 50° C. erwärmt und unter beständigem Umrühren mit 56 Gewichtstheilen von ätzen= der concentrirter Kalilauge von 38° B. (1,34 spec. Ge= wicht) versetzt: die Seifenbildung erfolgt augenblicklich und man erhält eine ziemlich dickflüssige, etwas trübe Masse; diese läßt man an einem nicht zu kühlen Orte 1—2 Tage lang stehen, wobei sie noch etwas trüber wird, verdünnt sie dann mit ihrem gleichen Gewichte von reinem kalten Wasser und filtrirt sie, was ziemlich lang= sam geht. Nach der Filtration concentrirt man sie wieder auf ihr halbes Gewicht, versetzt sie mit 10 Gewichtstheilen von gereinigter Pottasche, die man vorher in möglichst wenig Wasser gelöst hatte, und parfümirt sie mit Rosenöl oder Neroliöl oder auch mit billigeren Oelen. Je reiner die Producte gewesen, die man zur Darstellung dieser Seife benutzte, desto schöner wird die Seife selbst. — Die flüssige Glycerinseife ist völlig klar, von hellbrauner Farbe und dickflüssiger Consistenz, ungefähr wie Honig; sie enthält kein freies Alkali. Zum Waschen der Hände genügt ein halber Theelöffel. Sie schäumt zwar wenig, reinigt aber sehr gut und macht die Haut weich und geschmeidig. Am besten hält man sie auf dem Waschtisch in einem Gefäß mit weiter Oeffnung, so daß man das nöthige Quantum mittelst eines silbernen Theelöffels herausnehmen kann.

## Mischung, um hartes Wasser weich und zum Waschen brauchbar zu machen.

Weingeist . . . . 4 Liter.
Orangeblütwasser . 2 „
Kokosnußölseife . . 3½ Kilogr.

Die Seife wird geschabt, zu dem Orangeblütwasser gethan, dieses gelinde erwärmt und wenn sich die Seife gelöst hat, der Weingeist nebst wenigen Tropfen Anilinrothlösung zugesetzt. Ein Eßlöffel voll von dieser Flüssigkeit wird dann in das Waschbecken gegossen, das harte Wasser, womit man sich waschen will, dazu gegossen, und man hat ein ganz weiches Wasser.

## Transparent=Seife, harte.

Die Seife wird erst gehobelt, alsdann so gut als möglich getrocknet, in der möglichst geringen Menge von Weingeist aufgelöst, der Farbstoff und der gewünschte Parfüm zugesetzt, das Product in die geeigneten Formen gegossen und schließlich an einem warmen Orte getrocknet.

Die so gewonnene Seife ist ausgezeichnet schön durch= scheinend. — Oder man zerschneidet eine sehr gute reine Kernseife in möglichst feine Späne, trocknet dieselben in einem Trockenschranke oder Luftbade bei 100 — 110⁰, pulvert sie, bringt sie nochmals in den Trockenschrank, bis sie nichts mehr an Gewicht verliert und löst sie dann in absolutem Alkohol auf. Die Lösung läßt man gut bedeckt stehen, bis sie völlig klar geworden, gießt sie klar ab und destillirt nun auf dem Wasserbade den Alkohol wieder ab, bis sich die zurückbleibende, völlig transparente Seife in Kuchen sammelt, die man dann entsprechend mit Rosenöl oder anderen Oelen parfümirt und in die Formen gießt.

## Payne's transparente Glycerinseife.

Nach Payne erhält man ohne Anwendung von Alkohol, also viel billiger, sehr schöne Glycerinseife, indem man in einem verzinnten mit Dampfmantel versehenen Kupfer= kessel gute, in feine Späne zerschnittene, jedoch nicht be= sonders getrocknete Seife mit ihrem gleichen Gewichte von reinem destillirten Glycerin so lange unter öfterem Durchstoßen und Rühren der Masse erhitzt, bis die Seife vollständig geschmolzen ist und sich mit dem Glycerin zu einer homogenen Masse gemischt hat, wozu etwa 8 — 10 Stunden erforderlich sind; dann wird die Masse, nachdem sie etwas erkaltet ist, mit Rosenöl oder anderen Oelen parfümirt und in Formen gegossen, in welchen sie er= starrt.

## Wachholdertheer=Seife.

Diese Seife wird bereitet, indem man den Theer des Wachholderbaumholzes (Juniperus communis) in Olivenöl, fettem Mandelöl oder seinem geschmolzenen Talg auflöst und mit einer schwachen Natronlauge auf die gewöhnliche Weise verseift. Man erhält eine mäßig feste und helle Seife, welche besonders gegen Hautausschläge in Anwendung kommt, des Abends auf dieselben gestrichen und am Morgen wieder sorgfältig abgewaschen wird. Da diese Seife sich leicht mit Wasser mischen läßt, so ist sie viel angenehmer anzuwenden, als die gewöhnliche Theer=Salbe.

## Struve's Glycerin=Seife.

40 Kilogr. Talg (Nierenfett), 40 Kilogr. Schweine=fett und 20 Kilogr. Cochin=Kokosöl werden gemeinschaft=lich mit einer Mischung von 45 Kilogr. Natronlauge und 5 Kilogr. Kalilauge von 40° Baumé auf dem oben (s. S. 397) beschriebenen kalten Wege verseift und der Seife zugesetzt eine Mischung von:

Reinem Glycerin (Oelsüß)      6 Kilogr.
Portugalöl  .   .   .   .   .  1¹⁄₄   „
Bergamottöl   .   .   .  1¹⁄₃   „
Bittermandelöl   .   .   . 300 Gramme.
Vetiveröl  .   .   .   .   . 200   „

## Medicinische Seifen.

Schon seit mehreren Jahren wird eine ganze Reihe von sogenannten medicinischen Seifen dargestellt, indem

man die Arzneistoffe der Talg-Kernseife zusetzt, die man
gewöhnlich zu diesem Zwecke vorher schmilzt und aus der
Mischung kleine Seifentafeln formt. So hat man z. B.
eine Schwefelseife, eine Jodseife, Bromseife, Kreosotseife,
Quecksilber- oder Merkurialseife, Krotonölseife und viele
andere. Um z. B. die Schwefelseife zu bereiten,
schmilzt man die Talg-Kernseife und vermischt sie, während sie noch weich ist, mit gewaschenen Schwefelblumen.
Bei der Bereitung der Spießglanzseife oder Anti-
monialseife und der Quecksilberseife werden die
Oxyde dieser Metalle der geschmolzenen Seife zugesetzt.
Jod-, Brom- und Kreosotseife dagegen werden
auf kaltem Wege bereitet, indem man die Talg-Kernseife
hobelt, die Substanzen zusetzt und das Ganze längere
Zeit hindurch heftig schlägt und knetet. Bei manchen
Krankheiten hält man solche Seifen für ausgezeichnete
Heilmittel; doch dürfen dieselben durchaus nur unter der
Aufsicht eines Arztes in Gebrauch genommen werden, da
ihre Wirkung eine sehr heftige und energische ist. Denn
beim Waschen mit Seife werden die Poren der Haut geöffnet und die Substanzen daher besonders leicht aufgenommen.

Auch die castilianische oder eisenhaltige Seife hält
man für wirksam. Es ist nicht unwahrscheinlich, daß diese
medicinischen Seifen auch zum innerlichen Gebrauche
nützlich und anwendbar sein werden. Seit man weiß,
daß die wirksamen Alkaloide, Chinin, Morphin 2c., in
fetten Oelen löslich sind, hat man auch schon Versuche
angestellt, dieselben mit Seifen zu mischen; doch ist das

Resultat dieser Versuche noch kein genügendes. Früher kamen im Handel eine Menge Seifen vor, die einen besonderen Namen führten, z. B. Japanseife, Smyrnaseife, Jerusalemseife, Genuaseife ꝛc., die aber jetzt so gut wie unbekannt sind.

# XII.

## Emulsirende Seifen ꝛc.

### (Emulsines.)

Amandine — Olivine — Honig=Mandelpaste — Mandelpaste,
Mandelteig — Mandelmehl — Pistaziennußmehl — Hafermehl
— Kleienmehl — Jasminemulsine — Veilchenemulsine —
Glyceringelée — Glycerincrême von Struve.

Von den eigentlichen Seifen gehen wir nun zur Be=
trachtung jener Fabrikate über, welche als Schönheits=
mittel (Cosmetica) sehr oft anstatt der Seifen gebraucht
und benutzt werden. Wir nennen die hier zunächst zu be=
trachtenden Fabrikate deshalb ganz allgemein „Emulsinen",
weil sie alle beim Vermischen oder Auflösen im Wasser
milchartige Flüssigkeiten bilden, also die Eigenschaft be=
sitzen, zu emulsiren.

Da sie jedoch sehr leicht verderben und sich verändern,
so dürfen sie nur in kleineren Quantitäten auf einmal
dargestellt werden, oder so, daß man annehmen darf, sie
nicht zu lange unverkauft behalten zu müssen. Will man
sie aufbewahren, so geschieht dies am besten in einem
möglichst kühlen, aber nicht kellerartig=dumpfigen Raume.

## Amandine.

| | |
|---|---|
| Feinstes fettes Mandelöl . . . . . . | 7 Kilogr. |
| Einfacher Syrup . . . . . . . . | 240 Gramme. |
| Mandelseifen-Crême (s. S. 419) . . | 60 " |
| Bittermandelöl . . . . . . . | 60 " |
| Bergamottöl . . . . . . . . | 60 " |
| Gewürznelkenöl . . . . . . . | 30 " |

Hierbei wird der Syrup (den e i n f a ch e n S y r u p erhält man durch Aufkochen von 3 Kilogr. gutem Hutzucker in 1 Liter destillirtem Wasser) zuerst so lange mit der Mandelseifen-Crême zusammengearbeitet, bis eine gleich= mäßige Masse entstanden ist, und nun erst setzt man unter fortwährendem Umrühren das mit den ätherischen Oelen versetzte Mandelöl ganz allmälig zu.

Die Mischung des Oeles mit der aus Syrup und Seifen-Crême bestehenden Masse ist sehr schwierig und erfordert viel Uebung; überhaupt ist die Bereitung dieser Präparate in einem guten, völlig homogenen feinen Zu= stande nicht leicht. Um sich das Zusetzen des Oeles zu erleichtern, verfährt man am besten auf die Weise, daß man Oel in ein mit einem Hahne versehenes Gefäß gießt und dieses über den Mörser oder die Schale stellt, in welchem man die Amandine (oder Olivine) bereiten will (s. Fig. 84). Man läßt nun durch theilweises Oeffnen des Hahnes immer nur so viel Oel langsam zufließen, als man im Stande ist beständig mit der Syrup= und Seifenmasse auf das Innigste zu vermischen. Würde man auf einmal zu viel Oel hinzulaufen lassen, so erhielte

man keine gleichmäßig durchscheinende, sondern eine ölige
oder mit großen Oeltropfen vermischte Masse, die man

Fig. 84.  Schale zum Emulfiren.

nur dadurch wieder brauchbar machen kann, daß man sie
wie reines Oel betrachtet und allmälig zu frischem Syrup
und Seife fließen läßt.    Gegen das Ende der Operation
wird die Arbeit immer schwieriger, man muß daher den
Hahn stärker schließen, damit nur ganz wenig Oel zufließt,
und nur mit der größten Behutsamkeit gelingt die schwie-
rige Arbeit, auch das letzte Kilogramm des Oeles glücklich
in die Masse zu bringen.    Ist das Oel nicht ganz frisch
oder das Zimmer etwas warm, so ist es meistens ganz
unmöglich, die ganze in der Vorschrift empfohlene Menge
Oel in die Masse hineinzuarbeiten: dann bleibt nichts
Anderes übrig, als die Operation zu unterbrechen, sobald
die Masse hell und krystallinisch schimmernd zu werden
beginnt.

Sobald die Amandine, so wie überhaupt alle diese Mischungen, die wir Emulsinen nennen, dargestellt sind, müssen sie so rasch als möglich in gläserne oder porzellanene Büchschen gefüllt und diese mit Zinnfolie und Papier gut bedeckt und zugebunden werden, um die Luft so viel als möglich davon abzuhalten. Die Büchschen werden dann mit hübschen Etiketten versehen und sind zum Verkaufe fertig.

## Olivine.

| | | |
|---|---|---|
| Arabisches Gummi (gepulvert)   . . . | 30 | Gramme. |
| Honig   . . . . . . . . . . | 180 | „ |
| Eidotter, der Zahl nach   . . . . . | 5 | Stück. |
| Weiße weiche Seife   . . . . . . | 100 | Gramme. |
| Olivenöl   . . . . . . . . . | 1 | Kilogr. |
| Grünes Oel   . . . . . . . | 30 | Gramme. |
| Bergamottöl   . . . . . . . | 30 | „ |
| Limonöl .   . . . . . . . . | 30 | „ |
| Nelkenöl .   . . . . . . . . | 15 | „ |
| Thymianöl .   . . . . . . . | 2 | „ |
| Zimmtcassienöl   . . . . . . . | 6 | „ |

Das Gummi und der Honig werden zuerst mit einander verrieben, bis die Mischung vollständig ist; dann mischt man die Seife und die Eier zu. Mit dem Olivenöl mischt man das grüne Oel und die ätherischen Oele und läßt diese Mischung wieder in gleicher Weise wie bei der Bereitung der Amandine allmälig zufließen, während man die Masse unaufhörlich durcharbeitet.

## Honig=Mandelpaste.

| | |
|---|---|
| Geschälte und gestoßene bittere Mandeln | 250 Gramme. |
| Honig . . . . . . . . . . | 500 „ |
| Eidotter, der Zahl nach . . . . . | 8 Stück. |
| Fettes Mandelöl . . . . . . . | 500 Gramme. |
| Bergamottöl ⎞ von jedem . . . . | 8 „ |
| Nelkenöl ⎠ | |

Die Eidotter und der Honig werden zuerst zusammen=
gerieben; dann das Oel allmälig zugefügt und erst zuletzt
die Mandeln und Parfüme.

## Mandelpaste, Mandelteig.

| | |
|---|---|
| Geschälte und gestoßene bittere Mandeln | 750 Gramme. |
| Rosenwasser . . . . . . . . | 1 Liter. |
| Weingeist von 85 Proc. . . . . . | 500 Gramme. |
| Bergamottöl . . . . . . . . | 100 „ |

Man bringt die Mandeln mit $\frac{1}{2}$ Liter des Rosen=
wassers in eine Art Schmorpfanne, erwärmt sie in dieser
so lange mäßig und gleichmäßig, bis sie ihre körnige Be=
schaffenheit ganz verloren haben und zu einer völlig teig=
artigen Masse zerkocht sind, wobei man jedoch beständig
umrühren muß, damit die Mandeln nicht auf dem Boden
der Pfanne anbrennen und dadurch einen brenzlichen
Geruch erhalten. Während dieser Operation entwickelt
sich ziemlich viel Bittermandelöl und Blausäure, weshalb
der Arbeiter das Einathmen der Dämpfe so viel als mög=
lich vermeiden muß. Sind die Mandeln beinahe zerkocht,
so fügt man das noch übrige ($\frac{1}{2}$ Liter) Rosenwasser zu,

bringt den Teig in einen Mörser, zerreibt ihn mit dem Pistill und setzt endlich den Weingeist und die Parfüme zu. Bevor man diese Paste in die Töpfchen füllt, wird sie erst durch ein ganz feines Sieb geschlagen, um allenfalls noch unzertheilte Mandelstückchen zurückzuhalten.

Nach Reveil kann man dieses Präparat leichter und schöner auf folgende Weise bereiten: Zuerst werden die sorgfältig geschälten bittern Mandeln in einer Reibmühle fein zerrieben, hierauf mit Rosenwasser oder einem anderen wohlriechenden Wasser übergossen und erhitzt, um einen Theil des Wassers und die aus den bittern Mandeln frei werdende Blausäure zu verdampfen. Ist die Paste gekocht, so muß sie fest erscheinen. Man verdünnt sie nun mit der vorgeschriebenen Menge von Weingeist, schlägt sie durch ein Haarsieb und versetzt sie nun erst mit den Riechstoffen.

Auf ganz gleiche Weise kann man ähnliche Pasten, aus allen ölreichen Samen, wie aus den Pistaziennüßchen, Kokosnüssen ꝛc. bereiten; es würde daher überflüssig sein, zur Darstellung dieser verwandten Präparate besondere Vorschriften zu geben.

### Mandel=Mehl.

Geschälte zerstoßene und ausgepreßte Mandeln 1 Kilogr.
Veilchenwurzelpulver . . . . . . 60 Gramme.
Citronöl . . . . . . . . . . 15 „
Bittermandelöl . . . . . . . . 2 „

Alle diese Substanzen werden auf das Innigste mit einander gemischt.

## Piſtaziennuß=Mehl.

| | |
|---|---|
| Geſchälte zerſtoßene Piſtaziennüſſe . . | 1 Kilogr. |
| Veilchenwurzelpulver . . . . . . . | 1 „ |
| Neroliöl . . ˉ . . . . . . . | 4 Gramme. |
| Limonöl . . . . . . . . . | 20 „ |

In ganz gleicher Weiſe ſtellt man eine Menge anderer
ſogenannter parfümirter Mehle dar, zum Beiſpiel par =
fümirtes Hafermehl, parfümirtes Kleien =
mehl und viele andere. Alle dieſe Präparate dienen
anſtatt der Seife zum Waſchen, und ſind trotz ihres ver =
hältnißmäßig hohen Preiſes als Schönheitsmittel ſehr
geſucht. Sie ſind die mildeſten Waſchmittel und machen
die Haut ſehr zart, weich und geſchmeidig.

## Jasmin = Emulſine.

| | |
|---|---|
| Seifen=Crême . . . . . . . . | 30 Gramme. |
| Einfacher Syrup . . . . . . . | 45 „ |
| Fettes Mandelöl . . . . . . . | 500 „ |
| Veſtes Jasminöl (Huile antique) . . | 250 „ |

## Veilchen = Emulſine.

| | |
|---|---|
| Seifen=Crême . . . . . . . . | 30 Gramme. |
| Veilchenſyrup . . . . . . . . | 45 „ |
| Veſtes Veilchenöl (Huile antique) . . | 750 „ |

Anſtatt des Huile antique der Veilchen kann man
auch die Oele der Akazie, Roſe, Tuberoſe 2c. anwenden

(diese Oele sind die, welche durch die Behandlung der
Blüten mit feinem Olivenöl, durch Maceration oder
Absorption dargestellt werden). Die Bereitungsmethode
dieser Blumenemulsinen ist dieselbe, wie die der Amandine
(siehe S. 429). Diese Präparate sind die theuersten,
aber allerdings auch die herrlichsten Schönheitsmittel,
deren man sich bedienen kann.

## Glycerin=Gelée.

| | |
|---|---|
| Weiße weiche Seife . . | 120 Gramme. |
| Reines Glycerin . . . | 200 „ |
| Fettes Mandelöl . . . { | 1½ Kilogr. im Sommer. |
| | 2 „ im Winter. |
| Thymianöl . . . . . | 8 Gramme. |

Die Seife wird erst mit dem Glycerin vermischt,
übrigens wird wie bei der Bereitung der Amandine ver=
fahren.

## Glycerin=Crême
### von F. Struve in Leipzig.

| | |
|---|---|
| Wallrath . . . . . | 24 Gramme. |
| Weißes Wachs . . . { | 8 „ im Winter. |
| | 12 „ im Sommer. |
| Fettes Mandelöl (frisch gepreßt) | 100 „ |
| Rosenwasser . . . . | 75 „ |
| Glycerin . . . . . | 60 „ |
| Rosenöl (oder ein anderer fei= ner Blumengeruch) . . | 24 Tropfen. |

Wallrath und Wachs werden im Wasserbade erst zusammengeschmolzen, hierauf das Mandelöl beigemischt; dann das etwas erwärmte Rosenwasser und Glycerin eingerührt, und erst, wenn die Mischung nach beständigem Umrühren erkaltet ist, wird noch der Parfüm zugesetzt. (Dieses Präparat gehört jedoch mehr zu den Hautpomaden; siehe unten.)

------

# XIII.

## Emulsionen.

(Engl. Milks or Emulsions; franz. Laits ou Émulsions.)

Vorzüge der Emulsionen als Schönheitsmittel — Rosenmilch — Darstellung der Emulsionen — Mandelmilch — Fliedermilch — Löwenzahnmilch — Gurkenmilch — Pistazienußmilch — Jungfernmilch, Lait virginal — Glycerin-Waschwasser.

Die im vorhergehenden Abschnitte behandelten Fabrikate, die wir Emulsinen nannten, werden erst zu Emulsionen, wenn man sie mit Wasser zusammenbringt. Diese Präparate, die als Schönheitsmittel in einem außerordentlichen Rufe stehen, sind schon fertige Emulsionen oder milchartige Flüssigkeiten und verdanken ihre milchige Beschaffenheit wie die Emulsinen nur der außerordentlich feinen Vertheilung von fettem Oel, welches in kleinen Tröpfchen wie in der wirklichen thierischen Milch umherschwimmt und die Flüssigkeiten undurchsichtig, weiß macht.

Es ist schon längst bekannt, daß die öligen Samen und sogenannten Nüsse besonders geeignet sind zur Bereitung der Emulsionen. — Diese Pflanzenemulsionen sind aber leider noch weniger haltbar als die Emulsinen. Der Fabrikant muß daher sehr vorsichtig arbeiten, indem er sonst leicht zu Schaden kommen könnte. Eine Haupt-

ursache, daß die Emulsionen so leicht in Gährung über=
gehen und sich vollständig zersetzen, sind die eiweißartigen
Körper, die in allen öligen Samen in ziemlicher Menge
enthalten sind und in der daraus bereiteten Emulsion
dieselbe Rolle spielen, wie der Käsestoff in der thierischen
Milch. Jene Eiweißstoffe hat man deshalb F e r m e n t e
genannt; sie beginnen sehr schnell sich freiwillig zu zer=
setzen und stecken dann die anderen Bestandtheile mit zur
Zersetzung an. Wir lassen nun ebenfalls einige Vor=
schriften zur Bereitung von Emulsionen folgen.

Reines Wasser ist zwar das Schönheitsmittel par
excellence; aber, obschon es bei vollkommener Gesundheit
ausreicht, so ist es doch wenigstens für die Bewohner der
großen und größeren Städte ungenügend, weil die Ge=
sundheit derselben selten eine befriedigende ist. Die Ge=
sundheit der Stadtbewohner wird beeinträchtigt durch die
größere Beschäftigung, mannigfache Sorgen, schlecht ge=
heizte Räume, schlecht ventilirte Vergnügungssäle und
ganz besonders durch die dumpfige mit Staub und Ruß
beladene und durch zahlreiche Ausdünstungen verschlech=
terte Atmosphäre. Es ist hier also nöthig, daß die Kunst
der Natur zu Hülfe kommt und daß wir nicht mehr ver=
langen, als die Natur zu leisten vermag. Ueberall, im
Freien, wie in den Wohnungen, den Restaurationen,
Concert= und Tanzsälen, legen und setzen sich Unreinig=
keiten auf die Haut des Gesichtes, der Arme und Hände
ab, die sich mit reinem Wasser nicht wegwaschen lassen.
Um aber die Haut zu reinigen und zu stärken und die
erwähnten Uebelstände des Stadtlebens zu erleichtern,

eignet ſich Nichts ſo gut, wie die Roſenemulſion oder
Roſenmilch. Sie macht die Haut rein, weich und zart
und iſt dabei vollkommen unſchädlich. Bei der Bereitung
der Roſenmilch muß man jedoch mit der größten Sorgfalt
verfahren, wenn man ein wirklich ſchönes Präparat erhalten will.

## Roſenmilch, Roſen-Emulſion.

Geſchälte Valentia-Mandeln . . . . 250 Gramme.
Roſenwaſſer . . . . . . . . 1 Liter.
Weingeiſt von 85 Proc. . . . . . . $\frac{1}{8}$ „
Roſenöl . . . . . . . . . 5 Gramme.
Wallrath (Spermaceti) ⎫
Weißes Wachs ⎬ von jedem . . 15 „
Delſeife ⎭

Die Methode der Darſtellung dieſer Milch iſt folgende:
Die Delſeife wird geſchabt und in einen Keſſel gethan, der
durch ein Waſſerbad erhitzt werden kann; dann ſetzt man
60 — 100 Gramme des Roſenwaſſers zu, erhitzt, bis die
Seife vollſtändig geſchmolzen iſt, und miſcht das Wachs
und Wallrath zu, ohne mehr umzurühren, als nothwendig
iſt um eine gleichmäßige Miſchung zu erhalten (damit nicht
zu viel Waſſer verdunſtet), was ſehr ſchnell geht, da Wachs
und Wallrath leicht ſchmelzen und ſich raſch in der Seife
vertheilen. Während dies vorgenommen wird, werden
die Mandeln mit kochendem Waſſer übergoſſen und ge-
ſchält, ſorgfältig von allen ſchadhaften Theilen befreit, in
einem mit größter Sorgfalt gereinigten Mörſer zerſtoßen
und mit dem übrigen Roſenwaſſer, welches man nur ganz

allmälig aus dem oben (s. S. 430) beschriebenen Gefäße
mit Abflußrohr zufließen läßt, auf das Innigste zerrieben.
Die so erhaltene Mandelmilch wird (ohne daß man drückt)
durch ein rein ausgewaschenes Musselintuch geseiht (neuer
Musselin ist oft mit Stärke, Mehl, Gummi oder Dextrin
appretirt).

Nun bringt man die erst bereitete Seifenmischung in
den Mörser, die Mandelmilch dagegen in das über dem
Mörser stehende Gefäß mit dem Abflußrohr, läßt die
Milch langsam zufließen und bearbeitet sie kräftig mit der
Seife.   Nachdem alle Mandelmilch abgeflossen ist, gießt
man den Weingeist, in welchem vorher das Rosenöl auf=
gelöst worden, in das Gefäß und läßt ihn zu den übrigen
im Mörser befindlichen Substanzen fließen, die man fort=
während durcharbeitet.   Sowie man aber den Weingeist
etwas zu schnell zufließen läßt, so coagulirt die Milch und
geht in einen gallertartigen Zustand über; außerdem erhöht
sich auch die Temperatur etwas bei dem Zumischen des
Weingeistes und man muß die größte Sorgfalt beobachten,
um die Masse möglichst kalt zu erhalten, was man dadurch
erreicht, daß man immer rührt, langsam zuträpfeln läßt
und den Mörser kalt erhält.   Schließlich wird die nun
fertige Milch abgeseiht. Die auf dem Musselintuch zurück=
gebliebenen Mandeln kann man nochmals mit 50—100
Grammen Rosenwasser behandeln, um nicht zu großen
Verlust zu haben.   Die so bereitete Rosenmilch gießt man
nun zuerst in Flaschen, in welchen sich ein Zapfen befindet,
der ungefähr 6 Millimeter hoch über dem Boden der
Flasche erhaben ist; man läßt sie in diesen 24 Stunden

ganz ruhig ſtehen und gießt ſie dann in Fläſchchen zum
Verkaufe. Hat man die eben mitgetheilten Vorſichtsmaß=
regeln genau befolgt, ſo hält ſich dieſe Milch ziemlich lange,
ohne einen Bodenſatz zu bilden oder dick zu werden. Auf
genau dieſelbe Weiſe und mit gleicher Vorſicht müſſen
alle anderen Arten von Emulſionen ebenfalls dargeſtellt
werden.

## Bittermandelmilch, Mandelmilch.

| | |
|---|---:|
| Geſchälte bittere Mandeln . . . . . | 300 Gramme. |
| Deſtillirtes oder Roſenwaſſer . . . . | 1 Liter. |
| Weingeiſt von 85 Proc. . . . . . . | $3^{'}\!/_8$ „ |
| Bittermandelöl . . . . . . . . . | 2 Gramme. |
| Bergamottöl . . . . . . . . . . | 8 „ |

Wachs
Wallrath
Fettes Mandelöl } von jedem . . . . 15 Gramme.
Kerntalgſeife

## Fliedermilch.

| | |
|---|---:|
| Geſchälte ſüße Mandeln . . . . . | 120 Gramme. |
| Flinderblütenwaſſer . . . . . . . | $1/_2$ Liter. |
| Weingeiſt von 85 Proc. . . . . . | 250 Gramme. |

Huile antique der Flinderblüten (durch
     Maceration bereitet) . . . . . 15 „

Wachs
Wallrath } von jedem . . . . . . 15 „
Seife

## Löwenzahnmilch.

| | |
|---|---|
| Geschälte süße Mandeln . . . . . | 120 Gramme. |
| Rosenwasser . . . . . . . . . . | $\frac{1}{2}$ Liter. |
| Ausgepreßter Saft der Löwenzahnwurzel | 30 Gramme. |
| Tuberosenextract . . . . . . . | 250 „ |

Grünes Oel  
Wachs } von jedem . . . . 15 „  
Kerntalgseife

Die Löwenzahnwurzel (von Leontodon taraxacum) muß ganz frisch ausgepreßt und der abgepreßte, selbst milchig aussehende Saft in den Kessel gebracht werden, in welchem schon die zerkleinerten Mandeln sind. Uebrigens wird wie gewöhnlich verfahren.

## Gurkenmilch.

| | |
|---|---|
| Süße Mandeln . . . . . . . . | 120 Gramme. |
| Saft von ausgepreßten Gurken . . . | $\frac{1}{2}$ Liter. |
| Weingeist von 85 Proc. . . . . . | 250 Gramme. |
| Gurkenessenz . . . . . . . . | $\frac{1}{8}$ Liter. |

Grünes Oel  
Wachs } von jedem . . . . . 8 Gramme.  
Kerntalgseife

Der ausgepreßte Gurkensaft wird rasch aufgekocht, so schnell als möglich wieder abgekühlt, durch feinen Musselin geseiht und nun auf die gewöhnliche Weise verfahren.

## Pistaziennußmilch.

Pistaziennüsse . . . . . . . . 100 Gramme.
Orangeblütenwasser . . . . . . 1 $\frac{5}{8}$ Liter.
Neroliessenz . . . . . . . . . $\frac{3}{8}$  „

Palmseife
Grünes Oel
Wachs } von jedem . . . . 30 Gramme.
Wallrath

## Jungfernmilch.
### (Lait Virginal.)

Rosenwasser . . . . . . . . 1 Liter.
Tolubalsamtinctur . . . . . . 15 Gramme.

Das Wasser wird nur ganz allmälig zur Tinctur ge=
setzt; dann erhält man eine milchige, opalisirende Flüssig=
keit, welche sich mehrere Jahre lang erhält. Gießt man
dagegen die Tinctur in das Wasser, so scheidet sich das
Harz als eine zähe Masse ab und man erhält keine Milch.
— Anstatt Rosenwasser und Tolutinctur kann man auch
30 Gramme Benzoëtinctur mit 1 Liter Hollunderblüten=
wasser oder 1 Liter Orangeblütwasser oder andern wohl=
riechenden Wässern versetzen und auf diese Weise eine
Menge verschiedener Sorten von Jungfernmilch bereiten.

## Glycerin=Waschwasser.

Orangeblütenwasser . . . . . . 4 Liter.
Glycerin . . . . . . . . . 250 Gramme.
Borax . . . . . . . . . . 15  „

Diese Flüssigkeit ist eines der vorzüglichsten Waschwässer.

# XIV.

## Cold Creams etc., Hautpomaden, Kalte Crêmes.

Rosen=Cold Cream — Mandel=Cold Cream — Veilchen=Cold
Cream — Tuberosen=, Jasmin=, Orangeblüten=Cold Cream
— Camphereis — Gurken=Cold Cream — Gurkenpomade —
Göttliche Pomade, Pommade Divine — Mandelkugeln — Cam=
pherkugeln — Campherpaste — Glycerinbalsam — Rosen=
Lippenpomade — Weiße Lippenpomade — Kirschen=Lippen=
pomade — Ordinäre Lippenpomade.

Der als Arzt berühmte Galen von Pergamus in
Asien, welcher vor circa 1700 Jahren lebte, hat schon
eine Art Salbe bereitet, welche eine Mischung von Fett
mit Wasser ist, wie die Fabrikate der Parfümerie, welche
wir kalte Crêmes oder Hautpomaden nennen, nur unter=
scheiden sich die Hautpomaden unserer Zeit von der
Galenischen Salbe durch ihren schönen Geruch und ihre
Feinheit. Die Parfümisten unterscheiden die verschiedenen
Hautpomaden vorzüglich nach ihrem Geruch, und wir
haben z. B. eine Campher=, Mandel=, Veilchen=, Rosen= 2c.
Hautpomade. Besonders berühmt sind die englischen Cold
Creams, welche nicht allein nach Deutschland, sondern

selbst nach Frankreich und Italien in großer Menge eingeführt werden.

### Rosen-Cold Cream.

| | | |
|---|---|---|
| Fettes Mandelöl . . . . . . . | 1 | Kilogr. |
| Rosenwasser . . . . . . . . | 1 | „ |
| Weißes Wachs } von jedem . . . | 60 | Gramme. |
| Wallrath } | | |
| Rosenöl . . . . . . . . . | 5 | „ |

Um diesen Crême zu bereiten, schmilzt man in einer
starken, geräumigen, gut glasirten Porcellanschale, die man
auf ein Wasserbad setzt, zunächst das Wachs und Wallrath, fügt dann das Oel hinzu und erwärmt unter Umrühren so lange, bis sich die Körper gleichmäßig mit einander gemischt haben. Man läßt nun aus dem Gefäße
mit Abflußrohr (s. S. 430) das Rosenwasser zu den geschmolzenen Fetten fließen und rührt mit einer flachen,
lanzenförmigen, durchbohrten Keule die Flüssigkeiten so
lange zusammen, bis das Wasser ganz mit dem Fette vermischt ist; natürlich wird schon gerührt, während das
Wasser zufließt. Im Winter ist es nothwendig, das
Rosenwasser schwach zu erwärmen, indem sonst der Crême
erstarrt, bevor die Mischung innig ist, was nicht der Fall
sein darf. Erst nach ganz inniger Vermischung wird
dann die noch flüssige Hautpomade sogleich in die Töpfchen
oder Büchschen, in welchen man sie verkaufen will, abgegossen, und erstarrt dann in diesen zu einer ziemlich festen
Masse. Doch unmittelbar bevor man die Hautpomade
in die Töpfchen abgießt, setzt man ihr noch das Rosenöl

zu. Ueberhaupt darf man bei der Bereitung der Haut=
pomaden nie unterlassen, den Parfüm so spät als möglich
und immer zuletzt zuzumischen, damit er nicht aus der
noch warmen Masse verdunstet. So bereitete Hautpomade
sieht wie feines Wachs aus, hält sich in guten Glas= oder
Porcellangefäßen 1—2 Jahre lang gut, ist trotz ihres
Wassergehaltes ziemlich fest, wird aber in der warmen
Hand weich und schmilzt sehr leicht.

### Mandel-Cold Cream

wird ganz wie der vorige bereitet, nur nimmt man Bitter=
mandelöl anstatt Rosenöl zum Parfümiren.

### Veilchen-Cold Cream.

| | |
|---|---|
| Huile antique von Veilchen . . . | 1 Kilogr. |
| Veilchenwasser . . . . . . | 1  „ |
| Wachs und Wallrath, von jedem . | 60 Gramme. |
| Bittermandelöl . . . . . . | 10 Tropfen. |

Dies ist ein ausgezeichnet feiner Cold Cream.

Der Tuberosen=, Jasmin=, Orangeblü=
ten=Cold Cream werden ganz auf dieselbe Weise wie die
Veilchen=Hautpomade bereitet, nur daß man die Huiles
antiques dieser Blumen anstatt des von den Veilchen
anwendet. Diese Präparate sind ausgezeichnet, aber sehr
theuer.

### Campher-Cold Cream, Camphereis.

| | |
|---|---|
| Fettes Mandelöl . . . . . . . | 1 Kilogr. |
| Rosenwasser . . . . . . . | 1  „ |

Wachs und Wallrath, von jedem  .   60 Gramme.

Campher .  .  .  .  .  .  .  . 120   „

Rosmarinöl .  .  .  .  .  .  .   8   „

Campher, Wachs und Wallrath werden zunächst in der Wärme in dem Oele aufgelöst und dann verfährt man, wie wir bei der Rosen-Hautpomade mittheilten.

### Gurken-Cold Cream.

Fettes Mandelöl .  .  .  .  .  .  .   1 Kilogr.

Grünes Oel .  .  .  .  .  .  .  60 Gramme.

Gurkensaft .  .  .  .  .  .  .   1 Kilogr.

Wachs und Wallrath, von jedem  .  60 Gramme.

Gurkenessenz .  .  .  .  .  .  . 120   „

Die Gurken werden in einer gewöhnlichen Presse ausgepreßt, der Saft erst einmal aufgekocht und abgeschäumt, rasch abgekühlt und durch Leinwand filtrirt; da jedoch die Hitze zerstörend auf das flüchtige Aroma der Gurken wirkt, so verfährt man noch besser auf folgende Weise:

Die Gurken werden mittelst eines Gurken= oder Krauthobels so fein als möglich zerschnitten und hierauf in das Oel gelegt; man läßt sie 24 Stunden darin liegen, seiht das Oel davon ab, legt nochmals frische geschnittene Gurken hinein, seiht wieder ab und benutzt nun dieses Oel zur Bereitung der Hautpomade. Man hat nicht nothwendig, das Oel zu erwärmen, verfährt aber übrigens ganz wie bei der Bereitung der Rosen-Hautpomade.

Eine schlechtere Sorte dieser Pomade bereiten die französischen Parfümeure auf die Weise, daß sie Schweinefett in einem auf einem Wasserbade stehenden Kessel schmelzen, den Gurkensaft dann gut mit dem geschmolzenen Fette zusammenrühren und die Mischung dann erkalten lassen; hierbei sammelt sich das Fett, welches den Gurkengeruch aus dem Safte aufgenommen hat, auf der Oberfläche des Saftes an, wird abgenommen und noch so oft mit frischem Gurkensafte auf diese Weise behandelt, bis es stark genug nach Gurken riecht.

### Gurkenpomade von Piesse.

Mit Benzoë parfümirtes Schweinefett    6 Kilogr.

Wallrath . . . . . . . . .    2    „

Gurkenessenz (s. S. 142) . . . .    1    „

Das Schweinefett und Wallrath werden zuerst mit einander zusammengeschmolzen und die Mischung so lange umgerührt, bis sie wieder erkaltet ist; nun schlägt man das Fett im Mörser mit der allmälig zufließenden Gurken=essenz zusammen und setzt das Schlagen so lange fort, bis der Weingeist verdunstet und die Pomade sehr schön weiß geworden ist.

Auf ähnliche Weise kann man auch mit Melonen=saft und dem Safte ähnlicher Früchte Hautpomaden be=reiten.

### Göttliche Pomade.
(Pommade Divine.)

Dies ist eines der gesuchtesten Schönheitsmittel.

Wallrath . . . . . . . . .    1/4 Kilogr.

Schweinefett . . . . . . .    1,2    „

Fettes Mandelöl . . . . . .    3/4    „

Benzoëharz . . . . . . . ¼ Kilogr.
Vanille . . . . . . . . . 100 Gramme.

Alle Substanzen werden zusammen in einer Schale digerirt, bei einer Temperatur, welche 90° C. nicht übersteigen darf. Nach 5 — 6 Stunden wird sie abgeseiht und in Flaschen oder Töpfchen zum Verkaufe gegossen.

## Mandelkugeln.

(Engl. Almond Balls; franz. Savonettes à l'amande.)

Gereinigter Talg . . . . . 1 Kilogr.
Weißes Wachs . . . . . . ¹⁄₂ „
Bittermandelöl . . . . . . 10 Gramme.
Nelkenöl . . . . . . . . 2 „

## Campherkugeln.

Gereinigter Talg . . . . . . 1 Kilogr.
Weißes Wachs . . . . . . ¼ „
Campher . . . . . . . . ¼ „
Franz. Lavendel= oder Rosmarinöl 30 Gramme.

Beide eben erwähnte Präparate werden entweder weiß oder durch Alkannin roth gefärbt verkauft. Wenn die Masse vollständig geschmolzen ist, so gießt man sie entweder in besondere Formen oder auch nur in Unzen= Pomadenbüchschen. Manche nehmen nur große Pillen= schachteln hierzu.

## Campherpaste.

Fettes Mandelöl . . . . . . . . ½ Kilogr.
Gereinigtes Schweinefett . . . . ¼ „
Wachs, Wallrath und Campher, von jedem 60 Gramme.

Die geschmolzenen Substanzen werden zusammen ge=
schlagen, bis die Mischung kalt geworden ist, und dann
ausgegossen.

### Glycerinbalsam.

Weißes Wachs und Wallrath, von jedem    30 Gramme.
Fettes Mandelöl . . . . . . . . 250    „
Glycerin . . . . . . . . . . 60    „
Rosenöl . . . . . . . . . . . 2    „

### Rosen=Lippenpomade.

Fettes Mandelöl . . . . . . . . 250 Gramme.
Wallrath und Wachs, von jedem . . . 60    „
Alkannawurzel . . . . . . . . 60    „
Rosenöl . . . . . . . . . . . 8    „

Wachs, Wallrath, Oel und Alkanna werden erst in
einem Kessel mit einander (über einem Wasserbade) erhitzt;
nachdem die Materialien geschmolzen sind, läßt man sie
4—5 Stunden in diesem Zustand, damit die Alkanna
ihren Farbstoff während dieser Zeit abgeben kann, seiht
durch feinen Musselin und setzt das Rosenöl zu, bevor
die Masse ganz erkaltet. Dieses Präparat ist ausgezeichnet
schön; man kann sich dabei die etwas umständliche und
mit Materialverlust verbundene Behandlung mit der
Alkannawurzel vollständig ersparen, wenn man das Oel,
Wachs und Wallrath bei niedriger Temperatur zusam=
menschmilzt und der geschmolzenen Masse $1\frac{1}{2}$—2 Gramme
Alkannin und das Rosenöl zusetzt.

## Weiße Lippenpomade.

Fettes Mandelöl . . . . . . . . 125 Gramme.
Wachs und Wallrath, von jedem . . . 30 „
Bittermandelöl . . . . . . . . . 5 „
Grasöl . . . . . . . . . . . 1 „

Nachdem diese Pomade in die Töpfchen gegossen und kalt geworden ist, hält man ein rothglühendes Eisen darüber. Durch die Hitze, welche dieses ausstrahlt, schmilzt die Pomade auf der Oberfläche und erhält dadurch eine glatte Oberfläche.

## Kirschen-Lippenpomade

wird wie die feine Rosen-Lippenpomade bereitet, nur mit dem Unterschiede, daß sie durch 4 Gramme Lorbeeröl und 4 Gramme Bittermandelöl parfümirt wird.

## Ordinäre Lippenpomade

wird aus gleichen Theilen Schweinefett und Talg bereitet, durch Alkannin roth gefärbt und je ein Kilogramm derselben mit 60 Grammen Bergamottöl parfümirt.

Alle diese Präparate werden als Schönheitsmittel zur Erlangung einer feinen, glatten Haut benutzt.

———

# XV.

## Pomaden und Haaröle ꝛc.

(Engl. Pomades and Oils; franz. Huiles et Pommades.)

Fette zu den Pomaden — Reinigen und Geruchlosmachen der Fette — Behenöl — Paraffin zu Pomaden — Benzoëpomade und Benzoëöl — Tonkapomade und Tonkaöl — Vanillepomade und Vanilleöl — Bärenfettpomade — Circassische Pomade — Blumenbalsam-Haaröl — Krystallisirtes Haaröl — Ricinusölpomade — Nerolipomade — Markcrême — Markpomade, Rindsmarkpomade — Ordinäre Veilchenpomade — Doppelpomade, Pommades doubles aux Mille-fleurs — Heliotroppomade — Heliotrophaaröl — Philokome — Philokomhaaröl — Ungarpomade für den Schnurrbart, Bartwachs — Harte oder Stangenpomade — Masse zum Steifen oder Färben des Schnurrbartes.

Die Pomaden oder, wie sie früher genannt wurden, die „Salben" sind schon im Alterthume gebräuchlich gewesen und wurden sogar in großer Menge verbraucht. Unser neuerer Name stammt von pomum (Apfel), da die Pomade früher auf die Weise bereitet wurde, daß man Gewürze, namentlich Gewürznelken, in einen Apfel steckte, so daß die ganze Oberfläche des Apfels mit den Gewürzen gespickt war; der Apfel wurde dann einige Tage der Luft

ausgesetzt, und nachher in gereinigtem geschmolzenen
Schweinefett oder einem anderen Fette macerirt, wodurch
das Fett einen Wohlgeruch annahm. Man steckte oft neue
Aepfel in dasselbe Fett, bis es genügend parfümirt war,
und erhielt so die wahre „Pomade".

Nach einem Recepte, welches mehr als 100 Jahre alt
ist, soll man sich die Pomade so bereiten, daß man Ziegen=
fett, eine Orangeschale, einige Pippin=Aepfel, ein Glas
Rosenwasser und ein halbes Glas weißen Wein mit ein=
ander koche, die Flüssigkeit abseihe und mit fettem Mandel=
öle vermische; doch bemerkt der Autor dieser Vorschrift,
Dr. Quincy, daß die Aepfel in dem Recepte keine Be=
deutung haben; sein Recept ist aber unvollkommen, weil er
keine Rücksicht auf die Gewichtsverhältnisse genommen hat.

Heutzutage wird die Pomade ganz einfach dargestellt,
indem man Schweinefett oder Rindstalg, zuweilen auch
Rindsmark oder Mischungen dieser Fette, oder Lösungen
von Wallrath oder von Wachs oder von beiden zugleich in
Oel parfümirt. Der wichtigste Umstand hierbei, den man
bei der Fabrikation der Pomaden nie außer Acht lassen
darf, ist, nur mit ganz vollständig geruchlosen
Fetten zu arbeiten, gleichgültig, was für ein Fett man
anwenden will.

Das geruchlose Schweinefett bereitet man auf
folgende Weise:

28 Kilogr. ganz frisches Fett, womöglich von frisch ge=
schlachteten Thieren, wird in einen gut glasirten Kessel ge=
than, den man auf einem Wasserbade oder durch gespannte
Wasserdämpfe erhitzen kann. Ist es geschmolzen, so setzt

man 120 Gramme Kochsalz und 60 Gramme gepulverten
Alaun zu und unterhält die Hitze so lange, bis sich auf der
Oberfläche ein Schaum bildet, der aus geronnenem Eiweiß,
Häutchen rc. besteht.     Dieser Schaum wird abgenommen,
und wenn das Fett ganz klar und gleichmäßig geworden
ist, läßt man es erkalten. (Will man im Kleinen arbeiten,
so nimmt man zu jedem Kilogr. Fett einen Theelöffel voll
Salz und einen halben Theelöffel voll von gepulvertem
Alaun.)

Das Fett muß nun gewaschen werden, wozu man auf
einmal immer nur kleine Portionen nimmt. Das Waschen
des Fettes ist eine sehr mühsame Arbeit, indessen wird man
durch das Resultat genügend für die Mühe entschädigt.
Ungefähr $\frac{1}{2}$ Kilogr. des Fettes (auf einmal) wird auf eine
etwas schief oder geneigt liegende Schieferplatte gelegt und
auf dieser anhaltend mit einem glatten Steine zerrieben
(gerade so, wie man die Farben mit Oel anreibt), während fortwährend reines kaltes Wasser aus einem über der
Platte angebrachten Behälter darauf und darüber weg
fließt. Bei dieser Behandlung löst das Wasser alle Salz-
und Alauntheile, sowie die letzten in dem Fett noch enthaltenen Eiweiß- und Bluttheile auf. Ist das Fett so rein
gewaschen, daß das Wasser völlig geschmacklos davon abfließt, so wird es geschmolzen, wobei die im Fette zurück-
gebliebenen Wassertheile sich verflüchtigen, und nun ist das
Fett fertig.

Obschon die Reinigung des Fettes auf diese Weise sehr
mühsam und zeitraubend ist, läßt sie sich doch nicht umgehen, indem ein ungereinigtes Fett sich unter keinen Um-

ständen sein parfümiren läßt und selbst von den kräftigen Parfümen eine viel größere Menge zugesetzt werden muß, um den schlechten Fettgeruch nur einigermaßen zu verdecken, und die Oele sind theurer, als diese Arbeit. Je reiner das Fett, desto weniger Parfüm braucht man, um es wohl= riechend zu machen; der Vortheil liegt also auf der Hand. Auch sind die mit ungereinigtem Fette bereiteten Pomaden nicht haltbar, sondern werden schnell ranzig, während die von geruchlosem Fette jahrelang ganz unverändert bleiben. Unter allen Umständen ist also das nicht gereinigte Fett zur Pomadefabrikation zu verwerfen.

Im südlichen Frankreich, wo die gereinigten Fette zur Abscheidung der zarten Blütengerüche mittelst der Macera= tion und Absorption benutzt werden, ist ihre Darstellung so wichtig, daß sie als ein besonderes Gewerbe betrachtet wird.

Die Reinigung von Rindstalg und Ham= meltalg ist der Hauptsache nach dieselbe, wie die eben beschriebene vom Schweinefett; nur erfordert die größere Härte und Festigkeit dieser Fette eine mechanische Vorrich= tung, um sie zu waschen, da hier eine größere Kraft nöthig ist, als die der Handarbeit. Herr Ewen, einer der ersten Fett=Reiniger Londons, benutzt hierzu eine steinerne Walze, welche auf einer kreisförmigen Platte rotirt und ihre roti= rende Bewegung durch eine Axe erhält, welche durch das Centrum der Platte geht. Die Platte selbst ist von Stein und nach der Mitte (dem Centrum) zu etwas höher als am Rande, so daß, wenn man das Fett auf die Platte legt und die Walze darüber hinwegrollen läßt, während zu= gleich ein Wasserstrahl auf die Platte fällt, das Wasser über das Fett nach dem Rande zu läuft und da von der Platte wieder abfließt. Sonst ist die Behandlung dieselbe wie beim Schweinefett.

Die Fette werden von den Parfümisten „Körper" (body, corps) genannt und man unterscheidet in der Parfümerie Po ma d e n m i t h a r t e m K ö r p e r (Talg) und P o m a d e n mit weichem Körper (Schweinefett). Bei der Bereitung der Pomaden zur Extract-Gewinnung, wobei man die Blütengerüche durch Absorption oder Maceration auf das Fett überträgt (s. S. 49 ff.), wie dies mit dem Jasmin, dem Veilchen ꝛc. geschieht, giebt man den Pomaden mit hartem Körper den Vorzug. Will man aber die parfümirte Pomade als Haarpomade benutzen, so sind die Pomaden mit weichem Körper besser.

Die Methode der R e i n i g u n g d e r F e t t e, welche m a n z u r A b s o r p t i o n d e r B l ü t e n g e r ü c h e b e - n u t z t, wird von Herrn August V e r m o n d in Nizza fol- gendermaßen beschrieben: Man nimmt 100 Kilogr. des frischesten Fettes (Schweinefett oder Rindstalg), befreit dieses von allen Häuten und Hautstückchen, welche ihm an- hängen, erst mechanisch, zerschneidet es in kleine Stückchen, zermalmt oder zerreibt es gut in einem Mörser, und wenn es ganz fein vertheilt ist, wäscht man es so oft durch Quet- schen und Kneten in reinem Wasser, bis das frische Wasser zuletzt so rein bleibt, wie es erst war, bevor man das Fett darin behandelte. Das Fett wird nun bei niedriger Temperatur geschmolzen und mit 200 Grammen von ge- pulvertem krystallisirtem Alaun und zwei Händen voll Kochsalz versetzt. Nun erhitzt man das Fett bis zum Sie-

den, läßt es einige Secunden wallen und seiht es durch
feine Leinwand in einen tiefen Topf. Man läßt es nun un=
gefähr zwei Stunden ruhig stehen, damit es sich klärt, gießt
es hierauf von den zu Boden gefallenen Unreinigkeiten
ab und wieder in den früheren Kessel zurück. In diesem
erhitzt man es über freiem Feuer, versetzt es mit 10 Liter
Rosenwasser und ungefähr 300 Grammen fein gepulvertem
Benzoëharz und läßt es nun schwach sieden, indem man
allen Schaum, der sich auf der Oberfläche bildet, sorgfältig
abnimmt und entfernt. Wenn sich kein Schaum mehr bildet,
was nach ungefähr einer Stunde der Fall ist, so wird das
Feuer unter dem Kessel vollständig ausgelöscht, die Mischung
im Kessel ungefähr 4—5 Stunden in Ruhe gelassen und
nun das klare Fett sorgfältig von dem noch darunter be=
findlichen Wasser abgegossen. Das so gereinigte Fett ist
nun zum Gebrauche fertig und kann viele Jahre aufbe=
wahrt werden, ohne daß es ranzig wird. Beim Abgießen
oder Abschöpfen des klaren Fettes ist es gut, lieber etwas
Fett im Topfe zu lassen, was man wieder bei einer ande=
ren Reinigung mit anwendet, damit keine Spur von dem
Wasser mit in das Fett kommt. Das besonders Eigen=
thümliche dieser Methode ist die Anwendung der Benzoë.

Herr R e d w o o d hat in neuester Zeit darauf aufmerk=
sam gemacht, daß gewisse Salben, besonders die Zinksalbe,
nicht ranzig werden, sobald man bei ihrer Bereitung eine
kleine Menge von Benzoëharz oder Benzoësäure zugefügt
hat. Diese Wirkung der Benzoë bestätigt sich auch durch
die Erfahrungen der französischen Parfümeure, welche mit
Hülfe der Benzoë ihre Fette schon lange Zeit so herstellen,

daß dieselben, selbst während der warmen Sommerwitte=
rung, nicht ranzig werden und mehrere Jahre lang gut
bleiben. Es bleibt nur noch zu untersuchen, ob die Benzoë
das Ranzigwerden aller Fette zu verhindern vermag.

Schon oben (s. S. 49 ff.) haben wir die Methoden
beschrieben, nach welchen die Gerüche der Blumen unmittel=
bar auf die Fette übergetragen werden.  Es bleibt uns
daher nur übrig, jene hierher gehörigen Mischungen und
Fabrikate zu beschreiben, die wir bis dahin noch unberück=
sichtigt gelassen haben, nämlich die Pomaden und Oele,
welche man zum Gebrauche in das Haar aus geruchlosen
Fetten und wohlriechenden Stoffen erhält.

Zunächst mögen hier jedoch einige Bemerkungen über
das Behenöl eine Stelle finden.

## Behenöl, Benöl.

Dieses fette Oel ist nämlich unbedingt eines der werth=
vollsten Oele für den Parfümisten; es ist geruchlos, ge=
schmacklos und fast farblos, hat so wenig Neigung ranzig
zu werden, daß Manche sogar behaupten, es werde nie
ranzig.  Eine Probe dieses Oeles, welche ich selbst unter
Verhältnissen aufbewahrt habe, unter welchen alle anderen
fetten Oele schon im Laufe eines Jahres ranzig geworden
wären, hat sich sechs Jahre lang gut gehalten.  Das Oel
trocknet an der Luft nicht ein, gehört also zu den nicht
trocknenden Oelen.  Vor längerer Zeit kam das Behenöl
in ziemlichen Quantitäten aus Ostindien und bildete einen
wichtigen Handelsartikel; der übermäßige Preis und die
damit vorgekommenen außergewöhnlichen Verfälschungen

haben aber leider so störend gewirkt, daß das Oel kaum mehr in den Handel kommt, und doch ist dies sehr zu wünschen. Man gewinnt das Oel durch Pressen der Samen des **Moringabaumes**, Moringa pterygosperma Gärtner, welcher jetzt auch in Westindien angepflanzt wird. Diese Samen, die sogenannten **Behennüsse**, sollen 25 Proc. des Oeles liefern. Das beste Mittel, um das Behenöl wieder in den Handel zu bringen, wäre, wenn dasselbe sogleich an Ort und Stelle mit wohlriechenden Blumen, welche in den Productionsländern dieses Oeles in so großer Auswahl vorkommen, parfümirt würde. In diesem Falle würde das Oel sicher mit 5—6 Thalern per Kilogr. bezahlt werden.

## Paraffin.

Dieses Product wird von den vielen großen Etablissements, welche sich mit der Destillation der Braunkohlen und Verarbeitung des Braunkohlentheers beschäftigen, in einem so vorzüglich gereinigten Zustande geliefert, daß man auch daran denken kann, für verschiedene Parfümeriewaaren davon Gebrauch zu machen. Bis jetzt hat das Paraffin, außer zur Kerzenfabrikation, bereits mannigfache Anwendung gefunden und es ist unzweifelhaft, daß sich dasselbe als Ersatzmittel für Wachs und Wallrath auch in der Parfümerie mit Nutzen verwenden läßt, um so mehr, als es billiger als die genannten Stoffe ist. Auch für Pomaden ist ein kleiner Zusatz von Paraffin sehr nützlich, weil das Paraffin die Eigenschaft besitzt, das Ranzigwerden der Fette zu verhindern. Außerdem sollen die mit Paraffin verſetzten Pomaden die Transſpiration der Kopfhaut etwas fördern.

## Benzoëpomade und Benzoëöl.

Die Benzoëſäure iſt vollſtändig auflöslich in heißen Fetten. Löſt man 15 Gramme der Säure in $^1/_4$ Liter heißem Oliven= oder Mandelöl auf und ſtellt die Löſung in die Kälte, ſo ſcheidet ſich ein Theil der Säure beim Er= kalten in ſchönen kleinen Kryſtallnadeln aus, welche denen gleichen, die man auf der Vanille bemerkt; ein anderer Theil der Säure bleibt dagegen auch in der Kälte in dem Oele gelöſt und ertheilt dieſem ſeinen eigenthümlichen Wohl= geruch. Auf dieſes Verhältniß hin gründet ſich die directe Parfümirung der Fette mit Benzoëharz, welche auf die Weiſe geſchieht, daß man gepulvertes Benzoëharz wenige Stunden lang in auf 80—90° C. erhitztes Rindstalg oder Schweinefett oder Oel eintaucht. Das Harz giebt ziemlich ſeinen ganzen Wohlgeruch an das Fett ab. Auf dieſelbe Weiſe würden ſich mit großer Leichtigkeit auch manche in der Heilkunde verwendbare Salben bereiten laſſen, z. B. Myrrha=Salbe, Aſſafoetida=Salbe und andere mehr.

## Tonkapomade und Tonkaöl.

Die geſtoßenen oder zerkleinerten Tonkabohnen werden 12—24 Stunden in irgend einem geſchmolzenen Fette oder erwärmten fetten Oele macerirt in dem Verhältniß:

Tonkabohnen  .  .  .  $1^1/_2$ Kilogr.
Fett oder Oel  .  .  .  4     „

Dann seiht man sie durch feinen Musselin und hat nach dem Erkalten das sehr angenehm nach den Bohnen riechende Fett oder Oel.

## Vanille-Oel und -Pomade.

Vanille  . . . . .  ¼ Kilogr.

Fett oder Oel . . .  4   „

Man macerirt bei einer Temperatur von 25—20°C. 3 oder 4 Tage lang und seiht ab.

Diese Pomaden und Oele bilden mit den schon be= schriebenen französischen, durch die Absorption oder Mace= ration bereiteten Blütenpomaden die besten Haarpomaden und Haaröle, welche sich darstellen lassen, und selbst wenn die Blütenpomaden schon mit Weingeist ausgezogen wor= den sind, um zunächst die werthvollen Extracte der Blüten daraus zu bereiten, so sind doch die zurückbleibenden ge= waschenen Pomaden (s. S. 107) noch äußerst wohl= riechend und liefern herrliche Fabrikate. — Dagegen wer= den geringere parfümirte Pomaden und Haaröle auf die Weise dargestellt, daß man Schweinefett, Rindstalg, Wachs, Oel ꝛc. mit verschiedenen ätherischen Oelen ver= mischt. Es ist aber, selbst wenn man kostbare Oele ver= wendet, nicht möglich, das Fett so schön damit zu parfü= miren, wie durch die directe Maceration oder Absorption mit den Blüten.

## Bärenfettpomade.

Huile antique von Rosen    ⎱
  „    „    „  Orangeblüten  ⎰ von jedem 1 2 Kilogr.

Huile antique von Akazien ⎫
   „     „     „   Tuberosen ⎬ von jedem ½ Kilogr.
   „     „     „   Jasmin ⎭

| | |
|---|---|
| Fettes Mandelöl . . . . . . . | 10 „ |
| Schweinefett . . . . . . . . | 12 „ |
| Akazienpomade . . . . . . . . | 2 „ |
| Bergamottöl . . . . . . . . | 250 Gramme. |
| Nelkenöl . . . . . . . . . | 125 „ |

Die festen Fette werden mit den flüssigen auf dem Wasserbade in einem Kessel zusammengeschmolzen und dann die ätherischen Oele zugesetzt.

Es versteht sich von selbst, daß zu allen Pomaden, deren Vorschrift hier folgt, gereinigte, also geruchlose Fette genommen werden müssen. Die Bärenfettpomade ist so consistent, daß sie auch im Sommer noch fest bleibt. Will man sie fester haben, so nimmt man mehr Schweinefett und weniger Mandelöl.

### Circassische Pomade.

#### (Circassian Cream.)

| | |
|---|---|
| Schweinefett . . . . . . . . . | 1 Kilogr. |
| Benzoëpomade . . . . . . . . | 1 „ |
| Französische Rosenpomade . . . . . | ½ „ |
| Durch Alkannin gefärbtes fettes Mandelöl | 2 „ |
| Rosenöl . . . . . . . . . | 15 Gramme. |

## Blumenbalsam-Haaröl.

### (Balsam of Flowers.)

| | |
|---|---|
| Französische Rosenpomade . . . | 360 Gramme. |
| „         Veilchenpomade   . . | 360   „ |
| Fettes Mandelöl . . . . . . | 1 Kilogr. |
| Bergamottöl . . . . . . . | 8 Gramme. |

## Krystallisirtes Haaröl.
### Beste Qualität.

| | |
|---|---|
| Huile antique von Rosen . . . | 1 Kilogr. |
| „      „      „ Tuberosen . . | 1   „ |
| „      „      „ Orangeblüten . | $1/_2$   „ |
| Wallrath . . . . . . . . | $1/_2$   „ |

### Zweite Qualität.

| | |
|---|---|
| Fettes Mandelöl . . . . . . | $2^1/_2$ Kilogr. |
| Wallrath . . . . . . . . | $1/_2$   „ |
| Limonöl (Citronenöl)   . . . | 200 Gramme. |

In einem durch ein Wasserbad erhitzten Kessel wird
das Wallrath geschmolzen, dann werden die Oele zugesetzt
und so lange erwärmt, bis sich das Wallrath ganz gelöst
hat und keine Flocken mehr umherschwimmen. Die ge=
schmolzene Masse wird dann in vorher erwärmte Töpfchen
gegossen und so langsam als möglich abgekühlt, damit sie
beim Erkalten krystallisirt; läßt man schnell erkalten, so
entstehen keine Krystalle, sondern es entsteht nur eine
durchscheinende Masse. — Diese Art von Pomaden, deren
Körper eine Mischung von fettem Oel und Wallrath und
bei gewöhnlicher Temperatur fest ist, werden von vielen

Parfümisten sehr gern bereitet, weil hier keine vorherige
Reinigung weder des Mandelöles, noch des Wallrathes
nöthig ist, da beide Körper schon von Natur aus geruchlos
sind.  Man erspart also die Mühe und Zeit, die zur
Reinigung der thierischen Fette nöthig ist; auch geht die
Bereitung äußerst rasch von Statten, ist also höchst bequem
und die Pomaden sehen sehr schön aus; allein ihr fort=
während er Gebrauch ist leider aus dem Grunde nicht zu
empfehlen, weil die Kopfhaut von dem Wallrath schorfig
und unrein wird, indem die Wallraththeilchen in dem
Haare sitzen bleiben, ohne sich wirklich darin zu vertheilen.

### Ricinusölpomade.

| | |
|---|---|
| Tuberosenpomade . . . . | 1 Kilogr. |
| Ricinusöl . . . . . . | $1/2$ „ |
| Fettes Mandelöl . . . . | $1/2$ „ |
| Bergamottöl . . . . . | 60 Gramme. |

### Neroli=Pomade.

(Neroli-Balsam.)

| | |
|---|---|
| Französische Rosenpomade . | $1/2$ Kilogr. |
| „        Jasminpomade . | $1/2$ „ |
| Fettes Mandelöl . . . . | $3/4$ „ |
| Neroliöl . . . . . . | 8 Gramme. |

### Markcrême.

| | |
|---|---|
| Schweinefett . . . . . | 1 Kilogr. |
| Fettes Mandelöl . . . . | 1 „ |
| Palmöl . . . . . . . | 60 Gramme. |

Nelkenöl . . . . 4 Gramme.
Bergamottöl . . . 30 „
Citronenöl . . . 100 „

## Markpomade, Rindsmarkpomade.

Schweinefett . . . 4 Kilogr.
Rindsmark . . . 2 „
Citronenöl . . . 60 Gramme.
Bergamottöl . . . 30 „
Nelkenöl . . . . 20 „

Die Fette werden geschmolzen, hierauf mit einem Besen oder einem flachen hölzernen Spatel eine halbe Stunde oder länger geschlagen, bis sie wieder kalt geworden sind. Hierbei bilden sich kleine Luftbläschen, welche von dem Fette eingeschlossen werden, wodurch nicht allein die Pomade voluminöser wird, sondern auch eine eigenthümliche leichte und schaumige oder schwammige Beschaffenheit erhält. Diese Pomade ist profitabel für den Verkäufer, während der Käufer viel Schaum mit seinem Gelde bezahlen muß.

## Ordinäre Veilchenpomade.

Schweinefett . . . . . 1 Kilogr.
Gewaschene Akazienpomade . 360 Gramme.
„ Rosenpomade . 250 „

Sie wird wie die Markpomade dargestellt. Man kann die mannigfaltigsten Arten dieser ordinären Pomaden bereiten, indem man je nach Belieben gewaschene Tuberosen, Jasmin, Akazien, Rosenpomade anwendet.

## Doppelpomaden.

### (Pommades doubles aux mille-fleurs.)

Rosen=, Jasmin=, Orangeblüt=, Veilchen=, Tube=
rosen= rc. Pomaden werden im Winter alle auf die Weise
bereitet, daß man ⅔ Theile der besten französischen Blü=
tenpomaden mit ⅓ Theil der besten französischen Huiles
antiques der Blüten mischt. Im Sommer nimmt man von
beiden gleiche Theile. Diese Präparate sind ausgezeichnet
schön.

## Heliotroppomade.

| | |
|---|---|
| Französische Rosenpomade . . . | 1 Kilogr. |
| Vanille=Haaröl . . . . . . | $\frac{1}{2}$  „ |
| Huile antique von Jasmin . . . | 250 Gramme. |
|      „      „      „  Tuberosen . | 125  „ |
|      „      „      „  Orangeblüten . | 125  „ |
| Bittermandelöl . . . . . . | 12 Tropfen. |
| Nelkenöl . . . . . . . . | 6  „ |

## Heliotrophaaröl

erhält man, wenn man anstatt der Rosenpomade das Huile
antique von Rosen und zwar ebenfalls ein Kilogr. nimmt.

## Philokome.

Der Name dieser Pomade ist von zwei griechischen
Wörtern, von φίλος und κόμη, hergeleitet, welche „Freund
des Haares" bedeuten. Diese Pomade ist auch in der
That eine der schönsten, welche bereitet werden können.

## Beste Qualität.

Weißes Wachs . . . . . . . . . $^1/_2$ Kilogr.

Frisches Huile antique von Rosen . . 1 „

„ „ „ „ Akazien . . $^1/_2$ „

„ „ „ „ Jasmin . . $^1/_2$ „

„ „ „ „ Orangeblüten 1 „

„ „ „ „ Tuberosen . 1 „

Das Wachs wird in einem durch ein Wasserbad er=
wärmten Kessel bei möglichst niedriger Temperatur in den
Oelen aufgelöst und die Mischung umgerührt, damit sie
schneller erkaltet. Sie wird erst ausgegossen in die Büchs=
chen, wenn sie anfangen will zu erkalten, und die Büchs=
chen werden schwach erwärmt, damit die Pomade gleich=
mäßig wird.

## Zweite Qualität.

Weißes Wachs . . . . . . . . . 300 Kilogr.

Fettes Mandelöl . . . . . . . 1 „

Bergamottöl . . . . . . . . 30 Gramme.

Citronenöl . . . . . . . . . 15 „

Lavendelöl . . . . . . . . . 8 „

Nelkenöl . . . . . . . . . 3 „

Das Philokome=Haaröl erhält man, wenn man
nur 60 Gramme Wachs mit 1 Kilogr. Mandelöl ver=
mischt und mit den genannten Oelen parfümirt.

## Ungarpomade für den Schnurrbart.　Bartwachs.

| | |
|---|---|
| Weißes Wachs . . | 1 Kilogr. |
| Oelseife . . . . | $\frac{1}{2}$ „ |
| Arabisches Gummi . | $\frac{1}{2}$ „ |
| Rosenwasser . . . | 1 Liter. |
| Bergamottöl . . . | 60 Gramme. |
| Thymianöl . . . | 4 „ |

Seife und Gummi werden bei mäßiger Wärme in dem Rosenwasser aufgelöst; dann wird das Wachs zugesetzt und so lange beständig umgerührt, bis die Masse gleichförmig ist; schließlich setzt man die Parfüme zu. Will man die Masse färben, so muß man die Farben stets in Oel zerrieben anwenden. Zu Braun nimmt man in Oel zerriebene calcinirte Umbra und zu Schwarz in Oel zerriebenes Beinschwarz.

## Harte oder Stangenpomade.

| | |
|---|---|
| Benzoëpomade . . | 1 Kilogr. |
| Weißes Wachs . . | 1 „ |
| Jasminpomade . . | $\frac{1}{2}$ „ |
| Tuberosenpomade . | $\frac{1}{2}$ „ |
| Rosenöl . . . . | 8 Gramme. |

### Eine billigere Qualität.

| | |
|---|---|
| Rindstalg . . . | 1 Kilogr. |
| Wachs . . . . | $\frac{1}{2}$ „ |
| Bergamottöl . . . | 60 Gramme. |
| Zimmtcassienöl . . | 8 „ |
| Thymianöl . . . | 4 „ |

Nach beiden Vorschriften erhält man weiße Stan=
genpomade; braune und schwarze werden aber fast
häufiger verlangt und auf ganz gleiche Weise mit brauner
Umbra = Oelfarbe braun, mit schwarzer Beinschwarz=Oel=
farbe schwarz gefärbt.

## Schwarze und braune Masse zum Steifen und Färben des Schnurrbartes von Rimmel.

Dieses Geheimmittel ist nichts Anderes, als eine fein
parfümirte Seife, die geschmolzen und, während sie weich,
mit feiner Umbra oder Lampenschwarz stark gefärbt und
nachher in lange, viereckige Stücke zerschnitten worden ist.
Man benutzt die Masse, um dem Barte eine gewisse Steif=
heit zu geben und um denselben vorübergehend zu färben;
sie wird mit einem kleinen Bürstchen, welches man mit
Wasser vorher befeuchtet hat und an dem Stücke reibt, auf
den Bart übertragen.

———

# XVI.

## Haarfärbemittel und Enthaarungsmittel.

### (Engl. Hair Dyes and Depilatory; franz. Teintures pour les cheveux et Préparations épilatoires.)

Kobol zum Färben der Augenbrauen und Wimpern — Türkisches Haarfärbemittel — Pyrogallussäure als Haarfärbemittel — Bleioxyd-Haarfärbemittel — Einfaches Silber-Haarfärbemittel — Aus zwei Theilen bestehendes Silber-Haarfärbemittel, Vorschrift A und B — Anweisung zum Gebrauche desselben — Geruchloses Silber-Haarfärbemittel — Französisches Haarfärbemittel — Kastanienbraun oder Uebermangansaures Kali als vortreffliches und unschädliches Haarfärbemittel — Bleimasse zum Färben des Bartes — Rusma oder türkisches Depilatorium — Redwood's Depilatorium, Schwefelbarium — Boudet's und Böttger's Depilatorium, Schwefelcalcium — Hernandia als Depilatorium — Goldpulver.

Obschon der Markt mit den verschiedenartigsten Haarfärbemitteln überfüllt ist und alle diese Mittel als unfehlbare und unschädliche angepriesen werden, so ist dennoch der größte Theil derselben entweder ungenügend oder bei anhaltendem Gebrauche den Haaren und selbst der Gesundheit nachtheilig. Eine dringende Mahnung an alle Die-

jenigen, welche sich eines Haarfärbemittels bedienen wollen
oder müssen, in der Wahl des Mittels vorsichtig zu sein
und sich nicht muthwillig in Gefahr zu begeben, ist daher
gewiß nicht überflüssig. Man überlege sich sehr genau, daß,
wenn man einmal anfängt, sich die Haare zu färben, man
nicht gut wieder aufhören kann. Das Haarfärben ist aber
meist ziemlich zeitraubend und muß oft wiederholt werden,
indem das Haar sonst gesprenkelt erscheint oder oftmals in
ganz unnatürlichen Farben schillert. Man bürdet sich also
eine ziemliche Last und Sorge auf, wenn man sich die Haare
färbt, und der gewünschte Erfolg wird oftmals nicht erreicht. In einzelnen Fällen mögen wol triftige Gründe
vorliegen und daher können wir diese Präparate nicht mit
Stillschweigen übergehen und möchten besonders auch Diejenigen mit den wichtigsten Verhältnissen vertraut machen,
welche Haarfärbemittel verkaufen und gewissenhaft genug
sind, solche zu verwerfen, die entschieden nachtheilig wirken.

## Kohol.

Das Wort Kohol kommt aus dem Hebräischen und
heißt „Malen". Noch heutigen Tages färben sich die
Frauen im Orient ihre Augenbrauen mit verschiedenen
Farbstoffen, so z. B. mit feinst geriebenem und geschlämm-
tem Schwefelantimon (Grauspießglanzerz). Dieser Gebrauch hat sich in beschränktem Maße auch in England
eingebürgert und man wendet hierzu das Kohol an. Dieses enthält jedoch kein Schwefelantimon, sondern ist eine
Auflösung von sogenannter chinesischer Tinte oder
Tusche in Rosenwasser. Um das Kohol zu bereiten, zer-

reibt man zunächst ein Stück Tusche von 15 Grammen
Gewicht zum feinsten Pulver, gießt zu dem Pulver unter
beständigem Umrühren nach und nach ¼ Liter heißes
Rosenwasser und rührt durch einander, bis sich die Tusche
zur gleichmäßigen Flüssigkeit vertheilt hat. Nach zwei
Tagen wiederholt man dieses Verreiben nochmals. Zum
Färben der Augenbrauen und Augenwimpern benutzt man
einen feinen Pinsel von Kameelhaar, mit welchem man
das Kohol auf die Haare aufträgt.

## Türkisches Haarfärbemittel.

In Konstantinopel giebt es viele Leute, namentlich
Armenier, welche sich ausschließlich mit der Darstellung von
Schönheitsmitteln beschäftigen und sich große Summen von
denjenigen bezahlen lassen, welche dieses einträgliche Gewerbe von ihnen erlernen wollen. Unter diesen Schönheitsmitteln befindet sich auch ein vorzügliches Haarfärbemittel, welches unter dem Namen türkisches Haarfärbemittel auch in Deutschland häufig im nachgeahmten Zustande verkauft wird. Dasselbe wird nach den Mittheilungen
des Professors Landerer in Athen auf folgende Weise
bereitet:

Fein gepulverte Galläpfel werden mit wenig Oel zu
einem Teige geknetet, welcher so lange in einer eisernen
Pfanne geröstet wird, bis keine Oeldämpfe mehr entweichen. Der Rückstand wird dann mit Wasser zu einem
Brei zerrieben und wieder bis zur Trockenheit erhitzt. Mit
dieser wieder etwas befeuchteten Masse mischt man nun

so innig als möglich ein metallisches Pulver und bewahrt
die Mischung an feuchten Orten auf, wodurch sie ihre
schwärzende Eigenschaft erhält. Das erwähnte metallische
Pulver wird aus Egypten auf die Märkte des Ostens ge=
bracht und in der Türkei Rastikopetra oder Rastik=
Yuzi genannt; es sieht wie Rost aus, besteht aus Eisen
und Kupfer und wird von einigen Armeniern zu diesem
Zwecke bereitet. Zuweilen wird das so bereitete Gemenge
der Galläpfelmasse und des metallischen Pulvers noch mit
Ambra oder anderen Wohlgerüchen parfümirt, namentlich
zum Gebrauche im Serail, und dann Karsi genannt.
Will man sich das Haar, die Augenbrauen, die Augen=
wimpern oder den Bart mit diesem Mittel färben, so
zerreibt man etwas davon auf der flachen Hand oder
zwischen den Fingern und reibt oder streicht hiermit das
Haar gut durch. Nach wenigen Tagen wird das Haar
sehr schön schwarz, und es gewährt eine wirkliche Freude,
so feine schwarze Haare zu sehen, wie man sie im Orient
bei den Türken findet, die sich dieses Mittels bedienen.
Auch bleibt das Haar bei Anwendung dieses Mittels weich,
geschmeidig und lange Zeit schwarz, wenn es auch nur ein
einziges Mal mit dieser Substanz gefärbt worden ist.
Jedenfalls verdankt dieses Mittel seine färbenden Eigen=
schaften hauptsächlich der Pyrogallussäure, welche sich beim
Rösten der Galläpfel gebildet hat.

In Deutschland hat man schon oft eine Auflösung der
Pyrogallussäure in verdünntem Weingeist, ent=
weder für sich allein oder mit etwas Eisen vermischt, zum
Färben der Haare empfohlen, doch gelingt es nicht so

leicht, wie gewöhnlich behauptet wird, damit eine gute Farbe zu erzielen.

## Bleioxyd-Haarfärbemittel.

| | | |
|---|---|---|
| Gepulverte Bleiglätte . . . | 1 Kilogr. | |
| Gebrannter Kalk . . . . . | $\frac{1}{4}$ | " |
| Gebrannte Magnesia . . . . | $\frac{1}{4}$ | " |

Der Kalk wird nur mit so viel Wasser gelöscht, daß er zu einem trockenen Pulver (Kalkhydrat) zerfällt; dann wird er mit der Bleiglätte (Bleioxyd) und der Magnesia vermischt und die Mischung gesiebt.

### Oder:

| | | |
|---|---|---|
| Zu Pulver gelöschter Kalk . . | 3 Kilogr. | |
| Bleiweiß . . . . . . . | 2 | " |
| Bleiglätte (Bleioxyd) . . . . | 1 | " |

Die fein zerriebenen Substanzen werden gemischt und zusammen durchgesiebt, das Pulver wird in Flaschen gethan und gut gestöpselt.

Gebrauchsanweisung: Um diese beiden Präparate zum Färben der Haare zu benutzen, zerrührt man einen Theil des Pulvers mit Wasser zu einem dicken Brei, überstreicht das zu färbende Haar mittelst eines kleinen Bürstchens oder Pinsels vollständig mit diesem Brei und läßt denselben, wenn man lichtbraune Haare erhalten will, 4 Stunden, wenn man dunkelbraune haben will, 8 Stunden, und wenn die Haare schwarz werden sollen, 12 Stunden mit dem Haar in Berührung. Da jedoch dieses Mittel nur wirkt, wenn es feucht bleibt, so bedeckt man den Kopf mit einer Mütze von geölter Seide, von Gummielasticum, Wachstuch oder andern wasserdichten Stoffen. Nachdem das Haar gefärbt ist, muß es gut mit Wasser gewaschen, und wenn es trocken ist mit Oel gesalbt werden. Dieses vielfach gebräuchliche Mittel ist aber außerordentlich schädlich, da selbst durch das bloße Aufstreichen der bleihaltigen Masse eine allmälige Bleivergiftung bewirkt wird.

## Einfaches Silber=Haarfärbemittel.
### (Vegetable Dye.)

Salpetersaures Silberoxyd (Höllenstein) .   30 Gramme.
Destillirtes Wasser . . . . . . .   $\frac{1}{2}$ Liter.

Bevor man dieses Mittel anwenden kann, muß man das Haar erst vollständig von allen fettigen Theilen reinigen, indem man es mit einer dünnen Soda= oder Potasche=Lösung oder mit verdünntem Salmiakgeist wäscht; hierauf läßt man es ganz trocken werden und streicht dann die Flüssigkeit am besten mit einer alten Zahnbürste darauf. Das Mittel wirkt erst nach einigen Stunden; doch wird seine Wirkung bedeutend befördert, wenn man das Haar dem Sonnenlichte und der Luft aussetzt oder vorher mit Schwefelseife wäscht.

# Aus zwei Theilen bestehendes Silber-Haarfärbemittel.

## A.

Nr. I.                             Für Braun. Für Schwarz.

Weißes Glas: Schwefelkalium      30 Grm. 30 Grm.

               Wasser ob.Weingeist 180 „   180 „

Nr. II.

Blaues Glas: Höllenstein . .   30 „     30 „

             Wasser (destillirtes) 240 „  180 „

## Oder B.

Nr. I.                          Für dunkel Schwarzbraun.

Weißes Glas: Dreifach Schwefelkalium   30 Gramme.

             Weingeist . . . . 180   „

Nr. II.

Blaues Glas: Höllenstein . . . . 15   „

             Aetzammoniak (Salmiak-

             geist) . . . . . 45   „

             Wasser (destillirtes) . . 45   „

Als Schwefelkalium kann man zwar die in den Apotheken käufliche sogenannte Schwefelleber, Hepar sulphuris, benutzen, wenn dieselbe frisch und gut bereitet ist. Besser ist es aber, wenn man sich zu diesem Zwecke möglichst reines dreifach Schwefelkalium oder dreifach Schwefelnatrium in einer chemischen Fabrik darstellen läßt. Das Schwefelkalium wird in einem warmen Porcellanmörser zu Pulver zerstoßen, in eine verschließbare Flasche gethan, in dieser mit dem vorgeschriebenen Wasser oder Weingeist übergossen und unter fleißigem Schütteln wohl verkorkt mehrere Tage hingestellt. Die entstandene Lösung wird dann durch weißes Filtrirpapier in die Flaschen von

weißem Glase filtrirt und die Flaschen sofort sehr gut ver=
schlossen. Auch beim Gebrauche müssen die Flaschen
immer wieder gut verschlossen werden, weil sich die
Schwefelkaliumlösung an der Luft leicht zersetzt, dann
nicht mehr genügend wirkt, in Folge dessen das Haar eine
häßliche gelbliche Färbung anstatt der schönen braunschwar=
zen Färbung erhält. Die weingeistige Schwefelkaliumlösung
verdient schon deshalb den Vorzug vor der wässerigen,
weil sie rascher trocknet und besser in das Haar eindringt.

Zur Bereitung der Lösung des Höllensteins muß man
durchaus reines destillirtes Wasser anwenden. Sollte die
Lösung etwas trübe sein, so wird sie ebenfalls durch weißes
Papier filtrirt.

Gebrauchsanweisung: Man nimmt zwei weiche
kleine Bürstchen, bezeichnet diese ebenfalls mit Nr. I und
Nr. II, und nimmt jede Bürste immer nur für die eine
mit der gleichen Nummer bezeichnete Flüssigkeit. Das
Haar wird erst durch Waschen mit verdünntem Salmiak=
geist (1 Theil käuflicher Salmiakgeist und 10 Theile Wasser)
von allen fettigen Theilen befreit, und nachdem es wieder
ziemlich trocken geworden, nun zunächst möglichst gleich=
mäßig mit Hülfe der Bürste mit der Flüssigkeit Nr. I be=
strichen. Zu diesem Behufe gießt man sich am besten etwas
von der Flüssigkeit in eine kleine flache Untertasse, tupft die
Bürste in die Flüssigkeit ein und bestreicht nun das Haar
partienweise und vollständig, macht es aber nicht zu naß
und beobachtet die Vorsicht, daß Nichts von der Flüssigkeit
auf die Kopfhaut kommt, weil diese die Färbung leichter
annimmt, als das Haar. Immerhin muß man die Haare

bis an die Wurzeln mit der Schwefelkaliumlösung zu be-
feuchten suchen.   Dann läßt man das Haar erst wieder
trocken werden, was sehr schnell geht, wenn das Schwefelkalium in Weingeist gelöst war.   Ist das Haar trocken, so
gießt man in ein zweites Untertäßchen etwas von der
Flüssigkeit Nr. II, also von der Silberlösung, doch nicht
mehr als man zu verbrauchen glaubt, und trägt diese
Lösung nun mittelst der Bürste Nr. II in gleicher Weise
auf das Haar, wie die Lösung Nr. I, nur muß man hier
noch vorsichtiger sein, denn alle Stoffe (Haut, Nägel,
Wäsche 2c.), welche mit der Silberlösung in Berührung
kommen, färben sich schwarz, und diese schwarzen Flecke
lassen sich nur schwierig (am gefahrlosesten mit einer
Lösung von unterschwefligsaurem Natron oder von Jod-
kalium) wieder wegbringen *).   Nachdem die Silberlösung
recht gleichmäßig und vorsichtig auf das ganze Haar aufgetragen worden, läßt man das Haar wieder trocknen,
wäscht es dann mit etwas Seifenwasser, läßt es wieder
trocknen und reibt es mit etwas Oel oder Pomade ein, so
hat es eine sehr schöne, natürliche, dunkel schwarzbraune

---

*) Wie vorsichtig man mit Haarfärbemitteln, deren Zusammensetzung
man nicht kennt, sein muß, beweist folgender Fall.   Vor einigen Jahren
erhielt ich ein solches Mittel zur Untersuchung.   In den Fläschchen Nr. I
und Nr. II waren Flüssigkeiten von analoger Zusammensetzung, wie bei
unserem Silber=Haarfärbemittel.   Ein Fläschchen Nr. III enthielt aber noch
eine Flüssigkeit zum Entfernen der Höllensteinflecke von der Haut und
Wäsche.   Die Flüssigkeit war eine ziemlich concentrirte Auflösung von
Cyankalium in Wasser, welche allerdings die schwarzen Silberflecke am
besten und schnellsten wegnimmt, aber an Giftigkeit der Blausäure vollkommen gleichsteht.   Dabei war nicht aufmerksam gemacht, daß Nr. III
giftig sei.   Also das heftigste Gift für einen so harmlosen Zweck! und in
den Händen des Laien, der die Gefahr nicht ahnen kann!

Farbe. Die ganze Procedur dauert ziemlich einen ganzen Vormittag, auch kann man das Auftragen der Flüssigkeiten auf das Haar mit der Bürste nicht wohl allein ausführen. Die Färbung ist aber sehr schön, und, wenn man auf die hier ausführlich beschriebene Weise verfährt, völlig gefahr= los. Sie muß alle 2 oder 3 Wochen wiederholt werden, namentlich um den andersfarbigen Nachwuchs nachzu= färben. Meiner Erfahrung nach verdient das zweite unter B. gegebene Verhältniß den Vorzug. Von dem schlechten Geruche der Flüssigkeiten darf man sich nicht abschrecken lassen, denn das geruchlose Silber=Haarfärbe= mittel, zu welchem wir jetzt die Vorschrift folgen lassen, wirkt viel weniger befriedigend.

### Geruchloses Silber=Haarfärbemittel.

#### Nr. 1. Weißes Glas.

100 Gramme gepulverte Galläpfel werden mit $\frac{1}{4}$ Liter Rosenwasser aufgekocht, die Flüssigkeit nach dem Erkalten abgeseiht und in die Flaschen gefüllt. Hiermit wird das Haar zuerst befeuchtet.

#### Nr. 2. Blaues Glas.

30 Gramme Höllenstein werden in 150 Grammen Wasser aufgelöst, und die Lösung mit 100 Grammen Aetzammoniak (Salmiakgeist) versetzt.

### Französisches Haarfärbemittel.

#### Nr. 1. Weißes Glas.

Eine gesättigte Lösung von gelbem Blutlaugensalz in Wasser. Diese wird zuerst auf das Haar gestrichen.

## Nr. 2. Blaues Glas.

Eine gesättigte Lösung von schwefelsaurem Kupferoxyd (Kupfervitriol), die man mit so viel Aetzammoniak versetzt hat, daß sich der erst entstandene Niederschlag wieder ganz auflöst, und man eine ganz klare, dunkellasurblaue Flüssigkeit erhält.

Dieses Haarfärbemittel ertheilt jedoch dem Haar keine schöne Farbe, sondern giebt demselben einen Schein ins Braunrothe, überhaupt kann man damit nie schwarz, sondern nur braun färben.

## Kastanienbraun.

Um dem Haar eine schöne kastanienbraune Farbe zu ertheilen, kann man eine concentrirte Auflösung von sogenanntem mineralischem Chamäleon oder übermangansaurem Kali in reinem destillirtem Wasser benutzen. Dieses Mangan=Färbemittel wurde zuerst von Herrn Condy aus Battersea eingeführt und unter dem Namen „Bassine" verkauft. Das übermangansaure Kali erhält man gegenwärtig überall aus chemischen Fabriken, sowie auch in den Apotheken. Besonders schön und rein erhält man dieses Salz von H. Trommsdorff in Erfurt. Beim Auflösen des Salzes muß man darauf Rücksicht nehmen, daß es sich mit allen organischen Stoffen zersetzt, und daß sogar die in der Luft befindlichen Dünste einen zersetzenden Einfluß auf dasselbe, namentlich wenn man es aufgelöst hat, aus= üben. Man muß daher zur Auflösung des Salzes das

reinste destillirte Wasser anwenden und verfährt am besten
auf die Weise, daß man in eine reine, mit einem gut ein=
geschliffenen Glasstöpsel verschließbare Glasflasche, welche
ungefähr $\frac{1}{4}$ Kilogr. Flüssigkeit faßt, 15 Gramme von
auf einer Glasplatte oder einem Uhrglase abgewogenem
krystallisirtem übermangansaurem Kali schüttet, die Glas=
flasche sofort mit reinem destillirtem Wasser bis an den
Hals füllt und verschließt. Das Salz löst sich durch
öfteres Hin= und Herschwenken der Flasche allmälig voll=
ständig zu einer prächtig rothviolett gefärbten Flüssigkeit,
aus welcher sich bei längerem Stehen, wenn das Salz
gut war, nur ein dünner brauner Bodensatz abscheidet,
von welchem man die Flüssigkeit klar in die kleineren
Flacons, die man damit füllen will, abgießt. Durch
Papier darf man die Flüssigkeit nicht filtriren, indem sie
durch die organische Substanz des Papiers größtentheils
zersetzt wird; auch mit Weingeist oder Riechstoffen darf
man die Lösung nicht versetzen; dieselbe würde dadurch
sofort getrübt werden und ihre Farbe allmälig verlieren,
unter Abscheidung eines braunen Pulvers (Mangan=
superoxyd). Natürlich darf man die Lösung auch nicht
lange in offenen Gefäßen stehen lassen, indem sie sich sonst
ebenfalls zersetzt.

Das Färben der Haare mit der Lösung ist sehr leicht.
Die Haare werden erst gut mit verdünntem Salmiakgeist
(s. oben) gewaschen; dann läßt man sie etwas abtrocknen,
was durch Reiben derselben zwischen einem feinen Tuche
sehr befördert werden kann, und nun trägt man auf die
noch feuchten Haare ebenfalls mit Hülfe einer kleinen

weichen Bürste allmälig so viel von der Lösung sorgfältig
auf, daß das Haar recht gleichmäßig und vollständig damit
benetzt ist. Die braune Farbe kommt sofort zum Vorschein
und kann durch wiederholtes Auftragen der Lösung be=
liebig heller oder dunkler kastanienbraun erhalten werden.
Man muß sich aber hüten, daß keine Flüssigkeit auf die
Kopfhaut kommt, namentlich müssen die Stellen, wo der
Scheitel ist, sehr sorgfältig rein gehalten werden, da der
Körper auch die Kopfhaut dauerhaft braun färbt; ebenso
bringt die Flüssigkeit auch auf der Wäsche braune Flecke
hervor, die sich mit Seife nicht entfernen lassen, jedoch
leicht und vollständig wieder verschwinden, wenn man sie
mit wässeriger schwefliger Säure oder mit einer Lösung
von unterschwefligsaurem Natron, die mit Essig versetzt
worden, betupft und dann in reinem Wasser spült. Ein
großer Vorzug dieses Mittels ist, daß das Färben der
Haare damit ganz unschädlich ist und sehr rasch von Statten
geht; auch ist das übermangansaure Kali ganz geruchlos.
Wir werden dasselbe unten auch als vorzügliches Mittel
zur Erhaltung der Zähne und namentlich zur Beseitigung
des üblen Geruches hohler Zähne kennen lernen.

## Bleiwasser

### zum Bepinseln der Haare.

Aus einer Auflösung von salpetersaurem Bleioxyd
fälle man zunächst, durch Zusetzen von überschüssigem
Salmiakgeist, Bleioxydhydrat, welches sich als dicker,
weißer, flockiger Niederschlag abscheidet, diesen Nieder=
schlag sammle man auf einem Filter und gieße, um ihn

auszuwaschen, drei bis vier Mal reines Wasser darauf, sobald alle Flüssigkeit von dem Filter abgelaufen ist. Dann löse man 2 Gramme festes Aetzkali in 16 Grammen destillirtem Wasser und trage mittelst eines Porcellan= spatels so viel von dem Bleiniederschlag in diese Lösung ein, bis sich auch beim Stehen und fleißigem Umrühren Nichts mehr auflöst. Die Lösung wird noch mit 45 Gram= men Wasser verdünnt und dann in einem gut verschlosse= nen Glase aufbewahrt. Sie eignet sich besonders zum Schwarzfärben des Schnurrbartes und Backen= bartes, den man mittelst eines Pinsels hin und wieder mit der Flüssigkeit bestreicht. Das Bleiwasser wirkt aber, wie alle Bleipräparate, giftig. Man darf daher Nichts davon auf die Haut streifen. Der Pinsel, den man hierzu benutzt, muß nach jedesmaligem Gebrauche gut in reinem Wasser ausgewaschen werden, darf also auch nicht lange mit dem Bleiwasser in Berührung bleiben, indem sonst die Haare des Pinsels von der alkalischen Flüssigkeit angegriffen und der Pinsel zerfallen würde.

Das Haar, welches zur Herstellung von Perrücken benutzt wird, kann in derselben Weise beliebig gefärbt werden, wie die Wolle.

Dieses sind die wichtigsten Haarfärbemittel, und alle, die im Handel unter den verschiedensten Namen ausge= boten werden, sind nach keiner wesentlich andern Methode dargestellt, zum Theil sogar gefährlich (s. die Anmerkung auf S. 478).

## Rusma.   Depilatorium

### zum Entfernen der Haare.

(Engl. Depilatory; franz. Épilatoire.)

Manche Damen glauben, daß die Haare, welche zuweilen über der Oberlippe, auf den Wangen, am Nacken und an den Armen zum Vorschein kommen, ihrer Schön=heit schaden, und wünschen dieselben zu entfernen, zu welchem Zwecke ihnen das Rusma angeboten wird, ein Mittel, welches schon seit vielen Jahren in den Harems des Orients benutzt wird.

Bester zu Pulver gelöschter Kalf . . . .   3 Kilogr.
Gepulvertes Auripigment (Schwefelarsenik)  $1\frac{1}{2}$  „

Diese beiden zur Darstellung des Rusma nöthigen Materialien werden, damit sie sich innig mischen, mehr=mals gemeinschaftlich durchgesiebt und die Mischung in gut verschlossene Gefäße gefüllt.   Zu diesem Mittel sollte stets nur das natürlich vorkommende Schwefelarsenik ge=nommen werden, da das künstlich bereitete, welches aller=dings billiger ist, stets sehr viel arsenige Säure beigemischt enthält und daher giftiger wirkt, als das natürliche.

Gebrauchsanweisung, welche zugleich mit dem Rusma verkauft wird:

Man zerrührt etwas von dem Pulver mit Wasser zu einem Brei, streicht diesen auf die zu entfernenden Haare, läßt ihn fünf Minuten oder so lange darauf liegen, bis seine ätzende Einwirkung auf die Haut dazu mahnt, die Masse wieder zu entfernen.   Zu diesem Behufe wird ter Brei mit einem stumpfen Messer oder am besten mit einem Falzbein abgehoben, die Stelle mit viel Wasser gewaschen und zuletzt mit etwas Cold Cream bestrichen. Schwarze Haare erfordern mehr Zeit als blonde Haare.

Manche vermischen die obengenannten zwei Hauptbestandtheile des Rusma (Kalk und Auripigment) noch mit verschiedenen anderen Stoffen, z. B. mit Kohlenpulver, Potasche, Stärkemehl 2c. Diese Zusätze sind aber ganz unwesentlich, und wir sehen uns daher nicht veranlaßt, noch andere Verhältnisse mitzutheilen. Wir haben die Vorschrift zum Rusma überhaupt nur der Vollständigkeit wegen, und um davor zu warnen, aufgenommen. Wir finden es verabscheuungswürdig, wenn solche Gifte zu solchen Zwecken benutzt werden. Vielleicht gelingt es durch unsere Warnung, Manche von der Benutzung des Rusma abzuhalten, und eben deshalb mußten wir dieses Präparat kurz berühren.

### Redwood's Depilatorium.

Eine concentrirte Auflösung von Schwefelbarium wird mit dickem Stärkekleister zu einer Paste verrührt und diese sofort auf die zu enthaarenden Stellen aufgetragen; denn diese Paste zersetzt sich sehr schnell und kann daher nicht aufbewahrt werden. Dieses Mittel soll sehr schnell und sicher wirken und ist auch nicht so nachtheilig.

### Boudet's Depilatorium.

L. Reveil theilt mit, daß man in Frankreich ausschließlich nur und mit bestem Erfolge das Schwefel=

calcium als Enthaarungsmittel anwendet und zwar nicht allein zu dem hier in Rede stehenden Zwecke, sondern auch in der Technik zum Enthaaren der Häute. Boudet giebt folgende Vorschrift:

zu Pulver gelöschter Aetzkalk .   50 Gramme.
Schwefelnatriumhydrat   .  .  30   „
Stärkemehl .  .  .  .  .  .  50   „

Diese Bestandtheile werden gut gemischt, etwas davon in wenig Wasser zertheilt und der Brei auf die zu ent=haarenden Stellen aufgetragen. Die Wirkung ist nach 20 — 30 Minuten vollständig und beim Waschen der Stellen geht das Haar mit dem Aetzmittel fort.

### Böttger's Depilatorium.

Man verrührt zu Pulver gelöschten Kalk mit wenig Wasser zu einem sehr dicken Brei und leitet in diesen so lange einen Strom von Schwefelwasserstoffgas, bis nichts mehr davon vom Kalk absorbirt wird. Das hierdurch entstandene Schwefelcalciumhydrat läßt man gut abtropfen, vermischt dann 150 Gramme davon mit 75 Grammen Stärkezucker, 75 Grammen Stärkemehl und 4 Grammen Citronenöl, und trägt die Paste auf die zu enthaarende Stelle auf. Nach 20 — 30 Minuten kann sie wieder ent=fernt werden.

### Hernandia als Depilatorium.

Nach Burnett sollen die Blätter der auf den An=tillen und in Indien einheimischen Hernandia sonora

beim Pressen einen Saft geben, welcher die Haare unfehl=
bar beseitigt, ohne der Haut zu schaden. Sollte sich dies
bestätigen, so wäre der Herandiasaft jedenfalls das
passendste Depilatorium.

## Goldpuder.

Als im Jahre 1860 zu Paris der Carneval gefeiert
wurde, trug die Exkaiserin Eugenie zum ersten Mal Haar,
welches mit Goldpulver bestreut war. Natürlich machte
die hohe Welt diese Mode bald nach. Das Goldpulver
wird ganz einfach durch Pulvern von ächtem Blattgold
bereitet oder man nimmt auch nur unechte Goldbronce.

---

# XVII.

## Toilettepulver, Schminken ꝛc.

### (Engl. Absorbent Powders; franz. Rouges, Poudres absorbantes.)

Absorbirende Pulver — Schwan zum Pudern — Puderquasten — Veilchenpulver — Rosenpulver — Toilettepulver von Pistazien — Haarpuder — Toilettepulver für das Gesicht, Gesichtspulver — Perlpulver — Perlweiß — Französisches Weiß — Flüssiges Perlweiß — Calcinirter Talk — Röthe und rothe Schminken — Rosenschminke, Bloom of Roses — Carmin zur Schminke — Toiletteröthe — Feste rothe Schminke — Schminkpapier, Rouge en feuilles — Theaterröthe — Cartbamin zur Schminke — Tassenroth — Schminkwolle — Schminkkrepp — Schneuda, Sympathetic blush — Alloxan zur Schneuda — Blau zur Nachahmung der Adern — Pulver zum Poliren der Nägel, Nagelpulver — Nagelpflege.

Der Damentoilette fehlt gewöhnlich ein Büchschen mit Schminkpulver oder sogenanntem „absorbirenden", „trocknenden" Pulver nicht. Diese Pulver werden nicht allein zum Schminken, sondern vorzüglich von älteren Damen auch dazu benutzt, um der Haut die Glätte und das Aussehen zu geben, wie man sie nur in jungen Jahren von Natur aus hat. Doch wer überhaupt solche Pulver benutzen will, weiß wol warum und wozu. Wir wollen daher nicht zu tief in die Geheimnisse der Toilette eingreifen und nur noch bemerken, daß enorme Quantitäten solcher Schönheitspulver und Schminken verbraucht werden.

Die Mischungen, welche wir hier zu berücksichtigen haben, bestehen hauptsächlich aus verschiedenen Sorten von Stärkemehl (Weizenstärke, Kartoffelstärke, Reismehl, vermischt mit dem Mehl von ausgepreßten Mandeln oder Nüssen und mit mehr oder weniger gepulvertem Talk oder Speckstein, spanischer Kreide, Wismuthoxyd, Zinkoxyd ꝛc.). Beim Gebrauche werden diese Pulver am besten mittelst eines Hasenpfötchens, welches zu diesem Zwecke vorgerichtet und mit einem Handgriff versehen ist, auf die Gesichtshaut aufgetragen. Will man die Pulver dagegen im Allgemeinen zum Trocknen der Haut gebrauchen, nachdem man sich gewaschen und oberflächlich abgetrocknet, so benutzt man dazu ein Stückchen, einen sogenannten Bausch von Schwanpelz, dem dünnen mit zartem Flaum bedeckten Fell des Schwans. Piesse theilt mit, daß in England jährlich ungefähr 7000 Schwanfelle eingeführt werden, und daß daraus, da man aus einem einzigen Fell 60 solche Bausche oder sogenannte Puderquasten herstellen kann, jährlich 420,000 Puderquasten im Ganzen hergestellt werden können. Diese Berechnung ist jedenfalls nicht ganz richtig, denn man benutzt die Schwanfelle nicht allein zur Anfertigung von Puderquasten, sondern auch zu vielen Kürschnerarbeiten. Die besten Schwanfelle kommen aus Holland; diese stammen jedoch nicht vom Schwan, sondern von der holländischen Gans; diese zeichnet sich durch

ihren dicht stehenden Flaum aus. Außerdem werden auch
viel Schwanfelle aus Canada und den Vereinigten Staa=
ten eingeführt, welche jedoch einen dünneren Flaum haben.

Eines der beliebtesten Pulver dieser Art ist das:

### Veilchenpulver.

Weizenstärke . . . . . . . . . 6 Kilogr.
Veilchenwurzelpulver . . . . . . 1 　„
Citronenöl . . . . . . . . . 15 Gramme.
Bergamottöl . . . . . . . . 10 　„
Nelkenöl . . . . . . . . . 8 　„

### Toilettepulver von Pistazien.

Mehl von ausgepreßten Pistazien . . 7 Kilogr.
Fein gepulverte venetianische Kreide (Talk) 7 　„
Rosenöl . . . . . . . . . 10 Gramme.
Lavendelöl . . . . . . . . 10 　„

Durch mehrmaliges Sieben durch ein feines Haarsieb
wird eine innige Mischung erhalten.

### Rosenpulver für das Gesicht.

Reismehl (feinstes) . . . . . . . 7 Kilogr.
Carmin . . . . . . . . . 5 Gramme.
Rosenöl . . . . . . . . 20 　„
Santalholzöl . . . . . . . 20 　„

### Haarpuder

ist reine weiße Stärke, welche beliebig parfümirt werden
kann.

# Toilettepulver für das Gesicht.
## (Gesichtpulver.)

| | |
|---|---|
| Weizenstärke . . . . . . . | 1 Kilogr. |
| Wismuthweiß . . . . . . . | 120 Gramme. |

# Perlpulver.

| | |
|---|---|
| Spanische Kreide . . . . . . | 1 Kilogr. |
| Wismuthweiß . . . . . . . | 60 Gramme. |
| Zinkoxyd (Zinkweiß) . . . . . | 60　„ |

## Perlweiß oder Wismuthweiß

des Handels ist basisch=salpetersaures Wismuthoxyd.

## Französisches Weiß
### (Engl. French Blanc; franz. Blanc français)

ist fein geschlämmter und durch ein Seiden = Haarsieb gesiebter Talk, welcher sich von allen Mitteln am besten zum Schönen der Haut eignet, da er nicht giftig wirkt und in unreiner Luft, so wie durch die Hautaus= dünstung keine bräunlich = graue Farbe annimmt, sondern stets weiß bleibt.

## Flüssiges Perlweiß für Schauspieler.

| | |
|---|---|
| Rosen= oder Orangeblütenwasser . . . | ½ Liter. |
| Wismuthweiß . . . . . . . | 150 Gramme. |

Die Anwendung einer weißen Schminke ist für die Schauspieler und Tänzerinnen unumgänglich nothwendig. Die großen Anstrengungen röthen oft ihre Wangen und doch sollen sie oft gerade in solchen Scenen blaß erscheinen, müssen also zu einer Schminke ihre Zuflucht nehmen. Eine englische Schauspielerin verbrauchte während ihres Auf= tretens auf der Bühne allein mehr als 25 Kilogr. Wis= muthweiß.

## Calcinirter (gebrannter) Talk.

Fein gepulverter gebrannter Talk wird zuweilen als weiße Schminke benutzt, haftet aber nicht sehr fest an der Haut. Der feinste Talk wird venetianische Kreide genannt.

## Röthe und rothe Schminken.

Diese Präparate werden nicht allein von Schauspielern benutzt, sondern haben auch bedeutende Verwendung zum Privatgebrauche gefunden. Sie kommen in verschiedenen Sorten für Blondinen und Brunetten in den Handel. Eine der besten, beliebtesten rothen Schminken ist die

## Rosenschminke.

(Engl. Bloom of Roses; franz. Fleur de Roses.)

| | |
|---|---|
| Concentrirtes Aetzammoniak (Salmiakgeist) | 15 Gramme. |
| Feinster Carmin . . . . . . . . | 7    „ |
| Rosenwasser . . . . . . . . . | ½ Liter. |
| Esprit de Roses triple . . . . . | 16 Gramme. |

Diese Schminke wird benutzt, um den Lippen jenen kirschrothen Hauch zu ertheilen, der so bewundert wird, und um die blassen, bleichen Wangen sanft damit zu röthen.

Zur Darstellung dieser Flüssigkeit übergießt man zunächst den Carmin mit dem Salmiakgeist in einer Flasche, die ungefähr $\frac{1}{2}$ Kilogr. Flüssigkeit faßt, läßt beides zwei Tage lang unter öfterem Schütteln mit einander in Berührung, setzt dann das Rosenwasser und den Rosensprit zu und schüttelt Alles tüchtig durcheinander, läßt die gut verkorkte Flasche nun 8 Tage lang ruhig stehen, damit sich die im Carmin enthaltenen erdigen Beimischungen zu Boden setzen, und gießt dann die nun fertige Rosenschminke klar in die Flacons ab. Ist der Carmin ganz rein, so entsteht kein Bodensatz; fast aller Carmin ist aber wegen seines außerordentlich hohen Preises mehr oder weniger versetzt.

Zur Herstellung der rothen Schminken ist es sehr wichtig und nöthig, daß man die feinste Carminsorte nimmt, welche man erhalten kann. Die Selbstbereitung des Carmins ist nicht möglich; denn wenn man selbst eine gute Vorschrift besitzt, so spielt hier die praktische Erfahrung eine Hauptrolle, und diese erlangt man nur durch viele und kostspielige Versuche. Wie viel hierbei auf die geringsten Nebenumstände ankommt, mag folgende wahre Anecdote beweisen: Ein Carminfabrikant in London reiste nach Lyon zu einem berühmten französischen Carminfabrikanten, um die Methode des letzteren kennen zu lernen, und verpflichtete sich, hierfür die Summe von 7000 Thlrn. zu bezahlen. Nachdem ihm Alles genau gezeigt worden war, fand er, daß diese Methode genau wie die seinige war. Er reiste sehr ärgerlich nach London zurück und processirte mit dem französischen Fabrikanten, indem er behauptete,

derſelbe habe irgend Etwas verſchwiegen. Dieſer lud ihn
ein wieder nach Lyon zu kommen und die Fabrikation nochmals mit anzuſehen, und als er hierauf eingegangen und
wieder in Lyon war, frug ihn der Carminfabrikant, wie
das Wetter ſei. O! ſagte der Engländer, ſehr ſchön.
Nun, antwortete der Franzoſe, dann können wir heute
Carmin machen; denn wollte ich an trüben Tagen Carmin darſtellen, ſo würde derſelbe ebenſo gering wie der
Ihrige ausfallen. Das war das ganze Geheimniß, wofür
der Engländer 7000 Thaler bezahlte, und nun rief er aus:
Da werde ich in London wol nicht viel Carmin fabriciren
können! — Den feinſten und beſten Carmin erhält man
gegenwärtig von M. Monin, successeur de Titard, rue
Grenier-Saint-Lazare à Paris.

## Toiletteröthe, feſte rothe Schminke.

Auch dieſes Präparat wird in verſchiedenen Nüancen
und Sorten dargeſtellt, indem man beſten Carmin in verſchiedenen Verhältniſſen mit Talkpulver vermiſcht, z. B.
4 Gramme Carmin auf 60 Gramme Talk, oder 4 Gramme
Carmin auf 100 Gramme Talk ꝛc. Dieſe Schminken
werden entweder in Pulverform oder in kleinen Porcellan-
büchschen in Teigform verkauft; in letzterer Form erhält
man ſie, indem man das Pulver mit einer ſehr geringen
Menge von Traganthgummilöſung verſetzt.

Herr Monin bereitet eine große Menge von verſchiedenen Sorten von rother Schminke. Ein ſehr ſchönes
Präparat iſt z. B. das Schminkpapier, Rouge en
feuilles. Zur Bereitung deſſelben wird der aufgelöſte

Farbstoff auf die eine Fläche von starkem Papier oder Kartenblättern ausgebreitet und nimmt, indem er langsam eintrocknet, einen sehr charakteristischen grünen Bronceglanz an, eine Erscheinung, die verschiedene, namentlich rothe Farbstoffe, wie z. B. das Anilinroth und Carthamin, in noch schönerem Maße zeigen. Beim Gebrauche des Schminkpapieres macht man die bronceglänzende Fläche des Kartenblattes mittelst eines feuchten wollenen Lappens etwas feucht und reibt die feuchte Fläche sanft auf die Lippen und Wangen, welche dadurch mit einem herrlichen rosigen Hauche überzogen werden.

Eine geringere Sorte von rother Schminke, die so= genannte Theaterröthe, bereitet man mit Fernam= buklak.

Einen ausgezeichnet schönen rothen Farbstoff, das so= genannte Carthamin oder Safflorroth, der sich ebenfalls zur Darstellung seiner Schminken eignet, stellt man aus dem Safflor (den getrockneten Blüten der Saf= florpflanze, Carthamus tinctorius) dar. Das Carthamin läßt sich ebensowenig im Kleinen bereiten wie der Carmin, und wird daher im reinen Zustande gekauft. Ausgezeichnet schönes Carthamin erhält man von H. Trommsdorff in Erfurt. Der Farbstoff ist aber außerordentlich theuer. Er wird im Handel zuweilen vegetabilisches, spa= nisches, portugiesisches Noth, Rouge végétal, Rose végétale, genannt und dient z. B. auch zur Bereitung des sogenannten Tassenroth, Pink saucers, Rose en tasse, welches man durch Verreiben von Carthamin mit Talkpulver und einigen Tropfen Oel bereitet und die Masse

kann in sehr kleine Tassen füllt. Es ist eine schöne
Schminke, die man auch zuweilen Theaterroth nennt.

Auch Baumwolle und Krepp werden häufig mit den
Schminken imprägnirt. Das erstere Präparat kommt als
jranische Schminkwolle, Spanish wool, Laine
d'Espagne; das andere als Schminkkrepp, Crépon
rouge, in den Handel.

## Schnouda.

Unter diesem eigenthümlichen Namen ist vor mehreren
Jahren eine neue vorzügliche Schminke in den Handel ge=
kommen. Man bereitet dieselbe aus Alloxan, einem
chemischen Präparat, welches man z. B. von H. Tromms=
dorff in Erfurt beziehen kann und welches feste, leicht
zerreibliche, vollkommen farblose Krystalle bildet. Zur
Darstellung des Schnouda bereitet man sich nach einer der
oben mitgetheilten Vorschriften einen Cold Cream, mischt
zu diesem eine geringe Menge des fein zerriebenen Alloxan.
Diese Mischung ist das Schnouda; sie ist ganz weiß.
Reibt man aber von diesem Cream eine kleine Menge auf
die Wangen, die Lippen oder eine andere Stelle der Haut,
so kommt sehr bald eine rothe Färbung zum Vorschein,
welche mit dem natürlichen Roth der Wangen die größte
Aehnlichkeit besitzt, und man kann mit diesem Mittel eine
Täuschung ermöglichen, wie sie mit keinem anderen Prä=
parate gelingt; nur darf man nicht zu viel von dem Cream
anwenden, sonst färbt sich die Haut dunkelroth. Diese
überraschende Erscheinung, daß der an sich farblose alloxan=
haltige Cream bei Berührung mit der Haut eine rothe

Färbung auf derselben hervorruft, beruht auf einer eigen=
thümlichen Wirkung des Alloxans auf die Haut und auf
der Neigung desselben, in einen rothen Farbstoff, den man
Murexid nennt, überzugehen. Piesse hat vorgeschlagen,
dieses neue Präparat Sympathetic blush, sympathe=
tische Röthe zu nennen.

## Blau für die Adern.

Die Ansprüche der Mode sind der Art, daß wenn die
Parfümeure der eleganten Welt nicht ein Präparat liefern
könnten, womit man auf der weiß geschminkten Haut feine
blaue Linien ziehen kann, welche zur Vervollständigung der
Täuschung den Lauf der Blutgefäße andeuten, es erschei=
nen würde, wie wenn ihre Kunst zu Ende wäre. Allein
auch dieser Wunsch wird durch folgendes Präparat voll=
ständig befriedigt.

Man nimmt den feinsten und zum feinsten Pulver ge=
mahlenen weißen Talk, sogenannte venetianische Kreide,
siebt ihn nochmals durch ein feinstes Seiden=Haarsieb, ver=
mischt ihn mit der zur Herstellung der gewünschten Nüance
nöthigen Menge von fein zerriebenem Berlinerblau und
knetet die Mischung mit wenig dünnem Gummiwasser zu
einem Teige. Nachdem die Paste trocken geworden, füllt
man die Masse in kleine Büchschen oder Töpfchen.

Beim Gebrauche wird erst der Haut mit dem Schmink=
weiß der gewünschte Teint ertheilt; dann malt man die
Adern, indem man mittelst eines Pinsels von Ziegenleder
etwas von der Farbe aufnimmt. Diese Pinsel sind so ge=

macht, daß die innere Seite des Leders die äußere Seite
des Pinsels bildet.

Wenn die Adern kunstvoll aufgetragen werden, so ist
der Effect gut und natürlich.

## Pulver zum Poliren der Nägel.

(Engl. Nail powder; franz. Poudre pour les ongles.)

Gut gehalten sind die Nägel unbedingt eine Zierde der
Hand; schlecht gepflegt schänden sie dieselbe. Der Zustand
der Nägel einer Hand giebt meistens einen sicheren Anhalte=
punkt über den Grad der Bildung eines Menschen. Man
sollte die Nägel mindestens alle 14 Tage einmal schneiden.
Mit einem scharfen Federmesser erhält man einen besseren
Schnitt als mit der Scheere. Manche Leute können sich
die Nägel nicht gut mit der linken Hand abschneiden; durch
einige Uebung und Praxis ist es aber leicht, diese kleine
Schwierigkeit zu überwinden.    Reine Nägel zu haben ist
durchaus nothwendig, und in England anerkennt man eine
Hand, auch wenn sie eben gewaschen worden ist, nicht als
rein, wenn die Nägel nicht ebenfalls rein sind. Die Ent=
stehung von sogenannten Neidnägeln, die nicht nur
unschön, sondern auch unangenehm sind, zu verhüten,
dränge man den Nagelwall an den Fingern öfters, ent=
weder mit dem Daumennagel der anderen Hand oder mit
einem stumpfen Instrumente, zurück. Um den Raum zwi=
schen dem Nagel und dem Fleische der Fingerspitze rein zu
halten, bedient man sich am besten eines stumpfen beiner=
nen Instrumentes, wie solche gewöhnlich an den Nagel=
bürsten angebracht sind. An den Nägeln zu kauen, ist eine

Unsitte und ein Verstoß gegen den Anstand, der sich da=
durch bestraft, daß die Nägel für immer unförmlich wer=
den. Eine schöne Hand wird bedeutend verschönert durch
sorgfältig gepflegte Nägel.

Das beste N a g e l p u l v e r ist feines Zinnoxyd, wel=
ches mit etwas Lavendelöl oder einem andern wohlriechen=
den Oel parfümirt und mit Carmin gefärbt wird. Man
verkauft es in kleinen Holzbüchschen, welche ungefähr
30 Gramme davon enthalten. Beim Gebrauche reibt
man es mittelst eines Fingers der anderen Hand oder mit
einem Nagelpolirer, der mit Leder überzogen ist, auf den
Nagel, wodurch dieser sehr schön glatt, hell und glänzend
wird, was nicht überraschen kann, wenn man weiß, daß
das Zinnoxyd auch zum Poliren von Schildkrot benutzt
wird.

32*

# XVIII.

## Zahnpulver, Zahntincturen ꝛc.

(Engl. Tooth-powders and Mouth-washes; franz. Poudres et Eaux dentifrices.)

Zahnpflege — Zahnstein — Mialhé's Zahnpulver, Tanninzahn-pulver — Mialhé's Zahntinctur — Campherkreide — Präcipi-tirte Kreide — Chininzahnpulver — Chinarinde-Zahnpulver — Kohle-Zahnpulver — Homöopathische Kreide — Sepia-Zahnpulver — Borax- und Myrrhe-Zahnpulver — Zucker-Zahnpulver — Rosen-Zahnpulver — Zahnpaste — Veilchen-Mundwasser — Eau de Botot — Myrrhe-Zahntinctur für das Zahnfleisch — Myrrhe- und Borax-Zahntinctur — Campher-Eau de Cologne — Myrrhe-Eau de Cologne — Türkische Zeltchen für den Raucher — Cachou, gegen den Rauchgeruch aus dem Munde — Mundwasser gegen stinkenden Athem — Zahnseife, Odontine.

Die Sorge für die Gesunderhaltung der Zähne, die sogenannte Zahnpflege, ist ebenso sehr durch gesund-heitliche, als durch ästhetische Rücksichten geboten; denn das Vorhandensein und die Gebrauchstüchtigkeit der Zähne ist für den Menschen von sehr weitgehender Wichtigkeit. Die Zähne sind dazu bestimmt, die Speisen durch das Kauen zu zerkleinern und zu zermalmen, sie durch die Einspeiche-

lung für die weitere Verdauung vorzubereiten, den Spei=
chel im Munde zurückzubehalten, die Sprache und Sing=
stimme deutlich, leicht verständlich und wohlklingend zu
machen, endlich einen Schmuck des geöffneten Mundes
darzustellen.

An Personen, die schlechte Zähne haben oder derselben
theilweise oder gänzlich verlustig gegangen sind, treten da=
her die verschiedensten Nachtheile hervor; sie können eine
Menge von Speisen nicht genießen oder nur in besonde=
ren Formen der Zubereitung oder mit Gefahr für deren
Verdaulichkeit; sie leiden oft an Verdauungsstörungen; der
Speichel fließt ihnen im Munde in störender Weise umher;
ihre Sprache und ihr Gesang leiden an vielfachen Unvoll=
kommenheiten; das Oeffnen ihres Mundes giebt dem Zu=
schauer, selbst wenn sie aus Fröhlichkeit lachen, einen un=
angenehm berührenden Anblick. Alles dies, was die Er=
fahrung leider nur in zu reichem Maße vor unsere Sinne
führt, sollte wol dazu dienen, die Nothwendigkeit der Zahn=
pflege recht eindringlich zu machen und ihre sorgsame Be=
achtung Jedermann in seinem eigenen Interesse als Pflicht
erscheinen zu lassen.

Zur Erhaltung der Zähne sind besonders folgende all=
gemeine Vorsichtsmaßregeln zu beobachten, die wir wenig=
stens kurz andeuten wollen: Man hüte sich vor zu heißen,
wie zu kalten Speisen und Getränken und besonders vor
plötzlichen Temperaturwechseln, indem man z. B. auf ein
heißes Getränk kaltes Wasser trinkt; denn dadurch wird
der Zahnschmelz verletzt. Man muß aber Alles meiden,
was den Zahnschmelz verletzen kann, denn ist er verloren,

so bildet er sich nie wieder. Daher ist allemal, wo durch=
gehende Risse oder Verluste des Zahnschmelzes bestehen,
das darunter liegende Zahnbein, welches weniger wider=
standsfähig ist, vielfachen Gefahren der Erkrankung preis=
gegeben. Man beiße daher nicht auf harte Körper (Nüsse,
Steine, Knochen rc.), der Tabaksraucher gewöhne sich, die
Pfeifen= oder Cigarrenspitze nicht übermäßig fest zwischen
den Zähnen zu halten; beim Nähen beiße man die Fäden
nicht ab, man bediene sich nicht metallener Zahnstocher,
sondern hölzerner von mäßiger Härte, gebrauche nicht kör=
nige, harte Zahnreinigungsmittel und nicht zu scharfe Bür=
sten und gewöhne die Kinder frühzeitig an die Beobach=
tung dieser Vorsichtsmaßregeln und an das Putzen der
Zähne.

Beim Putzen der Zähne scheure man dieselben nicht zu
heftig, putze sie lieber öfter; man meide den übermäßigen
Genuß von Säuren, da diese besonders auf das Zahn=
bein, wenn sie zu diesem gelangen können, sehr zerstörend
einwirken. Gleiches gilt vom Alaun und Weinstein
(Cremor tartari), die durchaus nicht in den Zahnpul=
vern enthalten sein dürfen. Man meide die häufige Be=
rührung der Zähne mit Alkalien, weil diese das Brüchig=
werden der Zähne befördern. Sodaseife, Cigarrenasche
und dergleichen sind nicht zum gewöhnlichen Putzen der
Zähne zu gebrauchen. Man meide ferner übermäßiges
Essen von Zucker und anderen Süßigkeiten, da sie dazu
beitragen den Speichel sauer zu machen, wodurch die Zähne
sehr angegriffen werden. Man spüle sich den Mund nach
jedem Nahrungsgenusse, wenn auch nur mit Wasser, aus

und helfe mit dem Zahnstocher nach, die zwischen den Zäh=
nen und in hohlen Zähnen noch liegenden Speisereste zu
entfernen, weil die Fäulniß derselben den Athem übel=
riechend machen würde. Jeden Morgen reinige man sich
den Mund durch Ausspülen mit Wasser, welches mit einer
Zahntinctur versetzt ist, und die Zähne durch Putzen der=
selben mit einem guten Zahnpulver und weicher Zahnbürste
recht sorgfältig von allem Schleim, um der Bildung von
Z a h n s t e i n, unrichtiger Weise auch W e i n s t e i n ge=
nannt, vorzubeugen. Der Zahnstein sieht nicht allein häß=
lich aus, sondern macht das Zahnfleisch krank, lockert den
Zahn und giebt endlich auch Veranlassung zur Erkrankung
der Zahnwurzel. Durch abstringirende Zahntincturen
kann krankhaftes Zahnfleisch, welches leicht blutet, ver=
bessert werden.

Wir lassen nun einige mit größter Sorgfalt gewählte
Vorschriften zur Bereitung von guten Zahnpulvern und
verwandten Präparaten folgen:

### Mialhé's Zahnpulver, Tanninzahnpulver.

1000 Theile Milchzucker, 10 Theile eines Farblacks
(z. B. Fernambuklack), 15 Theile Tannin (reine Gall=
äpfelgerbsäure) und eine zur Parfümirung hinreichende
Menge von Münzöl, Anisöl und Orangenblütöl werden
mit einander vermischt.

Zuerst verreibt man den Farblack gut mit dem Tannin,
mischt hierzu unter fortwährendem Reiben nach und nach
den feingesiebten Milchzucker und erst zuletzt die ätherischen
Oele. Dieses Pulver hat sich als ganz vorzüglich nicht

allein zur Reinigung der Zähne, sondern auch zur Ge=
sunderhaltung des Zahnfleisches bewährt. Für letzteres
hat jedoch Mialhé noch eine besondere Tinctur empfohlen,
die ebenfalls vorzüglich ist.

### Mialhé's Zahntinctur für das Zahnfleisch.

Zur Bereitung dieser Tinctur nimmt man 1000
Theile Weingeist, 100 Theile Kinogummi, 100 Theile
Ratannhiawurzel, 2 Theile Tolubalsamtinctur, 2 Theile
Benzoëtinctur, 2 Theile Zimmtöl, 2 Theile Münzöl und
1 Theil Anisöl.

Zunächst übergießt man das Kinogummi und die Ra=
tannhiawurzel mit dem Weingeist, läßt dies 7 oder 8 Tage
lang stehen, indem man zuweilen schüttelt, filtrirt ab und
setzt die übrigen Bestandtheile zu. — Ein Theelöffel voll
von dieser Tinctur zu einem halb mit lauwarmem Wasser
gefüllten Glase gegossen, wird zum Ausspülen des Mun=
des benutzt, nachdem man die Zähne vorher mit dem
Zahnpulver gereinigt hatte.

### Campherkreide.

| | |
|---|---|
| Präcipitirte Kreide . . . | 1 Kilogr. |
| Gepulverte Veilchenwurzel | $\frac{1}{2}$ „ |
| Gepulverter Campher . . | $\frac{1}{4}$ „ |

Erst wird der Campher unter Zumischung von wenig
Spiritus in einem Mörser fein zerrieben und dann innig
mit den anderen Substanzen vermischt. Wegen der Flüch=
tigkeit des Camphers muß dieses Zahnpulver stets in zu=

geschlossenen Büchsen aufbewahrt werden. Zum Zudecken
benutzt man am besten Zinnfolie.

Die zu den Zahnpulvern erforderliche präcipitirte
Kreide oder kohlensaure Kalkerde bereitet man, indem
man eine Auflösung von 1 Theil käuflichem Chlorcalcium
in 10 Theilen Wasser erst filtrirt und so lange mit einer
ebenfalls filtrirten Auflösung von krystallisirter Soda in
Wasser versetzt, bis durch Zusatz von mehr Sodalösung kein
Niederschlag mehr entsteht. Dann läßt man den feinen
weißen Niederschlag, der die gewünschte präcipitirte Kreide
ist, sich zu Boden setzen, gießt die darüber stehende salzige
Flüssigkeit ab und dafür reines Regenwasser auf den Rück=
stand, den man damit umrührt, läßt den Niederschlag durch
ruhiges Stehen wieder zu Boden sinken, gießt das über=
stehende Wasser wieder klar davon ab, setzt von Neuem
Regenwasser zu und wiederholt dieses Auswaschen des
Niederschlages 5 bis 6 Mal. Zuletzt sammelt man den
Niederschlag auf einem Filter und trocknet ihn, wenn alle
Flüssigkeit davon abgelaufen ist, zwischen Löschpapier bei
ganz gelinder Wärme. Man hat nun ein gleichmäßig und
äußerst zartes Pulver, welches nie sandige Theile enthält,
wie die natürliche Kreide, und daher den Zähnen nie scha=
den kann. Selbst die beste geschlämmte Kreide des Han=
dels enthält immer härtere Theilchen, die den Zahnschmelz
beim Putzen der Zähne zu stark angreifen. Man sollte
daher stets nur präcipitirte Kreide zu den Zahnpulvern
anwenden.

## Chininzahnpulver.

Präcipitirte Kreide . . . . . . . .   1 Kilogr.
Stärkemehlpulver . . . . . . . . . $^1/_2$  „
Veilchenwurzelpulver . . . . . . . $^1\,_2$  „
Schwefelsaures Chinin . . . . . .   8 Gramme.

Diese Pulver werden mit einander gemischt, die Mischung gesiebt.

## Chinarinde-Zahnpulver.

Fein gestoßene Chinarinde   . . . . . $^1\,_2$ Kilogr.
Kohlensaures Ammoniak . . . . . .  1  „
Veilchenwurzelpulver . . . . . . .  1  „
Zimmtcassienrinde . . . . . . . . $^1/_2$  „
Myrrhe, gepulverte   . . . . . . . $^1/_2$  „
Präcipitirte Kreide . . . . . . . . $^1\,_2$  „
Nelkenöl  . . . . . . . . . .  15 Gramme.

## Kohle-Zahnpulver.

Frisch bereitete, feinst gepulverte Holzkohle   7 Kilogr.
Präcipitirte Kreide . . . . . . . .  1  „
Veilchenwurzel . . . . . . . . .  1  „
Catechu . . . . . . . . . . . . $^1\,_2$  „
Zimmtcassienrinde . . . . . . . . $^1/_2$  „
Myrrhe . . . . . . . . . . . . $^1/_4$  „

# Homöopathisches Kreidezahnpulver.

Präcipitirte Kreide . . . . . . . . 1 Kilogr.
Gepulverte Veilchenwurzel . . . . 60 Gramme.
Gepulverte Stärke . . . . . . . 60  „

## Sepia=Zahnpulver.

Gepulverte Sepia oder Tintenfischknochen  $1/_2$ Kilogr.
Präcipitirte Kreide . . . . . . . 1  „
Veilchenwurzelpulver . . . . . .  $1_2$  „
Citronöl  . . . . . . . . . 60 Gramme.
Neroliöl . . . . . . . . . . 8  „

## Borax= und Myrrhe=Zahnpulver.

Präcipitirte Kreide . . . . . . . 1 Kilogr.
Boraxpulver . . . . . . . .  $1/_2$  „
Myrrhepulver . . . . . . . .  $1_4$  „
Veilchenwurzelpulver . . . . . .  $1/_4$  „

## Zucker=Zahnpulver von Piesse.

Feinstes Beinschwarz . . . . . . 2 Kilogr.
Veilchenwurzelpulver . . . . . . 2  „
Carmin . . . . . . . . . 8 Gramme.
Feinst gepulverter Zucker . . . . .  $1_2$ Kilogr.
Neroliöl . . . . . . . . . 4 Gramme.
Rosmarinöl . . . . . . . . 8  „
Citronöl        } von jedem . . . . 15  „
Bergamottöl  }

Orangeschalenöl  . . . .  15 Gramme.

Rosmarinöl  . . . . .  8  „

## Rosenzahnpulver.

Präcipitirte Kreide  . . .  1 Kilogr.

Veilchenwurzelpulver . . .  ¹/₂  „

Carmin . . . . . . .  15 Gramme.

Rosenöl  . . . . . .  8  „

Santalholzöl  . . . . .  2  „

Alle diese Pulver werden durch Sieben als innige Mischungen ihrer Bestandtheile dargestellt.

## Zahnpaste.

Honig . . . . . . .  ¹/₂ Kilogr.

Präcipitirte Kreide  . . .  1¹/₂  „

Veilchenwurzelpulver . . .  ¹/₂  „

Carmin . . . . . . .  15 Gramme.

Nelkenöl

Muscatnußöl } von jedem . 4  „

Rosenöl

Einfacher Syrup, so viel als nöthig ist, um eine Paste zu bilden.

## Zahntincturen und Mundwässer.

## Veilchen=Mundwasser.

Veilchenwurzeltinctur  . .  ¹/₄ Liter.

Rosenesprit . . . . .  ¹/₄  „

Weingeist  . . . . .  ¹/₄  „

Bittermandelöl  . . . .  5 Tropfen.

Diese Tinctur ist zum Ausspülen des Mundes sehr angenehm. Man gießt etwa einen Theelöffel voll davon in ein halb volles Glas mit warmem Waffer, um das zum Ausspülen genügend verdünnte Mundwaffer zu erhalten.

## Eau de Botot.

### A. Englische Vorschrift.

| | | |
|---|---|---|
| Cederholztinctur . | . | ¹/₂ Liter. |
| Myrrhentinctur . | . | ¹/₈ „ |
| Ratanhiatinctur | . | ¹/₈ „ |
| Pfeffermünzöl . | . | 15 Tropfen. |
| Rosenöl . . . . | | 10 „ |

### B. Französische Vorschrift.

| | | |
|---|---|---|
| Frische Anissamen | . | 250 Gramme. |
| Ceylonzimmt | . | . 60 „ |
| Gewürznelken | . | . 4 „ |
| Cochenille | . . | . 15 „ |

Diese Substanzen werden zusammengestoßen, in einer Flasche mit ¹/₂ Kilogr. 85procentigem Weingeist übergossen und 14 Tage lang unter fleißigem Schütteln mit einander in Berührung gelassen; dann mischt man noch 15 Gramme Pfeffermünzöl zu und filtrirt das nun fertige Eau de Botot.

## Myrrhe-Zahntinctur.

| | | |
|---|---|---|
| Starker Weingeist | . | 1 Liter. |
| Ratanhiawurzel | . | 60 Gramme. |

Myrrhe  
Ganze Gewürznelken } von jedem 60 Gramme.

Diese Substanzen werden in einer Flasche mit dem Weingeist übergossen, 14 Tage lang unter öfterem Schütteln damit in Berührung gebracht und die Tinctur dann abfiltrirt. Sie wirkt besonders wohlthätig auf das Zahnfleisch.

Diese Tincturen müssen entweder mit Weinspiritus oder wenigstens mit geruchlosem Kornspiritus zubereitet werden.

### Myrrhe= und Borax=Zahntinctur.

Weinspiritus . . . . . . . . 1 Liter.  
Borax  
Honig } von jedem . . . . . 30 Gramme.  
Myrrhe . . . . . . . . 30 „  
Rothes Sandelholz . . . . . 30 „

Der Honig wird gut mit dem Borax zusammengerieben; dann der Spiritus nach und nach zugesetzt (derselbe darf nur ein spec. Gew. = 0,920 besitzen); hierauf setzt man die gepulverte Myrrhe und das Sandelholz zu der Flüssigkeit und läßt wie oben 14 Tage stehen, bevor man abfiltrirt. Wendet man anstatt des Weinspiritus $1/_2$ Liter Eau de Cologne und $1/_2$ Liter Ungarwasser an, so erhält man ein theureres, aber natürlich viel feineres Präparat.

### Campher-Eau de Cologne.

Eau de Cologne . . . . . . . 1 Liter.  
Campher . . . . . . . . . 150 Gramme.

## Myrrhe-Eau de Cologne.

Eau de Cologne . .    1 Liter.

Myrrhe . . . . 150 Gramme.

Man macerirt und filtrirt.

## Türkische Zeltchen.

Feiner Zucker . .    4 Kilogr.

Citronensäure . .   30 Gramme.

Rosenöl . . . .   10 Tropfen.

Moschus, granulirter   2 Gramme.

Vetiveröl . . . .    4   „

Tragantgummischleim, genügende Menge, um Alles in eine Paste zu verwandeln, welche mit etwas Carmin roth gefärbt wird.

Diese Zeltchen werden von Rauchern genossen, oder von solchen, die den Geschmack von Arzneien bedecken oder von der Zunge bringen wollen.

## Cachou.

(Cachou aromatique dit de Bologne, pour les fumeurs.)

Zur Beseitigung des Rauchgeruchs aus dem Munde bedienen sich die Raucher häufig des Cachou's, das sind sehr kleine, dünne, viereckige, sehr aromatische Täfelchen oder Plätzchen, welche auf folgende Weise bereitet werden:

Süßholzsaft . . . 100 Gramme.

Wasser . . . . 100   „

Der Süßholzsaft wird mit dem Wasser auf dem Wasserbade erwärmt, bis er sich vollständig aufgelöst hat; dann setzt man 30 Gramme gepulverte Cachou's und 30 Gramme gepulvertes arabisches Gummi zu, läßt, indem man das Erwärmen auf dem Wasserbade fortsetzt, zur Extractconsistenz eindampfen und mischt nun folgende fein gepulverte Substanzen, und zwar von jeder einzelnen 2 Gramme zu: Mastix, Cascarilla, Holzkohle und Veilchenwurzel. Ist Alles zur gleichmäßigen Masse zusammengemischt, so nimmt man das Gefäß vom Wasserbade weg und setzt nun noch 2 Gramme englisches Lavendelöl, 5 Tropfen Moschusessenz und 5 Tropfen Ambraessenz zu, bringt die Masse auf eine mit etwas Oel bestrichene Marmorplatte und rollt sie zum dünnen Blatte aus, läßt das ausgerollte Blatt erkalten, überfährt beide Flächen desselben mit ungeleimtem Papier, um das anhaftende Oel zu beseitigen, befeuchtet dann nach einander beide Oberflächen und belegt sie mit dünnem echtem Blattsilber. Die Tafel wird zuletzt in kleine Täfelchen zerschnitten.

Die Cachou's, die man in den Apotheken kauft, werden ähnlich bereitet, aber nur schwach aromatisirt, da sie als Mittel gegen den Husten benutzt werden.

### Mundwasser gegen stinkenden Athem.

Ein übelriechender Athem ist nicht allein eine Plage für den, der damit behaftet ist, sondern wird auch für die Umgebung des Betreffenden unerträglich. In den meisten Fällen hat der übelriechende Athem seinen Ursprung in dem Munde selbst und kann daher durch sorg-

fältig fleißige Reinigung des Mundes und der Zähne be=
seitigt werden. Wer jedoch das Unglück hat, verschiedene
hohle Zähne im Munde zu haben, kann mit den gegebenen
Mitteln doch nicht immer das Uebel ganz beseitigen, doch
gelingt dies vollständig durch Ausspülen des Mundes mit
einer sehr verdünnten

## Lösung von übermangansaurem Kali.

Man bereitet zu diesem Behufe mit Berücksichtigung
der bereits oben bei den Haarfärbemitteln (s. S. 480)
mitgetheilten Vorsichtsmaßregeln und in dem dort an=
gegebenen Verhältnisse eine concentrirte Lösung des über=
mangansauren Kalis in Wasser, die man zum Gebrauche
in ein Flacon mit Glasstöpsel bringt. Von dieser Lösung
gießt man nur 5 bis 10 Tropfen in ein etwa halb mit
lauwarmem Wasser gefülltes Glas und spült den Mund
mit dieser Flüssigkeit recht gut aus. Dabei gehen alle
Speisereste aus den Höhlungen der Zähne und auch die
Fäulniß der Zähne selbst wird in überraschender Weise
aufgehalten. Die Zähne nehmen aber eine blaß bräun=
liche Färbung an, die stärker erscheint, wenn man den
Mund mit einer concentrirteren Auflösung ausspült, aber
vollständig weggeht, wenn man nach dem Ausspülen mit
diesem Mundwasser die Zähne mit einem guten Zahnpulver
putzt. Eine nachtheilige Wirkung dieses Mundwassers hat
man nicht zu befürchten. Leute, welche früher beständig an
Z a h n s ch m e r z e n litten, dann aber den Mund täglich
mit diesem Mundwasser ausspülten, sind von ihrem Leiden
vollständig und dauernd befreit worden. Man darf aber

nur ganz reines krystallisirtes übermangansaures Kali,
wie man es z. B. von H. Trommsdorff in Erfurt
erhält, benutzen.   Da sich eine Lösung des übermangan=
sauren Kalis leicht zersetzt, während die reinen trockenen
Krystalle dieser Substanz sich sehr gut erhalten, so kann
man auch mit Vortheil so verfahren, daß man sich die
Lösungen bei jedesmaligem Gebrauche frisch bereitet.  Zu
diesem Behufe schüttet man wenige Krystalle des über=
mangansauren Kalis in ein Glas, gießt zunächst etwas
heißes Wasser darauf (in kaltem Wasser lösen sich die
Krystalle zu langsam) und verdünnt, nachdem sich die Kry=
stalle gelöst haben, was durch Umschwenken des Glases be=
fördert wird, mit kaltem Wasser, so daß man eine lau=
warme Lösung erhält.

## Zahnseife, Odontine.

Ueber den Werth der Zahnseifen als Reinigungs=
mittel für die Zähne ist man sehr verschiedener Ansicht
und es scheint, daß ein lange fortgesetzter Gebrauch der=
selben nicht ganz günstig wirkt, daher haben diese Präpa=
rate auch nicht allerwärts Anklang gefunden.   Sie be=
stehen gewöhnlich aus Mischungen von Seife, präparirten
Austerschalen, häufig auch etwas Glycerin oder Campher
oder Catechu, und sind mit Krause = oder Pfeffermünzöl,
Veilchenwurzelpulver und dergleichen parfümirt.   Man
erhält sie in flache Steingutbüchsen eingedrückt.   Eine der
besten Vorschriften ist folgende:

Beste venetianische Seife  120 Gramme.
Präparirte Austerschalen  120    „

Veilchenwurzelpulver     60 Gramme.

Catechu, gepulvert  .    15    „

Rosenöl  .  .  .  .  .   10 Tropfen.

Carminlösung, so viel, um die Mischung blaß
  rosenroth zu färben.

Die Seife wird fein geschabt, in möglichst wenig
Rosenwasser auf dem Wasserbade geschmolzen, mit den
übrigen fein zerriebenen Bestandtheilen versetzt und die
Masse unter Befeuchtung mit dem erforderlichen Rosen=
wasser zur zarten gleichmäßigen Paste geschlagen, die man
dann sofort in die Büchschen einfüllt.

Es bedarf wohl kaum der Erwähnung, daß man zu
den Zahnseifen, die übrigens häufig auch Z a h n p a s t e n
genannt werden, nur ganz reine milde Seife anwenden
darf, die frei von alkalischen und salzigen Bestandtheilen
ist.  Eine auf kaltem Wege bereitete Seife (siehe oben
S. 397 ff.) eignet sich hierzu gar nicht, da sie in dieser
Mischung sehr bald ranzig wird und dann im Munde
ekelhaft schmeckt.  Man muß also jedenfalls eine gut ge=
reinigte Kernseife nehmen. Anstatt der präparirten Auster=
schalen wäre es besser, präcipitirte Kreide (s. oben S. 505)
zu nehmen. Ein Zusatz von Talk oder gar von Bimsstein,
wie dies empfohlen wurde, ist durchaus verwerflich; da=
gegen schadet ein sehr geringer Zusatz von Campher Nichts
und anstatt Rosenöl kann man auch mit englischem Laven=
delöl eine sehr befriedigende Parfümirung hervorbringen.

# XIX.

## Haarwaschwässer ꝛc.

Rosmarinwasser — Rosmarin-Haarwaschwasser — Athen-
wasser — Lorbeer-Rhum — Blumen-Haarwaschwasser —
Rosen- und Rosmarin-Haarwaschwasser — Glycerin- und
Cantharidenwasser; aromatisirter Ammoniakspiritus; Cantha-
ridentinctur — Haarwaschwasser der Königin Victoria —
Seifenwaschwasser — Bandolinen, Bâtons fixateurs — Rosen-
Bandoline, Mandel-Bandoline — Haarglanz — Glycerin
dazu — Oléolisse tonique de Piver — Brillantine.

Die Haarwaschwässer dienen vorzüglich zur Reinigung
der Haare von dem darauf fallenden Staub, Ruß, den
Hautschüppchen ꝛc. Außerdem werden einige derselben
zur Stärkung der Kopfhaut und als Mittel gegen das
Ausfallen der Haare benutzt.

## Rosmarinwasser.

Rosmarinblüten, frei von Stielen  .   5 Kilogr.
Wasser  .  .  .  .  .  .  .  .  .  54 Liter.

Man destillirt, bis 45 Liter übergegangen sind, und
benutzt dieses Wasser in der Parfümerie.

## Rosmarin=Haarwaſchwaſſer.

Rosmarinwaſſer . . . . . . 4 Liter.
Rectificirter Weingeiſt . . . . ¹/₄  „
Beſte Potaſche . . . . . . . 30 Gramme.

## Athenwaſſer.

(Engl. Athenian water; franz. Eau athénienne.)

Roſenwaſſer . . . . . . . . 4 Liter.
Weingeiſt . . . . . . . . . ¹/₂  „
Saſſafrasholz . . . . . . . 125 Gramme.
Beſte Potaſche . . . . . . . 30  „

Man kocht das Holz in einem Glaskolben in dem
Roſenwaſſer, und wenn die Flüſſigkeit erkaltet iſt, ſetzt
man den Weingeiſt und die Aſche zu.

## Lorbeer=Rhum.

(Bay-Rhum.)

Dieſes ausgezeichnete Haar=Waſchwaſſer iſt beſonders
in Neuyork ſehr beliebt und wird auf folgende Weiſe be=
reitet:

Lorbeerblättertinctur . . . . . 150 Gramme.
Aetheriſches Lorbeeröl . . . . 4  „
Doppeltkohlenſaures Ammoniak . 30  „
Borax . . . . . . . . . 30  „
Roſenwaſſer . . . . . . . 1 Liter.

Man miſche Alles gut zuſammen und filtrire nach
einiger Zeit.

## Blumen=Haarwaschwasser.

### (Extrait végétal.)

Rosenwasser
Rectificirter Weingeist } von jedem . . . 2 Liter.

Orangeblütextract
Jasminextract
Akazienextract        } von jedem . . . ¹/₈ „
Rosenextract
Tuberosenextract

Vanilleessenz . . . . . . . . . 1 ₄ „

## Rosen= und Rosmarin=Haarwaschwasser.

Rosmarinwasser . . . . . . . 2 Liter.
Rosensprit . . . . . . . . . 1 ₄ „
Rectificirter Weingeist . . . . . ³ ₄ „
Vanilleessenz . . . . . . . . 1 „
Magnesia carbonica zum Klären . . . 60 Gramme.

Wird durch Papier filtrirt.

## Glycerin= und Cantharidenwasser.

Rosmarinwasser . . . . . . . 4 Liter.
Aromatisirter Ammoniakspiritus*) . . 30 Gramme.

---

*) Der aromatisirte Ammoniakspiritus, Liquor oder Spiritus
ammonii aromaticus (engl. Spirit of sal volatile; franz. esprit de sel
volatile) ist eine aromatische halb weingeistige, halb wässerige Lösung von
kohlensaurem Ammoniak, die man sehr schön nach folgender Vorschrift bereitet: 200 Gramme Salmiak, 300 Gramme Potasche, 10 Gramme gestoßener
Zimmt, 10 Gramme gestoßene Gewürznelken, 150 Gramme Citronenschalen,

| | |
|---|---|
| Cantharidentinctur *) . . . . . . | 60 Gramme. |
| Glycerin . . . . . . . . . | 120  „ |

Dieses Waschwasser ist ein sehr bewährtes **Mittel gegen das Ausfallen der Haare.** Man trägt es jeden Tag zwei Mal mit einem Schwamm oder einer weichen Haarbürste auf die Kopfhaut auf.

Ein ebenfalls vorzügliches **Waschwasser** gegen das Ausfallen der Haare wird nach Dr. Locock, Arzt der Königin Victoria, folgendermaßen zusammengesetzt:

### Haarwaschwasser der Königin Victoria.

| | |
|---|---|
| Salmiakgeist ⎫ von jedem . . . . 8 Gramme. | |
| Fettes Mandelöl ⎭ | |
| Rosmarinextract . . . . . . . 30  „ | |
| Muscatblütöl . . . . . . . . 2  „ | |
| Rosenwasser . . . . . . . . 75  „ | |

Man mischt zuerst Salmiakgeist und Mandelöl gut mit einander, setzt dann das Muscatblütöl und Rosmarinextract zu, schüttelt heftig durch und mischt allmälig auch das Rosenwasser damit.

---

2 Liter rectificirter Weingeist und 2 Liter Wasser werden gemischt und mit einander destillirt, bis 3 Liter von dem gewünschten Präparat übergegangen sind.

*) Die Cantharidentinctur oder Spanischfliegentinctur, Tinctura cantharidis, stellt man auf folgende Weise dar: 15 Gramme spanische Fliegen werden gestoßen und in einer verschließbaren Flasche mit 1 Liter gewöhnlichem, aber fuselfreiem Weingeist übergossen. Man verkorkt die Flasche, schüttelt den Inhalt fleißig durcheinander und filtrirt die erhaltene Tinctur nach 7 Tagen ab.

## Seifenwaschwasser.

| | |
|---|---|
| Rectificirter Weingeist . . . . | 1 2 Liter. |
| Rosenwasser . . . . . . . | 4 „ |
| Rondeletia . . . . . . . | 1 4 „ |
| Transparentseife . . . . . . | 15 Gramme. |
| Saffran . . . . . . . . | 2 „ |

Die Seife wird fein geschabt, in 1 Liter des Rosen=
wassers nebst dem Saffran gekocht, und nachdem sie auf=
gelöst ist, die übrigen 3 Liter Rosenwasser zugesetzt, dann
der Weingeist und schließlich die Rondeletia. Man läßt
das Wasser erst drei Tage stehen, bevor man es auf
Flaschen füllt. Es ist bei durchfallendem Lichte fast durch=
sichtig, bei auffallendem perlmutterartig glänzend und
schimmernd, besonders wenn man es bewegt.

## Bandolinen.
### (Bandolines.)

Verschiedene Präparate werden dazu benutzt, um die
Haare zum Frisiren steifer zu machen, so daß die Frisur
länger hält. Solche Mittel nennt man im Allgemeinen
„Bandolinen".

Manche benutzen hierzu die Stangenpomaden
(s. S. 468), die dann Bâtons fixateurs genannt werden
und besonders zum Niederstreichen der kurzen feinen
Härchen dienen, welche vielen Damen so äußerst unange=
nehm sind. Die Mittel, die wir aber hier im Auge
haben, sind Flüssigkeiten, welche schleimige Bestandtheile
enthalten. Man bereitet dieselben auf verschiedene Weise,

so z. B. aus isländischem Moos, aus Caragheen= oder
Perlmoos, aus Leinsamen, Quittensamen ꝛc., indem man
diese Substanzen mit Wasser erhitzt, bis dieses den Schleim
ausgezogen hat, den gewonnenen Schleim dann durch ein
leinenes Tuch drückt und die erhaltene zarte, schleimig
dicke, durchscheinende Flüssigkeit durch Zusatz geringer
Mengen von ätherischem Oel und heftiges Schütteln
schwach parfümirt. Die im Parfümeriehandel vorkom=
menden Bandolinen werden gewöhnlich mit Tragant=
gummischleim bereitet. Wir lassen einige gute Vorschriften
dazu hier folgen.

## Rosen=Bandoline.

Tragantgummi . . . . . . . 200 Gramme.
Rosenwasser . . . . . . . 5 Liter.
Rosenöl . . . . . . . . 16 Gramme.

Zunächst legt man den Tragantgummi in das Rosen=
wasser, läßt es ein bis zwei Tage darin liegen, wobei es
zu einer dicken, gelatinösen Masse aufquillt. Diese Masse
arbeitet man, ohne sie zu erwärmen, gut mit dem Rosen=
wasser zusammen und drückt dann die schleimige Masse
durch ein grobes leinenes Tuch, läßt sie hierauf einige
Tage stehen und drückt sie zum zweiten Mal durch das
Tuch, um sie von ganz gleichförmiger Consistenz zu er=
halten, setzt endlich das Rosenöl zu und mischt dies damit
durch heftiges Schütteln.

Für billigere Bandolinen nimmt man billigere
ätherische Oele oder unterläßt das Parfümiren ganz.

Zum Rosafärben der Bandoline benutzt man eine ammoniakalische Carminlösung, die so bereitet wird, wie oben S. 493 mitgetheilt wurde.

## Mandel=Bandoline.

Diese wird ganz wie die vorige bereitet, doch nimmt man zum Parfümiren, anstatt des Rosenöls, 8 Gramme Bittermandelöl.

## Haarglanz.

### (Hair gloss, Crême de Mauve.)

Dieses Präparat dient einestheils dazu, den Haaren eine größere Geschmeidigkeit zu ertheilen, anderentheils, sie in der Lage, in die man sie beim Frisiren zwingt, zu erhalten. Es ertheilt den Haaren einen sehr schönen Glanz und eignet sich daher besonders für die Vorbereitung zur Ball= oder Concerttoilette. Zu seiner Bereitung mischt man folgende Substanzen mit einander:

Reinstes Glycerin        2 Kilogr.
Jasminextract    .    $1\frac{1}{2}$ Liter.
Anilinrothlösung .      5 Tropfen.

Das gewöhnlich in den Handel kommende Glycerin ist häufig sehr unrein, da man es vielfach zu technischen Zwecken benutzt, wo nicht so viel darauf ankommt, wenn es nicht ganz rein ist. Für Parfümeriezwecke sollte aber nur das beste destillirte Glycerin verwendet werden.

## Oléolisse tonique de Piver.

Dieses Präparat ist eine Auflösung von 5 Theilen möglichst frischem Ricinusöl in 15 Theilen Weingeist. Sie wird schwach mit Bergamott= oder Portugalöl par= fümirt und dazu benutzt, die Haare weich und geschmeidig zu machen und denselben einen schönen Glanz zu ver= leihen.

## Brillantine.

Auch dieses Präparat dient dazu, die Haare und den Bart glänzend zu machen. Es ist eine Auflösung von 1 Theil Glycerin oder Ricinusöl in 10 Theilen leicht und beliebig parfümirtem Weingeist.

# XX.

## Ueber die in der Parfümerie gebräuchlichen Farben ꝛc.

Grün: Grünfärben des Weingeistes — Anilingrün — Grünfärben der Oele und Fette — Spinatgrün, Blattgrün, Chlorophyll — Grünfärben der wässerigen Flüssigkeiten, Emulsionen ꝛc.
— Grünfärben der Seifen — Zinnobergrün, echtes Chromgrün
— Grünfärben der Pulver — Gelb: Gelbfärben des Alkohols;
der wässerigen Flüssigkeiten, Emulsionen ꝛc.: der Pomaden; der
fetten Oele, der Seifen — Roth und Violett: Alkannawurzel — rothe Farbe — reines Alkannaextract — Anilinfarben
— Rotfärben der Oele und Fette: der wässerigen Flüssigkeiten
— des Weingeistes — Rothbraun und Braun: Rothbraunfärben des Weingeistes — Braunfärben der Seife — braune
Zuckerfarbe, Caramel — Braunfärben wässeriger Flüssigkeiten —
Schwarz: Schwarzfärben der Fette und Seifen — Reinigung der Waschschwämme — Zusammenmischen von
Flüssigkeiten — Mischmaschine.

Der Parfümist darf sich bei vielen Präparaten, die
aus seinem Laboratorium hervorgehen, nicht damit begnügen, dieselben mit einem schönen Wohlgeruche zu versehen,
sondern er muß darauf achten, daß solche Präparate auch
durch ihre Farbe ansprechen und daß die Farbe derselben
mit ihrem Geruche in einer gewissen Harmonie steht; so

färbt man z. B. die nach Rose riechenden Parfüme stets blaß rosa. Die Hauptsache ist aber, daß gewissenhaft nur solche Farben benutzt werden, welche völlig unschädlich sind.

In dieser Hinsicht kann die heutige Parfümerie über eine bedeutend größere Zahl von sehr schönen Farbstoffen verfügen, als dies noch vor etwa 15 Jahren der Fall war. Ganz besonders hat auch die Parfümerie in den Anilinfarben eine ganze Reihe der herrlichsten Farben gewonnen. Die Anilinfarben können ganz giftfrei hergestellt werden und sind schon deshalb um so weniger bedenklich, als ihr Färbevermögen ein ganz außerordentliches ist, und man daher nur so wenig davon braucht, um die zarten Farben der Parfümeriewaaren hervorzubringen, daß diese verschwindend kleine Menge, auch wenn sie wirklich Spuren von giftigen Beimischungen enthalten würde, gar nicht in Betracht kommen kann.

Wir wollen nun einen kurzen Blick über die einzelnen Farben werfen, um bei jeder Farbe die nöthigen praktischen Winke zu geben.

## Grün.

Zum Grünfärben des Weingeistes kann man die getrockneten Blätter der meisten Pflanzen benutzen, und hat nur nöthig, den Weingeist auf dieselben zu gießen und einige Tage damit in Berührung zu lassen. Besonders gut eignen sich dazu junge Blätter von Gras, Spinat, Salbei und viele andere, und man kann durch Benutzung verschiedener Arten von Blättern

sehr schöne Farbennüancen hervorbringen. Auch die
Veilchen= und Akazienpomade färben den Weingeist, mit
welchem man sie extrahirt, grün, aber es ist eine alte Er=
fahrung, daß, je schöner grün die Farbe dieses Extracts,
der Geruch derselben um so schwächer und schlechter ist.
Die frischen Extracte von Veilchen und Akazie haben eine
bräunlich=grüne Färbung; sie werden erst bei längerem
Aufbewahren, besonders wenn sie öfters mit der Luft in
Berührung kommen, schön grün; dann ist aber ihr Geruch
verdorben.   Eine sehr schöne lebhaft grüne Farbe nimmt
der Weingeist an, wenn man eine geringe Menge von
reinem krystallisirten Anilingrün darin auflöst.

Grün gefärbte Parfümeriewaaren sind sehr beliebt;
daher benutzt man oft etwas Akazienextract, um dessen
Farbe in die Bouquets überzutragen. Sie ist für Taschen=
tuchparfüme die einzige brauchbare, weil sie nicht befleckt.

Zum Grünfärben der Oele und Fette be=
nutzt man meistens das Spinatgrün, welches Nichts
ist, als das in allen grünen Theilen der Pflanzen vor=
kommende Blattgrün oder Chlorophyll.   Um die
Färbung hervorzubringen, werden die getrockneten Spinat=
blätter zunächst mit gut gereinigtem rectificirtem Weingeist
übergossen; der Weingeist entzieht den Blättern den grünen
Farbstoff rasch, wird dann von den Blättern abgepreßt,
auf neue getrocknete Spinatblätter gegossen und wieder
abgepreßt, wenn er auch den Farbstoff dieser aufgenommen
hat.   Dies wiederholt man so oft, bis endlich der Wein=
geist eine schöne dunkelgrüne Farbe angenommen hat.
Man verdunstet nun von dieser Lösung entweder den

Alkohol in einer offenen Schale auf dem Wasserbade oder destillirt ihn, wenn man mit größeren Quantitäten zu thun hat und den Weingeist nicht verlieren will, aus einer Blase oder Retorte im Dampfbade ab. Es bleibt ein grünes Extract zurück, welches den Fetten oder fetten Oelen beim Vermischen mit demselben eine sehr schöne grüne Farbe ertheilt.

Will man Mischungen grün färben, in welche auch Glycerin kommt, so kann man auch etwas Anilingrün in dem Glycerin lösen und mit dieser Lösung die übrigen Bestandtheile färben. Die Färbung erscheint sehr schön, wenn in der Mischung keine alkalischen Stoffe sind.

Das Grünfärben von wässerigen Flüs= sigkeiten, Emulsionen zc. kann mit einem grünen sehr schönen Farbstoff geschehen, der zu diesem Behufe von Messrs. Judson, of Cannon street, London geliefert wird.

Zum Grünfärben der Seifen kann man beim Umschmelzen 7 — 14 Kilogr. frisch bereiteter Palmölseife mit 100 Kilogramm von jeder beliebigen anderen Seife zusammenschmelzen. Man erhält nun zunächst eine recht hübsche gelbe Seifenmischung, und fügt man zu dieser 150 — 200 Gramme Schmalte oder Ultramarin zu, so erhält man beim Zusammenmischen ein ziemlich gutes vegetabilisches Grün. Sehr schön grün kann man die Seife mit einer Mischung von Schwefelcadmium und Ultramarin färben. Zuweilen nimmt man zum Färben der Seifen die giftigen grünen Kupferfarben; doch sollten solche Fälle auf das Härteste bestraft werden. Auch das

sogenannte Zinnobergrün oder Oelgrün, zuweilen
auch Chromgrün genannt, darf zu Seifen nicht benutzt
werden, da es aus einer Mischung des giftigen Chrom-
gelbs mit Berlinerblau oder einem anderen blauen Farbstoffe besteht.

Zum Grünfärben der Pulver wendet man
meistens die Pulver von getrockneten Blättern an, die eine
schöne grüne Farbe besitzen, z. B. Spinat, Petersilie,
Lorbeerblätter und andere mehr, und mischt diese mit unter
die Stärke.

## Gelb.

Die vorzüglichsten gelben Farbstoffe, welche in der
Parfümerie zur Anwendung kommen, sind der Saffran,
das Palmöl und die Curcumawurzel.   Zum Gelbfärben
feiner Toiletteseifen eignet sich das völlig unschädliche
Schwefelcadmium vortrefflich; dagegen dürfen
Pikrinsäure, Chromgelb ꝛc. wegen ihrer giftigen Wirkungen nicht benutzt werden.

Zum Gelbfärben des Alkohols kann man am
besten die Curcumawurzel anwenden, die ihren gelben
Farbstoff leicht an den Alkohol abgiebt, wenn man diesen
12—14 Tage mit der gröblich gepulverten Wurzel in
Berührung läßt.   Eine sehr schöne grünlich gelbe Farbe,
der des Uranglases ähnlich, besitzt das alkoholische Extract
der Jonquillepomade, welche den Farbstoff jedenfalls aus
dem gelben Blütenstaube der Pflanze aufgenommen hat.

Zum Gelbfärben der wässerigen Flüssigkeiten und Emulsionen eignet sich der Saffran am besten.

Zum Gelbfärben der Pomaden nimmt man Jonquillepomade, Rosenpomade oder Palmöl, von welchen das letztere freilich das billigste ist; die beiden ersteren ertheilen aber den Mischungen eine viel sanftere und schönere gelbe Farbe. Die Rosenpomade hat eine dunkler gelbe Farbe, als die Jonquillepomade, steht aber an Färbevermögen dem Palmöl bedeutend nach.

Zum Gelbfärben der fetten Oele kann man weder das Palmöl, noch die genannten Pomaden benutzen, da diese das Oel verdicken würden. Das einzige Mittel, um die Oele direct gelb zu färben, ist, daß man sie einige Tage mit dem gelben, an der Luft getrockneten Blütenstaube mancher Blumen, namentlich der weißen Lilien, in Berührung bringt.

## Roth und Violett.

Zum Hervorbringen solcher Färbungen bedient man sich häufig, besonders bei den weingeisthaltigen Präparaten, der Anilinfarben, welche in den verschiedensten Nüancen vom reinen Roth zum röthlich- und bläulich-Violett hergestellt werden.

Zum Rothfärben der Fette, Oele, der Wachsarten und des Wallraths verwendet man fast ausschließlich die Alkannawurzel oder das aus derselben abgeschiedene Alkannin in ausgedehntem Maßstabe. Zum Behufe des Färbens mit Alkannawurzel wird diese Wurzel zerbrochen, 1 — 2 Kilogr. der zer-

brochenen Wurzel in einen Kessel gethan, den man auf
einem Wasserbade erwärmen kann. Auf die Wurzel gießt
man Oliven= oder fettes Mandelöl und erwärmt dies
einige Tage lang gelinde mit der Wurzel, gießt dann das
Oel wieder von der Wurzel ab und bewahrt es als
„rothe Farbe, red colouring, teinture rouge" in
Flaschen auf. Ist das Oel nicht intensiv genug, so kann
man es noch ein zweites Mal und öfter mit frischen Por=
tionen von Alkannawurzel erwärmen, bis es die gewünschte
Intensität hat. Eine kleine Menge dieser „rothen Farbe"
genügt, um den Haarölen, Pomaden und verschiedenen
anderen Körpern, welchen man sie beimischt, eine schöne
Rosafarbe oder carmoisinrothe Färbung zu ertheilen.
Wie bedeutend der Verbrauch an Alkanna in England ist,
geht daraus hervor, daß jährlich 7500 Kilogr. Alkanna=
wurzel in England eingeführt werden.

Die eben gegebene Vorschrift zur Extraction des Farb=
stoffes aus der Alkannawurzel ist jedoch umständlich und
schwierig und man kann die ölige „rothe Farbe" nicht
immer anwenden. Nach Hirzel ist es viel vortheil=
hafter sich ein Alkannin, das ist ein „reines Alkanna=
extract", dadurch zu bereiten, daß man die zerkleinerte
Wurzel mit sorgfältig gereinigtem sogenanntem Petro=
leumäther — dem flüchtigsten Bestandtheil des pennsyl=
vanischen Steinöls, übergießt. — Der Petroleumäther
nimmt den Farbstoff sehr schnell aus der Alkannawurzel
auf und wird dann auf dem Wasserbade größtentheils
destillirt. Den Rückstand gießt man in eine flache Schale
aus und läßt ihn in gelinder Wärme oder besser in einem

Strome von warmer Luft trocknen.  Es bleibt nun ein
sehr dunkles, geruchloses, weiches Extract von großem
Färbevermögen zurück, mit welchem man die verschieden=
sten Stoffe sehr schön roth färben kann. — Dieses von
Hirzel zuerst in den Handel gebrachte Präparat wird
gegenwärtig, wenigstens in Deutschland, allgemein statt
der Alkannawurzel benutzt und hat eine solche Verbrei=
tung gefunden, daß in der chemischen Fabrik von Hein=
rich Hirzel in Leipzig, von welcher das Alkannin bezogen
werden kann, gegenwärtig 10,000 Kilogr. Alkannawurzel
pro Jahr zur Alkanninbarstellung verarbeitet werden.

Anstatt Alkannin kann man, wie schon erwähnt, auch
die Anilinfarben benutzen; doch ist zu bemerken, daß
gerade die schönste Anilinfarbe, nämlich das Anilinroth,
durch die Wirkung der Oele und Fette rasch verändert
wird und daher für diesen Zweck am wenigsten zu empfeh=
len ist.  Pomaden, welche man mit Anilinroth gefärbt
hat, sehen zwar kurze Zeit sehr schön aus, nehmen aber
schon nach 8 — 14 Tagen eine häßliche, röthlich=graue
Farbe an, und nach und nach verschwindet die Färbung
ganz.  Die Fette lösen überdies die Anilinfarben nicht
auf, daher ist es schwierig, diese Farben so in denselben
zu vertheilen, daß die Farbe wirklich gleichmäßig erscheint.
Die Methode, welche Herr Piesse, der treffliche Autor
des englischen Originals dieses Werkes, empfiehlt, liefert
auch kein befriedigendes Resultat.  Man soll nämlich·
die Anilinfarben in Weingeist lösen, die zu färbenden
Oele und Fette mit etwas von der weingeistigen Lösung
vermischen und durch gelindes Erwärmen den Weingeist

34 *

wieder verdunsten. Das beste Hülfsmittel, um die Anilin=
farben auf Fette zu übertragen, ist jedenfalls das Glyce=
rin. Dieses löst die Anilinfarben leicht und in ziemlicher
Menge auf, und wenn man etwas von der Glycerin=
lösung zu den Fetten setzt, vertheilt sich der Farbstoff in
den meisten Fällen sehr schön und gleichmäßig.

Zum Rothfärben von wässerigen Flüssig=
keiten eignet sich das Anilinroth dagegen sehr gut. Auch
die Emulsionen nehmen diesen Farbstoff an, doch hält
er sich in denselben wegen der darin enthaltenen Fetttheil=
chen ebenfalls nur kurze Zeit unverändert.

Weingeistige Flüssigkeiten nehmen alle Ani=
linfarben, sowie auch das Alkannaroth leicht auf.

## Rothbraun und Braun.

Zum Rothbraunfärben des Weingeistes
eignet sich die Ratannhiawurzel sehr gut, die man
nur nöthig hat mit dem Weingeist zu extrahiren. Wegen
der schönen Farbe wird diese Tinctur auch zum Färben
des künstlichen Portweins benutzt. Ihre Anwendung zu
Zahnpulvern haben wir oben kennen gelernt. Auch die
verschiedenen Sorten von Rothholz des Handels, das
rothe Sandelholz, Fernambukholz 2c. geben an den Wein=
geist ihren Farbstoff ab und färben denselben mehr oder
weniger rothbraun.

Zum Braunfärben der Seifen kann man die
verschiedenen Sorten von Umbra und namentlich auch die
braune Zuckerfarbe, das sogenannte Caramel,

benutzen, welches man erhält, wenn man weißen Zucker langsam in einem eisernen Kessel erhitzt, bis er sich schwärzt und zu verkohlen anfängt. Aus der dunklen Masse wird dann der Farbstoff durch Kalkwasser ausgezogen und die Lösung zum Färben benutzt.

Zum Braunfärben wässeriger Flüssigkeiten eignet sich die eben erwähnte Zuckerfarbe sehr gut; dagegen kann man mit derselben weder den Weingeist, noch die Fette färben, weil der Farbstoff in diesen völlig unlöslich ist und nicht auf diese Stoffe übergeht.

## Schwarz.

Wir kennen kein einziges richtiges Schwarz, welches in Wasser oder Weingeist löslich ist; nur die gute chinesische Tusche zeichnet sich dadurch aus, daß sie länger als jede andere Substanz im Wasser suspendirt bleibt.

Zum Schwarzfärben der Fette und Seifen nimmt man gewöhnlich das Lampenschwarz, in einzelnen Fällen auch Beinschwarz.

Einige Farbstoffe, wie z. B. der Carmin, das Carthamin ꝛc., sind bereits früher bei der Besprechung derjenigen Präparate, zu welchen man sie besonders benutzt, erwähnt worden. Das alphabetische Register giebt hierüber Aufschluß.

## Reinigung der Waschschwämme.

Die feinen Toilettenschwämme, welche man zum Waschen benutzt, werden durch die Seife nach einiger Zeit eigenthümlich schmierig, fettig und fast unbrauchbar, indem sie ihre Fähigkeit, Wasser aufzusaugen, sowie ihre Elasticität verloren haben. Das bloße Auswaschen in reinem Wasser wirkt nicht ein; man muß daher zu anderen Mitteln seine Zuflucht nehmen. Am besten wirkt das geschmolzene Chlorcalcium, welches man aus chemischen Fabriken beziehen kann. Man drückt den zu reinigenden Schwamm so gut als möglich aus, legt ihn auf einen Teller, bestreut ihn mit etwas zu Pulver zerstoßenem geschmolzenem Chlorcalcium und läßt dies auf dem Schwamme zerfließen. Nach ungefähr 15—20 Minuten kann man den Schwamm in reinem Wasser auswaschen und trocknen, wobei er wieder wie neu wird.

## Zusammenmischen von Flüssigkeiten.

Bei der Darstellung der verschiedenen Parfümerien hat man sehr oft verschiedene Flüssigkeiten mit einander zu mischen. Dies gelingt gewöhnlich sehr leicht durch bloßes Zusammengießen derselben und heftiges Schütteln. Für die Fabrikation in größerem Maßstabe, sowie in Fällen, wo sich die Flüssigkeiten, die man mit einander verbinden will, nicht so leicht mischen, ist nun die Mischmaschine, von welcher wir hier eine Abbildung beifügen, von großem Nutzen, indem sie die Arbeit sehr erleichtert und den gewünschten Zweck des Mischens sehr gut ausführt. Diese Maschine (s. Fig. 85) besteht nämlich aus mehreren rund um eine gemeinschaftliche Drehungsaxe angebrachten, fest verschließbaren Cylindern, welche jedoch so befestigt sind, daß ihre Längsaxen nicht mit der Hauptdrehungsaxe der Maschine parallel laufen. In Folge dieser Anordnung

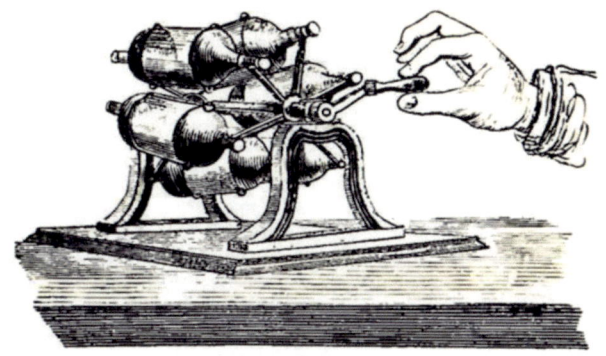

Fig. 85. Mischmaschine.

kommen die beiden Enden dieser Cylinder, wenn man die Maschine dreht, abwechselnd in verschiedene Lage zu einander, so daß abwechselnd das eine Ende des Cylinders höher und dann wieder tiefer steht, als das andere, wodurch die Extracte oder Flüssigkeiten, die man in die Cylinder gefüllt hat, um sie mit einander zu mischen, beständig von dem einen zum andern Ende der Cylinder geworfen werden. Es ist einleuchtend, daß die Wirkung dieser Maschine, welche von Burnet in Paris erfunden und von Reveil in der französischen Bearbeitung dieses Werkes beschrieben wurde, eine ganz ausgezeichnete ist.

# Sachregister.